电动工具维修手册

阳鸿钧 等编著

机械工业出版社

本书介绍了大约 40 种电动工具的检修、维护、应用等知识、技能与速查资料，以及电动工具的概述、配件与附件、基本原理等基础性知识、技能。

本书涉及的具体电动工具包括电动螺丝刀、电动扳手、电钻、冲击电钻、电锤、电镐、切割机、切断机、电动砂轮机、磨光机、抛光机、砂光机、空气压缩机、气泵、电动钉枪、电动拉铆枪、电喷枪、电锯、电刨、木工修边机、电剪刀、水电开槽机、修枝剪、割草机、剪草机、振动器、搅拌器、吹风机、钢筋捆扎机、高枝锯、绿篱机、木工结合机、电木铣（雕刻机）、摆动铲、圆砂、吹风机、吸尘器、扭剪扳手、地钻、液压钳、喷雾器、激光水平仪等。

总之，本书信息量大、携查方便、简明实用，适合广大电动工具维修人员、机电维修人员、电器维修人员，以及大中专院校、技能培训班相关师生参考使用。

图书在版编目（CIP）数据

电动工具维修手册／阳鸿钧等编著． -- 北京：机械工业出版社，2024. 12. -- ISBN 978 - 7 - 111 - 76895 - 1

Ⅰ. TS914. 5 - 62

中国国家版本馆 CIP 数据核字第 2024PH1050 号

机械工业出版社（北京市百万庄大街 22 号　邮政编码 100037）

策划编辑：刘星宁　　　　　　责任编辑：刘星宁　闫洪庆
责任校对：贾海霞　张　薇　　封面设计：马精明
责任印制：常天培

北京机工印刷厂有限公司印刷

2025 年 2 月第 1 版第 1 次印刷

184mm × 260mm · 25 印张 · 621 千字

标准书号：ISBN 978-7-111-76895-1

定价：99. 00 元

电话服务

客服电话：010-88361066
　　　　　010-88379833
　　　　　010-68326294

封底无防伪标均为盗版

网络服务

机　工　官　网：www. cmpbook. com
机　工　官　博：weibo. com/cmp1952
金　书　网：www. golden-book. com
机工教育服务网：www. cmpedu. com

由于电动工具种类多、应用范围和场所越来越广泛，导致故障特点繁杂，涉及的元器件、配件、附件各异，并且电动工具的维修任务也越来越繁重，但同时在电动工具维修领域也存在着比较多的从业与就业机会。

为了便于读者对电动工具进行维修维护与应用，同时达到精准快修速修的要求，特编写了本书。

本书第 1 章介绍了有关电动工具的基础、使用与要求。第 2 章介绍了配件与附件的基础、导线与插头、接线端子、紧固件、塑料、电动机、开关、锯片、元器件等内容。第 3 ~ 17 章分别介绍了具体种类电动工具的相关维修知识与技能，涉及的电动工具有电动螺丝刀、电动扳手、电钻、冲击电钻、电锤、电镐、切割机、切断机、电动砂轮机、磨光机、抛光机、砂光机、空气压缩机、气泵、电动钉枪、电动拉铆枪、电喷枪、电锯、电刨、木工修边机、电剪刀、水电开槽机、修枝剪、割草机、剪草机、振动器、搅拌器、吹风机、钢筋捆扎机、高枝锯、绿篱机、木工结合机、电木铣（雕刻机）、摆动铲、圆砂、吹风机、吸尘器、扭剪扳手、地钻、液压钳、喷雾器、激光水平仪等。

另外，特别强调，电动工具需要慎重使用与维修，虽然电动工具能帮助提高工作效率，但稍有不慎可能发生意外。因此，必须慎重使用，并且需要针对具体产品来使用与操作，以免因产品存在差异而引起不当操作。同时，使用与维修必须注意通用的安全事项与特定的安全事项。鉴于电动工具的种类、机型的多样性，本书的介绍是一般意义上或者针对某款具体工具的介绍。为此，需要注意不同型号产品带来的差异。

本书在编写过程中，参阅了一些文章，特别是有关厂家产品的资料，在此表示感谢。

另外，由于厂家产品精益求精、不断改善和提升，其具体结构有时可能会调整、变更，因此，读者可经常关注厂家产品的最新版本、最新资讯。

本书由阳鸿钧、阳育杰、许小菊、许四一、阳梅开、许满菊等编写。

由于水平有限，书中难免有不足之处，敬请读者批评、指正。

作　者

目　录

第1章

概 述

1.1 基 础

★★★1.1.1 工具的概念、特点与种类

工具是指工作时所需用的一种器具。工具的分类有多种，根据应用的分类见表1-1。

表1-1 工具的分类

名称	分 类
金属切削工具	金属切削工具有电钻、角向电钻、万向电钻、攻丝机、套丝机、磁座钻、电剪刀、双刃电剪、电冲剪、往复锯、曲线锯、刀锯、锯管机、自爬式锯管机、坡口机、焊缝坡口机、倒角机、型材切割机、斜切割机、斜切割台式组合锯等
砂磨工具	砂磨工具有砂轮机、台式砂轮机、模具电磨、直向盘式砂轮机、角向磨光机、立式盘式砂轮机、砂光机、盘式砂光机、角向盘式砂光机、抛光机、带式砂光机、轨道圆运动砂光机或抛光机、摆动式砂光机或抛光机、无轨道不规则圆周运动砂光机或抛光机、往复砂光机或抛光机等
装配作业工具	装配作业工具有螺丝刀、自攻螺丝刀、定扭矩螺丝刀、冲击扳手、定扭矩扳手、扳手、胀管机、拉铆枪等
林木工具	林木工具有圆锯、台式圆锯、摇臂锯、电刨、平刨、厚度刨、带锯、链锯、木钻、木铣、单轴立式木铣、修边机、开槽机、钉钉机、木工刃磨机等
园林工具	园林工具有草剪、剪刀型草剪、草坪松土机、割草机、截枝机、修枝剪、草坪修边机、草坪边缘修边机、草坪松砂机、手持式园艺用吹屑机等
建筑、道路工具	建筑、道路工具有电锤、锤钻、电镐、枕木电镐、铲刮机、砖墙开槽机、混凝土开槽机、冲击电钻、混凝土振动器、带水源的金刚石钻、石材切割机、带水源的金刚石锯、湿式磨光机、夯实机、弯管机、钢筋切断机等
矿山工具	矿山工具有凿岩机、煤钻、岩石钻等

另外，工具还可根据其他依据进行分类。例如，手持式工具根据动力特点，分为手持式气动工具、手持式液压工具、手持式非电类挤压式动力工具、手持式电类动力工具等，如图1-1所示。

鉴于篇幅受限，就不再细分类型，对于一些工具的概念与特点的介绍见表1-2。

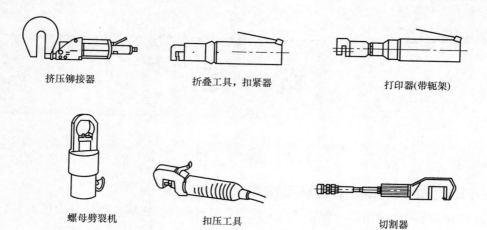

挤压铆接器　　　　折叠工具，扣紧器　　　　打印器(带轭架)

螺母劈裂机　　　　　扣压工具　　　　　切割器

手持式非电类挤压式动力工具

手持式动力工具

　　用单手或双手操作，以压缩空气、液压油、气体或液体燃料、电或储能装置(如弹簧)等为动力，由回转或直线式电动机驱动进行机械作业的机器，且该机器的电动机和机械装置被设计为一个总成，能较容易地携带到工作场所。

　　由压缩空气或其他气体驱动的手持式动力工具称为气动工具，由液压油驱动的手持式动力工具称为液压工具。

图 1-1　手持式工具

表 1-2　一些工具的概念与特点

名称	解说
电池式工具	电池式工具是由可充电电池供电的一种工具
直接传动工具	直接传动工具是由电动机、传动机构、工作头组装成一体的一种工具
软轴传动工具	软轴传动工具是由在传动机构中配置有不为外壳所包容的软轴的一种工具
多用电动工具	多用电动工具是在基本传动机构上，配置有可更换的传动机构与不同的工作头，具有多种用途的一种电动工具
更换型工具	更换型工具是规定只能由制造商的服务部门修理的一种工具
电子控制型工具	电子控制型工具是通过电子电路实现对工具的起动、扭矩、速度、温度等进行控制或保护的一种工具
连续运行工具	连续运行工具是在正常负载下无运行时间限制的一种工具
短时运行工具	短时运行工具是在正常负载下按规定的运行时间运行的一种工具。也就是说，其从冷态开始运行，各运行期的间隔足以使工具冷却到接近环境温度
断续运行工具	断续运行工具是以一系列规定的相同周期运行的一种工具。也就是说，其每个周期由正常负载下的运行阶段、随后的工具空载或断电停歇阶段组成
作业工具	作业工具是直接对工件进行加工作业的可更换的一种工具，例如电钻的钻头、电扳手的套筒、电链锯的锯链、电磨的砂轮等均属于作业工具
机工具类的工具	各种手动与风动的套筒类、接杆、接头、扳杆、滑杆、弓形杆、旋柄、旋具头、变换头、扳手类等工具

（续）

名称	解　说
夹持类的工具	夹持类的工具有钢丝钳、斜嘴钳、尖嘴钳、鲤鱼钳、水泵钳、弯嘴钳、顶切钳、剥线钳、圆嘴钳、平嘴钳、水口钳、针嘴钳、扁嘴钳、挡圈钳、大力钳、压线钳、管钳、台虎钳、钢锁切割钳、压接钳、电缆切割钳等
紧固类的工具	紧固类的工具有内六角扳手、电烙铁、拉铆枪、螺丝刀等
测量类的工具	测量类的工具有水平尺、直角尺、活动直角尺、卷尺等
敲击类的工具	敲击类的工具有钢斧、胶锤、羊角锤、圆头锤、防振锤、凿冲套件、撬棒、起钉器等
工具包/箱类工具	工具包/箱类工具有各种铁工具箱及附件、塑料工具箱、工具包单品等
表面修整类工具	表面修整类工具有半圆锉、圆锉、链锯锉、金刚石锉刀、三棱细锉、平锉、锉刨及刨片等

一点通

内应力就是在无外力作用下，因加工变化、温度变化、溶剂作用等而在制品内部形成的一种应力。应力开裂就是由低于塑料短时机械强度的各种应力引起的塑料内部或外部的一种开裂现象。

★★★1.1.2　电动工具与其类型

电动工具是以小容量电动机或电磁铁为动力，通过传动机构驱动工作头进行作业的一种手持式或移动式的机械化工具。根据其概念可知，电动工具通常制成手持式工具与可移式工具。电动工具可以采用市电驱动、电池驱动。本书主要讲述市电驱动（或连接市电）、电池驱动（或连接市电充电）的电动工具。

手持式电动工具是由电动机或电磁铁与机械部分组装成一体、便于携带到工作场所，并且能够用手握持操作的一种电动工具。手持式电动工具可以装有软轴，其电动机可以是固定的，也可以是便携式的。

一些电动工具的特点见表1-3。

表1-3　一些电动工具的特点

名称	解　说
可移式电动工具	可移式电动工具是在固定位置用的工具，可装或不装夹紧装置、螺栓或类似的固定装置，其设计有工具易于移动的组件，例如配有手柄、轮子、类似简单装置以便于单人搬运。作业时，需加工的材料或工件是置于工具上或工具是被安装或放置在工件上的一种工具 可移式电动工具的特征如下： 1）用软线、插头与电源连接 2）在一个操作者控制下使用 3）便于带到作业的工作区，将需加工的工件置于工具上作业，或将工具安装到工件上作业 4）在工作架或工作台，或在装有充当工作架或工作台功能的装置上，使用或不使用诸如快速夹紧装置、螺栓等类似装置，但是能够将加工的工件或工具自身置于可靠的固定位置上使用 5）不考虑用于连续生产或生产流水线上的应用

（续）

名称	解　说
Ⅰ类电动工具	Ⅰ类电动工具是指单绝缘工具，例如砂轮机、台钻等工具。Ⅰ类电动工具（即普通型电动工具）的额定电压超过50V，并且内装的电动机与电器开关等相应部件只具备工作绝缘。因此，可触及的、在正常情况下不带电的金属零部件均需要可靠接地或接零。也就是说，Ⅰ类电动工具的防电击保护不仅依靠基本绝缘，而且还包含一个附加安全措施，即把易触及的导电部分与设备中固定布线的保护导线连接起来，使易触及的导电部分在基本绝缘损坏时不会变成带电体。Ⅰ类电动工具可以有双重绝缘和/或加强绝缘的结构
Ⅱ类电动工具	Ⅱ类电动工具是指双重绝缘工具，例如电钻、角磨、砂光机等工具。Ⅱ类电动工具的额定电压超过50V，其具有工作绝缘与保护绝缘的双重绝缘结构。也就是说，Ⅱ类电动工具的防电击保护不仅依靠基本绝缘，而且依靠附加的安全保护措施，但不提供保护接地，也不依赖安装条件
Ⅲ类电动工具	Ⅲ类电动工具是指安全特低电压工具，例如充电钻等工具。Ⅲ类电动工具的额定电压不超过50V，其所需电源电压一般需要经过变压设备变换得到或者由低压发电设备提供。也就是说，Ⅲ类电动工具的防电击保护依靠安全特低电压供电，工具内不产生高于安全特低电压的电压

★★★1.1.3　电动工具的额定值与参数

电动工具的额定值与参数见表1-4。

表1-4　电动工具的额定值与参数

名称	解　说
短时运行	短时运行是指工具在正常负载下运行一段时间，工具从冷态下开始运行，两次运行时段间的间隔必须保证工具能冷却到接近室温的状态
断续运行	断续运行是指工具在一系列规定的相同循环下运行，每个循环包括在正常负载运行的一段时间和随后的一段休息时间。休息时间可以是空载运行或断开电源
额定电流	电动工具制造商规定的工具的电流就是额定电流
额定电压	电动工具制造商规定的工具的电压就是额定电压。对三相电源而言，指线电压
额定电压范围	电动工具制造商规定的工具的电压范围就是额定电压范围，一般用上限值、下限值表示
额定空载速度	电动工具制造商规定的工具在额定电压或额定电压范围上限时的空载速度就是额定空载速度
额定频率	电动工具制造商规定的工具的频率就是额定频率
额定频率范围	电动工具制造商规定的工具频率范围就是额定频率范围，一般以上限值、下限值表示
额定输入功率	电动工具制造商规定的工具的输入功率就是额定输入功率
额定输入功率范围	电动工具制造商规定的工具输入功率范围（一般以W为单位）就是额定输入功率范围，一般以上限值、下限值表示
额定运行时间	额定运行时间是指由电动工具制造商规定的工具运行时间
工作电压	当电动工具的电源电压为额定电压，并且在正常负载条件下运行，以及不考虑暂态电压的影响时，零件上受到的最高电压就是工作电压
连续运行	连续运行是指电动工具在正常负载下不受时间限制的运行
正常负载	为达到额定输入功率或额定电流而在额定电压或额定电压范围上限时对工具施加的负载就是正常负载

点通

电动工具的正常使用就是电动工具在设计时规定的，符合制造商说明的工具的使用情况。电动工具常见的基本参数有额定电流、额定电压、机械寿命、电气寿命、端子类型、应用范围等。

★★★1.1.4　工具额定输入功率偏差的规定

工具在额定电压与正常负载下的输入功率与额定输入功率的偏差不得大于表 1-5 给定的值。

表 1-5　工具额定输入功率的允许偏差

额定输入功率/W	偏差	额定输入功率/W	偏差
<33.3	+10W	150~300	+45W
33.3~150	+30%	>300	+15%

工具额定电流与额定电压的规定如下：

1）如果工具标有额定电流，则工具在正常负载下的电流不得超过额定电流的15%。

2）通过测量工具在额定电压或额定电压范围的平均值与正常负载运行时的电流来检验是否符合要求。

3）对于标有额定电压范围的上下限值与电压范围平均值的差超过10%的工具，允许的偏差适用于电压范围的上下限值。

★★★1.1.5　绝缘的类型

绝缘的类型见表 1-6。

表 1-6　绝缘的类型

名称	解　说
轴绝缘	轴绝缘就是在电动机转子轴与转子冲片间设置的一种绝缘
接轴绝缘	接轴绝缘就是连接电动机转子轴铁心段与输出段的一种绝缘
基本绝缘	基本绝缘就是用于对带电部分提供电击基本保护的绝缘，但不包括功能用途的绝缘。带电零件与不易触及的金属之间必须用基本绝缘隔开
附加绝缘	附加绝缘就是为了在基本绝缘一旦失效时，能够防止电击而在基本绝缘之外设置的一个独立绝缘。不易触及的金属零件与易触及金属或易触及表面需要应用附加绝缘隔开
双重绝缘	双重绝缘就是由基本绝缘与附加绝缘两者组成的一种绝缘系统。带电零件与易触及的金属零件或易触及表面间必须采用双重绝缘或加强绝缘隔开
加强绝缘	加强绝缘就是提供防止电击的保护程度与双重绝缘相当的一种绝缘
传动件绝缘	传动件绝缘就是置于工具的传动元件上的一种绝缘，例如全塑料或半塑料齿轮、绝缘转子轴等就属于该类绝缘

★★★1.1.6 工具绝缘电阻的规定

工具绝缘电阻的一些规定如下:

1)工具需要具有足够的绝缘电阻与介电强度。

2)绝缘电阻的测试:施加一个约为500V的直流电压来测量绝缘电阻,在电压加上后1min进行测量,如果有加热元件,应将其断开。绝缘电阻的要求应不小于表1-7所示的值。

表1-7 绝缘电阻

被测试绝缘	绝缘电阻/MΩ
带电部分与壳体间:对于基本绝缘	2
带电部分与壳体间:对于加强绝缘	7
带电部件与Ⅱ类电动工具中禁用基本绝缘与带电部件隔离的金属部件	2
Ⅱ类电动工具中仅用基本绝缘与带电部件隔离的金属部件和壳体间	5

★★★1.1.7 电动工具的安全参数与措施

电动工具的安全参数与措施见表1-8。

表1-8 电动工具的安全参数与措施

名称	解 说
特低电压	特低电压就是由工具内部的电源供电的电压,并且当工具以额定电压供电时,该电压在导体间以及导体与地间的各处电压均不大于50V
安全特低电压	安全特低电压就是导线间以及导线与地间不超过42V的电压,其空载电压不超过50V。当安全特低电压从电网获得时,需要通过一个安全隔离变压器或一个带分离绕组的变换器,此时安全隔离变压器和变换器的绝缘需要符合双重绝缘或加强绝缘的要求
安全隔离变压器	安全隔离变压器就是供给工具、配电电路、其他设备的安全特低电压的一种变压器。安全隔离变压器的输入绕组与输出绕组至少由相当于双重绝缘或加强绝缘的绝缘在电气上加以隔离
爬电距离	爬电距离就是两个导电零件间,或一个导电零件与机壳间,沿绝缘材料表面量得的最短路径长度
电气间隙	电气间隙就是两个导电零件间,或一个导电零件与机壳外表面间的最短距离。或者考虑在绝缘材料易触及表面上紧贴着一层金属箔,穿越空气量得的最短距离
绝缘穿通距离	绝缘穿通距离就是工具中附加绝缘或加强绝缘隔离的两金属零件间的最短直线距离
保护阻抗	保护阻抗就是接在带电零件与易触及导电零件间的阻抗,其所具有的阻抗值能够使工具电流限制在安全值以下
接地装置	接地装置就是工具内供连接及固定接地芯线的一种装置
保护装置	保护装置就是在不正常工作条件下其动作能防止危险状态的一种装置
防护器件	防护器件就是在正常使用时防止造成对人体可能的机械伤害的一种器件,例如保护罩、保护环、类似的物件等
电磁兼容性	电磁兼容性就是器具或系统在其电磁环境中能正常工作且不对该环境中任何事物构成不能承受的电磁骚扰的能力
电磁骚扰	电磁骚扰就是任何可能引起装置、设备、系统性能降低或对有生命或无生命物质产生损害作用的一种电磁现象

（续）

名称	解　说
连续骚扰	连续骚扰就是对一个特定设备的效应不能分解为一串清晰可辨的效应的一种电磁骚扰
骚扰功率限值	骚扰功率限值就是产品标准规定的在装置、器具或系统通过电源线发射，用吸收钳测量法测得的频率范围为 30～300MHz 的最大允许骚扰功率值，其用 dB（pW）表示
谐波电流限值	谐波电流限值就是标准规定的装置、器具或系统注入公用低压供电系统中的电流周期分量波形中的 2～40 次谐波分量的最大允许值
电压波动和闪烁限值	电压波动和闪烁限值就是标准规定的装置、器具或系统接入公用低压供电系统时引起的一连串的电压变化或电压有效值的连续改变和产生亮度或频谱分布随时间变化的光刺激所引起的不稳定的视觉效果的限制。电压波动用最大电压变化值 d_{max}、稳定电压变化值 d_c 和电压变化特征值 d_t 等三个参数评估
抗扰度电平	抗扰度电平就是用规定的方法在装置、器具或系统注入的不会出现性能降低的最大骚扰电平
抗扰度限值	抗扰度限值就是标准规定的最小抗扰度电平
电磁干扰	电磁干扰就是电磁骚扰引起的器具、传输通道或系统性能的下降
电磁发射	电磁发射就是从源向外发出的电磁能的一种现象
发射限值	发射限值就是指产品标准规定的装置、器具或系统的导线或端子与规定接地基准间的射频骚扰电压
端子电压限值	端子电压限值就是指产品标准规定的在装置、器具或系统导线或端子与规定接地基准间频率范围为 148.5kHz～30MHz 的最大允许的骚扰电压值

一点通

电动工具的主要防护有保护接地、双重绝缘、安全特低电压（三重保护原理）。

★★★1.1.8 电动工具的绝缘电阻值

长期搁置不用的电动工具，在使用前必须测量绝缘电阻。绝缘电阻用 500V 绝缘电阻表测量应不小于的数值，如图 1-2 所示。经修理后的电动工具绝缘耐压试验值如图 1-3 所示。

测量部位	绝缘电阻/MΩ
Ⅰ类工具带电零件与外壳之间	不小于2
Ⅱ类工具带电零件与外壳之间	不小于7
Ⅲ类工具带电零件与外壳之间	不小于1

图 1-2　电动工具绝缘电阻值

试验电压的施加部位	试验电压/V		
	Ⅲ类工具	Ⅱ类工具	Ⅰ类工具
带电零件与壳体零件之间			
仅由基本绝缘与带电零件隔离	380		950
由加强绝缘与带电零件隔离		2800	

注：绝缘耐压试验时间应维持1min。

图 1-3　经修理后的电动工具绝缘耐压试验值

★★★1.1.9 维修对机械防护装置的要求

维修对机械防护装置的要求如图1-4所示。

电动工具中运动的危险零件，必须根据有关标准装设机械防护装置(如防护罩、保护盖等)，并且不得任意拆除。

图1-4 维修对机械防护装置的要求

★★★1.1.10 安全说明与警告安全标志

安全说明与警告安全标志如图1-5所示。

安全标志说明：
危险·手远离刀片

可替换的安全标志说明：
危险·手远离刀片

安全标志说明：
不要暴露在雨中

安全标志说明：
如果电缆损坏或被割破，
应立即从电源上拔掉插头

安全标志说明：
佩戴护目镜

安全标志说明：
佩戴护目镜

安全标志说明：
佩戴护目镜和安全帽

图1-5 安全说明与警告安全标志

1.2 使用与要求

★★★1.2.1 使用电动工具的要求

使用电动工具的要求见表1-9。

表1-9　使用电动工具的要求

项目	解　说
使用电动工具的电气安全要求	使用电动工具的一些电气安全要求如下： 1）不得滥用电线 2）不得将电动工具暴露在雨中、潮湿环境中，以免增加触电危险 3）需要接地的电动工具不能使用任何转换插头 4）电动工具的插头必须与插座相配，不可任意改装、改换 5）户外使用电动工具时，必须使用适合户外使用的外接电线 6）电动工具应远离热、油、锐边或运动部件，以免受损或缠绕电线，增加触电危险 7）工具所用的插头、插座必须符合相应的国家标准。带有接地插脚的插头、插座，在插合时应符合规定的接触顺序，防止误插入
使用电动工具的环境条件要求	使用一般的电动工具对环境条件的一些要求如下： 1）空气介质温度不超过40℃ 2）空气相对湿度不大于90%（25℃） 3）海拔不超过1000m 4）如果是特殊环境条件下使用电动工具，则选择相应的专门电动工具
电动工具工作使用场地要求	电动工具工作使用场地的一些要求如下： 1）要保持工作场地的清洁、明亮，以免引发事故 2）不要在易爆、易燃的环境中操作电动工具，以免电动工具工作时产生火花点燃粉尘或气体 3）使用场地，不得有其他人的干扰 4）使用电动工具时，最好还需要有一个监督的人 5）与工作无关的人，不得驻留在工作使用场地，以免影响操作人员的工作
使用电动工具的人身安全要求	使用电动工具的一些人身安全要求如下： 1）电动工具接通前，需要拿掉所有调节钥匙或扳手 2）起动电动工具时，需要确保开关在插入插头时处于关断位置 3）操作电动工具时，注意使用安全装置，例如佩戴护目镜、防尘面具、防滑安全鞋、安全帽、听力防护等装置 4）操作电动工具时，着装要适当、正确。例如不能穿宽松衣服，不能佩戴饰品，操作者头发、衣服、袖子需远离运动部件 5）不得在疲倦的状态下使用、操作电动工具 6）操作电动工具时，务必要全神贯注，不得分散工作精力。疲惫、喝酒、服用药物后，切勿操作电动工具 7）操作电动工具时，手不要伸得太长，需要时刻注意脚下与身体的平衡，以便出现意外情况时能很好地控制电动工具 8）如果提供了排屑装置、集尘设备连接用的装置，需要确保它们连接完好以及使用得当 9）避免意外起动机器 10）避免错误的持工具姿势，操作工具时要确保立足稳固，并且要随时保持平衡

 一点通

常见的劳动保护用品有工作服、听力保护装置、口罩、手套、防护眼镜和防护面罩。

★★★1.2.2 合理选择工具的电气安全防护

合理选择工具的电气安全防护的一些技巧、方法如下：

1) 一般场所，需要选用Ⅱ类工具。如果选择、使用Ⅰ类工具，必须采用相关安全保护措施。否则，工具使用者必须戴绝缘手套、穿绝缘鞋或站在绝缘垫上作业。

2) 在潮湿的场所、金属构架上等导电性能良好的场所作业，必须选择、使用Ⅱ类或Ⅲ类工具。如果选择、使用Ⅰ类工具，必须装设额定漏电动作电流不大于30mA、动作时间不大于0.1s的漏电保护电器。

3) 在狭窄场所（例如金属容器、管道内、锅炉等），需要选择、使用Ⅲ类工具。如果选择、使用Ⅱ类工具，必须装设额定漏电动作电流不大于15mA、动作时间不大于0.1s的漏电保护电器。

4) Ⅲ类工具的安全隔离变压器，Ⅱ类工具的漏电保护电器，Ⅱ类与Ⅲ类工具的控制箱以及电源连接器等必须放在外面，并且要有人监护。

5) 特殊环境、场所使用的工具，必须选择、使用符合相应防护等级的安全技术要求的工具。

★★★1.2.3 电动工具的选购

选购电动工具需要注意以下几点：

1) 根据需要，区别是家庭用，还是专业用。通常专业用电动工具与一般家庭用电动工具的差别主要在功率上，专业用的工具功率较大，一般家庭用的工具功率较小，输入功率也小。

2) 小巧的体积、高集成化的电动工具在使用便捷性上高于体积大、功能单一的产品。因此，尽量选择功能丰富、体积小巧、结构简单、容易收纳的电动工具。

3) 选购电动工具时，需要选购外包装图案清晰、没有破损的电动工具。

4) 选购的电动工具外观正常、塑料件完整、没有明显凹痕、没有划痕或磕碰痕迹、相关涂料光滑美观没有缺损、整机表面没有油污和污渍、开关的手柄平整、电线电缆长度一般不小于2m。

5) 电动工具有关标志清晰、完整，参数、厂家、合格证等均具备。

6) 手握持工具，接通电源，频繁操动开关，使工具频繁起动，观察工具开关的通断功能是否可靠、是否影响现场的电视机/荧光灯等，从而判断工具是否装有抗干扰抑制器。

7) 工具通电运行1min，感觉振动情况并观察换向火花、进风口处等是否正常。

8) 选择噪声在允许范围内的工具。

9) 选择维修易得配件的电动工具。

10) 选择电动工具注意所用的电源电压，一般手持式电动工具（Ⅱ类电动工具）需要提供220V市电作为能源驱动，不要接入380V工业用电，否则会造成机器电动机损坏。

★★★1.2.4 使用电动工具的注意事项

使用电动工具的一些注意事项如下：

1) 不熟悉电气工具与用具使用方法的人员不得使用工具。

2) 不要滥用电动工具，需要根据用途、工作性质选择适合的电动工具。

3) 如果电动工具的开关不能够接通或关断工具电源，则不能使用该电动工具。

4）在进行任何调节、更换附件或贮存电动工具之前，必须从电源上拔掉插头和/或将电池盒脱开电源。

5）对使用的电动工具不熟悉的人，切勿操作该电动工具。

6）工具接电时，一定要注意电源电压是否与工具所需的、标示的电压相同。如果电源电压高于工具的适用电压时，将会发生意外事故，同时也会损毁工具。如果电源电压低于工具所需电压，则会损害电动机。因此，没有确定电源电压时，不可随便插上插头。

7）需要采取适当方法保持电动工具的切削刀具锋利、清洁。

8）电动工具需要保养、维护。

9）闲置的电动工具，必须贮存在儿童所及范围之外。

10）Ⅰ类工具的电源线必须采用三芯（单相工具）或四芯（三相工具）多股铜芯橡皮护套软电缆或护套软线。其中，绿/黄双色线在任何情况下只能用作保护接地或接零线。

11）工具的软电缆或软线不得任意接长或拆换。

12）工具软电缆或软线上的插头不得任意拆除或调换。

13）手持式电动工具的负荷线必须采用耐气候型的橡皮护套铜芯软电缆，并不得有接头。禁止使用塑料花线。

14）三孔插座的接地插孔应单独用导线接至接地线（采用保护接地的）或单独用导线接至接零线（采用保护接零的），不得在插座内用导线直接将零线与接地线连接起来。当电源与作业场所距离较远时，应采用移动电闸箱解决。严禁不用插头直接将电线的金属丝插入插座。

15）使用场所的保护接地电阻值必须不大于 4Ω。

16）长期搁置或受潮的工具在使用前要测量绝缘电阻。对长期搁置或受潮的工具在使用前应由电工测量绝缘阻值，看是否符合要求。其对绝缘电阻的要求是，Ⅰ类工具不低于 $2M\Omega$；Ⅱ类工具不低于 $7M\Omega$；Ⅲ类工具不低于 $1M\Omega$。

17）每次使用前要进行外观和电气检查。

18）工具起动后，应空载运转，并且检查是否灵活无阻，没有异常状态，才能够使用。

19）工具作业时，加力需要平稳，不得用力过猛。

20）工具严禁超载使用。

21）作业中，需要注意温升，发现异常应立即停机检查。作业时间过长，机具温升超过 $60℃$ 时，应停机，自然冷却后再进行作业。

22）作业中，不得用手触摸刀具、模具、砂轮等部位或附件，发现其有磨钝、破损情况时，应立即停机修整或更换，然后才能继续进行作业。

23）手持电动工具依靠操作人员的手来控制，如果在运转过程中撒手，机具失去控制，会破坏工件、损坏机具，甚至造成人身伤害。所以机具转动时，不得撒手不管。

24）使用工具前，一定要阅读工具的使用说明。

25）使用砂轮的机具，应检查砂轮与接盘间的软垫并安装稳固，螺母不得过紧，凡受潮、变形、裂纹、破碎、磕边缺口或接触过油、碱类的砂轮均不得使用，并不得将受潮的砂轮片自行烘干使用。

26）在潮湿地区或在金属构架、压力容器、管道等导电良好的场所作业时，必须使用双重绝缘或加强绝缘的电动工具。

27）电动工具在狭窄作业场所应用，需要设有监护人。

28）操作手电钻或电锤等旋转工具，不得戴线手套，更不能够用手握工具的转动部分，也不能用手握电线。

29）使用电动工具过程中要防止电线被转动部分绞缠。

30）使用手持式电动工具完毕后，必须在电源侧将电源断开。

31）在高空使用手持式电动工具时，需要设专人监督，并且在发生电击时可迅速切断电源。

32）使用不同的电动工具，需要根据具体的电动工具的注意事项进行使用。

33）不准使用无合格防护罩与有裂纹及其他不良情况的电动工具，不得任意拆除电动工具的标准装设机械保护装置。

34）工作时必须穿好工作服，并且工作服与袖口必须扣好，禁止穿凉鞋和拖鞋、戴围巾、穿长衣服、戴珠宝、打领带。如果操作者是长发，则需要使用包巾将长发覆盖起来。

35）禁止在运行中或机器没有完全停止前清扫、擦拭、润滑和冷却机器的旋转、转动部分和工件。

36）暂停使用电气工具和遇有临时停电时，应立刻切断电源，防止突然来电转动；停止使用工具时应及时断开电源。

37）电动工具使用需要设漏电保护装置，并且需要定期检查其是否能正确动作。

38）在工具设计范围内使用工具。

39）使用正确的工具附件。

40）不能让工具在无人看管的情况下继续运转。

41）不要使用开关故障的电动工具，如果无法正常操控起停开关，容易在操作工具时发生意外。

42）工作时应避免身体与地面上的管道、散热片、灶及冰箱外壳等接触。

43）经常检查工作场所，不要有裸露的电线。电动工具的外壳要保持良好的绝缘状态。

44）不要过分用力推压工具，电动工具只有在其设计条件下工作，才能发挥最大效用。

45）用工具或虎钳台固定工件，操作时务必用双手持稳电动工具。

46）当使用上拉的作业方式时，须佩戴耳罩。

47）操作时脚步要站稳，身体姿势要保持平衡及不可伸手越过工具取物。

48）工作时必须用双手握紧电动工具，使用双手比较能够握稳电动工具，另外要确保立足稳固。

49）如果安装在机器上的工具被夹住了，必须马上关闭电动工具并且保持镇静。此时机器会产生极高的反应力矩，并且造成回击。

50）如果工作时可能割断隐藏的电线或工具本身的电源线，那么一定要握着绝缘手柄操作机器。电动工具如果接触了带电的线路，工具上的金属部件会导电，并且可能造成操作者触电。

51）操作前使用合适的侦测器，找出隐藏电源线的位置，以避免操作时损伤电源线，引发事故。

52）固定好工件，使用固定装置或老虎钳固定工件，会比用手持握工件更牢固，但要注意安全。

53）等待电动工具完全静止后才能够放下工具。

54）不要使用电线已经损坏的电动工具，如果电源电线在工作中受损，绝对不可触摸损坏的电线，需要马上拔出插头。

一点通

反弹就是因卡住、缠绕住的旋转砂轮、靠背垫、钢丝刷、其他附件而产生的突然反作用力。卡住、缠绕会引起旋转附件的迅速堵转，并且会使失控的电动工具在卡住点产生与附件旋转方向相反的运动。反弹是电动工具误用和/或不正确操作工序或条件的结果。可以采取以下一些适当预防措施避免反弹的发生。

1）保持紧握电动工具，使操作者的身体与手臂处于正确的状态以抵抗反弹力。

2）不要站在发生反弹时电动工具移动到的地方。

3）绝不能将手靠近旋转附件，附件可能会反弹碰到手。

4）在尖角、锐边等处作业时要特别小心，避免附件的弹跳和缠绕。

5）不要附装上锯链、木雕刀片、带齿的锯片，这些附件会产生频繁的反弹与失控。

★★★1.2.5 电动工具作业前需要检查的项目

电动工具作业前需要检查的一些项目如下：

1）外壳、手柄不得出现裂缝、破损现象。

2）电缆软线、插头等应完好无损。

3）开关动作正常。

4）保护接零连接正确、牢固。

5）防护罩齐全、牢固。

6）电气保护装置可靠。

7）转动部分灵活。

★★★1.2.6 电动工具的保管

保管电动工具的一些注意事项如下：

1）使用刃具的机具，应保持刃磨锋利，完好无损，安装正确，牢固可靠。

2）采用工程塑料为机壳的非金属壳体的电动机、电器，在存放和使用时应防止受压、受潮，并不得接触汽油等溶剂。

3）非金属壳体的电动机、电器，在存放和使用时不应受压、受潮，并不得接触汽油等溶剂。

4）单位的手持式电动工具必须有专人管理。家用手持式电动工具必须放在小孩不能够接触到的地方。

5）不使用的工具存放在儿童、体弱人士接触不到的地方。

6）工具在使用前后，保管人员必须进行日常检查。电动工具每年至少应由专职人员定期检查一次，在湿热与温度常有变化的地区或使用条件恶劣的地方，则相应缩短检查周期。

7）在梅雨季节前需要及时检查工具。

8）非专职专业人员不得擅自拆卸、修理工具。

9）工具是塑料外壳的应防止碰、磕、砸，不要与汽油及其他溶剂接触。

10）外壳的通风口（孔）必须保持畅通，注意防止切屑等杂物进入机壳内。

11）不要乱扔乱丢工具。

12）保持工具清洁、干燥。

★★★1.2.7 电动工具的维护与维修

维护、维修电动工具的一些注意事项如下：

1）电动工具的绝缘电阻应定期用500V绝缘电阻表进行测量，如带电部件与外壳之间绝缘电阻值达不到2MΩ，必须进行维修处理。

2）电动工具的电气部分经维修后，必须进行绝缘电阻测量及绝缘耐压试验，试验电压为380V，试验时间为1min。

3）手持式电动工具的检修应由专职人员进行。修理后的工具，不应降低原有防护性能。对工具内部原有的绝缘衬垫、套管，不得任意拆除或调换。检修后的工具其绝缘电阻经用500V绝缘电阻表测试，Ⅰ类工具不低于2MΩ，Ⅱ类工具不低于7MΩ，Ⅲ类工具不低于1MΩ。工具在大修后尚应进行交流耐压试验，试验电压标准分别为Ⅰ类工具—950V，Ⅱ类工具—2800V，Ⅲ类工具—380V。

4）维修后的工具不得任意改变工具的原设计参数，不得采用低于原用材料性能的代用材料和与原有规格不符的零部件。

5）工具如果不能修复或者超过使用期限，建议购买新的工具或者用可以使用的工具替换。

6）轴承装配时需添加润滑脂。

7）及时更换已磨损的电刷。

8）更换零件和维修时，必须先将插头拔掉。

9）定期润滑工具，按时更换零部件。

10）更换工具电动机时，无论是转子坏或定子坏，都必须更换与之相匹配的技术参数的转子或定子，如果更换不相匹配的转子或定子会引起电动机烧毁。

11）X型连接方式的工具，在更换电缆/导线时需要一根特殊准备的电缆/导线：如果工具电源线被破坏，则必须从维修机构获取特殊准备的电源线进行更换。

12）Y型连接方式的工具，如果需要更换电源线，为了避免危险，应由制造商的代理机构或者相关专业人员进行更换。

13）Z型连接方式的工具，电动工具的电源线不能更换。

安装在机器上的工具容易被夹住的常见原因有：电动工具超荷、安装在机器上的工具在工件中出现歪斜等现象。

★★★1.2.8 电动工具的电气故障与机械故障的判断

电动工具的电气故障与机械故障的判断见表1-10。

表 1-10 电动工具的电气故障与机械故障的判断

方法	解 说
转动工作头	1）石材切割机、电圆锯、电钻等工具，可以用手直接转动工作头，看能否转动。如果转不动或摆动很大，则说明存在机械故障 2）电锤、电镐等，可以拧开加油口盖，看一下连杆是否断裂或变形，如果断裂或变形，则判断是机械故障
仪表检测判断	可以采用绝缘电阻表、万用表测量判断定子、转子是否存在漏电、断路等故障。如果存在漏电现象，则说明电动工具发生电气故障
观察火花	如果是不大的机械故障、漏电现象、断路故障，则可以通电试机。一般情况是先将电源开关点动一下，并且观察电动机的反应，如果出现大火花，则说明转子、定子可能存在电气故障
听声音看转速	如果电动工具起动后，电动机转速很快，则说明电动机很可能发生齿轮等损坏现象。如果没带上负载，转速很慢，则可能是转子与定子扫膛或轴承、齿轮损坏引发卡阻等故障
分区	一些工具结构分区比较明显，则可以通过将工具分成几部分，然后判断、区分故障所在部分，进而判断是电气故障还是机械故障

★★★1.2.9 根据电刷、刷握情况来检修

根据电刷、刷握情况来检修，见表 1-11。

表 1-11 根据电刷、刷握情况来检修

电刷情况	检 修
碳化漏电	1）铝壳电动工具，如果刷握碳化时，可能会造成外壳漏电。遇到该故障，可以将刷握从壳体上拆下，再用细砂布打磨外表，然后绕一层透明胶带后装回，即可解决漏电问题 2）更换新刷握
无法旋入电刷	1）可以涂一点润滑脂，使其容易旋入刷盖 2）更换新刷握
刷盖无法旋紧	1）若是型号不匹配，则需要更换匹配的刷盖 2）若是刷盖或刷握的螺扣滑扣，应急时可在刷盖与刷握间垫上一条黑绝缘胶带，或者更换新件

一点通

更换电动工具电刷的注意事项如下：

1）旋刷盖时，要小心操作，避免损伤刷握的内螺纹。如果刷握内螺纹损伤，则应更换刷握。

2）装刷握时，要对准中心孔。击打时，用力要合适，否则易损坏刷握。

3）刷握尺寸大于原来刷握尺寸时，可用砂布打磨或用自制的砂轮机打磨。

4）刷握安装后，有些松动，则可以用万能胶固定，以防止松脱。

5）铝壳体的刷握，耳簧处要套上绝缘垫片，以防止定子耳簧与铝壳体接触漏电。

★★★1.2.10 电动工具的管理

电动工具的管理如下：

1）检查工具是否具有国家强制认证标志、产品合格证、使用说明。

2）监督、检查工具的使用与维修。

3）对工具的使用、保管、维修人员进行安全技术教育与培训。

4）工具应存放在干燥、无有害气体或酸蚀性物质的场所。

5）锂电池的运输要遵循相关国内及国际上的规定。

6）使用单位应建立工具使用、检查、维修的技术档案。

7）掌握工具的允许使用范围。

8）掌握工具的正确使用方法、操作程序。

9）掌握工具使用前应着重检查的项目、部位，以及使用中可能出现的危险和相应的防护措施。

10）掌握电动工具的操作者注意事项。

一点通

使用工具发生电击事故的主要原因如下：

1）机器内部各种形式的绝缘结构被破坏。

2）零部件脱落引起外壳带电。

3）工具外部保护系统失效或使用、操作不当使外壳带电。

第 2 章

配件与附件

2.1 基　础

★★★2.1.1　附件与配件的概念

附件与配件的概念见表2-1。

表2-1　附件与配件的概念

名称	解　说
附件	附件就是只附装在工具输出机构上的一种装置。常见附件有控温器、限温器、热断路器、自复位热断路器、非自复位热断路器、保护装置、无线电和电视干扰抑制器、热熔丝、控制器件、剩余电流动作保护器、防护器件等
配件	配件就是附装在工具外壳或其他组件上的一种装置，它可装在或不装在输出机构上，并且不改变相应标准范围的工具的正常使用

★★★2.1.2　器件、零件与装置的概念

器件、零件与装置的概念见表2-2。

表2-2　器件、零件与装置的概念

名称	解　说
控制器件	控制器件就是用手动操作来控制工具功能的一种器件，例如选择开关、按钮等就属于控制器件
无线电和电视干扰抑制器	无线电和电视干扰抑制器就是指用于抑制工具对无线电和电视干扰的元件的一种组合
离合	离合就是当螺钉拧紧时，电钻夹头就停止转动自动分离。离合的优点就是不会在螺钉已拧紧后再拧了，同时也保护了使用者的手不会被转动的惯性伤到
正反转装置	正反转装置就是不具备接通分断电流的能力，仅在无电流流过时改变电动工具内部电路连接状态，从而改变电动工具运转方向的一种装置
不可拆卸的零件	电动工具的不可拆卸的零件是指只有借助于工具才能够拆卸的零件
可拆卸的零件	电动工具的可拆卸的零件是不需要借助于工具即可拆卸或打开的零件或者根据使用说明等有关规定需要拆除的零件（即使需要使用工具）
夹持机构	夹持机构是夹持、固定作业工具的一种机构
工程塑料	工程塑料是指可以作为结构材料，能够在较宽的温度范围内，承受机械应力与较为苛刻的化学物理环境中使用的一种塑料

点通

电动工具的易触及零件或易触及表面是用标准试验指能够触及的零件，对易触及金属零件而言，还包括与之连接的所有金属零件。

★★★2.1.3　配件与附件的特点

一些具体配件与附件的特点见表2-3。

表2-3　一些具体配件与附件的特点

名称	解说
控温器	控温器也叫作限温器，控温器就是动作温度可固定或可调的一种温度敏感装置，其能够在正常工作期间，通过自动接通或断开电路让被控件的温度保持在某限值间。也就是说，在正常工作期间，当被控零件的温度达到预先确定值时，以断开或接通电路的方式来工作。在工具的正常工作循环期间，它不会造成相反操作
热断路器	热断路器就是在不正常工作期间，通过自动切断电路或减小电流来限制被控件温度的一种装置，其结构使用户不能改变其整定值 自复位热断路器就是工具的有关部分冷却到规定值，能够自动恢复电流的一种热断路器 非自复位热断路器就是要求手动复位或更换零件来恢复电流的一种热断路器
热熔丝	热熔丝就是只能一次性工作，事后要求部分或全部更换的一种热断路器
剩余电流动作保护器	剩余电流动作保护器就是当工具在使用时发生危及操作者安全的漏电流时，能够自动切断电源的一种装置

★★★2.1.4　电动工具基本组件的特点

电动工具一些基本组件的特点见表2-4。

表2-4　电动工具一些基本组件的特点

名称	解说
外壳、机壳	外壳、机壳是用来支承、连接电动机、传动机构、开关、手柄、附属装置，使之成为一个完整的工具实体的最外层结构件。电动工具外壳、机壳一般由塑料件或金属件组成。手持式工具一般使用塑料外壳、机壳，也有部分机器采用塑料与金属相结合而组成的外壳、机壳
传动结构	传动机构一般由齿轮、皮带、链条等机构组成，也有部分电动工具是没有传动机构的，由转子轴直接输出进行工作。多数手持式电动工具的传动机构都是用齿轮来传递能量、减速、改变运动方向的
手柄	手柄是正常使用时操作者手所握持的部分。手柄由主把手、辅助把手组成。主把手是手持电动工具不可缺少的一个组成部分。辅助把手可以根据标准要求而定。手柄的类型有双横手柄、后托式手柄、手枪式手柄、后直手柄等

 **一点通**

机壳，对内部零部件起到固定、保护作用，并且对使用者起到保护作用。机壳出现裂纹、破损等现象，如果有更换件，更换即可。如果无法购买到机壳，则铝合金壳体破碎的，

可用氧化炔焊修补；工程塑料壳体破碎的，可用塑料焊修补。

★★★2.1.5 电动工具充电器

电动工具充电器，就是包含在一个独立壳体中的部分或全部充电系统。但是充电器至少应包含全部能量转换电路。由于在这种情况下，工具可以利用一根电源软线或内置一个连接到电源插座的插头进行充电，因此一个独立充电器并非包含所有充电系统。直流配电板，就是具有给插座或端子分配直流电的电路的面板。

电动工具充电器参数如下：

1）额定电流，就是由生产商给电池充电器规定的输入电流。

2）额定输入功率，就是由生产商给电池充电器规定的输入功率。

3）额定输出电流，就是由生产商给电池充电器规定的输出电流。

4）额定输出电压，就是由生产商给电池充电器规定的输出电压。

5）额定电压，就是由生产商给电池充电器规定的输入电压。

充电器按防电击分类为Ⅰ类充电器、Ⅱ类充电器。

对电池式工具或电池包的充电有如下两种模式：

1）由单相交流电网通过连接器直接向内置在工具中的充电装置供电，以交流电进行充电。

2）由单相交流电网通过连接器向充电器供电，以直流电向工具或电池包进行充电。

用于对电池式工具充电的充电器或装置应属于下列形式之一：携带式、固定式。

★★★2.1.6 电源连接方式

电源连接方式见表2-5。

表2-5 电源连接方式

名称	解 说
X型连接	X型连接是易于更换电源线的一种电源连接方式
Y型连接	Y型连接是只能够由制造商、代理商或相类似的专业人员来更换电源线的一种电源连接方式
Z型连接	Z型连接是不破坏工具就无法更换电源线的一种电源连接方式

★★★2.1.7 电路的概念

一些电路的概念见表2-6。

表2-6 一些电路的概念

名称	解 说
电源电路	电源电路是包含发电机、变压器、配电线路或用电设备的一种电路
控制电路	控制电路是用于控制工具的一种辅助电路
电子电路	电子电路是至少含有一个电子元件的电路

2.2 导线与插头、接线端子

★★★2.2.1 电缆与导线的概念

电缆与导线的概念见表2-7。

表 2-7　电缆与导线的概念

名称	解　说
不可拆卸软电缆或软线	不可拆卸软电缆或软线是指固定安装在工具上，作为工具连接电源用的软电缆或软线
可拆卸软电缆或软线	可拆卸软电缆或软线是指通过适当的电气耦合器连接到工具中，以起到供电或其他用途的软电缆或软线
电源软线	电源软线就是为了供电，通过以下方法之一固定或安装在工具上的一种软电缆或导线： 1）X 型连接：这种连接方式不借助于专用工具，软电缆或导线能够容易地采用一根不要求任何专门制备的软电缆或导线来更换 2）M 型连接：该种连接方式不借助于专用工具，软电缆或导线能够容易地采用一根例如带有模压在软线上的护套或压接接线端子的专门软电缆或导线来更换
内接线	内接线是连接电动机、开关等工具内部电路并包封在外壳内的导线
互联导线	互联导线是作为工具整体的一部分提供的，而非用于连接到电源的外接软线。遥控手持开关器件、工具两个部分间的外部互联以及用一软线将一个附件连接到工具或连接到一个分离的信号电路均是互联软线的示例

★★★2.2.2　软电缆或软线的安全要求

软电缆或软线的一些安全要求如下：

1）Ⅰ类工具的电源线必须采用三芯（单相工具）或四芯（三相工具），多股铜芯橡皮护套软电缆或护套软线。其中，绿/黄双色线只能用作保护接地或接零线。

2）以前的工具，可能有的是以黑色线作为保护接地或接零线的软电缆或软线，维修时，需要注意。

3）工具的软电缆或软线不得任意接长或拆换。

4）工具的软电缆或软线应满足相应的电气、机械性能。

★★★2.2.3　充电器电缆

对于固定布线且额定电流不超过 16 A 的充电器或充电装置，其软电缆或导管的入口应适合表 2-8 所示的具有最大外径尺寸的软电缆或导管。

表 2-8　软电缆或导管的尺寸

导线数目，包括接地导线	最大尺寸/mm	
	软线	导管
2	13.0	16.0
3	14.0	16.0
4	14.5	20.0
5	15.5	20.0

电源软线应通过下述方法之一连接到充电器上：X 型连接；Y 型连接；Z 型连接。

电源软线的标称截面积应不小于表 2-9 的规定。软线不应与充电器内的尖点或锐边接触。

表 2-9　电源软线的标称截面积

工具额定电流/A	标称截面积/mm^2	工具额定电流/A	标称截面积/mm^2
>0.2 且≤3	0.5	>6 且≤10	1.0
>3 且≤6	0.75	>10 且≤16	1.5

 一点通

电缆线的作用，就是为电动工具从电网中获取电流提供了渠道。护套的作用，就是保护电缆线免受机壳摩擦导致出现断裂的危险，有时也在其上面增加小孔，用以放置其他零件。电缆线不通电、绝缘破损、划伤、插头断裂、线扣未夹牢固等往往会引起故障。

★★★2.2.4　电动工具电源线的要求与特点

电动工具电源线的一些特点与要求如下：

1）不同的电动工具，其电源线的连接方式可能不同。

2）电源线可以采用带护套的橡胶软电缆/导线、带护套的聚氯乙烯软电缆/导线。

3）用于与水源连接的工具的电源线不得比带护套的普通氯丁橡胶软电缆/导线轻。

4）电源线的截面积要达到要求。

5）除用夹紧方式来防止由于焊锡的冷变形而造成不良接触的危险外，电源线的导体在承受接触压力时不能够用锡焊来加固。

6）如果采用弹性端子，则允许采用锡焊加固的多股导线。

7）如果将电源线与机壳或机壳的一部分模压在一起，需要不影响电缆/导线的绝缘才行。

8）电源线的进线口需要提供防护套来防止工具的软电缆/导线受到过度的弯曲，并且电缆/导线的防护性罩盖应能引入到开口中而不受损伤。

9）进线口处，电缆/导线的导体与工具的机壳间的绝缘在机壳如果是金属材料时，需要由导体的绝缘与另外至少两层独立的绝缘组成。

10）带有电源线的工具需要在电源线和工具的连接处装有电缆压板，以减少导线所受到的拉力和扭矩，以及防止电缆防护套受到磨损。

11）电源线带有插头，额定电流不超过 16A 的单相工具的电源线需要带有符合标准 IEC 60884 或 EN 60309 要求的插头。

12）电源线带的插头的主体需要由橡胶、聚氯乙烯或具有不低于橡胶、聚氯乙烯机械强度的材料组成或覆盖。

13）对于额定电流为 16～63A 的单相工具和额定电流不超过 63A 的多相工具，需要带有符合标准 EN 60309 要求的插头。

14）电动工具在使用时经常需要移动，因此，连接电源与工具的软电缆或软线需要承受一定的、频繁的弯曲与扭转。因此，电动工具进线电源线需要选用软电缆或软线，并且需要不易扭结以及有较高的耐磨性。同时，也要求电源线具有轻便、色泽鲜艳等特点。

15）一般电动工具线可以选择额定温度为 105℃ 、额定电压为 600V 的 PVC（聚氯乙烯）绝缘电源线，如图 2-1 所示。

图 2-1　绝缘电源线

16）选择带插头的电缆线（见图 2-2），需要注意配的插头类型是扁插、三角插，还是其他类型，并且确定是否满足实际所需。

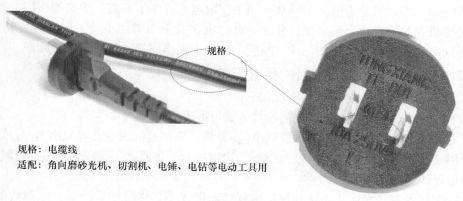

规格：电缆线
适配：角向磨砂光机、切割机、电锤、电钻等电动工具用

图 2-2　带插头的电缆线

17）选择带插头的电缆线以及插头的参数是否满足实际所需。

 一点通

单相 I 类电动工具，一般使用的是 3 芯电源线。单相 II 类电动工具，一般使用 2 芯电源线。三相 I 类电动工具，一般使用 4 芯电源线；三相 II 类电动工具，一般使用 3 芯电源线。电动工具电源线常见的长度有 2m、2.5m、3m、3.5m、4m、5m 等。

★★★2.2.5　电动工具电源线截面积的要求

电动工具电源线的标称截面积需要不小于表 2-10 中的要求。

表 2-10　电动工具电源线的标称截面积的要求

工具的额定电流 I/A	标称截面积/mm^2
$I \leq 6$	0.75
$6 < I \leq 10$	1
$10 < I \leq 16$	1.5
$16 < I \leq 25$	2.5
$25 < I \leq 32$	4
$32 < I \leq 40$	6
$40 < I \leq 63$	10

点通

电动工具的电源线由于经常活动，护套管内容易折断或者接触不良，则可以剪短一段后，再接入电路。如果受到外力挤压或制造的橡胶质量不好，容易使电源线铜丝搭接，造成短路现象。冬天电源线绝缘皮易受冻损坏，则应更换防冻电源线。电源线外皮损伤，则可以用绝缘胶带包扎好再使用。更换电动工具电源线时，线夹要固定好，并且采用护套管。

★★★2.2.6 导线的种类与标识

导线的种类与标识如图2-3所示。

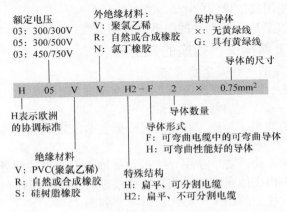

图2-3 导线的种类与标识

★★★2.2.7 电动工具用电源橡胶线的特点

电动工具用橡胶线又叫作软套橡胶线、橡胶电源线，它的一些特点如下：

1) 在20℃时，绝缘线芯间绝缘电阻可以达50MΩ·km以上。

2) 长期允许工作温度一般应不超过65℃。

3) 耐低温、耐高温（耐温 −40 ~ +90℃）。

4) 具有阻燃性。

5) 可承受一定的机械外力的作用。

6) 柔韧性好，强度高。

7) 具有一定的耐候性和一定的耐油性，适用于户外或接触油污的场合。

8) 也适用于交流额定电压450/750V及以下动力装置、家用电器、施工照明、机器内部等要求柔软或移动场所作为电气连接线或布线。

一点通

电动工具内导线的颜色规定如下：

1) 欧洲标准是棕蓝线，棕色线是相线，蓝色线是零线，黄绿线是接地线。

2) 美洲标准是黑白线，棕色线和黑色线是相线，蓝色线和白色线是零线，绿色线是接地线。

★ ★ ★2.2.8　电动工具常用软电缆的规格

软电缆采用 QY 型轻型橡胶套软电缆，常用的规格及芯线的股数见表 2-11。

表 2-11　软电缆常用的规格及芯线的股数

规格/mm²	芯线股数
2×0.75	ϕ0.15×42
3×0.75	ϕ0.15×42
4×0.75	ϕ0.15×42
2×10	ϕ0.22×27
3×1.0	ϕ0.22×27
4×1.0	ϕ0.22×27

注：规格为软缆芯数乘以每芯的截面积（mm²），芯线股数为芯线线径（mm）乘以芯线股数。

一点通

一般电动工具选用 PVC 导线，但是下列情况下不选择 PVC 导线：

1）连接水源电动工具的导线。

2）大类标准规定使用其他导线的电动工具。

3）外壳金属部件的温升大于 75K 的电动工具用导线。

★ ★ ★2.2.9　电动工具插头、插座的安全要求

电动工具插头、插座的一些安全要求如下：

1）工具所用的插头、插座必须符合有关的国家标准。

2）插头不能装有一根以上的软电缆/导线。

3）带有接地插脚的插头、插座，在插合时需要符合规定的接触顺序，并且有防止误插入特征。

4）三极插座的接地插孔需要单独用导线接到接地线上或单独用导线接到接零线上（采用保护接零的情况），不得在插座内用导线直接将接零线与接地线连接起来。

5）工具软电缆或软线上的插头不得任意拆除、调换。

6）插头的材料一般是 PVC 或橡胶，或者是机械强度不低于以上 2 种的材料。

7）检验合格后，才能够使用。

8）插头的外形和结构有多种，以便适用不同国家或地区的认证与应用。

★ ★ ★2.2.10　电动工具电源线插头的类型

电动工具电源线插头的类型见表 2-12。

表 2-12　电动工具电源线插头的类型

图例	名称	图例	名称
	国内二扁插		美式一圆二扁
	国内三扁插		欧式二圆一孔
	美式二扁插		葡萄牙防水插头
	巴西二扁圆		欧式二圆插
	英式三插头		巴西三插
	小南非		大南非

★★★2.2.11 根据电源线插座判断相线、零线、地线

根据电源线插座判断相线、零线、地线的方法见表2-13。表中 L 表示相线插头，N 表示零线插头，E 表示地线插头。

表2-13 根据电源线插座判断相线、零线、地线的方法

规格	解说	规格	解说
平规		澳规 （中式三插）	
美规		英规	
欧规			

★★★2.2.12 电源线好坏的检查

检查电源线的好坏可以通过检测其是否开路、短路来判断。首先将万用表调到欧姆 R×1 档，然后测量电源线的地线两端，正常应为导通；测量相线的两端，正常应为导通；测量中性线的两端，正常应为导通。如果检测同一根线显示成开路（∞），则表示电源线股线被扯断。另外，不同的线间，正常的阻值为∞，如果为0，则表示线间短路，也就是电源线损坏了，操作图例如图2-4所示。

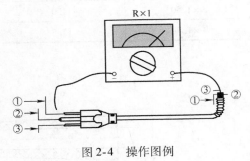

图2-4 操作图例

★★★2.2.13 电动工具电源线护套的特点与规格

电动工具电源线护套的特点与规格如下：

1）电动工具电源线护套用在电源线进线处对软电缆或软线进行保护，软电缆/软线需

要比防护套长约100mm。

2）电动工具电源线护套一般采用弹性绝缘材料组成，外表光滑。

3）对于 X 型连接的工具，防护套不一定与电源线是一体的。

4）防护套的要求：防护套伸出到进线口外部的距离至少为工具所使用的电缆线外径的 5 倍。

5）电动工具电源线护套有 A 型（见图2-5）、B 型（见图2-6）两种。A 型电动工具电源线护套结构尺寸见表2-14。B 型电动工具电源线护套结构尺寸见表2-15。

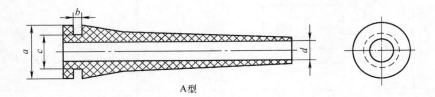

图2-5　电动工具电源线护套 A 型

表2-14　A 型电动工具电源线护套结构尺寸

配用的电源线		a	b	c	d
芯数×标称截面积 /mm²	平均外径上限 /mm	mm			
2×0.75	8.2	$\phi20$	3.5	$\phi14$	$\phi8.5$
3×0.75	8.8	$\phi22$	3.5	$\phi15$	$\phi9.0$
4×0.75	9.6	$\phi22$	3.5	$\phi16$	$\phi10.0$
2×1.00	8.8	$\phi22$	4	$\phi15$	$\phi9.0$
3×1.00	9.2	$\phi22$	4	$\phi16$	$\phi9.5$
4×1.00	10.0	$\phi24$	4	$\phi17$	$\phi10.5$
2×1.50	10.5	$\phi24$	4.5	$\phi17$	$\phi11.0$
3×1.50	11.0	$\phi26$	4.5	$\phi18$	$\phi11.5$
4×1.50	12.5	$\phi26$	4.5	$\phi19$	$\phi13.0$

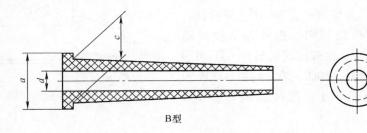

图2-6　电动工具电源线护套 B 型

表2-15 B型电动工具电源线护套结构尺寸

配用的电源线		a	c	d
芯数×标称截面积 /mm²	平均外径上限 /mm	mm		
2×0.75	8.2	$\phi20$	$\phi14$	$\phi8.5$
3×0.75	8.8	$\phi22$	$\phi15$	$\phi9.0$
4×0.75	9.6	$\phi22$	$\phi16$	$\phi10.0$
2×1.00	8.8	$\phi22$	$\phi15$	$\phi9.0$
3×1.00	9.2	$\phi22$	$\phi16$	$\phi9.5$
4×1.00	10.0	$\phi24$	$\phi17$	$\phi10.5$
2×1.50	10.5	$\phi24$	$\phi17$	$\phi11.0$
3×1.50	11.0	$\phi26$	$\phi18$	$\phi11.5$
4×1.50	12.5	$\phi26$	$\phi19$	$\phi13.0$

★★★2.2.14 电动工具内部布线的特点与要求

电动工具内部布线的一些特点与要求如下:

1) 电动工具内部布线必须坚固、牢靠或绝缘,以致在正常使用中不会使爬电距离和电气间隙减小到低于相关的规定值。如有绝缘,则应不可能在正常使用中被损坏。

2) 内部导线与工具不同部件间的电气连接应被充分防护或包封。

3) 布线槽应当光滑,没有可能擦伤导线绝缘的锐边、毛刺、飞边及类似物。

4) 用绿/黄混合色标的导线不允许接在除了接地端子以外的接线端子上。

5) 铝线不能用作内部接线。

6) 电源开关不得直接装在软电缆或软线上。

7) 在正常运行情况下,导线会被移动的,则始终需要保证被移动的导线与运动部件间至少保持25mm的距离。如果达不到这个要求,则应具有防止接线与运动部件接触的措施。

8) 松卷弹簧不能用于保护导线。

9) 如果用圈与圈间互相接触的盘绕弹簧来保护导线,则需要在导线绝缘上加上适当的绝缘衬套。

10) 金属软管可以用来保护内部导线,但是,需要注意软管不得损伤包含在软管中的导线的绝缘。

★★★2.2.15 X型连接的接线端子连接导线的截面积要求

X型连接的接线端子连接导线的截面积要求见表2-16。

表2-16 X型连接的接线端子连接导线的截面积要求

工具的额定电流 I/A	软电缆/导线标称截面积/mm²
$I \leqslant 6$	0.75~1
$6 < I \leqslant 10$	0.75~1.5
$10 < I \leqslant 16$	1.5~2.5
$16 < I \leqslant 25$	2.5~4
$25 < I \leqslant 32$	2.5~6
$32 < I \leqslant 40$	4~10
$40 < I \leqslant 63$	6~16

★★★2.2.16　柱型接线端子的尺寸规格

柱型接线端子的尺寸规格见表2-17。

表2-17　柱型接线端子的尺寸规格

工具的额定电流 I/A	最小标称螺纹直径 /mm	导线孔的最小直径 /mm	接线柱中螺纹的 最小长度/mm	孔的直径与螺纹公称 直径的最大差值/mm
$I \leqslant 6$	2.5	2.5	1.8	0.5
$6 < I \leqslant 10$	3.0	3.0	2.0	0.6
$10 < I \leqslant 16$	3.5	3.5	2.5	0.6
$16 < I \leqslant 25$	4.0	4.0	3.0	0.6
$25 < I \leqslant 32$	4.0	4.5	3.0	1.0
$32 < I \leqslant 40$	5.0	5.5	4.0	1.3
$40 < I \leqslant 63$	6.0	7.0	4.0	1.5

★★★2.2.17　螺孔型接线端子的尺寸规格

螺孔型接线端子的尺寸规格见表2-18。

表2-18　螺孔型接线端子的尺寸规格

工具的额定 电流 I/A	螺纹公称 直径/mm	螺钉上的螺 纹长度/mm	螺孔或螺母中螺纹的 最小长度/mm	螺钉头部与杆部的 公称直径之差/mm	螺钉头的 高度/mm
$I \leqslant 6$	2.5	4.0	1.5	2.5	1.5
$6 < I \leqslant 10$	3.0	4.0	1.5	3.0	1.8
$10 < I \leqslant 16$	3.5	4.0	1.5	2.5	2.0
$16 < I \leqslant 25$	4.0	5.5	2.5	4.0	2.4
$25 < I \leqslant 32$	5.0	7.5	3.0	5.0	3.5
$32 < I \leqslant 40$	5.0	9.0	3.5	5.0	3.5
$40 < I \leqslant 63$	6.0	10.5	3.5	6.0	5.0

★★★2.2.18　螺栓接线端子的尺寸规格

螺栓接线端子的尺寸规格见表2-19。

表2-19　螺栓接线端子的尺寸规格

工具的额定电流 I/A	螺纹最小公称直径 /mm	螺纹直径与垫圈内径的 最大差值/mm	螺纹直径与垫圈外径的最小差值 /mm
$I \leqslant 6$	2.5	0.4	3.5
$6 < I \leqslant 10$	3.0	0.4	4.0
$10 < I \leqslant 16$	3.5	0.4	4.5
$16 < I \leqslant 25$	4.0	0.5	5.0
$25 < I \leqslant 32$	4.0	0.5	5.5

2.3　紧　固　件

★★★2.3.1　常见长度计量单位与其换算

长度计量单位主要有两种：一种是公制，计量单位为毫米（mm）、厘米（cm）、米（m）等；另一种是英制，计量单位主要为英寸（in）。

长度计量单位的换算关系如下：

$$1m = 100cm = 1000mm \quad 1英寸 = 8英分 \quad 1英寸 = 25.4mm$$

另外，英分还可俗称为"分"，分与英寸的关系如图 2-7 所示，例如 3/8in 对应 9.52mm。1/4in 以下的产品用番号来表示其称呼径，例如 4#、5#等。

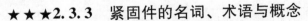

图 2-7　分与英寸的关系

★★★2.3.2　标准件与紧固件的概述

标准件就是国家标准将其型式、结构、材料、尺寸、精度、画法等均予以标准化的零件。标准件包括螺栓、双头螺柱、垫圈、键、销、螺钉、螺母、轴承等。轴承如图 2-8 所示。

紧固件在市场上也称为标准件，它是将两个或两个以上的零件或构件紧固连接成为一件整体时所采用的一类机械零件的总称。

图 2-8　轴承

★★★2.3.3　紧固件的名词、术语与概念

紧固件的一些名词、术语与概念见表 2-20。

表 2-20　紧固件的一些名词、术语与概念

名词	解　说	
螺纹	螺纹是一种在固体外表面或内表面的截面上，有均匀螺旋线凸起的形状	
螺栓	螺栓是用来紧固螺母的紧固件。螺栓是由头部与螺杆两部分组成的一类紧固件，需与螺母配合，用于紧固连接两个带有通孔的零件。如果把螺栓与螺母从螺栓上旋下，又可以使这两个零件分开，故螺栓连接是属于可拆卸连接	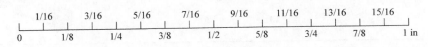
螺钉	1）螺钉是用来安装在攻有内螺纹的孔内紧固件。螺钉是由头部与螺杆两部分构成的一类紧固件。根据用途可以分为机器螺钉、紧定螺钉、特殊用途螺钉。机器螺钉主要用于一个紧定螺纹孔的零件，与一个带有通孔的零件间的紧固连接，不需要螺母配合。紧定螺钉主要用于固定两个零件间的相对位置。特殊用途螺钉例如有吊环螺钉等供吊装零件用 2）螺钉主要用于紧固连接两个构件，使之成为整体的零件 3）螺钉可以分为自攻螺钉、机器螺钉。根据旋向，螺钉分为左旋、右旋 4）螺钉主要给机器的各零件连接定位，紧固可靠，不松动 5）螺钉规格用错，会出现打滑拧不紧，或者打穿现象	

（续）

名词	解　说
自攻螺钉	自攻螺钉是通过攻丝自身形成螺纹的一种紧固件。自攻螺钉与机器螺钉相似，但螺杆上的螺纹为专用的自攻螺钉用螺纹
螺纹配合	螺纹配合是旋合螺纹间松或紧的大小，配合的等级是作用在内外螺纹上偏差和公差的规定组合
外螺纹	制在零件外表面上的螺纹叫外螺纹
内螺纹	制在零件孔腔内表面上的螺纹叫内螺纹
键	用键将轴与轴上的传动件联接在一起，以传递扭矩
销	销主要用于零件间的定位，也可用于零件间的联接，但只能传递不大的扭矩
螺柱	螺柱是没有头部的，仅有两端均外带螺纹的一类紧固件。连接时，它的一端必须旋入带有内螺纹孔的零件中，另一端穿过带有通孔的零件中，然后旋上螺母。螺柱连接属于可拆卸连接。螺柱连接用于被连接零件要求结构紧凑，或因拆卸频繁，不宜采用螺栓连接的场合
螺母	螺母带有内螺纹孔，形状一般呈现为六角柱形，也有呈四方柱形或圆柱形，配合螺栓、螺柱、机器螺钉，用于紧固连接两个零件，使之成为一个整体
木螺钉	木螺钉与机器螺钉相似，但螺杆上的螺纹为专用的木螺钉用螺纹，可以直接旋入木质构件或零件中，用于把一个带通孔的金属或非金属零件与一个木质构件紧固连接在一起。木螺钉连接也是属于可以拆卸的连接
垫圈	垫圈的形状是呈扁圆环形的一类紧固件。垫圈置于螺栓、螺钉、螺母的支撑面与连接零件表面间，起着增大被连接零件接触表面面积，降低单位面积压力和保护被连接零件表面不被损坏的作用。还有一种弹性垫圈，有阻止螺母回松的作用
挡圈	挡圈是装在机器、设备的轴槽或孔槽中，起着阻止轴上或孔上的零件左右移动的作用
铆钉	铆钉是由头部与钉杆两部分构成的一类紧固件，用于紧固连接两个带通孔的零件或构件，使之成为一个整体。铆钉连接简称铆接。铆接属于不可拆卸的连接
组合件与连接副	组合件是指组合供应的一类紧固件，如将某种机器螺钉与平垫圈（或弹簧垫圈、锁紧垫圈）组合供应。连接副是指将某种专用螺栓、螺母与垫圈组合供应的一类紧固件
焊钉	焊钉是由光杆与钉头或无钉头构成的异类紧固件，用焊接方法把它固定连接在一个零件或构件上，以便再与其他零件进行连接

★★★2.3.4　螺纹的分类

螺纹的分类见表2-21。

表2-21　螺纹的分类

名称	解　说
标准	1）标准螺纹——在螺纹的诸要素中，牙型、公称直径、螺距为其主要的三要素。如果该三要素均符合国标规定，则相应螺纹称为标准螺纹 2）特殊螺纹——牙型符合国标规定，而公称直径与螺距不符合国标规定的螺纹，称为特殊螺纹 3）非标螺纹——牙型不符合国标规定的螺纹，称为非标螺纹

（续）

名称	解　说
根据结构 特点、用途	螺纹根据结构特点、用途可分为以下几类： 1）普通螺纹——牙型一般为三角形，用于连接或紧固零件。普通螺纹根据螺距分为粗牙螺纹、细牙螺纹 2）传动螺纹——牙型一般有梯形、矩形、锯齿形、三角形等 3）密封螺纹——主要用于密封连接，有管用螺纹、锥螺纹、锥管螺纹等种类
根据截面形状	根据截面形状分为三角形、矩形、梯形、锯齿形等螺纹
根据螺纹的牙型	根据螺纹的牙型分为三角形、梯形、锯齿形等螺纹
根据螺旋 线的数量	根据螺旋线的数量分为单线螺纹、双线螺纹、多线螺纹。联接用的多为单线螺纹，传动用的多为双线螺纹或多线螺纹
根据螺旋线方向	根据螺旋线方向分为左旋螺纹、右旋螺纹，一般用右旋螺纹
根据母体形状	根据母体形状分为圆柱螺纹、圆锥螺纹
根据牙的大小	根据牙的大小分为粗牙螺纹、细牙螺纹
根据在母体所处位置	根据在母体所处位置分为外螺纹、内螺纹

★★★2.3.5　螺纹的要素

螺纹的一些要素见表2-22。

表2-22　螺纹的一些要素

名称	解　说
导程	同一条螺纹上相邻两牙在中径线上对应两点间的轴向距离 P_h 称为导程。导程图示如下： 多线螺纹：$P=P_h/n$　　　单线螺纹：$P=P_h$  导程　　螺距　　　　螺距=导程
螺距	螺纹上相邻两牙在中径线上对应两点间的轴向距离 P 称为螺距
螺纹的大径	螺纹的大径是与外螺纹牙顶或内螺纹牙底相切的假想圆柱面的直径
螺纹的线数	沿一条螺旋线形成的螺纹叫作单线螺纹。沿两条或两条以上在轴向等距分布的螺旋线所形成的螺纹叫作多线螺纹。螺纹的线数图示如下：  双线螺纹　　　单线螺纹
螺纹的小径	螺纹的小径是与外螺纹牙底或内螺纹牙顶相切的假想圆柱面的直径。螺纹的小径的图示如下： 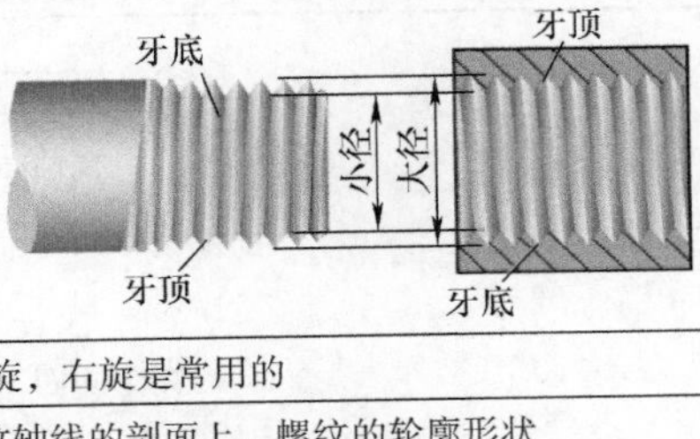 牙底　　牙顶 小径　大径 牙顶　　牙底
螺纹的旋向	螺纹的旋向有左旋 、右旋，右旋是常用的
螺纹的牙型	螺纹的牙型是在通过螺纹轴线的剖面上，螺纹的轮廓形状
螺纹的中径	螺纹的中径是一个假想圆柱的直径。该圆柱的母线通过牙型上沟槽与凸起宽度相等的地方

★★★2.3.6 螺纹的特征代号及用途

几种螺纹的特征代号及用途见表2-23。

表2-23 几种螺纹的特征代号及用途

螺纹种类		特征代号	外形	用途
传动螺纹	梯形螺纹	Tr	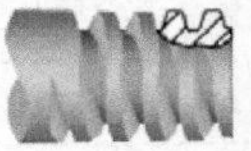	用于各种机床的丝杠,作传动用
	锯齿形螺纹	B	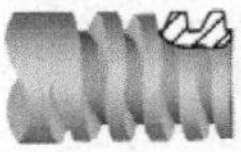	只能传递单方向的动力
联接螺纹	普通螺纹 粗牙	M		是最常用的联接螺纹
	普通螺纹 细牙			用于细小的精密或薄壁零件
	管螺纹	G		用于水管、油管、气管等薄壁管子上的联接

★★★2.3.7 紧固件的标注

一些紧固件的标注见表2-24。

表2-24 一些紧固件的标注

名称	标注
螺纹	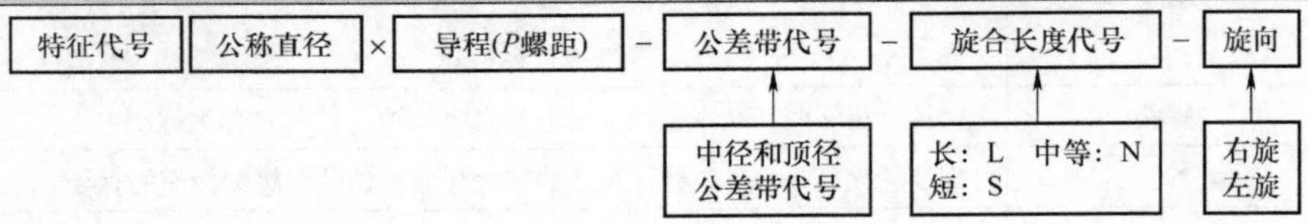 特征代号　公称直径　×　导程(P螺距)　-　公差带代号　　旋合长度代号　-　旋向 中径和顶径公差带代号　　长:L　中等:N　短:S　　右旋 左旋 说明: 1) 单线螺纹导程（P 螺距）改为螺距 2) 右旋螺纹不用标注旋向,左旋时则标注 LH 3) 粗牙螺纹不标注螺距 4) 旋合长度为中等时,"N"可省略 5) 公差带代号应按顺序标注中径、顶径公差带代号
六角螺母	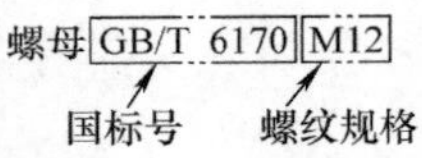 螺母 GB/T 6170 M12 国标号　螺纹规格
六角头螺栓	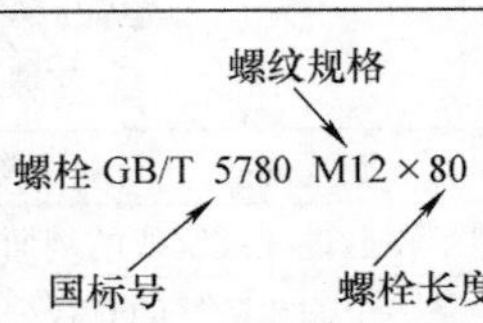 螺纹规格 螺栓 GB/T 5780 M12×80 国标号　　螺栓长度

(续)

名称	标　注
垫圈	国标号 垫圈 GB/T 97.1 12 规格 指用于 M12 的 螺栓或螺钉
键	圆头普通平键(A)型 键 GB/T 1096 16×100 宽度16mm　　长度100mm
销	长50mm的B型圆柱销 销 GB/T 119.2　B10×50 公称直径10mm

★★★2.3.8　螺纹紧固件头部的形式

螺纹紧固件头部的形式见表2-25。

表2-25　螺纹紧固件头部的形式

名称	图例	名称	图例	名称	图例
平顶式		椭圆形式		六边形式	
沉头式		平底式		圆头式	
带六边形垫圈式		齿状底部并开槽的平底式		凹槽式	

★★★2.3.9　螺纹末端的结构形式

螺纹末端的结构形式如图2-9所示。

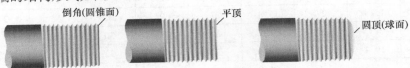

倒角(圆锥面)　　平顶　　圆顶(球面)

图 2-9　螺纹末端的结构形式

★★★2.3.10 常见的牙距

在英制中以每一英寸（25.4mm）内的牙数来表明牙距，具体见表2-26。

表2-26 牙距

公制规格	牙距/mm			俗称规格	称呼径	牙数		
	粗牙	细牙	极细牙			粗牙	细牙	韦氏牙
M3	0.5	0.35		4#	2.9	40	48	
M4	0.7	0.5		6#	3.5	32	40	
M5	0.8	0.5		8#	4.2	32	36	
M6	1.0	0.75		10#	4.8	24	32	
M7	1.0	0.75		12#	5.5	24	28	
M8	1.25	1.0	0.75	1/4	6.35	20	28	20
M10	1.5	1.25	1.0	5/16	7.94	18	24	18
M12	1.75	1.5	1.25	3/8	9.53	16	24	16
M14	2.0	1.5	1.0	7/16	11.11	14	20	14
M16	2.0	1.5	1.0	1/2	12.7	13	20	12
M18	2.5	2.0	1.5	9/16	14.29	12	18	12
M20	2.5	2.0	1.5	5/8	15.86	11	18	11
M22	2.5	2.0	1.5	3/4	19.05	10	16	10
M24	3.0	2.0	1.5	7/8	22.23	9	14	9
M27	3.0	2.0	1.5	1	25.40	8	12	8

★★★2.3.11 有关标准公制螺母

有关标准公制螺母的差异见表2-27。

表2-27 有关标准公制螺母的差异　　　　　　　　　　（单位：mm）

规格	国家标准		国际标准				德标		意标	
	GB/T 6170		ISO 4032		ISO 4035		DIN 934		UNI 5587	
	对边	厚度	对边	厚度	对边	厚度	对边	厚度	对边	厚度
M3	5.5	2.4	5.5	2.4	5.5	1.8	5.5	2.4	5.52	3
M4	7	3.2	7	3.2	7	2.2	7	3.2	7	4
M5	8	4.7	8	4.7	8	2.7	8	4	8	5
M6	10	5.2	10	5.2	10	3.2	10	5	10	6
M8	13	6.8	13	6.8	13	4	13	6.5	13	8
M10	16	8.4	16	8.4	16	5	17	8	17	10
M12	18	10.8	18	10.8	18	6	19	10	19	12
M14	21	12.8	21	12.8	21	7	22	11	22	14
M16	24	14.8	27	14.8	24	8	24	13	24	16
M18	27	15.8	27	15.8	27	9	27	15	27	18
M20	30	18	30	18	30	10	30	16	30	20
M22	34	19.4	34	19.4	34	11	32	18	32	22
M24	36	21.5	36	21.5	36	12	36	19	36	24

注：表中尺寸均为规格上限。

点通

螺母螺纹常见的种类如下：

M——公制粗牙、细牙、极细牙。

UNC——联合制粗牙（英制）。

UNF——联合制细牙（英制）。

W——韦氏牙粗牙、细牙（JIS）。

★★★2.3.12　电动工具常见螺母与螺钉

电动工具常见螺母与螺钉见表2-28。

表2-28　电动工具常见螺母与螺钉

项目	解　说
电动工具常见的螺母	电动工具常见的螺母有蝶形螺母 M8、蝶形螺母 M10、六角螺母 M8×13、六角螺母 M8×14、六角锁紧螺母 M8×13、蝶形螺母 M8×12、锁紧螺母 M8、方形螺母 M6、六角锁紧螺母 M6×10、六角锁紧螺母 M6×10、六角锁紧螺母 M8×13、六角锁紧螺母 M10×17、六角螺母 M16×24、尼龙螺母 M10、翼形螺母 M6 等 规格：螺母M8
电动工具常见的螺钉	电动工具常见的螺钉有翼形螺钉 M5×14、翼形螺钉 M6×14、翼形螺钉 M6×10、翼形螺钉 M6×20、半圆头螺钉 M4×12、盘头螺钉 M4×10、盘头螺钉 M4×8、内六角螺钉 M5×25、内六角螺钉 M8×35、十字头螺钉 M5×85、十字头螺钉 M6×60、十字头螺钉 M5×80、平头螺钉M5×10、沉头螺钉 M5×14、内六角螺钉 M8×35、内六角螺钉 M6×12、内六角圆柱头螺钉 M6、沉头螺钉 M6×25 等

2.4　塑　　料

★★★2.4.1　塑料的缩略符号与名称

一些塑料的缩略符号与名称对照见表2-29。

表2-29　一些塑料的缩略符号与名称对照

符号	名称	备注
ABS	丙烯腈 – 丁二烯 – 苯乙烯树脂	
ASA	丙烯腈 – 苯乙烯 – 丙烯酸酯树脂	日本常称为 AAS
CA	醋酸纤维素	也称乙酰纤维素
CAB	醋酸丁酸纤维素	

（续）

符号	名称	备注
CMC	羧甲基纤维素	
EP	环氧树脂	当为乙烯－丙烯共聚物时缩略语为 E/P
FEP	氟乙烯－丙烯聚合物	
MF	三聚氰胺－甲醛树脂	
PA	聚酰胺	常称尼龙
PA6	聚酰胺 6	常称尼龙 6
PA66	聚酰胺 66	常称尼龙 66
PA11	聚酰胺 11	常称尼龙 11
PA12	聚酰胺 12	常称尼龙 12
PBTP	聚对苯二甲酸丁二醇酯	日本可称为 PBT
PC	聚碳酸酯	
PCTFE	聚三氟氯乙烯	
PDAP	聚邻苯二甲酸乙二醇酯	日本通常称为 DAP
PE	聚乙烯	LDPE 为低密度聚乙烯，HDPE 为高密度聚乙烯
PETP	聚对苯二甲酸乙二醇酯	日本可称为 PET
PF	酚醛树脂	
PIB	聚乙丁烯	
PMMA	聚甲基丙烯酸甲酯树脂	日本工业标准（JIS）术语称为聚甲基丙烯酸甲酯，简称丙烯酸类树脂
PMP	聚 4－甲基戊烯	
POM	聚甲醛	是化学结构聚氧化亚甲基的简称
PP	聚丙烯	
PPSU	聚苯砜	
PS	聚苯乙烯	在日本，通常也包括高抗冲聚苯乙烯
PTFE	聚四氟乙烯	
PUR	聚氨酯	
PVAC	聚醋酸乙烯	
PVAL	聚乙烯醇	日本常称为 PVA
PVB	聚乙烯缩丁醛	
PVC	聚氯乙烯	
PVDC	聚偏二氯乙烯	
PVDF	聚偏二氟乙烯	
PVF	聚氟乙烯	
SAN	丙烯腈－苯乙烯树脂	日本常称为 AS
SB	苯乙烯－丁二烯树脂	包括高抗冲聚苯乙烯
SI	有机硅树脂	
UF	脲醛树脂	
UP	不饱和聚酯树脂	有时称为聚酯树脂

★★★2.4.2 塑料的名词解释

塑料的一些名词解释见表2-30。

表2-30 塑料的一些名词解释

名词	解释
本体聚合	在不需水、溶剂的情况下，单体自身因催化剂等作用引发而聚合的聚合方法
泊松比	荷载作用于弹性体的轴向方向时产生的横向形变与纵向形变之比
掺混聚合物	混合两种以上聚合物的产物
冲击强度	用冲击弯曲负荷引起试片断裂所需的能量除以试片断裂面积或宽度所得的值
吹胀比	吹塑中型坯直径与制品直径之比、口模直径与模管直径之比
脆化温度	低温冲击试验时，试样破坏的上限温度
单丝	连续的一根纤维
等规聚合物	一种具有规则立体结构的聚合物，具有易结晶等性质
电弧迹	由于电弧放电，在绝缘体表面产生的导电电路
电晕处理	通过在塑料制品表面上进行电晕放电，以改善印刷性、粘接性的方法
发蓝	为了提高透明性或白色性，混入少量蓝的着色剂
放气	压塑时，在成型初期短时间开启模具，除去气体或挥发性物质的操作
飞边	成型材料在模具间隙中流出并已固化的部分
负荷挠曲温度	在一定温升速率下，按给定负荷形成一定挠度时的温度
干循环时间	在不向注塑机供料时，运行一个循环所需的最少时间
刮刀	为均匀涂布黏结剂与涂料，而调整其厚度的刀片
过充填	注塑时，由于保压压力过大，物料过量入模，而内应变变大的现象
合模面	注塑、压塑等模具两个半模的结合面
烘焙	为了使热固性塑料制品完全固化而用加热器进行的加热处理
环境应力开裂	由环境引起的应力开裂现象
积垢	压延时稳定剂析出并附着于压延棍上的现象
加强筋	为了不增加制品壁厚而保持刚性与强度的补强部分
架桥现象	物料在料斗中出现架桥而不能落入成型机内的现象
交联	分子链间以化学键结合的方法
接枝聚合	某种均聚物上添加其他单体进行聚合的聚合方法
解聚作用	聚合物在热、光等作用下恢复为低聚合物或单体的反应
颈缩	拉伸时仅其中一部分伸长的现象
聚合度	表示高分子化合物分子量的方法之一，即构成聚合物的基本单位数目
抗静电剂	防止塑料表面产生静电的化学药剂，涂布于制品上或配合在混合料中
空洞	制品内部产生的空洞、在发泡体中比其他泡孔大的泡孔
口模平直部分	挤塑/注塑用模具浇口的平坦部分、传递成型/塑用模具浇口的平坦部分
拉伸强度	由拉伸负荷引起断裂的最大应力，即以最大负荷除以材料截面积所得的值
老化	制品由于热和光的作用，引起物理性质下降的现象
冷却夹具	为了得到尺寸精度高的制品，将制品夹紧使其冷却的工具

名词	解　释
离模膨胀	挤出机挤出的物料与机头出口的尺寸相比，截面积增大的现象
脉动	挤塑时，制品形状和尺寸周期性变化的现象
毛面	塑料制品表面上附加细微凹凸不平的状态
冒汗	在塑料制品的表面渗出液体成分，成液滴状附着的现象
模内装饰	将印刷过的薄膜贴在模具上，在成型同时进行结合的方法
内应力	在材料内部除因外力而产生的应力
内增塑	通过具有增塑作用的单体聚合，使塑料增塑的过程
排气槽	在注塑等加工的模具内，为使空气逃逸而设的沟槽
泡孔	构成泡沫塑料泡孔结构的单位
泡罩包装	通过真空成型法，将制品置于基材上，用塑料薄膜包装的方法
喷霜	制品表面渗出润滑剂等的现象
膨润	固体吸收液体，结构不变而体积增大的现象
疲劳	材料在一定时间内承受交变应力时，引起强度下降的现象
低聚物	低聚合度的聚合物。从 2 个单体以上至分子量达数千的聚合物
起泡	当塑料成型或热处理时，在其表面上可能产生的水泡状缺陷
起霜	由于老化，塑料表面成白垩状，或有附着物
气泡	在制品内部产生的空穴
迁移	增塑剂从塑料向与其接触的塑料或其他物质扩散、渗透的现象
牵伸	在挤出吹塑时，挤出的型坯因自重而延伸的现象
屈服点应力	应力不增加，仅应变增加时的应力
取向	塑料分子或纤维状填充料与塑料流动方向平行排列的现象
缺口效应	对有孔、槽等的材料施加应力时，因应力集中引起强度下降的效应
热变形温度	负荷挠曲温度
热合	用煤气或电热等从外部加热，焊接热塑性塑料的方法
熔流速率	在一定温度压力下，从规定模孔挤出热塑性塑料的流出速度
熔体破裂	挤塑中，挤塑速度显著增大时制品表面上出现不规则凹凸的现象
熔体指数	熔流速率
融合痕	塑料成型时，两股塑料流汇合处形成的一条线，也称合流纹
蠕变	在应力作用下产生变形时，随着时间而发生形变的现象
乳液聚合	令单体在水中乳化进行聚合的方法
渗移	塑料内部的物质渗出塑料表面的现象
适用期	当合成树脂加入固化剂时，黏度提高，直至不能使用之前的时间
塑性变形	应力施加于固体使其变形后，即使除去应力也不恢复原状的现象
烫金	烫印膜热压印操作
投影面积	制品在与模具移动方向成直角的面上投影时的面积
退火	用加热与冷却的方法消除由热或机械应力产生的制品内部应变

（续）

名词	解　释
脱模剂	防止制品与层压制品粘着模具和镜面压板的添加剂
无规聚合物	具有不规则立体结构的聚合物
析出	从塑料制品内向表面渗出稳定剂等的现象
细裂纹	制品表面或内部产生的极小裂纹
相容性	两种物质具有相互亲和性并形成溶液或混合物的性质
悬浮聚合	将单体悬浮在水中进行聚合的方法
压缩比	挤塑机等螺杆供料段螺槽与计量段螺槽的容量比
氧指数	在氮、氧混合气体中燃烧时的最低氧气浓度
应力开裂	由小于断裂强度的应力所引起的裂纹
应力松弛	应力随时间逐渐减小的现象
应力致裂	应力开裂的现象
鱼眼	由于周围的材料未熔合，而可能产生的小球状块
预干燥	为了从吸湿性材料中除去湿气，在成型前进行的操作
预混料	一种增强塑料模塑材料，使玻璃纤维等混合于热固性塑料而成
预聚物	为了易于成型，终止聚合过程所生成的分子量较低的聚合物
黏弹性	同时具有黏性和弹性的性质，是高分子物质的特性
折径	在吹塑薄膜中，膜管平铺后的膜管宽度
针孔	薄塑料制品上可能产生的微细孔眼
转鼓混合	材料配混中用转鼓进行的混合操作
转鼓抛光	一种抛光操作。在旋转的圆桶中加入研磨剂和制品，修整其外观的操作
自熄性	进入火焰即燃烧，离开火焰即自行熄灭的性质

2.5　电　动　机

★★★2.5.1　电动机的特点

一些电动机的特点见表2-31。

表2-31　一些电动机的特点

名称	特　点
三相工频交流电动机	三相工频交流电动机具有制造方便、运行可靠、维护方便、结构简单、过载能力强、转速稳定、单位质量出力较小、体积大等特点。三相工频（50Hz或60Hz）异步笼型电动机常用于φ13mm以上电钻和直向砂轮机的动力
三相中频交流电动机	三相中频（150~400Hz）交流电动机具有质量小、效率高、负载转速稳定、工作安全、单位质量出力大、维修方便、需要独立变频电源供电等特点
三相工频笼型异步电动机	三相工频笼型异步电动机的特点为结构简单、制造维修方便、转速稳定、运行可靠、经久耐用等

（续）

名称	特　点
永磁直流电动机	永磁直流电动机具有结构简单、机械特性硬、效率高、换向相对好等特点，一般用于微型与小型电动工具
串励交直流两用电动机	电动机的电枢绕组和励磁绕组是串联的。单相串励电动机以其转速高（8000～30000r/min）、体积小、质量小、起动转矩大、易调速等特点，已成为电动工具中电动机的主流
并励直流电动机	电动机的电枢绕组和励磁绕组是并联的
复励直流电动机	电动机的电枢绕组和励磁绕组既有串联又有并联的
他励直流电动机	电动机的电枢绕组和励磁绕组是分开的，励磁电流单独提供，与电枢电流无关

★★★2.5.2　电容式单相电动机与其特点

增设一只起动电容，使电动机主绕组与副绕组中的电流在空间上相差 90°电角度，从而产生一个旋转磁场（单相）。在该旋转磁场的作用下，电动机转子可以自动起动，在起动后达到一定转速时，借助开关或其他自动控制装置把起动绕组断开，这样正常工作时只有主绕组工作，这种电动机就是电容式单相电动机，其电路图如图 2-10 所示。

电容式单相电动机具有成本低廉、结构简单、噪声低、电磁骚扰小等特点。

说明：有的电容式单相电动机中起动绕组不断开。

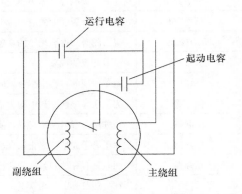

图 2-10　电容式单相电动机电路图

★★★2.5.3　电容式单相异步电动机的种类

电容式单相异步电动机的种类见表 2-32。

表 2-32　电容式单相异步电动机的种类

名称	解　说
无离心开关的单电容移相式电动机	该类型的电动机一般属于小型电动机，其起动转矩不大，不适合高载荷设备应用。其在电风扇等设备中有应用
有离心开关的单电容移相式电动机	该类型的电动机比无离心开关的单电容移相式电动机的起动转矩大，其只适合起动后稳定运行的场所，不能够带高载荷设备。其在风机等设备中有应用
有离心开关的双电容移相式电动机	该类型的电动机既有主绕组，又有副绕组，也有离心开关，副绕组与主绕组一同工作。一般有运转电容（小容量），也有起动电容（大容量）。其在切割机、台式电钻等设备中有应用

★★★2.5.4　电容式三端出线单相电动机主绕组、副绕组的判断

判断电容式三端出线单相电动机主绕组、副绕组（电路见图 2-11）的方法如下：

1）首先把万用表调到电阻档，再测出三条线每两条之间的阻值，并且记住最大值的两条线与其阻值，则第三条线就是主绕组、副绕组的连接点。

2）然后分别测出接点与两端的阻值，并且这两个阻值的和必须等于上述的最大值，则阻值较小的是主绕组（主绕组功率大，电阻小），阻值较大的是副绕组。

★★★2.5.5　一般电容式单相电动机主绕组、副绕组的判断

对于一般电容式单相电动机，与电容串联的那个绕组接头就是副绕组，如图 2-12 所示。

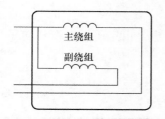

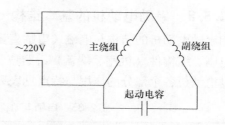

图 2-11　电容式单相电动机绕组电路图　　　图 2-12　一般电容式单相电动机主绕组、副绕组的判断

一点通

　　工具电动机的冷却是通过转子上的风扇旋转把外面的空气经过通风口引进来，接着旋转的风扇让气流通过电动机的内部空间，达到冷却电动机的目的。

★★★2.5.6　串励电动机的种类与其特点

　　串励电动机又称交直流两用电动机。串励电动机的种类见表 2-33。

表 2-33　串励电动机的种类

名　称	解　说
磁场磁极是由软磁性钢块制成的串励电动机	只适用于直流电源的直流电动机
磁场磁极是由硅钢片叠成的串励电动机	适用于交流电源的交流电动机，也可以是交直流通用，其常用于手持式电动工具中

★★★2.5.7　串励电动机的工作原理与主要特征

　　串励电动机的工作原理与主要特征见表 2-34。

表 2-34　串励电动机的工作原理与主要特征

名　称	解　说
串励电动机的工作原理	串励电动机的工作原理是，导线绕成绕组，固定在串励电动机定子上，然后通电产生磁场。串励电动机转子上的绕组在磁场中通电会产生侧向力，并且大小相等、方向相反的侧向力会产生转矩，从而使串励电动机的转子产生转动
串励电动机的主要特征	串励电动机的主要特征如下： 1）串励电动机体积小、功率大 2）串励电动机的软特性：转速越高，转矩越小；转速越小，转矩越大。这样的特性符合钻孔的要求：钻大孔时，转矩要大一些，转速要慢一些；钻小孔时，转矩要小一些，转速要快一些。这样避免线速度太高，烧毁钻头；线速度太低，降低钻孔效率 3）单相串励电动机一般具有电刷和换向器 4）单相串励电动机换向性能差 5）单相串励电动机能交流、直流两用，是电动工具中最常用的一类电动机。例如手电钻、电锯、电刨常采用该类型的电动机 6）单相串励电动机起动性能好 7）单相串励电动机转速高、调速方便 8）单相串励电动机不允许空载起动与运行

★★★2.5.8　串励电动机的基本结构

单相串励电动机的结构与电磁式串励直流电动机相同，也是由定子、电枢（转子）、换向器和电刷、结构件（机座、端盖）等组成。

串励电动机各个部分的作用与特点见表2-35。

表2-35　串励电动机各个部分的作用与特点

名称	解　说
定子	1）定子由凸极形状的硅钢片叠压而成，嵌有励磁绕组。定子铁心一般采用热轧硅钢片或冷轧无取向硅钢片冲制叠装后用空心铆钉铆接而成。励磁绕组是采用高强度聚酯漆包线绕制成型并经绝缘处理后的线圈。定子与机壳间采用较紧的间隙配合，不得松动，在轴向用螺钉把定子固定在机壳上。定子线圈的主要作用是通电后产生交变磁场。电动工具常见的定子组件是 220～240V 定子组件 2）定子冲片变形，会减小定转子之间的气隙，从而引发擦铁现象 3）定子插片断，插片会将漆包线拉断
转子（电枢）	1）转子是电动机的旋转部分，转子由转轴、铁心、电枢绕组、换向器、冷却风扇等组成。转子铁心一般采用硅钢片，转子冲片沿轴向叠装后与带绝缘层的转轴压入配合。转子冲片的槽形一般是半闭口槽，在槽内放置绝缘材料后，用自动、半自动绕线机或手工在电枢铁心上叠绕或者对绕线圈。转子线圈的进线端、出线端与换向器采用热压焊连接。转子槽有平行槽、斜槽等种类 2）转子的主要作用是导线通电后，在磁场中出现一个侧力，使转子转动。电动工具常见的转子组件是 220V 转子组件 3）线圈磕碰、掉漆，会影响定、转子的绝缘性能，造成停机、烧机 4）引接线未接牢、线扣将内部线打断等会引起故障
风叶	风叶对电动机进行散热
换向器	换向器改变电流方向，保持转子转矩始终朝同一方向。换向器磕碰、表面粗糙，会导致整机火花大，或电刷磨损严重
电刷	电刷与换向器接触，改变电流方向，保持转矩始终朝同一方向运转

定子，就是固定在机壳内，用于产生磁场的装置。转子，就是电动机内部做旋转运动的部件。定子通电后产生励磁磁场。转子槽中有电枢绕组，当电枢绕组通电时，就会在励磁作用下旋转，从而将电能转换为机械能，再带动其他部件运作。励磁绕组与电枢绕组的串联方式有两种：

1）电枢绕组串接在两个励磁绕组中间，实际应用中该方式采用较多。

2）两个励磁绕组串联后再与电枢绕组串联。

以上两种方式原理相同，即两个励磁绕组所形成的磁极极性需要相反。

★★★2.5.9　单相串励电动机的调速种类

单相串励电动机的调压调速方法有电子调速器调速、整流器调速。电子调速器调速常采用调节晶闸管导通角的方式进行。改变磁通调速方法包括与励磁绕组并联电阻，调节电阻可改变励磁电流；改变两励磁绕组的串联、并联接法；将励磁绕组用抽头分级换接。单相串励电动机的调速种类见表2-36。

表2-36　单相串励电动机的调速种类

类型	解说	图例
整流器调速	串励电动机采用交流电供电时，如果串入一只整流二极管，只让半波通过电动机，则只得到一半的功率，从而可以得到高、低两种速度。另外，也可以采用自耦变压器与串入电抗器等调压调速方法进行	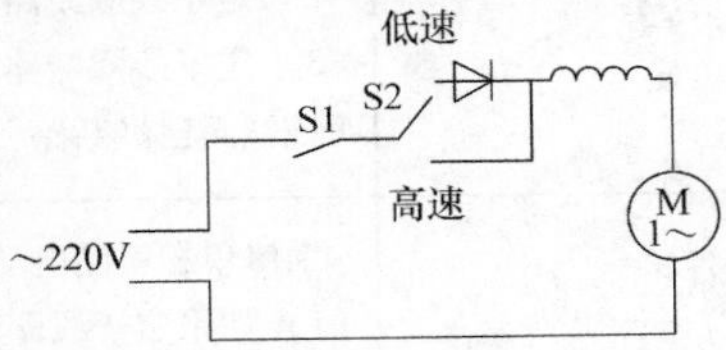
串联电阻调速	在串励电动机电路中串入可变电阻，从而可改变电动机的转速	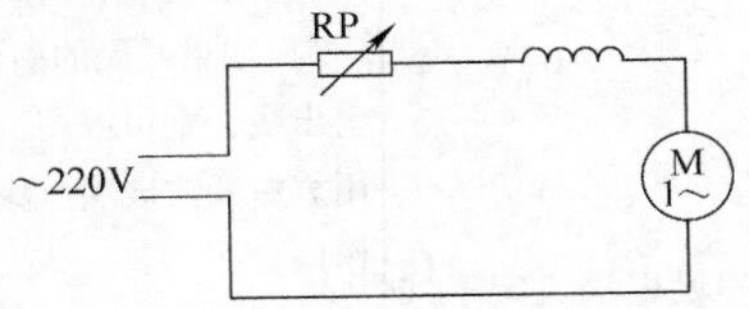
改变两励磁绕组的串联、并联接法	如果将串联改为并联，励磁电流只有电枢电流的一半，因而磁通减小，转速升高。如果将并联改为串联，磁通增加，转速下降	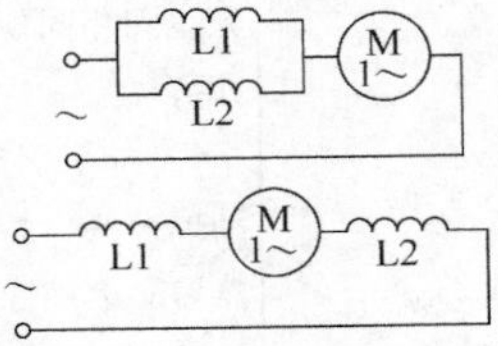
励磁绕组用抽头分级换接	将励磁绕组抽头分级换接，抽头位置不同，励磁组匝数会改变，从而达到调磁调速的目的	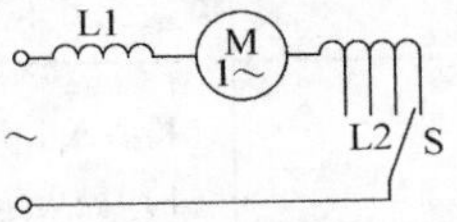
与励磁绕组并联电阻	与励磁绕组并联电阻，通过调节电阻可改变励磁电流，从而达到调磁调速的目的	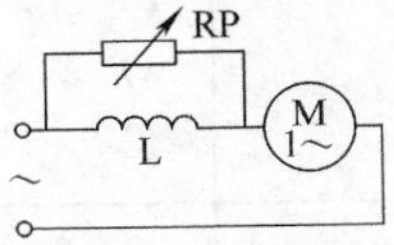

★★★2.5.10　单相串励电动机的检修

单相串励电动机的检修见表2-37。

表2-37　单相串励电动机的检修

项目	检修
单相串励电动机定子绕组与电枢绕组的检修	检修单相串励电动机定子绕组与电枢绕组的方法、要点如下： 1）单相串励电动机定子绕组、电枢绕组的常见故障有断路、短路、通地等异常现象，其检查方法与检修直流电动机的基本相同 2）单相串励电动机的定子线圈表面一般涂有磁漆，比较坚硬，可能难拆卸，因此，出现故障时，可以更换线圈来解决问题 3）检修单相串励电动机时，注意电枢绕组的散热是否良好 4）检修时，需要注意单相串励电动机电枢绕组的匝间绝缘、对地绝缘 5）更换绕组后，需要对匝间绝缘电阻与对地耐电压进行检查，测试合格，才能够认为检修完成

（续）

项目	检修
单相串励电动机定子线圈断路的检查	检查单相串励电动机定子线圈断路的方法、要点如下： 1）定子线圈出现断路，工具不能够正常使用，例如通电后电钻不能起动 2）定子线圈断路发生在引出线处，可以用手稍微拉一下引出线即可发现 3）定子线圈断路发生在线圈内部，可以用万用表测量线圈两端电阻，如果阻值为∞，说明该线圈已经断路
单相串励电动机定子线圈断路的维修	维修单相串励电动机定子线圈断路的方法、要点如下： 1）如果定子线圈从磁极上难拆下，可以用调压器在定子线圈中通入 2 倍的额定电流，使线圈受热变软，再将线圈迅速地从磁极上拆下 2）如果线圈的引出线折断，部位不在包缠绝缘带的根部，并且在绝缘带外面留有一小段引出线，则可以用一根多股细而软的塑料线把露在绝缘带外面的一小段引出线焊接起来，再用黄蜡绸或玻璃丝漆布隔垫在绕组与焊接处，以及在引出线的焊接处套上绝缘套管起到绝缘作用 3）如果引出线折断处距引出线的匝数极少，则可以将已经断开的线圈拆卸下来，然后与原线圈相同规格的绝缘导线焊接起来，并且根据所断的匝数，重新补绕，以及焊上引出线即可 4）如果引出线折断在线圈的包缠绝缘带根部，维修时，首先将引出线折断部位的绝缘漆刮掉一些，然后把引出线断头拉出，并且焊接一根同样的多股细而软的塑料线作为引出线，然后套上绝缘套管，焊接好折断处 5）如果线圈烧毁、多根线圈断路、断路处距引出线匝数较多时，一般需要重新绕定子线圈，或者采用更换绕组的方法来解决
单相串励电动机定子线圈短路的检查	检查单相串励电动机定子线圈短路的方法、要点如下： 1）如果定子线圈发生短路，则一般在运转时，会发出绝缘烧焦味 2）如果定子线圈烧黑，则可以采用观察法来判断 3）如果是轻微的短路，则可以采用万用表检测线圈的电阻值来判断：两个线圈的阻值相差很多，则说明电阻小的线圈存在短路现象。正常情况，两个线圈的阻值应基本一样
单相串励电动机定子线圈接地的检查	检查单相串励电动机定子线圈接地的方法、要点如下： 1）如果定子线圈存在局部绝缘被烧黑以及有破裂现象，则该处可能是电动机定子线圈接地的地方 2）如果定子线圈存在绝缘损坏处，则该处可能是电动机定子线圈接地的地方 3）如果是轻微的接地，则可将线圈绝缘损坏处垫隔绝缘，或重新包缠绝缘，再经过烘干后涂以绝缘漆，保持足够的绝缘强度即可 4）如果接地故障严重，一般需要重绕线圈或者采用更换绕组的方法来解决

★★★2.5.11　电枢绕组断路的维修

维修电枢绕组断路的方法、要点如下：

1）首先检查出断路所在位置，然后将部分扎捆在绕组外面的蜡线拆除，再仔细找出所断的线头。

2）如果脱焊，则重新焊接起来即可。

3）如果出现断头断在颈部，则需要拆除扎捆蜡线的 3/4 后，再焊接一根导线，并且套上绝缘套管即可。

4）如果断路处难找到，则线头可能断在铁心槽内。如果只有一根导线断路，则可根据图2-13所示的方法来跨接：将断路导线的一只线圈在相邻的换向器铜片中跨接一根短路铜线，或在换向器铜片上直接短路即可。

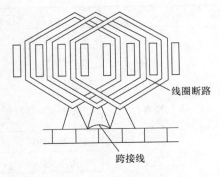

图 2-13 跨接方法

5）对于电钻工具，采用上述跨接法最多可以短路4个线圈，如果有多个短路线圈，可能造成电枢绕组匝数减少，引起电钻发热以及不能运转。

6）如果电枢绕组断裂导线数多于4根，则不宜采用上述跨接法，而应采用更换电枢绕组法或者更换电枢法。

★★★2.5.12 找出短路线圈所接的换向器铜片的方法

找出短路线圈所接的换向器铜片的方法、要点如下：

1）首先在连接短路试验器磁通通过的线圈的两相邻换向器铜片上引出两根线。

2）然后接到变阻器与万用表上。

3）再调节变阻器，使万用表的读数为最大读数的3/4左右。

4）然后检测其他换向器铜片在同一位置的读数。

5）如果检测某一换向器铜片，读数变小或为零，则说明该换向器铜片就是短路线圈所接的换向器铜片，如图2-14所示。

★★★2.5.13 电枢绕组短路的维修

维修电枢绕组短路的方法、要点如下：

1）检查换向器是否短路。首先将换向器铜片间的云母上面的污物刮掉，然后用万用表依次检查相邻两片换向器铜片，看是否存在短路现象。如果有短路，则需要再刮一次。如果有云母被烧红，则需要将其挖出塞入新云母。然后再检查，如果无短路现象出现，则说明短路只发生在换向器上。如果槽内还存在短路现象，说明槽内绕组可能存在短路。

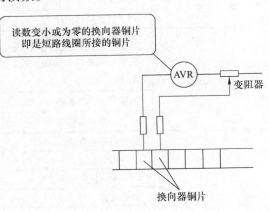

图 2-14 检测图示

2）电枢绕组短路也可能在铁心槽外面。

3）绕组绝缘部分受到摩擦或碰伤损坏，则采用观察法即可判断出。先找到短路处，然后把电枢绕组烘软，再用竹板将相互短路的线圈分开，最后用绝缘纸或黄蜡绸在线圈绝缘破坏处隔垫或包裹好。

4）槽内绕组存在短路，可以重绕电枢绕组并更换。

★★★2.5.14 单相串励电动机常见故障与检修

单相串励电动机常见故障与检修方法见表2-38。

表 2-38　单相串励电动机常见故障与检修方法

故障	故障原因	检修方法
不能起动	电枢绕组断路	检修电枢
	电缆线断	更换电缆线
	开关损坏	更换开关
	电刷和换向器没有接触	调整电刷与刷盒位置，或检查电刷与压簧，根据检查情况进行处理
	定子线圈断路	检修定子
	开关接线松脱	紧固开关接线
	内部布线松脱、断开	紧固、调换内部接线
电动机接通电源后熔丝烧毁	换向器铜片间短路	更换换向器
	电缆线短路	调整电缆线
	内部接线松脱、短路	紧固内部接线，排除短路点
	开关绝缘损坏、短路	更换开关线
	定子线圈局部短路	修复定子
	电枢绕组局部短路	修复电枢
	电枢卡死	修复电枢，检查电动机的装配
转速太快	电刷偏离几何中心线	调整电刷与刷盒位置
	定子绕组局部短路	检修定子
转速太慢	电枢局部短路	检修电枢
	机壳与机盖轴承同轴度差，轴承运转不正常	修正机械尺寸
	轴承太紧、有脏物	清洗轴承，添加润滑油，清除脏物
	定子、转子相擦	修正机械尺寸、调整配合
电动机过热	轴承内存在杂质	清洗轴承、添加润滑脂
	电枢绕组反接	改正电枢绕组的接线
	转子线圈发生局部短路	修复电枢绕组
	轴承太紧	修正轴承室尺寸
	风量小	检查风扇与挡风板
	转子线圈发生局部断路	修复电枢绕组
	电枢轴弯曲	校正电枢轴
	转子线圈受潮	烘干电枢线圈
	定子线圈发生局部短路	修复定子线圈
	定子线圈受潮	烘干定子线圈
机壳带电	换向器对轴绝缘击穿	更换换向器，修复电枢
	电刷盘簧或接线碰金属机壳	调整盘簧或紧固内部接线
	电枢的基本绝缘和附加绝缘击穿	修复电枢
	定子绝缘击穿、金属机壳带电	修复定子
	内部接线松脱、碰金属机壳	紧固内部接线

（续）

故障	故障原因	检修方法
电动机运转声音异常	轴承磨损、内有杂物	更换轴承、清洗轴承
	电枢发生局部短路	修复电枢
	定子发生局部短路	修复定子
	振动很大	重校电枢动平衡
	云母片凸出换向器	下刻云母槽
	换向器表面凹凸不平	修整换向器
	电刷内有杂质、太硬	更换电刷
	电刷弹簧压力太大	减小弹簧压力
	风扇与挡风板距离错误	调整风扇与挡风板的距离
	风扇松动	紧固风扇
	风扇变形、损坏	更换风扇
	定子与电枢相擦	修正机械尺寸

一点通

串励电动机常见不良的原因有电动机擦铁、风叶与机壳相擦或断裂、电动机短路、轴承散架、电动机开路、换向器跳排、电刷卡死等。

★★★2.5.15 单相串励电动机火花等级的判断

单相串励电动机火花等级的判断方法、要点见表2-39。

表2-39 单相串励电动机火花等级的判断方法、要点

火花等级	电刷下火花程度	换向器与电刷状态
1	无火花	换向器上没有黑痕及电刷没有灼痕
$1\frac{1}{4}$	电刷边缘大部分有点状火花（1/5～1/4刷边只有断续几点）	
$1\frac{1}{2}$	电刷边缘大部分（大于1/2刷边）有连续的较稀的颗粒状火花	换向器有黑痕，但不发展，用汽油擦其表面即能消失，同时在电刷表面有轻微灼痕
2	电刷边缘全部或大部分有连续的较密的颗粒状火花，开始有断续的舌状火花	换向器上有黑痕，用汽油不能擦除，同时电刷上有灼痕，如短时出现这一火花，换向器上不出现灼痕，电刷不烧焦或损坏
3	电刷整个边缘有强烈的舌状火花，伴有爆裂的声音	换向器黑痕较严重，用汽油不能擦除，同时电刷上有灼痕。如在该火花等级下短时运行，则换向器将出现灼痕，同时电刷将被烧焦或损坏

从火花等级标准来判断：1级与$1\frac{1}{4}$级是无害火花，$1\frac{1}{2}$级允许长期运行，2级火花只允许在过载时短时出现，3级火花是危险火花。

从换向火花允许等级来判断：

1）从空载到额定负载，换向火花应不大于 $1\frac{1}{2}$ 级。

2）在最大工作过载时，$1\frac{1}{2}$ 级以下的火花为无害火花，2级火花是有害火花，3级火花则是十分危险的。

★★★2.5.16　电动机的检修

电动机的检修见表2-40。

表2-40　电动机的检修

项目	解　说
弯曲的电容式电动机转子轴的校正	校正弯曲的电容式电动机转子轴的方法、要点如下： 1）首先拆下电动机转子轴，然后将转子搁在 V 型铁上，再慢慢转动转子，用千分表测量转子铁心表面与转轴的跳动量，从而找出弯曲部位 2）然后把转轴弯曲部位朝上，固定好转子，用铜棒或垫木块后用榔头敲击弯曲的地方，逐渐加力校正 3）校正后转子铁心表面的径向跳动应小于0.04mm
电动机电枢的整理	整理电动机电枢有时可以用细砂纸以顺时针方式轻磨换向器铜片表面，这样可以把积在电枢上的碳粉清除，然后以反方向转动电枢，这样使得电枢光滑。然后用薄纸板轻刮缝隙以及用气枪轻吹磨过的换向器、电枢，以便把碳屑清除，从而可以解决电刷与换向器接触不良等故障。整理完后，需要测量电枢电阻值是否正常，正常的情况下，才能够使用
电动机转子轴松动的维修	维修电动机转子轴松动的方法、要点如下： 如果负载不重，可以采用粘接法进行修理。粘接法就是采用粗细合适的钢管套在轴上，打击钢管，把转子从轴上退出来，然后用细砂布将轴与铁心内孔的锈蚀擦净，并用酒精清洗。等晾干后，再在轴与铁心孔内均匀涂上厌氧胶，然后及时把铁心套在轴上。静置几小时，待胶液完全凝固后，转子即可使用
电动机是否漏电的检查	检查电动机是否漏电，一般采用绝缘电阻表测量绕组对地的绝缘电阻来判断，具体操作方法如下： 1）将绝缘电阻表的一根引线接电动机绕组，另一根引线接电动机外壳 2）然后以 120r/min 的速度转动摇柄 3）正常时指针指示的电阻读数应大于2MΩ。如果绝缘电阻变小，则会出现漏电现象
转子绕组短路的主要原因	绕组短路的主要原因有装配或嵌线操作不当、绕线绝缘损伤、电动机严重受潮、电动机长期过载、使用环境太差等
转子绕组的短路处的判断	判断转子绕组的短路处的方法、要点如下：首先对电动机施加额定电压，电动机空转数分钟后切断电源，迅速打开端盖，取出转子。然后用手摸线圈表面，如果某一部位明显温度较高，则说明该处是短路处

★★★2.5.17　电动机的绕组结构与展开

电动机的绕组结构与展开见表2-41。

表2-41 电动机的绕组结构与展开

项目	解 说
绕组的结构	电容式单相电动机绕组结构有单层绕组、双层绕组。其中，双层绕组是在一个铁心槽内安放一组线圈的一条边后，又安放另一组线圈的一条边，其线圈总数等于定子槽数；单层绕组是在每个铁心槽内只安放一组线圈的一条边，其线圈总数是电动机定子总槽数的一半。另外，电动机绕组结构还可以分为链式结构、同心式结构。其中，同心式绕组的几组线圈是对称的，并且是共轴心安放；链式线圈是一环扣一环，像链条似的
绕组的展开图	绕组的展开图就是用来表示绕组中各个绕圈放在槽中的位置，以及各个线圈的连接关系的图
绕组展开图的作用	绕组展开图可以反映出原绕组的情况，即嵌放位置、连线方式，这些均是重绕线圈、嵌线与接线的依据
极距、节距	极距就是指沿定子铁心内圆每个磁极所占有的槽数。极距等于定子铁心中的总槽数除以电动机磁极数。例如，一台12槽4极电动机，极距就等于 $12 \div 4 = 3$（槽） 节距也就是跨距，其是指一组线圈在铁心内的两边间所跨占的槽数，也就是一个线圈的两个边所跨定子圆周上的距离。节距分为全节距、长节距、短节距。当节距等于极距的就称为全节距绕组，而长节距绕组的节距是大于极距的，短节距绕组的节距是小于极距的。例如一只线圈的一条边在第1槽，另一条边在第5槽，中间相隔4槽，这就是节距等于4

★★★2.5.18 单相电动机电容接线方式的种类

220V交流单相电动机电容接线的方式见表2-42。

表2-42 220V交流单相电动机电容接线的方式

类型	图例	解 说
分相起动式		由辅助起动绕组来辅助起动，其起动转矩不大。运转速率大致保持定值
带离心开关单电容		电动机静止时离心开关是接通的，给电后起动电容参与起动工作，当转子转速达到额定值的70%～80%时，离心开关自动跳开，起动电容完成任务，并被断开。电动机以运行绕组线圈继续动作
带离心开关双电容		电动机静止时离心开关是接通的，给电后起动电容参与起动工作，当转子转速达到额定值的70%～80%时，离心开关便会自动跳开，起动电容完成任务，并被断开。而运行电容串接到起动绕组参与运行工作。带有离心开关的电动机，如果不能在很短时间内起动成功，那么绕组线圈将会很快烧毁 起动电容容量大，运行电容容量小，耐压一般大于400V

（续）

类型	图例	解　说
正反转控制	 换向开关　起动绕组　3　4　起动电容　1　2　~220V　运行绕组	带正反转开关的电动机，其起动绕组与运行绕组完全相同。对于两套绕组不同的情况，同样可以通过改变电容与绕组的连接方式来实现。但由于绕组之间的差异，可能需要调整电容的容量

★★★2.5.19　齿轮的作用、特点

齿轮的作用、特点见表 2-43。

表 2-43　齿轮的作用、特点

项目	解　说
齿轮的作用	齿轮的作用为传递运动和动力、改变轴的转速与转向等
齿轮常用的材料	小齿轮一般使用 40Cr，大齿轮一般使用 45#钢。对于有 FFU 测试要求的冲击钻，一般要用高强度合金结构的钢，例如 20CrMnTi、30CrMnTi。对于要求氮化处理的齿轮，一般采用 38CrMoAl 等材料
齿轮的类型	齿轮的类型一般可以分为 1）圆柱齿轮——又可以分为直齿圆柱齿轮、斜齿圆柱齿轮。其主要用于两平行轴的传动 2）锥齿轮——其主要用于两相交轴的传动。锥齿轮可以分为直齿锥齿轮、螺旋锥齿轮。螺旋锥齿轮又可以分为圆弧齿锥齿轮、延伸外摆线齿锥齿轮 3）蜗轮蜗杆——用于两交叉轴的传动 电动工具常见的齿轮有斜齿轮 20A、斜齿轮 38、斜齿轮 41、斜齿轮 50、斜齿轮 57、螺旋锥齿轮 9、螺旋锥齿轮 11、螺旋锥齿轮 12、螺旋锥齿轮 36、螺旋锥齿轮 41 等
齿轮的硬度要求	齿轮硬度的一些要求如下： 1）齿轮的芯部硬度一般需要控制在 20~28HRC 2）小齿轮外部硬度一般需要控制在 48~52HRC 3）大齿轮外部硬度一般需要控制在 42~48HRC

一点通

齿轮与配套转子组成减速机构，能够使机器转速降低，转矩变大。齿轮可以分为一级轮、二级轮、双联齿等。冲击齿是指通过两齿间的配合将旋转运动转换为往复运动的机械元件。冲击齿可以分为有槽冲击齿、无槽冲击齿等。齿轮磕碰、齿轮误差大会引起异响现象；齿轮尺寸偏差，会引起卡簧卡不到位现象；冲击齿厚度太厚，或者冲击齿没压到位，会引起双冲现象；齿轮上键槽尺寸偏差，会引起半圆键放不到位现象。齿轮如图 2-15 所示。

齿轮与配套转子组成减速机构，能够使机器转速降低，转矩变大。

图 2-15　齿轮

★★★2.5.20 电刷的概念、作用与结构

电刷的概念、作用与结构见表2-44。

表2-44 电刷的概念、作用与结构

项目	解 说
电刷的概念	电动工具用电刷是在电动机里面顶在换向器表面的一个部件。电刷一般是纯碳加凝固剂制成，外形一般是方块，卡在金属支架上，里面有弹簧把它紧压在换向器上。电刷是一种滑动接触件。电刷主要成分是碳。电动机转动时，电刷能够将电能通过换向器输送给线圈。优质的电刷可以延长电动工具的使用寿命。电刷属于易损件，需要定期更换，清理积碳
电刷的作用	电刷又叫碳刷，电刷的作用是在电动机的固定部件与旋转部件（换向器）或集电环间传导电流。在直流电动机与交流电动机中，被电刷短路的线圈的电流方向在接触过程中改变180°。也就是说，当电动工具工作时，电刷起到了桥一样的重要作用，连接电感线圈与电枢线圈，以及担负起换向作用
电刷的结构	一般电动工具多用单相串励电动机。电动工具用电刷的材料一般采用电化石墨，也有选用树脂黏结石墨的电刷 电刷　引出线　弹簧　引线铜片　　　　电刷　　引出线　接线片 电刷结构形式图

一点通

电刷是与换向器接触并传导电流的装置，由于是碳做的，所以也叫作碳刷。刷架，就是固定电刷的装置。

电刷起到固定部件与旋转部件间传导电流的作用。刷架起到对电刷进行定位的作用。

电刷与刷架配合太紧，会造成火花偏大，甚至烧机或停机。

电刷与刷架配合太松，会造成火花偏大，减少电刷使用时间。

电刷表面粘有铜粉，会造成火花大，或者跑到转子换向器的云母槽内造成片间短路。

★★★2.5.21 电刷有关性能与参数

电刷有关性能与参数见表2-45。

表2-45 电刷有关性能与参数

项目	解 说
接触电压降	接触电压降是指电流通过电刷接触点薄膜、换向器或集电环的电压降。每一种电刷的接触电压降都有其极限值。使用时，不要超过该极限值
摩擦系数	高速电动机的电刷，需要选摩擦系数较小的电刷，否则会在电刷运行过程中引起较大的振动、噪声、接触不良、产生火花、引起电刷碎裂等现象
电流密度	电流密度就是通过单位面积电流的大小。增加电流密度，电刷的功率损耗也会增加。如果电流密度超过额定值，摩擦系数会增大，容易引起火花，以及影响电动机的运转。电刷电流密度 = 额定负载电流/电刷的截面积，一般为 $5 \sim 15 A/mm^2$

（续）

项目	解　说
圆周速度	如果圆周速度超过其最大值，则接触电压降会急剧增加，摩擦系数会急剧降低，从而会产生火花，增加摩擦等
单位压力	施加于电刷上的单位压力过小或过大都会影响电动机的正常使用：压力过大，摩擦系数会增加；压力过小，则容易产生火花

★★★2.5.22　电刷的主要物理参数对性能的影响

电刷的主要物理参数对性能的影响如下：

1）电阻率——电阻率越高，对火花压制越有利。电压降会增加，电动机的效率会下降。同时，电刷的温升会增加，可能会导致电刷胀死在刷架中。

2）硬度——电刷硬度越高，电刷越耐磨，噪声会增大。同时，对换向器的磨损会增加。

3）密度——密度对电刷性能的影响小。密度越高，电刷越耐磨。

4）抗折强度——电刷抗折强度越高，电刷越耐磨。

总之，电阻率、抗折强度对电刷的性能起决定性作用。电刷的主要物理参数是相互作用、相互影响，具体体现如下：

密度↑→硬度↑→电阻率↓→抗折强度↑。

密度↓→硬度↓→电阻率↑→抗折强度↓。

说明：↑表示越高，↓表示越低。

★★★2.5.23　电刷对弹簧、换向器的要求

电刷对弹簧、换向器的要求见表2-46。

表2-46　电刷对弹簧、换向器的要求

项目	解　说
电刷对弹簧的要求	电刷、弹簧、换向器是电动机整流（换向）系统的核心部件。它们的配合对电动机的性能是很重要的。电刷与换向器的接触是靠弹簧的压力实现的。电刷的磨损包括机械磨损、电气磨损。弹簧弹力与电刷磨损间的关系如下：弹簧弹力↑→机械磨损↑→电气磨损↓；弹簧弹力↓→机械磨损↓→电气磨损↑
电刷对换向器的要求	电动机的整个运行过程，电刷始终与换向器接触，不停地对电流进行换向。电动机高速运行中，对换向器的硬度、片间高度差、真圆度、稳定性等性能的要求均较高 换向器的性能包括以下几个方面：片间绝缘性能、材料（CuAg合金中银的含量）、结构（有的具有环状耐高温加固条结构）、真圆度、相邻铜片间的高度差、表面粗糙度、硬度、换向器热处理等

★★★2.5.24　电刷弹簧配合的压强

电刷弹簧配合的压强见表2-47。

表2-47 电刷弹簧配合压强

种类	材质名	起始压强/kPa	终了压强/kPa	用途
电气石墨质	351A	40 ~ 50	20 ~ 30	大电流密度电动工具、直流工业电动机等应用
碳素石墨质	105S	50 ~ 70	30 ~ 40	电动工具、园林工具、小家电等应用
金属石墨	MF – 401	50 ~ 60	25 ~ 35	直流电动机等应用

★★★2.5.25 电刷与刷架的配合间隙的要求

电刷与刷架的配合间隙要求的参考值见表2-48。

表2-48 电刷与刷架的配合间隙要求的参考值

种类	材质名	厚度公差/mm	宽度公差/mm
铜套	黄铜	0 ~ +0.2	0 ~ +0.1
电气石墨质	351A	– 0.05 ~ – 0.15	– 0.02 ~ – 0.07
碳素石墨质	105S、BX – 388	– 0.05 ~ – 0.15	– 0.02 ~ – 0.07
金属石墨	MF – 401	– 0.10 ~ – 0.20	– 0.05 ~ – 0.15
树脂系	X 系列	– 0.10 ~ – 0.20	– 0.07 ~ – 0.12

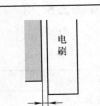

★★★2.5.26 换向器皮膜的特点与要求

换向器皮膜的特点与要求如下:

1)换向器皮膜必须保持适当的厚度。过薄的皮膜可能会增加换向器与电刷的机械磨损,而过厚的皮膜则可能影响电流的顺利换向和能量损失。因此,皮膜的厚度控制十分重要,需要确保磨削作用与皮膜形成作用之间的平衡。

2)换向器皮膜需要具有足够的耐磨性和耐腐蚀性。在工作过程中,皮膜可能会受到摩擦、化学物质侵蚀等多种因素的影响,因此必须具备出色的耐磨和耐腐蚀性能,以确保其长期稳定运行。

3)换向器皮膜需要具备良好的导电性能。作为换向器的一部分,皮膜必须能够有效地传递电流,确保电流的连续性和稳定性,以满足电动机的正常运行需求。

4)从外观上来看,换向器皮膜通常呈现均匀的、光亮的棕褐色,并能在手电光照之下反射出光泽,具有一种油润感。这种外观特征不仅体现了皮膜的良好状态,也是判断换向器是否正常工作的重要依据之一。

换向器皮膜的要求如图2-16所示。

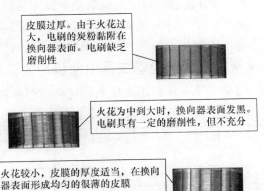

皮膜过厚。由于火花过大,电刷的炭粉黏附在换向器表面。电刷缺乏磨削性

火花为中到大时,换向器表面发黑。电刷具有一定的磨削性,但不充分

火花较小,皮膜的厚度适当,在换向器表面形成均匀的很薄的皮膜

图2-16 换向器皮膜的要求

★★★2.5.27 电刷的类型

从材质上,电刷可以分为金属石墨电刷、天然石墨电刷、电化石墨电刷,具体见表2-49。

表2-49　电刷的类型

名称	解　说
金属石墨电刷	该类电刷的主要材料是电解铜、石墨，根据使用需要有时也采用银粉、铝粉、铅粉等其他金属。该类电刷既有石墨的摩擦特性又有金属的高导电性。其适用于高负荷、换向要求不高的低电压电动机
天然石墨电刷	天然石墨是该类电刷的主要原材料，其黏结剂采用沥青或树脂。该类电刷多用于运行平稳的中小型直流电动机与高速汽轮发电机
电化石墨电刷	该类电刷主要由炭黑、焦炭、石墨等各种碳素粉末材料制成，经高温处理，转化为微晶型人造石墨。该类电刷广泛用于各类交直流电动机

★★★2.5.28　电刷的特点

不同电刷的特点见表2-50。

表2-50　不同电刷的特点

名称	代号	特　点
金属石墨类	MG	电阻率小，适用于低电压、高电流密度的电动机
银石墨类	SG	电阻率小，适用于低电压、高电流密度的电动机
石墨树脂类	MF、MH	电阻率范围广，适用于交流高电压串励电动机
石墨沥青类	MP	电阻率高，适用于交流高电压串励电动机
电化石墨类	CH	电阻率较高，适用于交流120V串励电动机

★★★2.5.29　安全电刷的工作机理

安全电刷的工作机理如下：

1）当没有止动装置的电刷过度磨损时，电刷的弹簧压力会下降，并且会产生大火花。由于火花过大，会造成换向器表面受损，严重的话，将会损坏电刷中的导线、换向器的表面，第二副电刷的寿命变短。

2）当有止动装置的电刷磨损到设定长度时，其上的安全子会被弹出，快速地将电流切断。这样，不会伤及换向器的表面。换向器表面没有被磨损，从而可以确保第二副电刷及以后更换的电刷也能够达到第一副电刷同样的使用寿命。

★★★2.5.30　电动工具电动机用主要电刷材料物理参数

电动工具电动机用主要电刷材料物理参数见表2-51、表2-52。

表2-51　电动工具电动机用主要电刷材料物理参数1

材料	密度/（g/cm³）	肖氏硬度	电阻率/μΩ·m	抗折强度/MPa
105S	1.55	36	390	24
BX－388	1.62	35	900	20
RB－79	1.64	34	390	23
T－103	1.60	34	400	19
T－201	1.59	40	650	25
T－202	1.55	37	850	23
T－301	1.54	39	1200	22

表2-52 电动工具电动机用主要电刷材料物理参数2

型号	肖氏硬度	主要用途
CN16	69	120V 电动工具、切割机
EG845	55	切割机等 800W 以下小功率电动工具
H809	37	120V 电动工具
H809 (GT)	30	120V 电动工具
IM624 (GC)	22	240V 以下电动工具
IM624 (GT)	21	240V 以下电动工具
IM705	23	110~240V 电动工具
IM824	27	110~240V、1000W 以下电动工具
IM834	25	120V/1000W 以上吸尘器
IM839	24	240V/1500W 以上吸尘器
IM843	23	120V 吸尘器
IM844	25	120~240V 吸尘器，尤其适合大功率工具
PM20	60	240V 电动工具、磨光机
PM32	85	120~240V 电动工具、磨光机
PM803CJ	35	120V 串励电动机、各类电动工具
PM805	23	120V 以下电动工具
PM829	40	120V 以下磨光机

★★★2.5.31 EMI 与电刷的关系

EMI（Electromagnetic Interference，电磁干扰）与电刷的关系见表2-53。

表2-53 EMI 与电刷的关系

项目	解 说
电刷的材质	电刷的材质需要与电动机的类型相匹配。一般而言，电阻率大的电刷换向性能好，火花小，EMI 性能好
电刷的弹性模量	一般而言，弹性模量小的电刷换向性能好，整个换向系统的运行也比较平稳，电刷在运行过程中的弹跳能力也小，EMI 性能好
电刷的压制方式	相对而言，平压制品的电刷片间阻抗大，对压制换向火花有益，EMI 性能好
电刷的硬度	一般而言，电刷的硬度越小，电刷与换向器的接触性能越好，电刷的跟随性越好，EMI 性能越好
电刷与换向器换向片的覆盖程度	电刷与换向片的宽度比例也会对 EMI 性能产生影响。一般而言，电动工具用电刷的覆盖范围在 1.3~1.7 换向片间
电刷与换向器的接触面的粗糙程度	如果接触面过于粗糙，电刷与换向器的接触会不稳定，增大机械磨损。如果接触面过于细腻，换向器的表面不容易形成皮膜，EMI 性能不好

★★★2.5.32 EMI 与电刷后处理的关系

EMI 与电刷后处理的关系见表2-54。

表 2-54　EMI 与电刷后处理的关系

项目	解　说
浸渍处理	一般情况下，可以通过对电刷进行浸渍的方式来改善 EMI 性能。但是，含浸工艺受到基础材料的开口方式、浸渍油挥发等情况的影响
双层电刷	电刷中间加入绝缘的黏结胶带，可以提高电刷的换向性能

★★★2.5.33　EMI 与其他相关零部件的关系

EMI 与其他相关零部件的关系见表 2-55。

表 2-55　EMI 与其他相关零部件的关系

名称	解　说
磁场线圈	在定子上，如果磁场线圈的绕线从定子的槽角处露出来，磁力线会混乱，则会对 EMI 产生恶劣影响
弹簧压力	提高电刷弹簧的压力，会改善电刷与换向器的接触状况，从而也就可以改善 EMI 性能，但是，同时会增加机械磨损，影响电刷的使用寿命
定子的分割中心	有的电动机在制造定子时，将定子分成两半，每半边绕好线圈后再焊接到一起。这种情况，如果压板无法绝缘，共同焊接部分的磁力线就会混乱，则会对换向、EMI 特性产生恶劣影响
电刷刷架	刷架的头部与换向器的安装距离适当，也能够改善 EMI
转子的轴承	转子轴承的滑动性好，对整个系统的换向、电刷寿命、EMI 均有利

一点通

判断电刷优劣的方法、要点如下：质量好的电刷有的尾部刷握位置有独立的后顶措施，其刷握内部有铜片。普通的电刷没有独立的后顶措施。

★★★2.5.34　电刷安装的注意事项

电刷安装需要注意的一些事项如下：

1）禁止在同一电动机内安装不同材质的电刷。

2）安装时，需要注意弹簧下压是否良好，是否妨碍电刷的使用。

3）铜线固定螺栓是否稳固，固定方式是否妨碍电刷的使用。

4）电刷不得有油污，以免影响电刷的使用。

5）电刷装入刷握内需要保证能够上下自由移动，电刷与刷握内壁的间隙在 0.1 ~ 0.3mm，以避免产生摆动。

6）刷握下边缘距换向器表面的距离应该保持在 2mm 左右。如果距离过远，电刷容易颤动，导致破损。如果距离过短，刷握容易触伤换向器。

一点通

电刷使用性能良好标志的特征如下：

1）在换向器、集电环表面能较快形成一层均匀的、适度的、稳定的氧化薄膜。

2）电刷运行时，不过热、噪声小、装配可靠、不破损。

3）电刷使用寿命长，不磨损换向器和集电环。

4）电刷具有良好的换向与集流性能，使火花抑制在允许的范围内，并且能量损耗小。

★★★2.5.35 使用电刷前需要注意的事项

使用电刷前需要注意的一些事项见表2-56。

表2-56 使用电刷前需要注意的一些事项

项目	解 说
电刷的磨合	电刷摩擦面与转动件摩擦面的接触要完全，电流的传输才会均匀。如果电刷没有进行磨合，则电动机运转时会产生火花。电刷磨合的方式有如下几种： 1）自然磨合——电刷安装好后，在无负载情况下起动电动机运转，使其自然磨合 2）人工磨合——在电动机断电情况下，用砂纸磨合电刷 3）工具磨合——用磨石等工具在无负载的情况下起动电动机运转进行磨合。该磨合需要专业人员才可执行
去除碳化膜	电刷转动件在摩擦接触、电流传导下，有电解离作用，会产生碳化膜。有碳化膜的产生说明使用效果是良好的，无碳化膜的产生说明电刷会迅速磨耗。如果碳化膜过厚，易造成转动件短路，产生噪声、火花等现象。另外，新旧碳化膜材质成分不同、电阻不同。因此，在安装新材质电刷时，需要将旧碳化膜去除。去除碳化膜的方式有如下几种： 1）人工去膜——在断电情况下用细砂纸或细钢丝布磨去旧碳化膜 2）工具去膜——在无负载的情况下起动电动机运转，用磨石等工具进行去膜。该去膜工作需要专业人员才可执行
熟悉电刷安装流程	电刷安装的流程如下： 1）自然磨合方式安装流程：确认断电→卸下旧电刷→去除旧碳化膜（更换不同材质电刷、碳化膜过厚时需进行该步骤）→清洁电动机内部→安装新电刷→安装检查→进行自然磨合→完成 2）人工磨合方式安装流程：确认断电→卸下旧电刷→安装新电刷→进行磨合工作→去除旧碳化膜（更换不同材质电刷、碳化膜过厚时需进行该步骤）→清洁电动机内部→安装检查→完成 3）工具磨合方式安装流程：确认断电→卸下旧电刷→安装新电刷→安装检查→进行去膜（更换不同材质电刷、碳化膜过厚时需进行该步骤）→磨合工作→安装检查→完成

★★★2.5.36 电刷的检查与更换

电刷的检查与更换见表2-57。

表2-57 电刷的检查与更换

项目	解 说
电刷的检查	采用目视检查法检查电刷的要点如下： 1）首先将电刷与电刷座拆开，然后观察电刷座内部的情况 2）常见的观察项目有：电刷座是否崩坏、电刷是否过短、电刷铜管是否移位、铜管内部是否有积碳、轴承与电刷座衔接处是否变形、铜线是否缩短等
电刷的更换	更换电刷的方法、要点如下： 1）电刷磨损到一定程度需要更换新的电刷 2）电刷最好一次全部更换，如果新旧混用，可能会出现电流分布不均匀的现象 3）为了使电刷与换向器接触良好，新电刷需要进行磨弧度

★★★2.5.37 电刷的应用特点

一些电刷的应用特点见表2-58。

表2-58 一些电刷的应用特点

名称	应用特点
D104／D214／D172	小型（10kW以下）
D172／D214	中型（小于500kW），线速度低于18m/s
D172／D374n	中型（小于500kW），线速度高于18m/s
D172nm／D214	长期低负荷运行
D214／D308／D374b	无附加极
D214／D374b	大型（大于500kW），线速度低于18m/s
D308／D374L／D214	工业规格
D308／D374L／D214	分马力
D312／D374b／D374n／D376n	高速励磁机
D372／D214／D374n	旋转和电动变流机
D374b／D374n／D376n	大型（大于500kW），线速度低于18m/s
D374b／D376n	负荷波动严重
J204／J201／D104／D172	励磁机

★★★2.5.38 电刷的外形特征

一些电刷的外形特征如图2-17所示。

型号：303#
尺寸：5mm×10mm×17mm

型号：L04#
尺寸：6.5mm×7.5mm×13.5mm

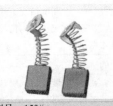
型号：153#
尺寸：6.5mm×13.5mm×16mm

型号：051#
尺寸：5mm×8mm×12mm

型号：411#
尺寸：6mm×9mm×12mm

型号：021#
尺寸：6.5mm×7.5mm×13.5mm

型号：028#
尺寸：5mm×8mm×16mm

型号：043#
尺寸：7mm×11mm×18mm

型号：H33#
尺寸：6.3mm×16mm×22mm

型号：025#
尺寸：6.3mm×16mm×24mm

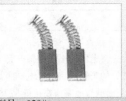
型号：020#
尺寸：5mm×8mm×15mm

型号：044#
尺寸：7mm×18mm×16mm

图2-17 一些电刷的外形特征

★★★2.5.39 电刷架的结构与要求

电刷架的结构是由保持电刷在规定位置上的刷盒部件，用适当压力压住电刷以防止电刷振动的加压部件，连接刷盒与加压部分的框架部件，将电刷架固定到电动机上的固定部件组成。

电刷架由底盘、刷握、弹簧、电刷等部件组成。底盘一般用酚醛树脂（电木）粉压制，用于固定盒式刷握。刷握有盒式和管式结构两种。电刷架的结构如图2-18所示。

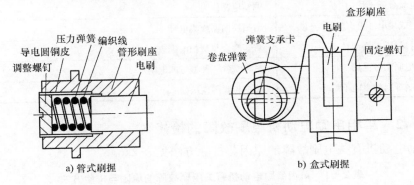

图2-18 电刷架的结构

对电刷架的一些要求如下：

1）电刷架需要能够保持电刷稳定。

2）电刷架结构需要牢固。

3）电刷架主要采用青铜铸件、铝铸件及其他合成材料构成。

4）要求电刷架本身材料具有良好的机械强度、加工性能、耐蚀性能、散热性能和导电性能等。

5）检查、更换电刷时，需要容易在刷盒内装卸电刷。

6）能够调整电刷在刷盒下的露出部分，以防止磨坏换向器或集电环。

7）电刷压力的变化、加压方向、加压位置等需要对电刷磨损的影响小。

8）电刷与刷架内壁间需要保留适当的间隙。

9）电刷架的下端边缘距换向器或集电环表面的距离需要保持在2~4mm范围内。

10）确保电刷在换向器或集电环的表面内工作，不得靠近集电环的边缘。

★★★2.5.40 电刷颤振的原因与处理

电刷颤振的原因与处理方法见表2-59。

表2-59 电刷颤振的原因与处理方法

原因	处理方法
换向片或云母突出	紧固换向器、下刻云母
换向器或集电环不圆	车削或重新研磨换向器或集电环
刷握安装松动	安装紧固片
刷握离开换向器或集电环太远	调整刷握至换向器的距离
电刷型号不合适	更换电刷
电刷在刷握内太松	如果是刷握磨耗，需更换电刷

★★★2.5.41　电刷磨损不均匀的原因与处理

电刷磨损不均匀的原因与处理方法见表2-60。

表2-60　电刷磨损不均匀的原因与处理方法

原因	处理方法
电动机过载	降低与限制电动机负荷
电流分配不均匀	调整电刷压力
换向器或集电环上有油污	清扫换向器或集电环
电刷接触面有磨蚀粒子	重新磨合与清扫电刷表面
电刷型号混用	只可安装一种型号的电刷
电刷与刷杆间的电阻不均等	清扫与紧固连接处

★★★2.5.42　单相串励电动机电刷故障的检修

单相串励电动机有关电刷故障的原因与排除方法见表2-61。

表2-61　单相串励电动机有关电刷故障的原因与排除方法

故障	原因与排除方法
电刷下火花较大	可能是电刷与换向器接触不良。如果是换向器表面不光洁，则需要清洁换向器表面；如果是刷握的弹簧疲劳或者断裂，则需要更换弹簧；如果是电刷磨损严重，则需要更换电刷
电刷磨损	单相串励电动机电刷的磨损程度要比直流电动机更严重。单相串励电动机的电刷材料要求较高，注意更换新电刷的型号、规格需要与原来的相同
刷握通地	刷握通地可以用万用表或绝缘电阻表进行检查，如果发现刷握通地，需要进行绝缘处理或更换刷握

★★★2.5.43　换向器的结构、作用与原理

换向器的结构、作用与原理等见表2-62。

表2-62　换向器的结构、作用与原理等

项目	解　说
换向器的概念	换向器俗称整流子，是直流永磁串励电动机上为了能够让电动机持续转动下去的一个部件。电枢上的换向器是由一定数量的纯铜换向接触片围叠成的圆柱体，换向接触片间用云母片隔绝缘，经绝缘物套入座套内，再用V形环与螺圈将换向接触片的燕尾槽压住，然后装入电动机的电枢轴上 换向器包括机械换向器、半塑型换向器、全塑型换向器。换向器有可卸型换向器、压塑型换向器。电动工具所用的单相串励电动机一般采用的是压塑型换向器。压塑型换向器又分为半塑型换向器、全塑型换向器。半塑型换向器的换向片间采用云母片绝缘；全塑型换向器的换向片间采用耐弧塑料绝缘

（续）

项目	解说
换向器的概念	含银量1‰银铜合金，进口橡胶木粉，耐高温，高强度玻璃纤维加固圈，防止换向器飞片，耐用长寿命　　✓　　含银量小于1‰银铜合金，无加固圈，易损耗不耐磨　　✗ 换向器外形
电动工具换向器的结构	电动工具换向器由铜排、绝缘云母片、加固环等部件，用模塑料压塑成一体 换向器的基本尺寸是指直径(D)、内孔直径(d)、换向片长(L) 换向器的直径是换向器与电刷接触的工作圆柱面的标称直径 钩型换向器　　　　　槽型换向器 电动工具换向器的结构
换向器的工作原理	线圈通过电流后，会在永久磁铁的作用下，通过吸引力与排斥力产生转动。当其转到与磁铁平衡时，原来通着电的线圈对应换向器上的触片就与电刷分开，而电刷连接到符合产生推动力的那组线圈对应的触片上。如此不断地重复，直流电动机即可转动。如果没有换向器，则电动机转不到半圈就会卡住
换向器的作用	1）电动机转子是转动的，不可能用固定的连线连接。利用电刷、换向器可以把电源电能导入转子线圈中 　　2）如果转子线圈中的电流方向始终不变，转子将停在转子线圈的磁极对和定子的磁极对异性相吸引的位置，不会再转动。因此，在转子转到一定角度时，改变其电流方向，也就是改变转子线圈的磁极方向，使转子能在定子磁力作用下继续往前转动。采用换向器可以及时完成转子线圈中电流方向的转换，从而使转子不停地往前转动
换向器的种类	1）根据接线形式可以分为钩型换向器、槽型换向器 　　2）根据机械强度可以分为普通型换向器、加固型换向器 　　3）根据内孔结构可以分为有衬套换向器、无衬套换向器 　　4）根据铜排材质可以分为纯铜换向器、镉钴铜换向器、银铜换向器
铜线挂钩换向器与普通压制换向器的比较	铜线挂钩换向器一般比普通压制换向器体积大一些、长一些。铜线挂钩换向器在实现转子高速运转时，能够固定内部线圈使接触更全面、更牢固
换向器的要求	1）换向片对换向器轴线的偏斜需要不大于片间标称绝缘厚度的1/3 　　2）换向器的工作表面径向的圆跳动值，10级相邻两片的径向最大误差值小于0.01mm 　　3）室温下用500V绝缘电阻表测量，换向器内孔与换向片间绝缘电阻大于50MΩ

★★★2.5.44 电动工具换向器直径的规定

电动工具换向器的参考直径数值见表2-63。

表2-63 换向器直径（D）系列 （单位：mm）

第一系列	12.5	16	18	20	22.2	24.7	25.4	28	31.5	35.5	40
第二系列	14	—	19	—	—	—	26.5	30	33.5	37.5	—

★★★2.5.45 电动工具换向器的型号命名规则

电动工具换向器的型号命名规则如图2-19所示。

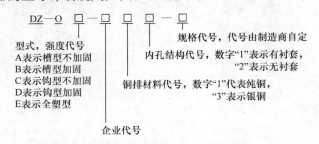

图2-19 电动工具换向器的型号命名规则

★★★2.5.46 电动工具造成火花的原因

电动工具造成火花的一些原因见表2-64。

表2-64 电动工具造成火花的一些原因

原因	排除方法
电磁原因（换向线圈内环流作用）	减小电抗电动势、利用换向电动势来抵消电感电动势、降低电枢反应的影响、限制变压器电动势等
电枢绕组反接	换接电枢绕组
电枢绕组局部短路	修复电枢绕组
电枢绕组局部断路	修复电枢绕组
电刷、换向器接触不良	去除污物、修磨电刷
电刷不在中性线	调整电刷位置
电刷弹簧压力不足	更换弹簧
电刷太短	更换电刷
电刷与刷盒间配合太松或刷盒松动	修正配合间隙尺寸、紧固刷盒
定子绕组局部短路	修复定子绕组
附加极调整不良	用分流或调整附加极气隙或改换电刷
换向片有油污	清扫换向片、清扫密封轴承
换向器表面太粗糙	修磨换向器
换向器换向片间短路——换向片间绝缘击穿	排除短路
换向器换向片间短路——换向片间有导电粉末	清除导电粉末

（续）

原因	排除方法
换向器或集电环偏心	在额定转速下车削或重新研磨
换向器磨损过大	更换换向器
换向器升高片连接处断开	重新焊接
换向器松动	紧固换向器
换向器中云母片凸出	下刻云母片
片间电压过高及电枢反应影响	一些电动工具片间电压在 10 ~ 15V，最大不要超过 25V。对于 24 片换向器，片间电压为 19V
刷握间距或排列不匀	纠正刷握的间距、纠正刷握的排列
电刷磨合不佳	磨合电刷
电刷位置不正确	调整刷握到正确位置
电刷型号不适合电动机	更换电刷
电刷黏附或滞留在刷握里	检查电刷尺寸是否正确、清扫电刷和刷握
云母突出	下刻云母或使用磨蚀性较大的电刷

★★★2.5.47　轴承的作用、种类与特点

当其他机件在轴上彼此产生相对运动时，用来保持轴的中心位置与控制该运动的机件就是轴承。轴承是机械中的固定机件。

轴承具有支承轴及轴上回转零件，保持轴的旋转精度，减少转轴与支承间的摩擦与磨损等作用。

轴承的一些种类与特点见表 2-65。

表 2-65　轴承的一些种类与特点

名称	解　说
大型轴承	大型轴承是公称外径尺寸范围为 200 ~ 430mm 的轴承
带座轴承	带座轴承是向心轴承与座组合在一起的一种组件
单列角接触球轴承	单列角接触球轴承的特点如下： 1）单列角接触球轴承只能够承受一个方向的轴向负荷 2）承受径向负荷时，会引起附加轴向力 3）只能限制轴或外壳在一个方向的轴向位移 4）如果成对双联安装，使一对轴承的外圈相对，也就是宽端面对宽端面，窄端面对窄端面，这样可以避免引起附加轴向力，而且可在两个方向使轴或外壳限制在轴向游隙范围内
关节轴承	关节轴承是主要适用于摆动运动、倾斜运动、旋转运动的一种球面滑动轴承
滚动摩擦轴承	滚动摩擦轴承是轴承与轴颈存在滚动摩擦的一种轴承。滚动轴承由外圈、内圈、滚动体、保持架等部件组成，它们的作用如下： 1）内圈起支撑轴的作用 2）保持架起将滚动体分开的作用 3）外圈起支撑零件或轴系的作用 4）滚动体起滑动滚动的作用

（续）

名称	解 说
滚针轴承	滚动体是滚针的一种向心滚动轴承
滚子轴承	滚动体是滚子的一种滚动轴承
滑动摩擦轴承	滑动摩擦轴承是轴承与轴颈存在滑动摩擦的一种轴承
滑动轴承	滑动轴承不分内圈、外圈，也没有滚动体。其一般是由耐磨材料制成，常用于低速、重载、加注润滑油及维护困难的机械转动部位
角接触轴承	角接触轴承是球与套圈公称接触角大于 0°，而小于 90° 的一种滚动轴承 角接触轴承的特点如下： 1）可以同时承受径向负荷与轴向负荷 2）能够在较高的转速下工作 3）接触角越大，轴向承载能力越高 4）高精度与高速轴承，一般取 15° 接触角
平面轴承	平面轴承可以分为球面滚子轴承、推力滚子轴承
球面滚子轴承	球面滚子轴承是滚动体为凸球面或凹面滚子的一种调心向心滚动轴承。有凹面滚子的轴承，其内圈有一球面形滚道；有凸球面滚子的轴承，其外圈有一球面形滚道
球轴承	球轴承是滚动体为球的一种滚动轴承
深沟球轴承	深沟球轴承的特点如下： 1）每个套圈均具有横截面大约为球周长 1/3 的连续沟型滚道的向心球轴承 2）深沟球轴承主要用来承受径向负荷，但也可以承受一定的轴向负荷 3）深沟球轴承具有摩擦系数小、极限转速高、尺寸范围大与形式多样等特点 4）单列深沟球轴承另外还具有密封型的，可以无须再润滑与保养
双列圆锥滚子轴承	双列圆锥滚子轴承的特点如下： 1）双列圆锥滚子轴承有一个双滚道外圈与两个内圈，两内圈间有一隔圈 2）改变隔圈的厚度可以调整游隙 3）承受径向载荷的同时，也可以承受双向轴向载荷
特大型轴承	公称外径尺寸范围为 440～2000mm 的轴承
推力滚针轴承	滚动体是滚针的一种推力滚动轴承
推力滚子轴承	滚动体是滚子的一种推力滚动轴承
推力角接触球轴承	推力角接触球轴承的特点如下： 1）一般为 60° 接触角的推力角接触球轴承 2）一般为双向推力角接触球轴承 3）一般与双列圆柱滚子轴承配合使用，可以承受双向轴向载荷
推力球面滚子轴承	推力球面滚子轴承是滚动体为凸球面或凹面滚子的一种调心推力滚动轴承。有凹球面滚子的轴承轴圈的滚道为球面形，有凸球面滚子的轴承座圈的滚道为球面形
推力球轴承	推力球轴承是滚动体为球的一种推力滚动轴承
推力向心轴承	推力向心轴承主要承受轴向载荷，但是也可以承受较大的径向载荷
推力圆柱滚子轴承	滚动体是圆柱滚子的一种推力滚动轴承

（续）

名称	解　说
推力圆锥滚子轴承	滚动体是圆锥滚子的一种推力滚动轴承。结构上滚动母线与垫圈的滚道母线均汇交于轴承的轴心线上某一点，滚动表面可形成纯滚动、极限转速高于推力圆柱滚子轴承。推力圆锥滚子轴承可以承受单向的轴向载荷
推力轴承	推力轴承是主要承受轴向载荷的一种轴承
外球面轴承	外球面轴承是一种有外球面与带锁紧的宽内圈的向心滚动轴承
微型轴承	微型轴承是公称外径尺寸范围为 26mm 以下的轴承
向心推力轴承	向心推力轴承主要承受径向载荷，也可以承受较大的轴向载荷
向心轴承	向心轴承主要承受径向载荷
小型轴承	小型轴承是公称外径尺寸范围为 28 ~ 55mm 的轴承
圆柱滚子轴承	圆柱滚子轴承是滚动体为圆柱滚子的一种向心滚动轴承。圆柱滚子轴承分为单列圆柱滚子轴承、双列圆柱滚子轴承、四列圆柱滚子轴承。其中应用较多的是有保持架的单列圆柱滚子轴承。单列圆柱滚子轴承根据套圈挡边的不同分为 N 型、NU 型、NJ 型、NF 型、NUP 型等。圆柱滚子轴承承受的径向负荷能力大。NN 型与 NNU 型双列圆柱滚子轴承大多用于机床主轴的支承。FC 型、FCD 型、FCDP 型四列圆柱滚子轴承多用于轧机等重型机械上
圆锥滚子轴承	圆锥滚子轴承是滚动体为圆锥滚子的一种向心滚动轴承
轧机轴承	轧机轴承一般只用来承受径向负荷，与相同尺寸的深沟球轴承相比，具有较大的径向负荷能力、极限转速接近深沟球轴承等特点
直线运动轴承	直线运动轴承就是两滚道在滚动方向上有相对直线运动的一种滚动轴承
止推轴承	止推轴承又称推力轴承，承受轴向载荷
中大型轴承	中大型轴承是公称外径尺寸范围为 120 ~ 190mm 的轴承
中小型轴承	中小型轴承是公称外径尺寸范围为 60 ~ 115mm 的轴承
重大型轴承	重大型轴承是公称外径尺寸范围为 2000mm 以上的轴承
组合轴承	组合轴承是一套轴承内同时由两种以上轴承结构形式组合而成的一种滚动轴承

一些轴承外形如下：

带法兰冲压外圈
滚针轴承

自润滑轴套

推力轴承

深沟球轴承

径向滚珠轴承

一点通

　　高速运转时，由于摩擦会增加能耗以及损坏轴承，为此，轴承需要良好的润滑。有一种预润滑轴承本身已经有润滑。多数轴承自身没有润滑作用，必须采用润滑脂（油）润滑。

★★★2.5.48　轴承零件的特点

轴承零件的特点见表2-66。

表2-66　轴承零件的特点

名称	解　说
（沟）肩	（沟）肩就是沟（滚）道的侧面
（凸）球凸面滚子	（凸）球凸面滚子就是滚子的外表面在包含其轴心线的平面为内凸弧形
凹面滚子	凹面滚子就是滚子的外表面在包含其轴心线的平面内为凹弧形
保持架	保持架就是部分地包裹全部或一些滚动体，并与之一起运动的轴承零件。保持架可以用以隔离滚动体、引导滚动体以及将其保持在轴承内
保持架兜（窗）孔	保持架兜（窗）孔是保持架上的孔或开口，以容纳一个或多个滚动体
保持架梁	保持架梁是保持架上的一部分，用以隔开相邻的保持架兜孔
保持架支柱	保持架支柱一般为圆柱体支柱，可以穿过滚子的轴向孔使用
保持架爪	保持架爪是从保持架或半保持架上伸出的悬臂
冲压外圈	冲压外圈是由薄金属板冲压，一端封口或两端开口的套圈。一般指向心滚针轴承的外圈
挡边	挡边是突出于滚道表面与滚动方向平行的窄凸肩。挡边可以用来支承和引导滚动体并使其保持在轴承内
挡边引导的保持架	挡边引导的保持架是由轴承套圈或轴承垫圈上的肩面做径向引导的保持架
调心外圈	调心外圈是有球形外表面的外圈，以适应其轴心线与轴承座轴心线间产生的永久角位移
调心外座圈	调心外座圈是用于调心外圈与座孔间的套圈，有一个与外圈的球形外表面相配的球形内表面
调心座垫圈	调心座垫圈是用于调心座圈与外壳承受推力表面间的垫圈，其表面为凹球形面与调心座圈的球形背面相配
调心座圈	调心座圈是有球形背面的座圈，以适应其轴心线与座轴心线间的永久角位移
对称球面滚子	对称球面滚子是凸球面滚子的外表面在通过滚子中部、垂直于其轴心线的平面的两边为对称的滚子
防尘盖	防尘盖是一个环形罩，通常由薄金属板冲压而成，固定在轴承的一个套圈或垫圈上，并朝另一套圈或垫圈延伸。其可以遮住轴承内部空间
非对称球面滚子	非对称球面滚子是凸球面滚子的外表面在通过滚子中部、垂直于其轴心线的平面的两边为非对称的滚子
隔圈	隔圈是环形零件，用于两个轴承套圈，或两半轴承套圈，或轴承垫圈，或两半轴承垫圈之间，使它们之间保持所规定的轴向距离
沟道	球轴承的滚道呈沟形，一般为一个圆弧形的横截面
滚道	滚动轴承承受负荷部分的表面，用作滚动体的滚动轨道
滚动体	滚动体就是在滚道间滚动的球或滚子
滚针	滚针的特点如下：1）滚针头部有多种形状；2）长度与直径的比率较大；3）长度一般为直径的3~10倍，并且直径一般不超过5mm
滚子	滚子是有对称轴，并且在垂直其轴心线的任一平面内的横截面均呈圆形的一种滚动体
滚子大端面	滚子大端面就是圆锥滚子、非对称球面滚子大头的端面

（续）

名称	解　说
滚子倒角	滚子倒角就是滚子外表面与端面相连接的表面
滚子端面	滚子端面就是基本垂直于滚子轴心线的端部表面
滚子小端面	滚子小端面就是圆锥滚子或非对称球面滚子小头的端面
护圈、轴承套	护圈是附在内圈或轴圈上的一个零件，其可以增强滚动轴承防止外物侵入的能力。有的角向磨光机没有轴承套，有的有，例如适配国强角向磨光机 SIM–NG–100（G1004）的轴承套如下图：  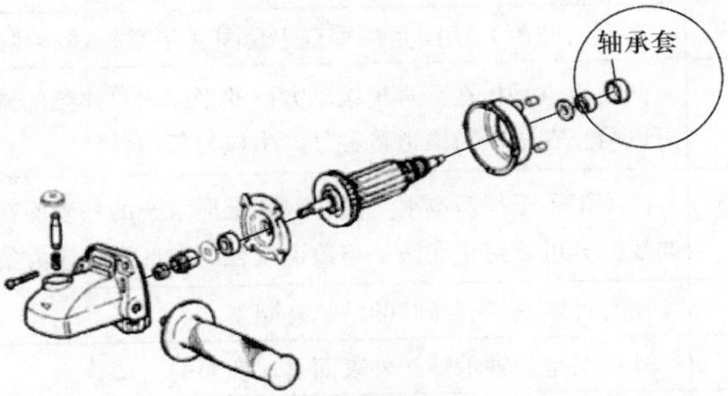 规格：轴承套 适配型号：国强角向磨光机G1004，德伟DW803 轴承套 轴承套，就是装在机壳与转子后轴承之间的橡胶套，主要起到减少机器振动等作用。装配时没装好将轴承套压坏，轴承套外圆尺寸偏大或过紧，后轴承走外圆，会引起机器开停机时振动大等故障
宽内圈	宽内圈是在一端或两端加宽的一种轴承内圈。其可以改善轴在内孔的引导，或为安装紧固件、密封件提供补充位置
浪形保持架	浪形保持架是包括一个或两个波浪状的环形零件组成的一种滚动轴承保持架
螺旋滚子	螺旋滚子是以钢条绕制成螺旋形的滚子
密封（接触）表面	密封（接触）表面是与密封圈滑动接触的表面
羊毛圈、密封圈	1）密封圈是由一个或几个零件组成的环形罩。其可以防止润滑油漏出与外物侵入 2）羊毛圈采用羊毛制成，利用羊毛的缩绒特性经机加工黏合而成。羊毛圈富有弹性，可以作为防振、密封的材料 3）密封圈一般采用橡胶以及共混胶制造。密封圈主要用来防止润滑油泄漏 4）羊毛圈规格用厚了，会出现轴承紧现象 5）羊毛圈规格用薄了或用小了，会出现漏油现象 6）羊毛圈黏合性能不好，会出现松散现象 7）密封圈未装到位，会出现漏油现象
密封圈（防尘盖）槽	密封圈（防尘盖）槽是用以保持轴承密封圈（防尘盖）的槽
内圈	内圈是滚道在外表面的一种轴承套圈

（续）

名称	解　　说
球	球指的是球形滚动体
球（滚子）总体	球（滚子）总体是指在一特定的滚动轴承内的全部球（滚子）
球（滚子）组	球（滚子）组是指滚动轴承内的一列球（滚子）
球面滚道	球面滚道是滚道为球表面的一部分
润滑槽	润滑槽是在轴承零件上用于输送润滑剂的槽
润滑孔	润滑孔是指在轴承零件上，用于将润滑剂输送到滚动体上的孔
双滚道圆锥内圈	双滚道圆锥内圈是指有双滚道的圆锥滚子轴承内圈
双滚道圆锥外圈	双滚道圆锥外圈是指有双滚道的圆锥滚子轴承外圈
锁口内圈	锁口内圈是指一个肩全部或部分被去掉的沟型球轴承内圈
锁口外圈	锁口外圈是指一个肩全部或部分被去掉的沟型球轴承外圈
锁圈	锁圈是指具有恒定截面的单口环，其一般装在环形沟里作为挡圈将滚子或保持架保持在轴承内
套圈（垫圈）倒角	套圈（垫圈）倒角是指轴承内孔或外表面与套圈一端面连接的套圈（垫圈）表面
套圈（垫圈）端面	套圈（垫圈）端面是指垂直于套圈（垫圈）轴心线的套圈（垫圈）表面
凸度滚道	凸度滚道是指在垂直于滚动方向的平面内呈连续的微凸曲线的基本圆柱形或圆锥形的滚道。其可以防止在滚子与滚道接触处产生应力集中
凸度滚子	凸度滚子是指基本上为圆柱或圆锥形滚子的外表面在包含滚子轴心线的平面内，呈连续的微凸曲线。其可以防止在滚子与滚道接触的端部产生应力集中
凸缘外圈	凸缘外圈是指有凸缘的轴承外圈
外球面	外球面是指轴承外圈外表面是球表面的一部分
外圈	外圈是指滚道在内表面的轴承套圈
修形滚子	修形滚子是指在滚子外表面的端部，直径略有修正。其可以防止在滚子与滚道接触的端部产生应力集中
引导保持架的表面	引导保持架的表面是指轴承套圈与垫圈的圆柱形表面。其可以在径向引导保持架
圆柱滚子	圆柱滚子是指滚子外表面的母线基本上是直线，并且可以与滚子轴心线平行
圆柱形内孔	圆柱形内孔是指轴承或轴承零件的内孔，其母线基本为直线，并且与轴承轴心线或轴承零件轴心线平行
圆锥滚子	圆锥滚子就是外表面的母线基本上是直线，并且与滚子轴心线相交。其一般为截圆锥体
圆锥内圈	圆锥内圈是指圆锥滚子轴承的内圈
圆锥外圈	圆锥外圈是指圆锥滚子轴承的外圈
圆锥外圈前面挡边	圆锥外圈滚道前面上的挡边，主要用于引导滚子及承受滚子大端面的推力
圆锥形内孔	圆锥形内孔是指轴承或轴承零件的内孔，其母线基本为直线并与轴承轴心线或轴承零件轴心线相交
越程槽	越程槽是指在轴承套圈或轴承垫圈的挡边或凸缘根部的沟或槽，其目的是便于磨削
直滚道	直滚道是指在垂直于滚动方向的平面内的母线为直线的滚道
止动环	止动环是指具有恒定截面的单口环
止动环槽	止动环槽是指用以保持止动环的槽

（续）

名称	解　说
中挡圈	中挡圈是指具有双滚道的轴承套圈
中圈	中圈是指两面均有滚道的轴承垫圈，用于双列双向推力滚动轴承的两列滚动体
轴承内孔	轴承内孔是指滚动轴承内圈或轴圈的内孔
轴承外表面	轴承外表面是指滚动轴承外圈或座圈的外表面
轴圈	轴圈是指安装在轴上的轴承垫圈
座圈	座圈是指安装在座内的轴承垫圈

 一点通

轴承，就是用来支撑相对旋转的轴的部件。轴承，可以用来支承轴或其他零部件，并且使轴在其中转动、摆动或滑动。常用的是深沟球轴承、滚针轴承，少数机器上用平面滚针轴承。

轴承生锈，会引发电动工具不转动等故障。轴承因压装不合理或操作不当，导致异响或卡滞，引发故障。铝块，就是指连接固定转子与输出轴的零件。铝块，可以固定转子，保证定转子间的间隙；确定转子齿与大齿轮间的中心距；实现冲击功能等。轴承压偏，会导致输出轴回弹不灵活。轴承中心距偏差，会引起异响。铝块如图2-20所示。

图2-20　铝块

★★★2.5.49　滚动轴承的密封装置

滚动轴承的密封装置见表2-67。

表2-67　滚动轴承的密封装置

类型	解　说
接触式密封	毛毡圈密封、J型橡胶圈密封
非接触式密封	间隙式密封、迷宫式密封
组合式密封	2RS1——轴承两面具有RS1密封 2RS——轴承两面具有RS密封 2RZ——轴承两面具有RZ密封 2Z——轴承两面具有防尘盖 RS1——轴承一面具有衬钢板合成橡胶接触式密封 RZ——轴承一面具有衬钢板合成橡胶的低摩擦密封 X——基本尺寸经修正符合ISO标准、柱形滚动面 Z——轴承一面具有防尘盖（非摩擦密封）

点通

电动工具常用轴承型号规格有 606、607、608、626、627、628、629、6000、6001、6003、6004、6200、6201、6202、6203、6303、61907、688 等。608 轴承内径一般为 8mm，外径一般为 22mm。普通 626 轴承内径一般为 5mm，外径一般为 19mm。优质的 608 轴承比普通 626 轴承承载能力更好。

★★★2.5.50　优质摆杆轴承与劣质摆杆轴承的差异

优质摆杆轴承与劣质摆杆轴承的差异见表 2-68。

表 2-68　优质摆杆轴承与劣质摆杆轴承的差异

项目	优质摆杆轴承	劣质摆杆轴承
生产工艺不同	柄端没有顶针孔	柄端有顶针孔
做工精细不同	优质、做工精细	粗糙、加工表面分布不均匀
原材料材质不同	好的材质，锻造出来的表面分布是均匀的	差的材质，锻造出来的表面分布不均匀、有黑点

★★★2.5.51　安装和拆卸轴承常用的工具

安装和拆卸轴承常用的工具见表 2-69。

表 2-69　安装和拆卸轴承常用的工具

名称	解　说
冲击扳手	冲击扳手可以拧紧、松开带有锁紧螺母的轴承套
轴承锁紧螺母扳手	锁紧螺母扳手套件可以用于在锥形轴上安装自调心球轴承、小型球面滚子轴承等应用
拉拔器	拉拔器的种类很多： 1）可翻转爪式拉拔器——组合式内外拉拔器，具有多功能 2）重型爪式拉拔器——强力自对心机械拉拔器，能够提供精确的自对心与对轴的保护 3）盲孔拉拔器——便于拆卸安装在暗轴承座中的球轴承

★★★2.5.52　轴承常用的检测工具

轴承常用的检测工具见表 2-70。

表 2-70　轴承常用的检测工具

名称	解　说
测振笔	测振笔可以检测轴承早期缺陷、润滑不良、齿轮故障等
电子听诊器	电子听诊器可以检测噪声、振动是否正常
轴对中工具	可以检测轴对中情况

安装轴承的方法有压入配合、加热配合。压入配合适用轴承内圈与轴是紧配合，外圈与

轴承座孔是较松配合。加热配合是利用热膨胀将紧配合转变为松配合的安装方法。加热配合有电炉加热法、感应加热法、电灯泡加热法等不同的方法。

★★★2.5.53 使用与检修轴承的注意事项

使用与检修轴承的一些注意事项如下：

1）轴承没有安装的时候，不要打开其包装，以免生锈。

2）对双侧具有油封或防尘盖的轴承、已经润滑的轴承、密封圈轴承可以直接安装，不必清洗。

3）安装轴承需要掌握一个原则：只能通过相应套圈来传递安装力或力矩。

4）加热安装法加热的温度要控制适宜，温度过高会损伤轴承，温度过低则套圈膨胀量不足，效果不显著。

5）加热安装法加热达到所要求的加热温度，就需要尽快地进行安装，以免冷却使安装困难。

6）轴承使用时，保持周围环境的洁净。

7）严禁垃圾进入轴承内部与配合部分，以免影响使用与性能。

8）轴承不得直接放在地上储存，避免光线直射与接触阴冷的墙壁。

9）为了防止生锈，轴承需要保管在温度20℃左右、湿度65%以下的环境中。

10）轴承安装前，需要检查轴承夹的弹性压力，如果压力太小、弹性不够、碎裂，则需要更换。

11）轴承装好后，不能在座内有松动。

12）滚珠轴承的拆换需要使用拉拔器等专用工具。

13）新轴承应先浸在汽油中洗去防锈油，晾干后涂上润滑脂（黄油）再安装。

14）安装轴承时，轴承在轴端需套正，不得偏斜。

15）检查轴承时，可以通过转动电枢来观察轴承，如果轴承转动不顺，或转动声响过大，则需要更换轴承；如果轴承稍有嘈杂声，则加润滑油使之润滑。

2.6 开 关

★★★2.6.1 开关的分类

开关的分类见表2-71。

表2-71 开关的分类

项目	分 类
电源种类	交流开关、直流开关、交直流两用开关
开关所控制的电路负载类型	根据开关所控制的电路负载类型，可以分为以下几类： 1）功率因数不低于0.95的基本电阻性负载开关 2）电阻性负载或功率因数不低于0.6的电动机负载，或两者组合负载开关 3）交流电阻性与电容性组合负载开关 4）白炽灯负载开关 5）特定负载开关 6）电流不大于20mA的负载开关

（续）

项　目	分　　类
周围空气温度	根据周围空气温度，可以分为以下几类： 1）包括操动件在内，整体在最低为 0℃、最高为 55℃ 的周围空气温度中使用的开关 2）包括操动件在内，整体在高于 55℃ 或低于 0℃（或兼有该两种条件）的周围空气温度中使用的开关 3）操动件与其他易触及部分在 0~55℃ 的周围空气温度中使用，而其余部分在高于 55℃ 的周围空气温度中使用的开关 周围空气最低温度的优先值为 -10℃、-25℃、-40℃，周围空气最高温度的优先值为 85℃、100℃、125℃、150℃，限值可不同于优先值，但应是 5℃ 的倍数
操作循环次数	根据操作循环次数，可以分为以下几类： 1）300 个操作循环的开关 2）1000 个操作循环的开关 3）3000 个操作循环的开关 4）6000 个操作循环的开关 5）10000 个操作循环的开关 6）25000 个操作循环的开关 7）50000 个操作循环的开关 8）100000 个操作循环的开关 说明：IEC 标准中提到的"频繁操作开关"指操作循环数为 50000 的开关；IEC 标准中提到的"不频繁操作开关"指操作循环数为 10000 的开关
防固体异物与防尘等级	根据防固体异物与防尘等级，可以分为以下几类： 1）无防护（IP0X）开关 2）防不小于 50mm 的固体异物（IP1X）开关 3）防不小于 12.5mm 的固体异物（IP2X）开关 4）防不小于 2.5mm 的固体异物（IP3X）开关 5）防不小于 1.0mm 的固体异物（IP4X）开关 6）防尘（IP5X）开关 7）尘密（IP6X）开关
防水等级	根据防水等级，可以分为以下几类： 1）无防护（IPX0）开关 2）防滴（IPX1）开关 3）防滴（IPX2）开关 4）防淋（IPX3）开关 5）防溅（IPX4）开关 6）防喷（IPX5）开关 7）防强烈喷水（IPX6）开关 8）防浸水影响（IPX7）开关
防触电保护程度	根据防触电保护程度，可以分为以下几类： 1）用于 O 类器具的开关 2）用于 I 类器具的开关 3）用于 II 类器具的开关 4）用于 III 类器具的开关 说明：用于 II 类器具的开关不需另加防护即可用于其他类器具，不管这些器具属哪一类

（续）

项目	分　类
开关不另加防护时所适用的环境污染等	根据开关不另加防护时所适用的环境污染等，可以分为以下几类： 1）适用于清洁状态的开关 2）适用于正常状态的开关 3）适用于脏状态的开关
开关操动方式	根据开关操动方式，可以分为以下几类： 1）倒扳开关 2）跷板开关 3）按钮开关 4）旋转开关 5）推拉开关 6）拉线开关
标志	根据标志，可以分为以下几类： 1）带详尽标志 C.T. 的开关（通用型号标志） 2）带限定标志 U.T. 的开关（专用型号标志）
耐热性、耐燃性的适用等级	根据耐热性、耐燃性的适用等级，可以分为以下几类： 1）1级开关 2）2级开关 3）3级开关

 一点通

　　开关，就是控制电动工具开和关的装置。利用开关内部的通断装置、晶闸管、切换装置，控制电流的通断、大小、方向，从而实现控制开停机、调速、正反转方向。拨杆控制正反转装置内的各个触点，改变电流方向，从而实现正反转。开关损坏，会引起不通电、调速不良、正反转失效等故障。开关在机壳中未放好，会引起回弹不灵活或不能锁定等故障。

★★★2.6.2　常见开关的特点

　　常见开关的特点见表2-72。

表2-72　常见开关的特点

名称	特　点
按钮开关	按钮开关的操动件是按钮，如果需要改变接触状态，必须按压按钮 说明：开关可以装有一个或多个操动件
闭合锁定开关	闭合锁定开关就是自动复位开关在外力作用下触头处于接通位置时，操作者能够用一只手通过简单的操作将其锁定，当去除外力后，触头依旧可以保持接通状态，再通过另一个简单操作，可以解除锁定的一种开关
插入式结构开关	插入式结构开关就是开关通过其上的插件插入专用的插座内，使开关与电动工具实现电气连接的一种开关

（续）

名称	特　点
单向调速开关	单向调速开关就是指使电动工具单向旋转的一种开关
倒扳开关	倒扳开关的操动件是杠杆（摇杆），如果需要改变接触状态，必须将杠杆扳到（倒向）一个或多个指定位置上
调速开关	冲击钻的开关一般选用单断点的带自锁功能的调速开关。调速的原理就是通过改变电压来调节电动机的转速。因为串励电动机的转速与电动压成正比，与磁通量和电动机的匝数成反比。电子调速开关，就是调节控制电动工具运转速度的开关
断开锁定开关	断开锁定开关就是开关触头处于断开位置时，操作者必须先解除锁定后，才能够操作相关操动件使触头闭合，当作用在操动件上的外力去除后，触头自动返回到断开位置，并加以锁定的一种开关
附装开关	附装开关是组装在器具内或固定于器具上，能单独进行试验的一种开关
缓起动开关	缓起动是当电动工具开机时，电动机缓慢加速直至最高转速。缓起动过程的时间一般不超过3s。缓起动的目的就是防止电动工具突然起动，导致转矩突变，造成意外的伤害，以及可以减小突然开机后而带来的电压降。缓起动一般用于功率较大的电动工具。对于冲击钻来说，一般不使用缓起动结构
机械开关	机械开关就是能在正常电路条件下接通、承载、分断电流，也能在规定的不正常电路条件下，在规定的时间内承载电流的一种机械开关电器 说明：开关或许能接通短路电流，但不能分断短路电流
拉线开关	拉线开关的操动件是一根拉线，如果需要改变接触状态，必须拉动拉线
拼合开关	拼合开关是只有在正确安装、固定于器具中才能发挥功能，以及只有与该器具的相关零件结合在一起才能进行试验的一种开关
跷板开关	跷板开关的操动件是外观低矮的杠杆（摇杆），如果需要改变接触状态，必须将摇杆倒向一个或多个指定位置
双向调速开关	双向调速开关就是指使电动工具正、反两个方向均可以旋转的一种开关
推拉开关	推拉开关的操动件是一根杆，若需改变接触状态，必须将杆拉到或推到一个或多个指定位置
微隙结构开关	微隙结构开关就是触头开距符合微小断开要求的一种开关
限速开关	限速开关就是能够限制电动工具的空载转速，对负载转速影响不大的一种开关
旋转开关	旋转开关的操动件是一根轴或心轴，如果需要改变接触状态，必须将轴旋转到一个或多个指定位置 说明：操动件的旋转可以是不受限制的，也可以在某一方向上受到限制
自动复位开关	自动复位开关是操动件从其被驱动到的位置上释放后，触头与操动件均返回到预置位置上的一种开关
正反转开关	正反转开关，就是具有接通与分断电流的能力，通过改变电动工具内部电路连接状态，从而改变电动工具运转方向的一种开关

一点通

正反转装置，就是不具备接通与分断电流的能力，仅在无电流流过时改变电动工具内部电路连接状态，从而改变电动工具运转方向的装置。电子调速装置，就是用电子学方法调节控制电动工具运转速度的部件、元件或元件组。电子软起动模块，就是控制电动工具起动速度的电子组件。

★★★2.6.3 开关接线端子的分类

开关接线端子的类型如下：

1）能连接软线与硬线的接线端子。

2）用手持烙铁锡焊的锡焊端子。

3）用锡槽锡焊的锡焊端子。

4）由机械措施固定导线，再用锡焊连接电路的锡焊端子。

5）没有固定导线的机械措施，而用锡焊连接电路的锡焊端子。

6）连接非制备导线与不需要使用专用工具的接线端子。

7）连接制备导线和（或）需要使用专用工具的接线端子。

8）连接没有经制备的电源电缆或软线和不需使用专用工具的接线端子。

9）连接实心导体硬线的接线端子。

10）连接实心导体与绞合导体硬线的接线端子。

11）连接软线的接线端子。

12）连接经制备的电源电缆或软线和需使用专用工具的接线端子。

13）用于连接 2 根或 2 根以上导线的接线端子。

★★★2.6.4 开关有关的标志

开关有关的标志见表 2-73。

表 2-73 开关有关的标志

项目	解说
额定电流、额定电压	额定电流、额定电压可以只用数字来标志，此时的电流数字需要置于电压数字之前或之上，并且用一直线将其隔开
电动机负载电路	对电动机负载电路，电动机负载的额定电流放在圆括号内，置于电阻性负载额定电流之后。电源种类符号需要置于电流、电压额定值之后或之前。例如，16（3）A 250V~、16（3）/250~、250~
电容性负载电路	对电容性负载电路，峰值浪涌电流需要置于电阻性负载额定电流之后，并且要用一斜杠隔开。电源种类的符号需要放在电流、电压额定值之后。例如，2/8A 250V—等
电阻性与白炽灯负载电路	对电阻性与白炽灯负载电路，白炽灯负载的峰值浪涌电流放在方括号内，需要置于电阻性负载额定电流之后，而电源种类符号置于电流、电压值之后。例如，6 [3] A 250V~、6 [3]/250~等
开关有多种负载的额定值	当开关有多种负载的额定值时，允许将各种电流数字放在相应的括号内
特定负载	特定负载可列出图号或型号
额定周围空气的温度	额定周围空气温度数据的标志方法如下：下限值需要置于字母 T 之前，上限值需要置于字母 T 之后。如果没有标出下限值，即指下限温度为 0℃。例如： 1）如果没有温度标志，表示额定周围空气温度范围为 0~55℃ 2）T85 表示额定周围空气温度范围为 0~85℃ 3）25T85 表示额定周围空气温度范围为 -25~85℃

（续）

项目	解　说
局部适用于额定周围空气温度	对于仅局部适用于额定周围空气温度高于 55℃ 的开关的标志举例如下：T85/55 表示开关本体周围空气温度可高达 85℃，而操动件周围空气温度上限值为 55℃
Ⅱ类结构符号	开关上不应使用Ⅱ类结构符号
额定操作循环数	额定操作循环数需要以科学方式采用表示幂的字母 E 做标记，操作循环次数为 10000 的开关不需要该标志。例如，1E3 = 1000；25E3 = 25000
标志所载部位	开关需要标出的标志需要优先标在开关的主体上，另外，也允许标在不易拆卸的零件上。但不可以标在螺钉、可拆卸垫圈、其他在开关接线和安装时可能拆下的零件上
小尺寸开关	小尺寸开关的标志可标在不同的表面上
清晰要求	开关需要标出的标志应清晰耐久
开关中的电流	开关中的电流表示含义为：前一个数值为电阻性负载电流，括号内数值为电动机负载电流。例如，10（8）A，前一个数值 10 为电阻性负载电流，括号内数值 8 为电动机负载电流
检测判断标志的方法	检测判断标志的方法如下： 1）通过观察来判断 2）用手擦拭标志来检验：首先用一块浸透蒸馏水的脱脂棉在约 15s 内擦拭 15 个来回，然后用一块浸透溶剂油的脱脂棉在约 15s 内擦拭 15 个来回，如果标志没有异常，说明标志牢固可靠

★★★2.6.5　开关的相关概念、术语

一些开关的相关概念、术语，见表 2-74。

表 2-74　一些开关的相关概念、术语

名称	解　说
额定负载	额定负载是在最高工作电压下，制造商设计的保证开关正常工作的负载
机械开关导电部分	机械开关导电部分是不一定用来承载工作电流，但能够传导电流的部分
机械开关电器	机械开关电器就是依靠可分离的触头来闭合、断开一条或多条电路的开关电器
开关套筒式（罩式）端子	螺纹型端子的一种，在这种端子中，靠螺母将导体夹紧在制有螺纹的螺柱上开出的槽的底部，可通过置于螺母下的具有适当形状的垫圈、中间芯柱或通过等效件将压力从螺母传递到槽内导体上，将导体压紧在槽底
开关 X 型连接	不借助专用工具即能用非制备的软线更换原来的软线的连接方式
开关 Y 型连接	借助于通常只有制造厂或其代理商才备有的专用工具方能更换软线的连接方式
开关 Z 型连接	不破坏开关的完整性就不可能更换软线的连接方式
开关安全特低电压	在与电网隔离的电路中，导体间或任何导体与地间，有效值不超过 50V 的交流电压
开关鞍式端子	螺纹型端子的一种，在这种端子中，导体用 2 个或 2 个以上螺钉或螺母夹紧在鞍形压板下
开关扁形快速连接端头	包括一个插片和一个不使用工具即能被快速插接和拔脱的插套的电气连接件
开关操动件	将其拉动、推动、转动、做其他方式的运动，从而能导致一次操作的部件
开关操作	动触头从一个位置转换到相邻位置
开关操作循环	相继从一个位置到另一个位置，再经过所有其他位置返回到初始位置的连续操作
开关插片	扁形快速连接端头插进插套的部分，而且是与开关结合在一起的零件

（续）

名称	解　说
开关插套	扁形快速连接端头被推到插片上的部分
开关传动机构	任何可能介于操动件与触头机构间的、用以实现触头操作的部件
开关带电部分	开关带电部分是正常使用时要带电的导体或导电部分，包括中性导体，但不包括保护接地零线（PEN）
开关的电气间隙	两个导电部分间，或导电部分与覆盖在任何绝缘材料易触及表面上的金属箔间的最短空间距离
开关的盖或盖板	开关按正常使用安装后可触及的，但能够借助工具拆卸的部分
开关的工具	螺丝刀及任何其他可用来拧动螺母、螺钉或类似零件的物体
开关的极	仅与开关中一条在电气上独立的导电路径有关联的开关部分。开关如果只有一个极，则称为单极。开关如果多于一个极，而这些极又是以一起动作的方式结合起来的，则称为多极，具体体现为2极、3极等
开关的耐漏电起痕指数	开关的材料耐受50滴液滴而无起痕的，以V为单位的最高耐电压数值
开关的爬电距离	两个导电部分间，或导电部分与覆盖在任何绝缘材料易触及表面上的金属箔间，沿绝缘材料表面的最短距离
开关的通用型号标志	开关上的一种识别标志。该标志除需提供有关选择、安装、使用方面的标志外，不再需要其他专门数据资料
开关的信号指示器	与开关连接的显示电路状态的器件
开关的易拆卸零件	开关根据正常使用方式安装后，不用工具即可拆卸的零件
开关的正常使用	开关根据开关制作的目的与说明的用途来使用
开关的周围空气温度	开关根据制造厂的说明安装后，在规定条件下测得的其周围空气的温度
开关的专用工具	开关的专用工具就是普通家庭中不大可能轻易得到的工具
开关的专用型号标志	开关上的一种识别标志，该标志可以明确地表示原开关的电气、机械特点
开关短路电流	由于电路故障或连接错误，形成短路而产生的过电流
开关额定电压、电流、频率与功率	制造厂给开关规定的电压、电流、频率、功率。对三相电源而言，额定电压是线电压
开关非制备导线	已经切断的，并且为了插入夹紧件而剥除了绝缘层的导线
开关附加绝缘	为了在基本绝缘失效时提供防触电保护，而在基本绝缘之外另加的独立绝缘
开关工作电压	在开路或正常的操作条件下和不考虑瞬态现象时，在额定电源电压下可能产生（局部地）在任何绝缘端实际出现的最高交流电压有效值或最高直流电压值
开关工作绝缘	具有电位差的带电部分间的绝缘，在开关使用寿命期间，它是开关正确工作所必需的
开关过电流	任何超过额定电流的电流
开关过载	在没有受电气损害的电路中，会引起过电流的运行状态
开关基本绝缘	用在带电部分上，提供防触电基本保护的绝缘
开关加强绝缘	用在带电部分上的单一绝缘结构，其提供的防触电保护程度与双重绝缘相当
开关间接驱动	由装有附装开关或拼合开关的器具的某个部件间接引起的开关操动件的运动
开关接片端子	靠螺钉或螺母直接或间接夹紧电缆接线片或汇流排的一种螺纹型端子
开关接线端头	2个或2个以上导电零件间的连接件，只有靠专用工具或特定操作过程才能连接或更换

（续）

名称	解　　说
开关接线端子	不需要使用专用工具，也不需要特定的操作过程，可重复使用的供电气连接用的开关导电部件
开关螺钉端子	螺纹型端子的一种，在这种端子中，导体被夹紧在螺钉头下，夹紧力可由螺钉头直接施加，也可通过中介零件如垫圈、压板、防松散件施加
开关螺栓端子	螺纹型端子的一种，在这种端子中，导体被夹紧在螺母下，夹紧力可由具有适当形状的螺母直接施加，也可通过中介零件如垫圈、压板、防松散件施加
开关螺纹型端子	用任何一种螺钉或螺母，直接或间接地连接导线或使多根导线相互连接，并在连接后可脱开导线的端子
开关内接线	器具内部的任何电缆、软线、线芯或导体，既非外接线，也非内装线
开关内装线	开关内部的导线，或用以将开关的端子或端头相互永久性连接起来的导线
开关驱动	由手、脚或任何其他人体动作引起的开关操动件的运动
开关全极断开	对单相交流器具和直流器具而言，靠单一开关动作基本上同时断开两根电源线。对连接多于2根电源线的器具而言，除了接地线外，靠单一开关动作基本同时断开全部电源线
开关双重绝缘	包含基本绝缘与附加绝缘的绝缘
开关外接线	有一部分在开关外或在装有开关的器具外的任何电缆、软线、线芯或导体。这类导线可能是电源引线或是器具各分离部件间的连接线，也可能是固定布线的一部分
开关完全断开	一个极内的触头开距足以保证电源与要断开的那些部件间的绝缘性能与基本绝缘相当
开关微小断开	一个极内的触头开距足以保证功能可靠
开关无螺纹端子	采用非螺纹件，直接或间接地连接导线或使多根导线相互连接，并在连接后可脱开导线的端子
开关锡焊端子	能用锡焊方法形成端头的开关导电部件
开关制备导线	裸露的导线端部配有端环、端头、电缆接线片等的导线
开关柱式端子	螺纹型端子的一种，在这种端子中，导体插入孔或空腔内，被夹紧在螺钉杆下。夹紧力可由螺钉杆直接施加，也可由螺钉杆通过中介夹紧件施加
瞬时动作	瞬时动作就是动触头、静触头间的闭合或者断开速度由机构本身决定，与操动件运动速度无关
自动复位	自动复位就是足够的外力作用在开关的操动件上时，引起开关中的动触头动作。当外力去除，动触头自动返回到原始状态

★★★2.6.6　电动工具开关的主要类型

电动工具开关的主要类型见表2-75。

表2-75　电动工具开关的主要类型

名称	功能	技术参数或者型号	主要特征
调速器	用于控制电动机的转速，根据防尘功能可以分为防尘调速器、普通调速器	有6（6）A 250V～的开关，8（8）A 250V～的开关，10（10）A 250V～的开关，12（12）A 125V～的开关等	有的具有可全波调速，可半波调速，初始电压微调，机械直通触点，可变电阻输出，晶闸管外置等特征

（续）

名称	功能	技术参数或者型号	主要特征
扳机开关	不带调速器，有自锁帽与扳机。根据应用环境可以分为直流扳机开关、交流扳机开关	有 TUV（EN61058）、UL（UL61058）、CQC（GB15092）、FA2 - 6/1BEK、FA2 - 8/1KB FA2 - 16/2BD3、6（6）A 250V～5E4、8（8）A 125V～5E4、16A 125V～5E4 等	有的具有单极常开或双极常开，带闭合锁定（正锁功能），带断开锁定（反锁功能）。端子有输入 M3 接线柱端子或螺钉端子；输出 M3 接线柱端子或螺钉端子
船形开关	指扳机的形状像船一样，包括 I 和 O 两个键，根据是否带防尘帽分为防尘船形开关、普通船形开关	有 TUV（EN61058）、UL（UL61058）、CQC（GB15092）、KCD2 - 12/1、KCD2 - 12/2、2（10）A 250V～5E4 等	有的具有单极单掷，带防护罩，带指示灯，带防尘功能。输入端子为插片端子 6.3×0.8 或 4.8×0.8。输出端子为插片端子 6.3×0.8 或 4.8×0.8
单速开关	具有单极常开、单速控制、带闭合锁定（正锁功能）、带正反转装置、带可调速旋钮、输出波形为半波或全波、待起动电压微调等不同类型	有 TUV（EN61058）、UL（UL61058）CQC（GB15092）、FA2 - 4/1BK、FA2 - 4/1BEK、FA2 - 6/1BEK、FA2 - 8/1BK、FA2 - 8/1BEK、FA2 - 10/1BEK、4（4）A250V～5E4、6（6）A 250V～5E4、8（7）A 125V～5E4、10（10）A 125V～5E4 等	输入端子有的为 M3 接线柱；输出端子有的为插入式端子，可插入浸锡导线，快插端子，0.8×2.8 插片或铜包头导线
恒定功率软起动开关	恒定功率起动电动工具具有控制芯片，带过载保护可选软起动时间：2～3s，3～4s，4～5s 等。功率可选范围有 50～1500W 或 1500W 以上等	有 4（4）A 250V～、6（6）A 250V～、8（8）A 250V～、10（10）A 250V～、12（12）A 125V～、16（16）A 250V～ 等	有的具有可全波调速，可半波调速，高低端电压可调，可变电阻输出，软起动功能，过载保护，过温保护，恒速恒功功能，PID 精密控制等特征
大电流微动开关	微动开关具有快接快断功能，还可以根据防尘需求分为防尘开关、非防尘开关	有 TUV（EN61058）、UL（UL61058）、CQC（GB15092）、FD1401～2106、FD1401～1112、6（6）A 250V～5E4、12（12）A 250V～5E4、12A 125V～5E4 等	有的具有单极单掷，单极双掷，双极单掷，双极双掷，快接快断功能，带防尘功能。另外，有的输入端子为插片端子；有的输出端子为插片端子
推拉开关	推拉开关就是依靠推力、拉力操作的一种开关	有 TUV（EN61058）、UL（UL61058）、CQC（GB15092）、DK2P4 - 54、4（4）A 250V～5E4 等	有的具有单极单掷，双极单掷，待装配固定孔，带防尘功能。有的输入与输出端子均为 M3 接线柱
按钮开关	通过操作按钮操动件来控制开关通断的一种开关	有 TUV（EN61058）、UL（UL61058）、CQC（GB15092）、1.5A 250V～5E4、3A 125V～5E4 等	有的具有单极单掷、输入端子为插入式端子、输出端子为插入式端子

更换电动工具开关，需要外观尺寸一样，接线相同。扳手开关常见的有9线的、8线的、6线的等。常见的型号例如有JC15-6。部分扳手开关特点如图2-21所示。

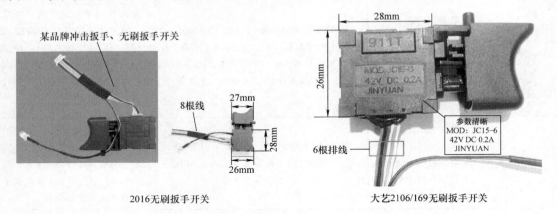

图 2-21　部分扳手开关特点

电锤 26 通用开关，分为带锁、不带锁开关。电锤 26 通用开关型号有 DY-666 等，如图 2-22 所示。

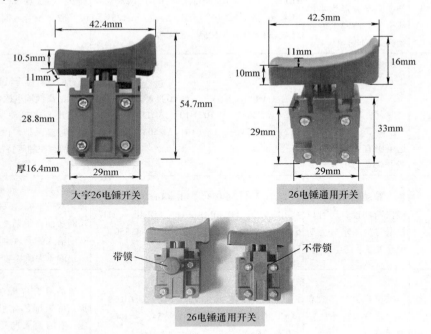

图 2-22　电锤 26 通用开关

角磨开关、电锤开关、电链锯开关等种类多，一般根据原开关来选择维修。

★★★2.6.7　电动工具开关常见的认证

电动工具开关常见的认证如下：

1）DOP——电气级 DOP，除具有通用级 DOP 的全部性能外，还具有很好的电绝缘性能，主要用于生产电线、电缆。

2）NP——元素符号 Np，英文名 Neptunium，中文名为镎，其具有放射性。NP 指放射性物质含量。

3）PAHS——英文全称为 polycyclic aromatic hydrocarbons。

4）REACH——REACH 建立的理念：社会不应该引入新的材料、产品或技术，如果它们的潜在危害是不确知的。

5）RoHS——RoHS 是由欧盟立法制定的一项强制性标准，它的全称是《关于限制在电子电器设备中使用某些有害成分的指令》（Restriction of Hazardous Substances）。

6）TUV——TUV 标志是德国 TUV 专为元器件产品定制的一个安全认证标志，在德国与欧洲其他地区得到广泛的接受。

7）UL——UL 是美国保险商实验室（Underwriter Laboratories Inc.）的简写。

8）CQC——CQC 是中国质量认证中心（China Quality Certification Centre）的简写。

 一点通

电动工具开关主要组成部件有扳机、自锁帽、基座、按钮、电路板、弹簧、动触架、钢珠、电容等。

★★★2.6.8 开关的额定值

开关的额定值（优选值）见表2-76。

表2-76 开关的额定值（优选值）

额定频率/Hz	额定电压/V	电阻性负载、电动机负载额定电流/A
50/60	50	4，6，10，16，25，32，40，63
	130	2，4，6，10，16，25，32
	250	1，2，4，6，10，16，25
	480	1，2，4，6，10，16
100，150，200 250，300，400	50	4，6，10，16，25，32，40，63
	130	2，4，6，10，16，25，32
	250	1，2，4，6，10，16，25

★★★2.6.9 开关接线端子电流与导线截面积

电动工具开关接线端子应能连接表2-77规定的导线，导线不应从接线端子内滑脱。

表2-77 电流与导线截面积

端子承载的电阻性电流/A		软线			端子规格号
		截面积/mm²			
大于	至	最小	中间	最大	
—	3		0.5	0.75	0
3	6	0.5	0.75	1.0	0
6	10	0.75	1.0	1.5	1

（续）

端子承载的电阻性电流/A		软线			
		截面积/mm²			端子规格号
大于	至	最小	中间	最大	
10	16	1.0	1.5	2.5	2
16	25	1.5	2.5	4.0	3
25	32	2.5	4.0	6.0	4
32	40	4.0	6.0	10.0	5
40	63	6.0	10.0	16.0	6

端子承载的电阻性电流/A		硬线			
		截面积/mm²			端子规格号
大于	至	最小	中间	最大	
—	3	0.5	0.75	1.0	0
3	6	0.75	1.0	1.5	1
6	10	1.0	1.5	2.5	2
10	16	1.5	2.5	4.0	3
16	25	2.5	4.0	6.0	4
25	32	4.0	6.0	10.0	5
32	40	6.0	10.0	16.0	6
40	63	10.0	16.0	25.0	7

★★★2.6.10　跷板开关内置控制仪接线

跷板开关内置控制仪接线如图2-23所示。

其中，5点接入电源线一端和控制仪黄色线。2点接入定子和电容一端。3、6点接入转子和电容。电源线另一端与控制仪绿色线连接。定子和电容另一端与控制仪红色线连接。

★★★2.6.11　8孔开关内置控制仪接线

8孔开关内置控制仪接线如图2-24所示。

其中，1点接入控制仪红色线。2点接入电源线一端与控制仪黄色线。3、4点短接。5、6点接转子两端和电容两端。7、8点接定子两端和电容两端。控制仪绿色线接电源线另一端。

★★★2.6.12　8孔开关外置控制仪接线

8孔开关外置控制仪接线如图2-25所示。

其中，1、2点接电源线到外置控制仪。3、4点短接。5、6点接转子两端。7、8点接定子两端。

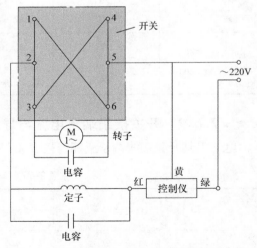

图2-23　跷板开关内置控制仪接线

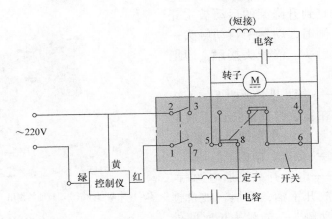

图 2-24 8 孔开关内置控制仪接线

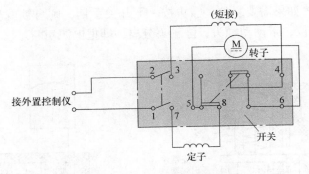

图 2-25 8 孔开关外置控制仪接线

★★★2.6.13 电动工具开关的选择

选择电动工具开关的方法如下：

1）看：看颜色——查看颜色是否纯，是否不含杂色。颜色纯的、不含杂色的开关，质量好一些。

2）听：听声音——质量好的，按键反应快速，不会出现电弧，并且按键声音小。

3）摸：摸触板——摸开关，感觉光滑、无毛刺的，说明是较好的开关。

4）烧：用火烧——检查是否使用的是阻燃材料，也就是用火烧不会燃烧的，说明是较好的开关。

5）用：使用开关——按动、使用自锁帽、扳换向开关，从而检查是否反应灵敏，反应灵敏的，说明是较好的开关。

★★★2.6.14 电动工具专用开关 C3C 的特点

电动工具专用开关 C3C 的特点如图 2-26 所示。

★★★2.6.15 通断电源开关的工作原理

下面以 DKP1 - 5（结构见图 2-27）为例介绍通断电源开关的工作原理。

1）接通状态——当按动手柄时，手柄向下运动，并且带动支承片。支承片与升降架处于同一平面时，即处在"死点"位置。手柄继续向下运动，升降架在瞬时弹簧垂直分力的作用下迅速上升，直到升降架的运动被主壳的突出部分挡住。同时，动触架与动触头一起上升，从而使动触头、静触头接触，即把电源接通。

2）切断状态——电源开关手柄上的下按压力消除时，手柄在复位弹簧的作用下向上运动，经过死点位置后，升降架迅速复位，从而使动触头、静触头分离，即把电源切断。

3）自锁状态——电源开关接通电源后，按下自锁揿手，再放开手柄，手柄就被自锁装置卡住，从而使动触头、静触头长时间处于接通状态。

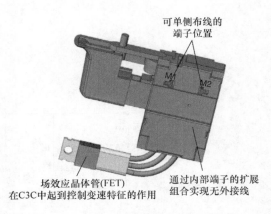

图 2-26　电动工具专用开关 C3C 的特点

4）解锁状态——如果需要复位，需再按一下开关手柄，则自锁就会自动跳出，并且在复位弹簧的作用下复位，带动动触头、静触头分离，即把电源切断。

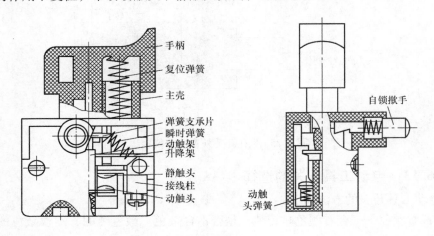

图 2-27　DKP1 - 5 结构

★★★2.6.16　正反开关好坏的判断

判断正反开关的好坏可以根据现象来判断：如果正反开关切换一边，电动机运转正常，切换到另一边却不能运转。此情形一般是正反开关损坏，需要更换正反开关。

另外，正反开关的好坏也可以采用万用表来检测：首先把万用表调到 R × 1 档，然后检测，具体见表 2-78、表 2-79。

表 2-78　检测情况 1

型号规格	图例	切换位置 ⬛	切换位置 ⬛	切换位置 ⬛
TS - 11		ON	NONE	ON
TS - 12		ON	OFF	ON
导通引脚		2 - 1；5 - 4	OPEN	2 - 3；5 - 6

表2-79　检测情况2

型号规格	图例	切换位置 ⊏⊐	切换位置 ⊏⊐	切换位置 ⊏⊐
R－12	3 6 2 5 1 4	ON	OFF	ON
导通 引脚		2－3；5－6	OPEN	2－1；5－4

一点通

正反转开关主要作用是通过控制电动机的电源相序、通电顺序或其他相关参数来改变电动机的旋转方向。电池式电动工具用直流开关的额定电压一般不超过36V，额定电流不大于40A。

★★★2.6.17　电池式电动工具用直流开关的额定电流的规格

电池式电动工具用直流开关的额定电流的规格见表2-80。

表2-80　电池式电动工具用直流开关的额定电流的规格

电源种类	最高工作电压/V	额定电流/A
直流	$n \times 1.2$（其中 n 为 2~30 的任一正整数）	2、4、6、10、16、25、40

★★★2.6.18　电池式电动工具用直流开关的分类

电池式电动工具用直流开关的分类见表2-81。

表2-81　电池式电动工具用直流开关的分类

依据	分　类
极数	单极、2极
环境温度	在最高环境温度不大于55℃中使用的开关、在最高环境温度为55~85℃使用的开关、在最低环境温度不低于-40℃中使用的开关、在最低环境温度为-40~-20℃使用的开关、在最低环境温度为-20~-15℃使用的开关
是否区分极性	有极性的开关、无极性的开关
是否带有电子器件	不带电子器件的开关、带电子器件的开关
操作循环次数	100000次开关、50000次开关、25000次开关、10000次开关、6000次开关
防护等级	防大于1.0mm固体异物（IP4X）开关、防尘（IP5X）开关、尘密（IP6X）开关、无防水（IPX0）开关、防滴（IPX1）开关、防滴（IPX2）开关、防淋（IPX3）开关、防溅（IPX4）开关、防喷（IPX5）开关、防浸（IPX7）开关
开关特性	瞬时动作开关、非瞬时动作开关、非自动复位开关、自动复位无自锁开关、自动复位闭合锁定开关、自动复位断开锁定开关、电子调速开关、电子限速开关、正反转开关、正反转装置、耐振开关、插入式结构开关等
开关手柄的操动方式	按钮开关、按钮电子开关、跷板开关、倒扳开关、拉线开关、推拉开关、旋转开关、传感器操作开关等
开关电气触头机构方式	跷板式机构开关、压簧式机构开关、拉簧式机构开关、片簧式机构开关、电子调速式机构开关、滑动式机构开关、其他机构开关等

★★★2.6.19 电池式电动工具用直流开关的型号命名

电池式电动工具用直流开关的型号命名如图2-28所示。

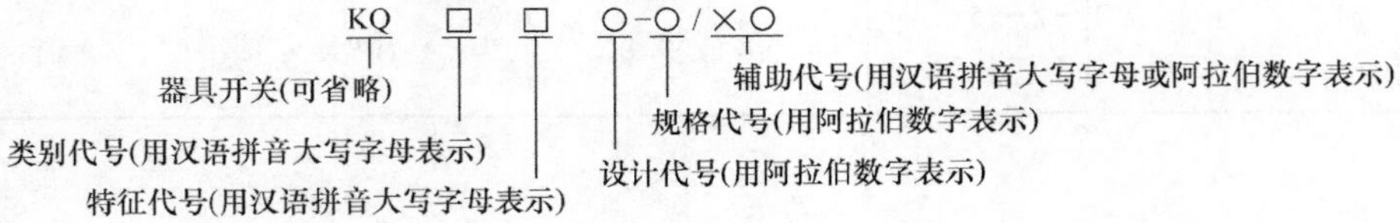

图2-28 电池式电动工具用直流开关的型号命名

类别代号表征开关的类别属性，用一位汉语拼音大写字母表示。F表示附装式电动工具开关，W表示微隙结构开关，E表示电动工具电子开关。

特征代号表征开关的操动方式，用一位汉语拼音大写字母表示，具体见表2-82。

表2-82 特征代码

代号字母	A	B	D	L	T	Z	S
表征的操动方式	按钮	跷板	倒扳	拉线	推拉	旋转	传感器

传感器操作方式特征字母见表2-83。

表2-83 传感器操作方式特征字母

特征字母	c	j	g	s	w
表征的操动方式	触摸	接近	光控	声控	温控

注：例如，触摸开关的特征代号为Sc，光控开关的特征代号为Sg。

设计代号用以表征开关型式与电路连接模式，具体见表2-84。

表2-84 设计代号

开关型式		电路连接模式	代号数字
单向开关	单极	单一负载（单极断开）	12
	2极	单一负载（全极断开）	13
	2极	双负载（单极断开）	14
	2极	双负载（单极断开，负载接在不同极性间）	15
	3极	中线常通三相负载（3极断开）	16
	4极	可通断中线三相负载（4极断开）	17
	3极	三相负载（3极断开）	18
双向开关	单极	单一负载（单极断开）	22
	单极	双负载（单极断开）	23
	2极	单一负载（全极断开）	24
	2极	双负载（全极断开）	25
	2极	单一负载，极性可变换	26
	2极	4负载（单极断开，负载接在不同极性间）	27
	2极	双负载（单极断开，负载接在不同极性间）	28
	2极	4负载（单极断开）	29

（续）

开关型式		电路连接模式	代号数字
有中间断开位置的双向开关	单极	单一负载（单极断开）	32
	单极	双负载（单极断开）	33
	2极	单一负载（全极断开）	34
	2极	双负载（全极断开）	35
	2极	单一负载，极性可变换	36
	2极	4负载（单极断开，负载接在不同极性间）	37
	2极	双负载（单极断开，负载接在不同极性间）	38
	2极	4负载（单极断开）	39

　　规格代号表征以安培为单位的开关最大额定电流值，用阿拉伯数字表示，最多2位，具体见表2-85。

表2-85　规格代号

额定电流/A	40	25	16	10	4	2	1
数字代号	40	25	16	10	4	2	1

　　辅助代号由功能代号和派生代号组成。辅助代号用以补充说明开关的某些结构特征、电子特征、控制对象、派生产品等。×表示功能代号（用汉语拼音大写字母表示），O表示派生代号（用阿拉伯数字表示）。

　　功能代号表征开关电气动作方式，用汉语拼音大写字母表示，具体见表2-86。

表2-86　功能代码

代号字母	Q	Y	L	P	F	E	H
表征电气动作方式	跷板式	压簧式	拉簧式	片簧式	非瞬动桥式	电子调速式	滑动式

一点通

　　电池式电动工具用直流开关额定温度的表示法如下：以字母T为分界，左边为零下的限值，右边为上限值。例如，电池式电动工具用直流开关额定温度为 −20 ~ 80℃，则可以表示为20T80。

★★★2.6.20　电池式电动工具用直流开关螺纹型接线端子的类型

　　电池式电动工具用直流开关螺纹型接线端子的类型见表2-87。

★★★2.6.21　电池式电动工具用直流开关螺钉接线端子的尺寸

　　电池式电动工具用直流开关螺钉接线端子的尺寸见表2-88。

表2-87 电池式电动工具用直流开关螺纹型接线端子的类型

名称	图 例
螺钉端子	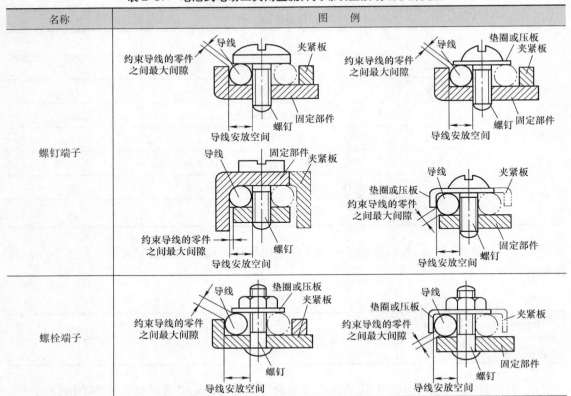
螺栓端子	

表2-88 电池式电动工具用直流开关螺钉接线端子的尺寸

可连接导线截面积		螺纹最小公称直径	螺钉上螺纹长度最小值	螺孔中螺纹长度最小值	安放导线的空间尺寸 D 的最小值	螺钉头与杆部之间公称直径的最小差值	约束导线零件之间最大间隙 G	螺钉头的高度
硬线	软线							
mm²		mm						
0.5~1.0	0.5~1.0	2.5	4.0	1.5	1.7	2.5	1.0	1.5
0.75~1.5	0.75~1.5	3.0	4.0	1.5	2.0	3.0	1.0	1.8
1.0~2.5	1.0~2.5	3.5	4.0	1.5	2.5	3.5	1.5	1.8
1.5~4.0	1.0~2.5	4.0	5.5	2.5	3.0	4.0	1.5	2.0
2.5~6.0	1.5~4.0	4.0	6.0	2.5	3.5	4.0	1.5	2.4
4.0~10	2.5~6.0	5.0	7.5	3.0	4.5	5.0	2.0	3.5
6.0~16	4.0~10	5.0	9.0	3.5	5.5	5.0	2.0	3.5
10~25	6.0~16	6.0	10.5	3.5	7.0	6.0	2.0	5.0

★★★2.6.22 电池式电动工具用直流开关螺钉与螺栓接线端子中用的垫圈或压紧板尺寸

电池式电动工具用直流开关螺钉与螺栓接线端子中用的垫圈或压紧板尺寸需要符合

表 2-89 中的规定。

表 2-89　螺钉与螺栓接线端子中用的垫圈或压紧板尺寸

螺纹公称直径 d/mm	螺纹直径与垫圈内径之间的最大差值/mm	螺纹直径与垫圈外径之间的最小差值/mm
2.5	0.4	3.5
3.0	0.4	4.0
3.5	0.4	4.5
4.0	0.4	5.0
5.0	0.5	5.5
6.0	0.6	6.0

★★★2.6.23　电池式电动工具用直流开关柱式接线端子的尺寸

电池式电动工具用直流开关柱式接线端子的尺寸需要符合表 2-90 中的规定。

表 2-90　柱式接线端子的尺寸

导线截面积/mm²		螺纹最小公称直径	接线孔尺寸 D	柱中螺纹长度最小值	导线端部与夹紧螺钉间最小距离 g
硬线	软线	mm			
0.5 ~ 1.0	0.5 ~ 1.0	2.5	2.5 ~ 3.0	1.8	2.5
0.75 ~ 1.5	0.75 ~ 1.5	3.0	3.0 ~ 3.6	2.0	2.5
1.0 ~ 2.5	1.0 ~ 2.5	3.5	3.5 ~ 4.1	2.5	2.5
2.5 ~ 6.0	1.5 ~ 4.0	4.0	4.0 ~ 4.6	3.0	2.5
4.0 ~ 10	2.5 ~ 6.0	4.0	4.5 ~ 5.0	3.0	2.5
6.0 ~ 16	4.0 ~ 10	5.0	5.5 ~ 6.3	4.0	2.5
10 ~ 25	6.0 ~ 16	6.0	7.0 ~ 7.5	4.0	3.0

★★★2.6.24　电池式电动工具用直流开关片式接线端子的尺寸

电池式电动工具用直流开关片式接线端子的尺寸需要符合表 2-91 中的规定。

表 2-91　片式接线端子尺寸

回路电流 I/A	螺纹最小公称直径/mm	螺纹直径与接线片孔径之间最大差值/mm	孔边与连接边缘间的最小距离 g/mm	孔边与固定部分间的最小距离 f/mm
$I \leqslant 6$	3.0	0.4	2.0	6.5
$6 < I \leqslant 10$	3.0	0.4	2.0	6.5
$10 < I \leqslant 16$	4.0	0.5	2.5	7.0
$16 < I \leqslant 25$	4.0	0.5	2.5	7.0
$25 < I \leqslant 32$	5.0	0.5	3.5	7.5
$32 < I \leqslant 40$	5.0	0.5	3.5	7.5
$40 < I \leqslant 63$	6.0	0.6	4.5	9.0

★★★2.6.25　电子调速开关的概念、参数与特点

电子调速开关的概念、参数与特点见表2-92。

表2-92　电子调速开关的概念、参数与特点

项　目	解　说
一般电动工具用电子调速开关的概念	一般的电动工具用电子调速开关是指适用一般环境下使用的、最高工作电压交流不超过250V、频率为50/60Hz、额定电流不超过32A的单相电动工具用电子调速开关。一般电动工具用电子调速开关安装在电动工具本体或者附件上，起到接通与分断电流或者改变电动工具的旋转方向、限制空载转速、调节运转速度等作用
一般电动工具用电子调速开关额定数值	一般电动工具用电子调速开关额定数值如下： 1）最高额定电压为220V，优先数值为50V、125V、230V、250V 2）最大额定电流为32A，优先数值为1A、2A、3A、4A、6A、10A、16A、20A、25A、32A
调速开关的特点	调速开关的特点如下： 1）调速开关是调节控制电动工具运转速度的一种开关 2）调速开关有一体化式调速开关、分装式调速开关两种 3）一体化式调速开关是将电子元器件、电子组件、机械开关装置组成一个不可分离的一体化整体。某些一体化式调速开关，具有防潮、防尘、可靠、绝缘性能高，并且将电子部分用绝缘树脂胶封铸等特点 4）分装式开关的电子组件与机械开关装置可分别进行试验、更换 5）分装式开关的可靠性没有一体化式开关好

★★★2.6.26　调速开关的电路原理

调速开关的电路原理图如图2-29所示。

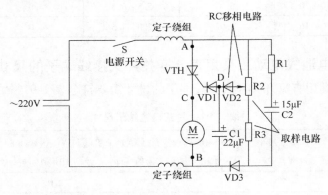

图2-29　调速开关的电路原理图

电动工具负载增大时，电动机转子回路的电流增加，转子回路电动势增大，图中C点的电位提高，晶闸管的导通角增大，A、B两点电压增大，从而保持整定的转子转速不变。

电动工具负载减小时，转子回路电流减小，转子回路电动势减小，C点电位下降，从而保持转子转速不变，达到电动机在额定转速以下近似恒功率调速。

C2、VD3、VTH与转子绕组构成反馈回路，以增加回路电流，保持晶闸管在低速时导

通的稳定性。其他一些元器件的作用如下：

1）R1 为限流电阻。

2）R3 为移相、取样电路的保护电阻。

3）VD1 为阻止转子中与触发信号反向的杂散谐波进入晶闸管的门极，以免破坏晶闸管工作稳定性的二极管。

★★★2.6.27 一般电动工具用电子调速开关的分类

一般电动工具用电子调速开关的分类见表 2-93。

表 2-93 一般电动工具用电子调速开关的分类

项目	分　类
根据用途分	单向调速开关、双向调速开关
根据调速类型分	无级调速开关、有级调速开关
根据操作方式分	手动电子调速开关、脚踏电子调速开关、具有传感器操动的电子开关
根据周围空气温度分	1）在最低为 0℃、最高为 35℃ 的周围空气温度中使用的开关 2）在高于 35℃、最高为 85℃ 的周围空气温度中使用的开关 3）在低于 0℃ 的周围空气温度中使用的开关
根据操作循环次数分	100000 次开关、50000 次开关、25000 次开关、10000 次开关。一般的电动工具调速开关操作循环次数为 50000 次
根据开关的机构分	带触头机构的开关、无触头机构的开关
根据使用时冷却条件	无强制风冷的开关、带强制风冷的开关
根据功能分	1）自动复位无自动调速开关，功能代号为 WE 2）自动复位闭合锁定开关，功能代号为 BE 3）自动复位断开锁定调速开关，功能代号为 DE 4）电子调速开关，功能代号为 E 5）电子限速开关，功能代号为 S 6）正反转装置开关，功能代号为 Z 7）电子软起动模块开关，功能代号为 R
根据极数分	1）单极，极数代号为 1 2）双极，极数代号为 2 3）三极，极数代号为 3
根据性能分	带电子反馈的调速开关、无电子反馈的调速开关
根据断开类型分	电子断开开关、完全断开开关
根据印制电路板部件的涂敷层类型分	具有 A 型涂敷层的开关、具有 B 型涂敷层的开关

★★★2.6.28 一般电动工具用电子调速开关的类别与规格代号

一般电动工具用电子调速开关的类别与规格代号如图 2-30 所示。

★★★2.6.29 调速电源开关主要故障与排除

调速电源开关主要故障与排除见表 2-94。

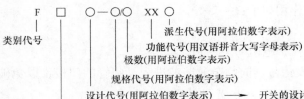

开关的设计代号：
开关内部结构为浮动式开关的代号为"1"
开关内部结构为跷板式开关的代号为"2"
开关内部结构为拉簧式开关的代号为"3"
开关内部结构为桥式开关的代号为"4"
开关内部结构为压簧式开关的代号为"5"
开关内部结构为滑动式开关的代号为"6"
开关内部结构为片簧式开关的代号为"7"

图 2-30　一般电动工具用电子调速开关的类别与规格代号

表 2-94　调速电源开关主要故障与排除

主要故障	原因	排除方法
能接通电源，但是不能调速	晶闸管击穿短路	一体化式开关只能整体更换开关、分装式开关可更换晶闸管
不能接通电源	晶闸管击穿断路、晶闸管触发电路出现故障	分装式开关拆下修理、一体化式开关整体更换

一点通

　　一般电动工具用电子非自动复位调速开关的断开标志，一般用 O 表示断开位置，或者表示朝断开方向驱动。

★★★2.6.30　开关好坏的检测

　　检测开关的好坏可以采用万用表来检测：首先把万用表调到电阻档，然后红、黑表笔分别检测开关的同一电气连接端的输入端、输出端，如果按动开关，则其电阻值为 0。如果是锁定状态的，则同一电气连接端的输入端、输出端也是接通的。如果同一电气连接端的输入端、输出端是分断的，则万用表测量的电阻值为无穷大。

　　不同开关具体操作情况存在差异，因此，检测开关时需要结合开关的功能特点与其内部结构，以及万用表的检测情况来综合判断。一种角向磨光机开关如图 2-31 所示。一种切割机开关如图 2-32 所示。

图 2-31　一种角向磨光机开关

★★★2.6.31　起动开关好坏的检测

　　起动开关可以分为全自动开关、半自动开关，如图 2-33 所示。起动开关可以采用万用

表 R×1 档测量：常开开关，如果将起动点开关压下，则 COM 与 NO 端正常是导通的，即为 0Ω。常闭开关，如果将起动点开关放开，则 COM 与 NC 端正常是导通的，即为 0Ω。

当开关为常开开关时，如果 COM 与 NO 端测量不出有导通现象，则说明起动开关损坏，需要更换开关。

当开关为常闭开关时，如果 COM 与 NC 端测量不出有导通现象，则说明起动开关损坏，需要更换开关。

图 2-32　一种切割机开关

说明：不同种类不同机型所采用的起动开关可能不同。电动螺丝刀中的制动开关的检测方法与起动开关的检测方法差不多。

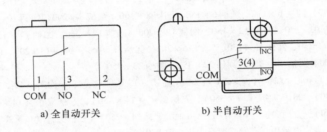

a) 全自动开关　　　　　b) 半自动开关

图 2-33　全自动开关与半自动开关

 **一点通**

非调速电源开关出现的主要故障有触头烧死不能分断电流、触头烧坏不能接通电源等。维修的方法就是更换同型号的开关。

2.7　钻头、开孔器、夹头、批头

★★★2.7.1　钻头的特点与应用

钻头是用来在实体材料上钻削出通孔或盲孔，并且能对已有的孔进行扩孔的一种刀具。钻头可以配合一些电动工具使用，因此，其是一些电动工具常见的附件。

钻头一般可以分为木工钻、建工钻、麻花钻。根据使用的电动工具可以分为电锤钻头、电钻钻头、电镐钻头等。常用的钻头主要有麻花钻、扁钻、中心钻、深孔钻、套料钻等。

钻头一般是开小的孔，开大的孔的工具一般叫作开孔器。另外，扩孔钻、锪钻虽然不能够在实体材料上钻孔，但习惯上也将它们归入钻头一类。

一些钻头的特点与应用见表 2-95、表 2-96。

表 2-95　一些钻头的特点与应用 1

名称	解　说
电锤钻头	电锤钻头就是指可以装在电锤上使用的钻头。电锤常用于混凝土、墙壁、石材、水泥地的开孔，因此，需要根据具体应用来选择合适的钻头 （1）优质合金钢材的电锤钻头适用于在混凝土、砖等硬质建材上钻孔 （2）电锤的钻头的种类如下： 1）五坑钻头——30mm 以上电锤使用，欧洲、美国多用五坑钻头 2）六角钻头——其中Ⅰ型钻头配龙牌 02 – 22 等一些电锤使用，Ⅱ型钻头配牧田、日立 PR25B 等一些电锤使用 3）方柄电锤钻头——配龙牌、日立、闽日等一些电锤使用 4）二坑二槽电锤钻头——配博世、得伟、牧田等一些电锤使用 （3）电锤钻头型号规格有： 1）方柄 6×120、方柄 6×150、方柄 8×150、方柄 8×200、方柄 10×150、方柄 10×200、方柄 10×350、方柄 12×150、方柄 12×200、方柄 12×350、方柄 14×150、方柄 14×200、方柄 14×350、方柄 16×150、方柄 16×200、方柄 16×350、方柄 18×200、方柄 18×350、方柄 20×200、方柄 20×350、方柄 22×200、方柄 22×350、方柄 25×350、方柄 28×350 等 2）圆柄 6×110、圆柄 6×150、圆柄 8×150、圆柄 8×200、圆柄 10×150、圆柄 10×200、圆柄 10×350、圆柄 12×150、圆柄 12×200、圆柄 12×350、圆柄 14×150、圆柄 14×200、圆柄 14×350、圆柄 16×150、圆柄 16×200、圆柄 16×350、圆柄 18×200、圆柄 18×350、圆柄 20×200、圆柄 20×350、圆柄 22×350、圆柄 25×350 等 3）0810 扁铲（17×280）、0810 扁铲（17×350）、0810 沟凿（17×280）、0810 尖铲（17×280）、0810 尖铲（17×350）、方柄扁铲（14×150）、方柄扁铲（14×250）、方柄扁铲（17×280）、方柄尖铲（14×150）、方柄尖铲（14×250）、方柄尖铲（17×280）等 （4）电锤用开孔器一般是采用金属开孔器 （5）电锤钻头与开孔器外形如下：  细长的，符合动力学的凿子型端头 －快速的钻进材料中 －容易定位 四螺纹螺旋线 能够迅速排出钻孔中的粉尘，降低了钻孔的摩擦力，降低了振动 喷砂打磨的密封表面 保证了表面的耐磨性且钻头不容易弯曲 四坑钻头 带主辅双刀刃端头的对称结构 －定位精确 －高钻孔效率 －快速排除粉尘 －不容易偏离中心 双传递螺旋线 短螺旋入口和大的钻孔螺旋槽，保证了粉尘的快速排除 喷砂打磨的密封表面 保证了表面的耐磨性且钻头不容易弯曲 五坑钻头

（续）

名称	解说
电锤钻头	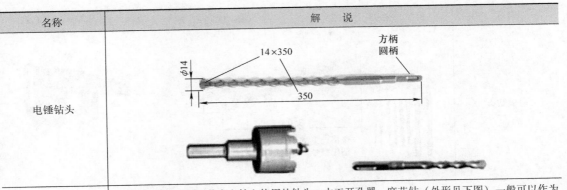
电钻钻头	电钻钻头就是可以装在电钻上使用的钻头。木工开孔器、麻花钻（外形见下图）一般可以作为电钻钻头。冲击钻头一般不能够作为电钻钻头 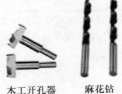 木工开孔器　　麻花钻 电钻常用于金属板、木材、家具、墙壁上开孔，另外开孔有大小，因此，选择钻头时需要考虑钻的材料与钻孔的大小。例如麻花钻家用钻孔，下图几种规格用得比较多 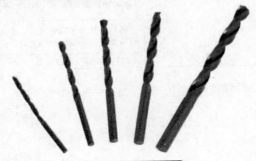 3#、4#、5#、6#、8#麻花钻 适配：手电钻，充电钻 麻花钻直柄钻头 如果是多功能工具，例如既可电钻也可电锤的多用电钻或电锤，则用作电钻时选择电钻钻头，用作电锤时选择电锤钻头
电镐钻头	电镐钻头就是能够装在电镐上使用的钻头。电镐钻头规格有圆方头、六角大柄尖扁凿等。电镐钻头与电钻钻头、电锤钻头区别比较大，显著差异就是电镐钻头的头部要么是尖的，要么是扁的，电镐钻头的身部一般是直的。开孔器一般不在电镐上使用 电镐钻头图例如下图所示：

（续）

名称	解　说
电镐钻头	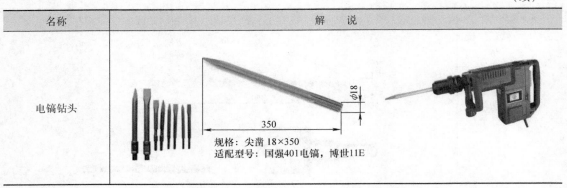规格：尖凿 18×350 适配型号：国强401电镐，博世11E

表 2-96　一些钻头的特点与应用 2

名称	解　说
瓷砖钻头	在瓷砖上作业时，如果需要保护好瓷砖，则尽量选择瓷砖钻头进行作业。如果选择其他钻头，则需要慎重以及注意操作得当，最好先在一块废的瓷砖上训练，以积累操作技巧与心得。瓷砖钻头外形如下： 瓷砖钻头适用于陶瓷玻璃、花岗石、砖墙及瓷砖等脆硬材料上的钻头
冲击钻头	常用的冲击钻头有 4mm、5mm、6mm、8mm、10mm、12mm 等型号。冲击钻头外形如下： 冲击钻头一般没有麻花钻头规整 冲击钻头的头部一般是不规整的因为焊着高硬度的钨钢合金 冲击钻头打墙时配合冲击电钻使用
开孔器	开孔器的特点如下： 1）木板、塑料、金属薄片开孔器可以配合电钻使用 2）有的开孔器钝了，可以采用锉刀修整即可继续使用 3）有的合金高档开孔器有三板组刃，即外刃、中刃、内刃。每个刀刃在切削过程中负担 1/3 的工作量，所以排屑顺畅，不易产生崩刃 4）有的合金高档开孔器可对不锈钢板、型钢、铸件、铝合金等金属板钻孔，但不易开比较薄的金属材质

（续）

名称	解 说
开孔器	5）开孔器削材料时，一般需要固定好材料，不能移动，并且开孔器与开孔成90°直角 6）当定位钻钻透时，需要慢慢钻孔 7）操作中，如果有异常或排屑不理想，则需要停止工作 8）开孔器外形如下图所示：  开孔器　　　　　木工开孔器
麻花钻	麻花钻是应用最广的一种孔加工刀具。其一般直径范围为0.25～80mm。标准麻花钻由柄部、颈部、工作部分组成。工作部分有螺旋槽（有2槽、3槽或更多槽，但以2槽最为常见），形似麻花。为改善麻花钻的切削性能，可根据被加工材料的性质将切削部分修磨成各种外形。麻花钻的柄部形式有直柄、锥柄两种。麻花钻钻头材料一般为高速工具钢或硬质合金。麻花钻可被夹持在手持式电动钻孔工具中使用
扁钻	扁钻的切削部分为铲形，具有切削液易导入孔中，切削与排屑性能较差等特点。扁钻可以分为整体式、装配式两种
深孔钻	深孔钻一般是指加工孔深与孔径之比大于6的孔的刀具
扩孔钻	扩孔钻有3～4个刀齿，其刚性比麻花钻好，用于扩大已有的孔，以及提高加工精度、光洁度
锪钻	锪钻有较多的刀齿，以成形法将孔端加工成所需的外形。锪钻用于加工各种沉头螺钉的沉头孔、削平孔的外端面等
中心钻	中心钻供钻削轴类工件的中心孔用，它实质上是由螺旋角很小的麻花钻与锪钻复合而成
金刚石钻头	金刚石钻头是由人造金刚石聚晶层与硬质合金衬底在高温高压条件下一次合成的
空心钻头	空心钻头也就是取芯钻头，其是没有钻芯的钻头。空心钻头扩大了钻头的切削范围，从而使相对较小的动力可以加工较大孔、深孔。空心钻头常用的柄型有直柄、通用柄等

★★★2.7.2　工程薄壁钻头的种类与用途

工程薄壁钻头的种类与用途见表2-97。

表2-97　工程薄壁钻头的种类与用途

种类	解 说
电镀钻头	用于手电钻，适合大理石、花岗岩、玻璃、水泥等硬脆材料钻孔。选择参数有名义外径、有效长度、刀头高度、刀头厚度、齿数等
电工钻	配套手电钻用于挖各种开关槽。选择参数有名义外径、有效长度、刀头高度、刀头厚度、齿数等
鹅卵石专用	用于石材、板材的切边加工。选择参数有名义外径、有效长度、刀头高度、刀头厚度、齿数等
钢筋混凝土专用	专门针对各种标号钢筋混凝土打孔设计配方。选择参数有名义外径、有效长度、刀头高度、刀头厚度、齿数等

（续）

种类	解　说
空调钻	用于无钢筋或含少量钢筋的砖混结构打孔。选择参数有名义外径、有效长度、刀头高度、刀头厚度、齿数等
石材钻	用于各种石材、瓷砖、玻璃等材料打孔。选择参数有名义外径、有效长度、刀头高度、刀头厚度、齿数等
通用型	用于各种钢筋混凝土、砖墙的打孔。选择参数有名义外径、有效长度、刀头高度、刀头厚度、齿数等
涡轮定心钻	用于手电钻或台钻对石材、玻璃等材料打孔。选择参数有名义外径、有效长度、刀头高度、刀头厚度、齿数等

★★★2.7.3　工程薄壁钻头开孔时受冲击的解决方法

手持钻机开孔时，会对钻头产生不同程度的冲击，易导致钻头产生裂纹或者松动。解决开孔受冲击的方法见表2-98。

表2-98　解决开孔受冲击的方法

方法	解　说
木板法	首先找一块相应厚度的木板，然后在木板上钻一个与所要开孔直径相同的孔，之后把开好孔的木板压在所要钻的地板或墙面上，然后将钻头插在木板孔上开孔即可。使用该方法需要注意安全，以及考虑是否需要固定好木板
倾斜法	将钻头倾斜一定角度旋转，以达到稳定钻头的目的，当磨出一条月牙槽后，就可以逐步把钻头放正钻进。使用该方法需要注意开孔时不能过分压着钻头，月牙槽也不能够太深，以免损坏钻头与工具

★★★2.7.4　手工刃磨麻花钻与冲击电钻钻头的维护

手工刃磨麻花钻与冲击电钻钻头的维护见表2-99。

表2-99　手工刃磨麻花钻与冲击电钻钻头的维护

项目	解　说
手工刃磨麻花钻的技巧	手工刃磨麻花钻的一些技巧如下： 1）麻花钻的顶角一般是118° 2）刃口需要与砂轮面摆平 3）钻头轴线要与砂轮面斜出60°的角度 4）由刃口往后磨后面 5）钻头的刃口要上下摆动，钻头尾部不能翘起 6）需要保证刃尖对称轴线，两边应对称慢慢修磨 7）两刃磨好后，直径大的钻头还需要磨一下钻头锋尖
冲击电钻钻头的保养与维护	保养与维护冲击电钻钻头的方法与要点如下： 1）钻头需要装在特制的包装盒里，避免振动、相互碰撞 2）存放时，需要考虑钻头取用方便、省时 3）钻孔前先打中心点，可以避免钻头打滑偏离中心 4）钻交叉孔时，应先钻大直径孔再钻小直径孔

（续）

项目	解　说
冲击电钻钻头的保养与维护	5）钻通孔时，当钻头即将钻透的一瞬间，扭力最大。因此，此时需要使用较轻压力、慢进钻，以免钻头扭断 6）钻孔时，应充分注意排屑 7）钻削时钻头折断，可能是钻唇间隙角太小、钻削速度过高、钻头钝化又继续加压切削等原因引起的 8）钻削时切边破裂，可能是工件材料中有硬点、砂眼、进刀太快、钻削速度选择不当等原因引起的 9）钻削时发出吱吱叫声，可能是钻头钝化、钻孔不直等原因引起的 10）钻削时切屑性质发生异常变化，可能是切边钝化、破碎等原因引起的 11）钻削出孔径过大，可能是钻头钻顶半角不相等、主轴偏离、静点偏离等原因引起的 12）钻削时仅排出一条切屑，可能是两切边不等长、钻顶半角不相等原因引起的 13）钻头使用后，需要立即检查有无破损、钝化等不良情形。如果有，需要立即加以研磨、修整

★★★2.7.5　电动工具钻夹头的种类

电动工具钻夹头的一些种类如下：

1）根据夹持范围，钻夹头可以分为 6mm、10mm、13mm、16mm、20mm 等规格的夹头。

2）根据夹紧方式，钻夹头可以分为带钥匙钻夹头、手紧钻夹头。

3）根据连接方式，钻夹头可以分为螺纹连接（英制 1/2 - 20UNF、3/8 - 24UNF，公制 M12 × 1.25、M10 × 1.0）、锥柄连接。

4）根据工作类型，钻夹头可以分为轻型夹头、中型夹头、重型夹头，具体见表2-100。

表2-100　钻夹头的类型

钻夹头类型	10mm夹头最大外径尺寸/mm	13mm夹头最大外径尺寸/mm	16mm夹头最大外径尺寸/mm
轻型夹头	34/34	43/42.7	51/（无对应的德国标准）
中型夹头	38/38	46/46	53/52
重型夹头	43/42.7	53/52	57/57

注："/" 前面的是中国标准，后面的是德国标准。

5）根据功能特点，夹头可以分为普通夹头、自锁钻夹头、高端钻夹头等。例如国强 D104 手电钻自锁钻夹头为 0.6 ~ 10mm、3/8，如图2-34所示。

6）根据应用环境，夹头可以分为家庭消费型、工业型。

7）钻夹头还有带丝（UNF）、不带丝（B）、大孔（1/2）、小孔（3/8）之分。例如钻头标有 1.5 ~ 10mm B13，则意思就是可用钻头规格为 1.5 ~ 10mm，钻夹头内径为 13mm。如果标有 0.8 ~ 8mm 3/8 - 24UNF，则意思就是可用钻头规格为 0.8 ~ 8mm，3/8 - 24UNF 代表内径为带丝小孔。

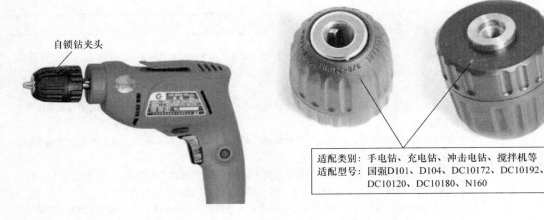

自锁钻夹头

适配类别：手电钻、充电钻、冲击电钻、搅拌机等
适配型号：国强D101、D104、DC10172、DC10192、
　　　　　DC10120、DC10180、N160

图 2-34　自锁钻夹头与其应用

★★★2.7.6　钻夹头的基本要求

钻夹头的基本要求见表 2-101。

表 2-101　钻夹头的基本要求

项目	要　　求
夹头晃动	10～13mm 夹头晃动不大于 0.3mm 16mm 夹头晃动不大于 0.35mm 10mm 夹头用 10mm×95mm 棒 13mm 夹头用 13mm×105mm 棒 16mm 夹头用 16mm×110mm 棒 棒的硬度要求达到 HRC55
夹头输出力矩	10mm 夹头，输入 11.5N·m，输出大于 6.5N·m 13mm 夹头，输入 13N·m，输出大于 8.5N·m 10mm 夹头，输入 15N·m，输出大于 10.5N·m

另外，手紧、自紧式钻夹头，需要钻夹头的输出力矩能够大于其输入力矩 90% 以上。专业类电动工具中 850W 以上的冲击电钻与 24V 的直流冲击电钻应配套高端自锁钻夹头。

一点通

钻夹头，就是夹持工件的机构。夹头偏摆，包括外圆晃动和夹持钻头后晃动。夹头是有规格的，要用相同规格的代换。

★★★2.7.7　批头的种类

批头就是螺丝刀头，常见的批头有一字、十字，一些具体的批头如图 2-35 所示。另外，批头还可以分为电批头、风批头，电批头用于电动螺丝刀，风批头用于风动螺丝刀。

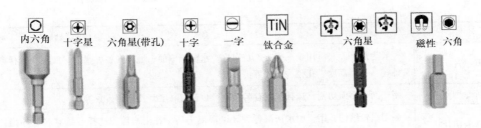

图 2-35 一些具体的批头

2.8 锯 片

★★★2.8.1 烧结圆锯片的类型

烧结圆锯片可以分为通用型锯片、节块式直齿锯片、节块式斜齿锯片、连续齿锯片。烧结圆锯片的种类与用途见表 2-102。

表 2-102 烧结圆锯片的种类与用途

名称	解 说
超薄涡轮片	用于加水切割硬瓷砖以及 1cm 以下的石材。选择参数有名义外径、锯齿高度、孔径、锯齿厚度等
弧形片	特殊基体形式适合曲线切割,有节块式锯片和连续涡轮齿锯片。选择参数有名义外径、锯齿高度、孔径、齿数等
混凝土专用片	用于切割各种混凝土、沥青马路。选择参数有名义外径、锯齿高度、孔径、齿数等
开墙片	用于各种砖墙、混凝土墙开线槽。选择参数有名义外径、锯齿高度、孔径、齿数等
切玉片	专用于玛瑙、翡翠、玉石、水晶、木化石等材料的切割、雕刻。选择参数有名义外径、锯齿高度、孔径等
切桩专用片	用于干切含少量钢筋的水泥桩及混凝土桩。选择参数有名义外径、锯齿高度、孔径、齿数等
砂岩专用片	用于切割、雕刻各种硬度砂岩。选择参数有外径、锯齿高度、孔径、齿数
石材专用片	分为锋利型(用于雕刻、切割各种中硬度石材)、标准型(用于干切各种中硬度石材)、优质型(用于干切各种中硬度石材,尤其切割高硬度石材)。选择参数有外径或者名义外径
通用烧结圆锯片	用于石材、板材的切边加工。可以加水切割,适用于各种石材切割机

★★★2.8.2 焊接圆锯片的类型

焊接圆锯片的种类与用途见表 2-103。

表 2-103 焊接圆锯片的种类与用途

名称	解 说
波浪齿锯片	干切混凝土以及各种石材。选择参数有名义外径、锯齿高度、孔径、齿数等
鹅卵石专用片	用于切割含鹅卵石较多的混凝土。选择参数有名义外径、锯齿高度、孔径、齿数等
混凝土专用片	用于切割浇注 24h 以上的混凝土及旧马路翻新。选择参数有名义外径、锯齿高度、孔径、齿数等

（续）

名称	解　说
开槽片	一般为加厚刀头，用于混凝土、花岗岩、水泥等墙面、地面开各种水槽、线槽。选择参数有名义外径、锯齿高度、孔径、齿数等
沥青专用片	用于沥青路面切割。选择参数有名义外径、锯齿高度、孔径、齿数等
切砖专用片	采用涡轮结构，用于加水切割各种硬度混凝土砖、花岗岩等。选择参数有名义外径、锯齿高度、孔径、齿数等
新鲜混凝土专用片	用于切割浇注 24h 之内的新鲜混凝土路面。选择参数有名义外径、锯齿高度、孔径、齿数等

另外，还有大理石专用片、花岗岩专用片、铸铁专用片、废墟专用片、墙锯专用片、万能切割片等。

★★★2.8.3　金工用圆锯片的类型

金工用圆锯片的种类与用途见表 2-104。

表 2-104　金工用圆锯片的种类与用途

名称	解　说
硬质合金专业圆锯片（黑色金属）	用于切割各种低碳钢型材，被切割物必须被固定。有平齿倒角、梯平齿等齿型锯片
硬质合金专业圆锯片（彩钢/塑钢）	用于切割各种彩钢板、钢塑共挤型材、PVC 型材的加工，被切割物必须被固定。齿型一般为梯平齿
硬质合金专业圆锯片（铝型材/有色金属）	用于切割和截断各种铝合金、其他有色金属型材，也可用于实心铝材的加工，被切割物必须被固定。齿型一般为梯平齿
硬质合金通用锯片（铝型材/有色金属型材）	用于切割和截断各种铝合金、其他有色金属型材，被切割物必须被固定。齿型一般为齿型平齿、梯平齿等

★★★2.8.4　金刚石圆锯片的类型

金刚石圆锯片的种类与用途见表 2-105。

表 2-105　金刚石圆锯片的种类与用途

名称	解　说
金刚石圆锯片（电路板 V 型开槽）	用于电路板的 V 型开槽。齿型有 30°、35°、45°等
金刚石圆锯片（电路板修边）	用于电路板的修边
金刚石圆锯片（复合地板）	用于切割复合地板、中高密度板。齿型一般为梯平齿

★★★2.8.5　金刚石锯片的选用

选用金刚石锯片的方法、要点如下：

1）根据加工对象来选择——切石材时选择石材专用锯片、切混凝土时选择混凝土专用锯片、切瓷砖时选择瓷砖专用锯片。

2）根据几何尺寸来选择——根据切割材料的规格和质量要求选定锯片的尺寸、类型。例如圆锯片的直径一般应大于被切工件的 3 倍。

3）根据使用设备因素来选择——对有偏摆或精度较差的切割机，最好选用耐磨型锯片。对于较新的精度好的切割机，可选用锋利型锯片。当设备功率较大时，可以选用耐磨型锯片。当设备功率较小时，可选择锋利型产品。

4）根据加工精度要求来选择——当要求锯切表面光滑或加工较薄、易碎的材料时，一般需要选用窄槽型或连续齿的锯片。当要求锯切表面要求不高或较厚的材料时，一般需要选用宽槽型锯片。

★★★2.8.6 合金砂轮的选用

选用合金砂轮的方法、要点见表2-106、表2-107。

表2-106 选用合金砂轮的方法、要点1

名称	优点	缺点
树脂结合剂金刚石砂轮	结合强度弱、磨削时自锐性能够好、磨削时不易堵塞、磨削效率高、磨削力少、磨削温度低等	耐磨性较差、磨具损耗大、不适合重负荷磨削等
陶瓷结合剂金刚石砂轮	耐磨性及结合能力优于树脂结合剂、切削锋利、磨削效率高、不易发热及堵塞、热膨胀量少、容易控制精度等	磨削表面较粗、成本较高等
金属结合剂金刚石砂轮	结合强度高、耐磨性好、磨损低、寿命长、磨削成本低、能承受较大负荷等	自锐性差、易堵塞等

表2-107 选用合金砂轮的方法、要点2

项目	解说
磨料粒度	磨料粒度对砂轮堵塞、切削量有一定影响，粗砂粒与细砂粒相比，切入深度大、切刃磨损增大
砂轮硬度	砂轮硬度对堵塞影响较大，硬度高，砂轮导热系数高，不利于表面散热，但有利于提高加工精度及耐用度
砂轮浓度	砂轮浓度的选择对磨削效率、加工成本有很大影响，浓度过低会影响效率
砂轮线速度	砂轮线速度增加使磨粒最大切深减少，同时切削次数及磨削热增加，但线速度越高，磨削光洁度越光滑，一般合金圆锯片砂轮线速度在28m/s为最佳磨削效果
砂轮径向切入量	砂轮径向切入量越大，工件表面质量与精度受到的影响越大
砂轮直径	平面砂轮视合金厚度而定： 1）2mm以下合金砂轮直径为80mm 2）2.5~3.5mm合金砂轮直径为100mm 3）3.5mm以上合金砂轮直径为125mm 4）前后角砂轮一般选用直径为125mm
砂轮修整	有的金刚石砂轮一般出厂时没有做动平衡，也极少修整。前角、后角砂轮在使用前，用一块碳化硅砂轮放平，手抓金刚石砂轮在磨削面平稳的状态下，轻轻以8字形修平
砂轮进给速度	一般磨削速度控制在0.5~6mm/s，砂轮进给速度大于6mm/s时会造成砂轮堵塞等异常现象
砂轮厚度、宽度	一般合金硬度较高，砂轮不宜过厚，原则上厚度和宽度控制5mm内。后角砂轮视齿疏密，厚度在5mm，宽度在3mm或5mm。前角砂轮视齿疏密，厚度在1.5~2.5mm，宽度在2.5~4mm，否则影响退刀

点通

不同齿形锯片的特点如下：

1）节块齿锯片——使用领域比较广泛，使用时散热好，可连续干切、应力较小、锋利。

2）连续普通齿锯片——一般使用时，需要加水切割（个别例外），其比干片切割更为平稳，配合适当配方其可作为石材、瓷砖专业的切割片。

★★★2.8.7　影响圆锯片动态工作稳定性的因素

圆锯片的动态工作稳定性就是指锯片在锯切加工时，保持它固有形状、刚度的性质。圆锯片的工作稳定性较带锯、框锯差。

影响圆锯片动态工作稳定性的一些因素见表2-108。

表2-108　影响圆锯片动态工作稳定性的一些因素

名称	解　说
离心力	锯片旋转时，锯身上各部分的材料均受离心力的作用
平面应力	锯片中的初始应力包括加工制造残留的应力、适张应力。锯片回转切削时，又有回转应力、热应力、切削力引发的应力。以上这些应力均为平面应力
切削热、温度梯度引起的位移	锯片切削时，锯身齿缘部分的温度高于其他部分的温度，锯片上存在一个外高内低的温度场。对于1mm厚的锯片，当锯片沿半径方向上的温度差达到9℃时，锯片就会发生波浪形变形
切削时径向跳动和横向振动	圆锯片切削时，存在径向跳动的影响与横向振动的影响
振动	圆锯片的振动是指锯片在其平衡位置附近的往复横向运动。振动是由外界干扰引起的。锯片振动会增大锯路损失，降低锯切精度，缩短刀具使用寿命

 **一点通**

提高锯片动态稳定性的一些方法有：适张、锯身开槽、导向、热应力控制等。

★★★2.8.8　锯片的选择

选择锯片主要看锯片基材以及表面处理。一些锯片的选择见表2-109。

表2-109　一些锯片的选择

名称	解　说
高强度钢锯片	红铜管（P处理或E处理）、铁管（标准品）、铁棒（标准品）、不锈钢管（E处理）、铝（标准品）等
碳化钨锯片	针对 SS330、SS400、S10C、S12C、S15C、S17C、S20C、S22C、S25C、S28C、S30C、SGD、SCR415、SCM415、SNCM415、S33C、S35C、S38C、S40C、S43C、S45C、S48C、SCR420、SCM420、SNCM220、S50C、S53C、S55C、S58C、SCR430、SCR435、SCR440、SCM430、SCM435、SCM440、SUJ2、SKD11、SUS304 等不同材料的应用
超硬碳化钨锯片（超硬钨钢）	适用于特殊材质如钛合金、工程塑料等，或小型材料的切断

点通

选择40齿与60齿的硬质合金木工锯片的方法、要点如下：

1）40齿的硬质合金木工锯片具有摩擦力小、省力、声音小等特点。

2）60齿的硬质合金木工锯片切得更光滑。

3）一般木工多用40齿的硬质合金木工锯片。

4）要声音小，就用厚一点的锯片，但薄的锯片质量可能会更好。

5）齿数越多，锯切的剖面越光滑。

★★★2.8.9 多齿的与少齿的割木料锯片的差异

多齿的与少齿的割木料锯片的一些差异如下：

1）一般而言，齿数越多，单位时间内切削的刃口越多，切削性能越好。

2）切削齿数多，需用硬质合金数量也多，锯片的价格自然高一些。

3）齿数多，锯齿过密，齿间的容屑量变小，容易引起锯片发热。

4）齿数多，如果进给量配合不当，则每齿的削量很少，会加剧刃口与工件的摩擦，影响刀刃的使用寿命。齿数少的锯片比齿多的锯片更不容易烧锯片。

5）如果是胶合板类的切割，必须用齿数多的锯片。

6）如果是多片锯，一定要用齿数少的锯片。

7）齿数少的锯片的切面不如齿数多的锯片切面光滑。

 **一点通**

选择合金锯片考虑的因素有硬质合金种类、基体的选择、直径的选择、齿数的选择、厚度的选择、齿形的选择以及有关其他锯片参数等。

★★★2.8.10 硬质合金种类的选择

硬质合金种类的选择方法、要点如下：

1）硬质合金常用的种类有钨钴类（代号YG）、钨钛类（代号YT）。

2）钨钴类的硬质合金抗冲击性较好，在木材加工行业中使用广泛。

3）木材加工中常用的型号为YG8～YG15，YG后面的数字表示钴含量的百分数。

4）硬质合金中的钴含量增加，合金的抗弯强度、抗冲击韧性有所提高，但是，耐磨性与硬度有所下降。

 **一点通**

金刚石切割片外边缘开有若干条槽，其作用是排渣，可见开槽的必要性。

★★★2.8.11 硬质合金锯片基体的选择

硬质合金锯片基体的选择方法、要点见表2-110。

表2-110　硬质合金锯片基体的选择方法、要点

名称	解　说
65Mn 弹簧钢	具有弹性及塑性好、材料经济、热处理淬透性好、受热温度低、易变形等特点，可用于切削要求不高的锯片
碳素工具钢	含碳高、热导率高、热处理变形大、淬透性差、在200～250℃时其硬度和耐磨性急剧下降、回火时间长易开裂。适用于刀具制造的材料
合金工具钢	合金工具钢与碳素工具钢相比，其耐热性好、耐磨性好、处理性能较好、耐热变形温度在300～400℃，其适宜制造高档合金圆锯片
高速工具钢	淬透性良好、硬度较高、刚性强、耐热变形少、热塑性稳定等，适宜制造高档超薄的锯片

一点通

干式切割片与湿式切割片耐温性的差异如下：干式切割片的耐温性是依靠切割片本身的材质来保证高温下的切削能力，其具有高耐温性，湿式锯片的材质耐高温性比干式切割片材质的耐高温性差一些。因此，干湿两用切割片在有水冷却与无水冷却的情况下均能够应用。

★★★2.8.12　合金锯片的类型

合金锯片根据材质有高速钢锯片、整体硬质合金锯片、镶齿合金锯片、钨钢锯片、金刚石锯片等。

根据用途，合金锯片的类型有如下几种：

1）木工锯片——用来切木材、竹子等植物性材质的锯片。

2）石材用锯片——用来切石头、水泥等材质的锯片。

3）切亚克力锯片——用来切玻璃等材质的锯片。

4）金属加工锯片——用来切铜、铝、不锈钢、有色金属、黑色金属等材质的锯片。

5）切塑料锯片——用来切塑料、PVC、橡胶等材质的锯片。

★★★2.8.13　硬质合金锯片直径与外径的选择

选择硬质合金锯片直径与外径的方法、要点如下：

1）锯片直径需要与所用的锯切工具、锯切工件的厚度相符合。

2）锯片直径小，切削速度相对比较低。

3）锯片直径大，对锯片与锯切工具要求要高，同时锯切效率也高。

4）锯片的外径，可以根据不同的圆锯机机型来选择，以$\phi300～\phi350$mm 居多。

5）标准锯片件的直径有110mm（4寸）、150mm（6寸）、180mm（7寸）、200mm（8寸）、230mm（9寸）、250mm（10寸）、300mm（12寸）、350mm（14寸）、400mm（16寸）、450mm（18寸）、500mm（20寸）等。

6）精密裁板锯的底槽锯片多设计为120mm。

7）锯片厚度与直径有关，例如$\phi250～\phi300$mm厚度3.2mm，$\phi350$mm以上的为3.5mm。

8）电脑开料锯由于锯切切率大，用的硬质合金锯片直径与厚度都比较大，直径在350～450mm，厚度在4.0～4.8mm，多数采用梯平齿。

★★★2.8.14 硬质合金锯片齿形的选择

选择硬质合金锯片齿形的方法、要点如下：

1）常用的齿形有左右齿（交替齿）、平齿、梯平齿（高低齿）、倒梯形齿（倒锥形齿）、燕尾齿（驼峰齿）、工业级用平齿等。

2）一些齿形的特点见表2-111。

表2-111 一些齿形的特点

名称	特　点
左右齿	左右齿应用最为广泛，具有切削速度快、修磨相对简单等特点。适用于开料、横锯各种软硬实木型材与密度板、多层板、刨花板等，也就是说，平齿主要用于普通木材的锯切。带有负前角的左右齿锯片由于锯齿锋利、锯切质量好，通常用于贴面板的锯切。装有防反弹力保护齿的左右齿即为燕尾齿，适用于纵向切割各种有树节的板材
平齿	平齿锯口较粗糙，切削速度较慢，修磨最为简单。其主要用于直径较小的铝用锯片或用于开槽锯片以保持槽底平整，适用于各种单双贴面人造板、防火板的锯切。铝用锯片为了防止粘连也多用梯平齿的齿数较多的锯片
梯平齿	梯平齿是梯形齿与平齿的组合，修磨比较复杂，锯切时可减少贴面崩裂
倒梯齿	倒梯齿常用于裁板锯底槽锯片中，在锯切双贴面的人造板时，槽锯调整厚度完成底面的开槽加工，再由主锯完成板材的锯切加工，以防止锯口出现崩边现象
斜齿	斜齿锯切锯口质量比较好，适合锯切各种人造板、贴面板

★★★2.8.15 根据被切工件材质选择锯片的方法

根据被切工件材质正确选择锯片的方法、要点见表2-112。

表2-112 根据被切工件材质正确选择锯片的方法、要点

材质	解　说
铝材	1）切铝材分为精切、粗切 2）切铝材有的也用高速钢锯片 3）切铝材的合金锯片齿型一般选用梯平齿 4）一般选用合金锯片，合金锯片在做锯片时一定要镶合金刀头 5）切厚板或用来开槽用的锯片可选用齿数较少的 6）切薄板一般情况用100T或120T齿的
铜、铁、不锈钢	1）可选用高速钢锯片 2）切不锈钢材料一定要用切不锈钢专用的锯片 3）高速钢锯片的锯齿需要根据实际情况开齿
有机玻璃	可选用合金锯片
毛竹、实木板材	1）可选用合金锯片 2）外径305mm的60齿、72齿、96齿、120齿、160齿多用于毛竹、中纤板、刨花板的切割 3）外径405mm的84齿、96齿多用于电子锯（电子裁板机）

★★★2.8.16 锯片锯齿的角度的特点

锯片锯齿的角度的特点如下：

1）锯齿的角度就是锯齿在切削时的位置。

2）锯齿的角度影响着切削的性能与效果。

3）锯齿的角度对切削影响最大的是前角 γ、后角 α、楔角 β。

4）锯齿的前角 γ 是锯齿的切入角，前角越大，切削越轻快，前角一般在 $10° \sim 15°$ 间。

5）锯齿的后角 α 是锯齿与已加工表面间的夹角，其作用是防止锯齿与已加工表面发生摩擦，后角越大则摩擦越小，加工的产品越光洁。

6）硬质合金锯片的后角一般取值 $15°$。

7）楔角 β 是由前角和后角派生出来的，楔角起着保持锯齿的强度、散热性、耐用度的作用。楔角不能过小。

8）前角 γ、后角 α、楔角 β 三者之和等于 $90°$。

 一点通

优质的硬质合金锯片具有以下一些特点：

1）优质的硬质合金锯片具有质量好的锯板。

2）优质锯片具有好的静态几何尺寸、精确度、动态特性。

3）优质锯片所用的合金颗粒较厚、较大，这样的合金锯齿可经多次刃磨，使用寿命长。

4）优质锯片的焊接质量可靠，焊缝薄并且均匀，这样的锯齿能承受更大的切削力。

★★★2.8.17 合金圆锯片磨损的种类

合金圆锯片磨损的种类见表 2-113。

表 2-113 合金圆锯片磨损的种类

项 目	解 说
机械磨损	机械磨损是指工件将锯片表面刻划深浅不一的沟痕而造成磨损
黏结磨损	在切削塑性材料时，切削表面与锯片有黏性，从而使锯片磨损
扩散磨损	扩散磨损是指在高温切削时锯片与工件间的合金元素相互扩散，使锯片材料物理性能及力学性能降低，导致加剧锯片磨损
相变磨损	合金锯片使用材质不同，热处理技术欠佳或基体过薄，在一定高速切削摩擦过程中，基体或材质在温度超过相变温度时，会使合金锯片刃带加速磨损
氧化磨损	氧化磨损是一种化学磨损，它在800℃或更高摩擦温度时，空气中的氧气与合金中的钴、碳化钨、碳化钛等发生氧化导致锯片磨损
积瘤磨损	锯片精度不高或进给速度过快、砂轮选用不当等诸多因素或刃带未磨好、锯片在切削过程中冲击负载或材质韧性差，对锯片产生的磨损
磨损	磨损分为正常磨损、非正常磨损

点通

合金锯片开口的原因是防止夹锯片、增加摩擦力等。

★★★2.8.18　锯片异常现象及其原因

锯片异常现象及其原因见表2-114。

表2-114　锯片异常现象及其原因

类型	现象	原因
刃	磨钝、打滑等	未开刃或开刃不好
速度	切速低、功率消耗大等	线速度过高、冷却不足、切割过深、胎体不合适等
切割质量	崩边、光洁度差、切歪等	锯片变形、切割进刀不匀、新锯片未开好刃、装卡不正、基体强度不够、配方不合适等
不正常磨损	磨损过快、旁侧磨损、底部出槽或断裂等	线速度过低、切速过快、冷却方式不对、机器振动、配方不合适等

★★★2.8.19　硬质合金锯片的保养

保养硬质合金锯片的方法、要点如下：

1）锯片如果不立即使用，需要将其平放或利用其内孔将其悬挂起来，或挂在储存圆锯片的专用轴上，不得靠墙斜放。

2）平放的锯片上不能够堆放其他物品或脚踩，以及注意防潮、防锈蚀。

3）当锯片不再锋利、切割面粗糙时，需要及时修磨。锯片使用一段时间后也要时常检查、修磨。

4）如果锯片加工不良，不仅影响产品使用效果，而且可能发生危险，因此，对于异常的锯片需要及时更换。

5）修磨锯片不能够改变原角度，也不能够破坏动平衡，禁止改变锯片的任何设计。

6）修磨锯片，必须由经过专业培训的专业人员进行。

7）锯片的内径修正、定位孔加工等必须由厂方进行。

8）当锯齿厚度小于1mm时，一般该锯片不可再继续使用。

使用合金锯片的基本要求如下：

1）根据工具的设计要求、应用要求选择合适的锯片。

2）采用锯片的工具需要具备安全保护装置。

3）作业操作者不能戴手套，长发要置于工作帽内，并注意领带及袖口，以防发生危险。

4）采用锯片的工具需要专业操作人员安装与使用，并且要求穿戴规范与符合要求。

5）远离火源、潮湿的环境。

★★★2.8.20 合金锯片的安装要求

合金锯片的安装要求如下：

1）设备状态良好，主轴没有变形、没有径跳，安装牢固等。

2）锯片没有损坏，齿型要完整，锯板要平整光洁，以及没有其他异常现象，以确保使用安全。

3）装配时，确定锯片箭头方向与工具主轴旋转方向一致。

4）锯片安装时要保持轴心、卡盘、法兰盘的清洁，法兰盘内径与锯片内径一致，并且确保法兰盘与锯片紧密结合，以及装好定位销，拧紧螺母。

5）法兰盘的大小要适当，外径应不小于锯片直径的1/3。

6）工具开动前，需要在确保安全的情况下，单人操作设备，点动空转，检查设备转向是否正确。

7）锯片装好后先空转几分钟，没有打滑、摆动、跳动等情况，说明正常，才能使用。

★★★2.8.21 合金锯片的使用要求

合金锯片的使用要求如下：

1）操作人员需要使用必要的安全防护罩，以免发生意外。

2）使用前，需要对锯片进行检查，如果发现锯片异常，影响安全使用的，需要立即停止使用。

3）使用前，需要参阅工具的使用说明书，严格根据操作说明正确安装及使用锯片；严格遵循锯片及工具的安全使用规则。

4）安装锯片时，不可使用敲打与撞击的方式锁紧锯片。

5）硬质合金锯片只能用于与之相匹配的工具。

6）硬质合金锯片不能用于切割水泥等砂质材料，除非另有规定。

7）运转设备前，必须将所有无关物品清理掉，非相关人员需要远离该区域。

8）运转过程中，锯片不能碰触其他刀具、安装工具、设备零件，需要确保所有不安全因素都被排除。

9）干切时，不要长时间连续切割，以免影响锯片的使用寿命和切割效果。

10）湿切时，需要加水切割，谨防漏电。

11）设备排屑槽、吸渣装置需要确保畅通，以防积渣成块，影响生产和安全。

12）在锯片未达到正常转速时，不要进行切割，锯片的转速不能超过最大允许值。

13）开始切削及停止切削时，不要进刀太快，避免造成断齿和破损。

14）切割铝合金或其他金属时，需要使用专用的冷却润滑液，以防锯片过热，产生烟齿和其他损坏。

15）工作时，工件确保被固定好，型材定位符合吃刀方向，不要施加侧压力或曲线切割，进刀要平稳。

16）工作时，发现声音异常、振动异常、切割面粗糙、产生异味，必须立即终止作业，及时检查，排除故障。

17）需要了解锯片与工具指明的旋转方向。

18）工具运转过程中，必须有人全程值守。

19）加工工件前，请仔细检查所有工件，确保使用的工件正确。

2.9 元 器 件

★★★2.9.1 电动工具电磁干扰的产生

电动工具产生电磁干扰的原因如下：

1）电动工具中应用了电路板，电路板上应用了一些非线性的器件，这些器件在导通与截止瞬间会产生高频电磁干扰。

2）电动机定子铁心、转子开槽设计、线圈磁路设计比较饱和，会产生较大的工频谐波，从而产生电磁干扰。

3）串励电动机工作时，电刷随着电枢转动会将相邻换向片短路，引起参加换向的电枢线圈短路，并且使回路中存在短路电流。换向片转到与电刷断开处时，电刷与换向片间产生换向火花，从而产生电磁干扰。换向引起的电磁干扰频谱较广，对通信设备、电视设备、收音机、医疗器械等电子产品会造成干扰。

4）电动工具所有产生的电磁干扰一般通过与电动机连接的电源线以传导、辐射等方式向电网、空间传播，从而直接或间接影响其他相关设备的工作。

★★★2.9.2 电动工具电磁干扰的抑制

抑制电动工具电磁干扰的方法见表2-115。

表2-115 抑制电动工具电磁干扰的方法

方法	解 说
滤波	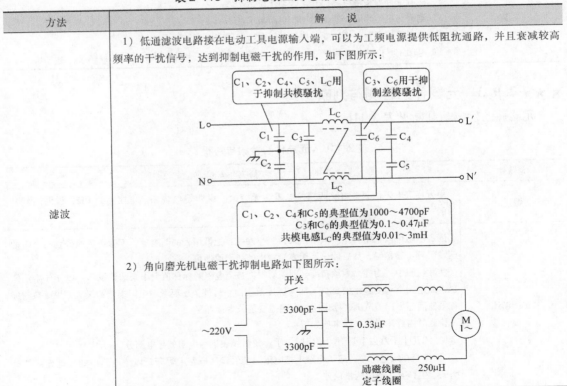

1）低通滤波电路接在电动工具电源输入端，可以为工频电源提供低阻抗通路，并且衰减较高频率的干扰信号，达到抑制电磁干扰的作用，如下图所示：

C_1、C_2、C_4、C_5、L_C用于抑制共模骚扰

C_3、C_6用于抑制差模骚扰

C_1、C_2、C_4和C_5的典型值为1000～4700pF
C_3和C_6的典型值为0.1～0.47μF
共模电感L_C的典型值为0.01～3mH

2）角向磨光机电磁干扰抑制电路如下图所示：

开关

3300pF

～220V

3300pF

0.33μF

M 1～

励磁线圈
定子线圈

250μH

（续）

方法	解　说
滤波	3）调速电钻电磁干扰抑制电路如下图所示： 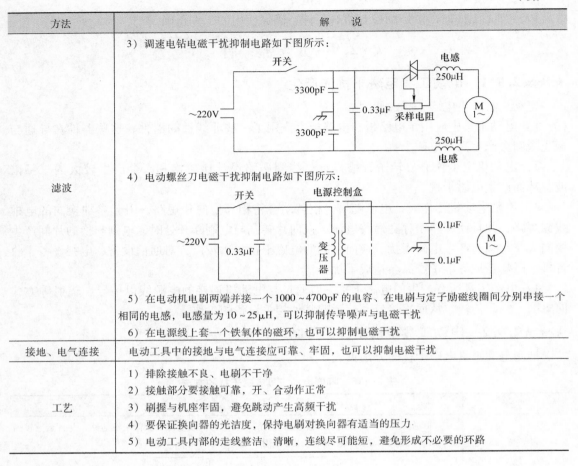 4）电动螺丝刀电磁干扰抑制电路如下图所示： 5）在电动机电刷两端并接一个 1000～4700pF 的电容、在电刷与定子励磁线圈间分别串接一个相同的电感，电感量为 10～25μH，可以抑制传导噪声与电磁干扰 6）在电源线上套一个铁氧体的磁环，也可以抑制电磁干扰
接地、电气连接	电动工具中的接地与电气连接应可靠、牢固，也可以抑制电磁干扰
工艺	1）排除接触不良、电刷不干净 2）接触部分要接触可靠，开、合动作正常 3）刷握与机座牢固，避免跳动产生高频干扰 4）要保证换向器的光洁度，保持电刷对换向器有适当的压力 5）电动工具内部的走线整洁、清晰，连线尽可能短，避免形成不必要的环路

★★★2.9.3　元器件的检测与判断

元器件的检测与判断见表 2-116。

表 2-116　元器件的检测与判断

元器件	检测与判断
熔丝	用万用表电阻档测量熔丝两端，电阻为无穷大，说明熔丝烧断。电阻接近 0Ω，说明熔丝是好的
固定电阻	固定电阻可以采用万用表电阻档来检测与判断：把万用表的两表笔，不分正负地分别与电阻的两端引脚可靠接触，然后读出万用表检测出的指示值即可 　实际检测中，为提高测量精度，则需要根据被测电阻的标称值大小来选择量程，以便使指示值尽可能落到全刻度起始的 20%～80% 弧度范围内。另外，还要考虑电阻误差等级。如果读数与标称阻值间超出误差范围，则说明该电阻值变值或者损坏了 　检测时需要注意的一些事项如下： 　1）测几十千欧以上阻值的电阻时，手不要触及表笔与电阻的导电部分 　2）检测在线电阻时，应从电路上把电阻一端引脚从电路上焊开，以免电路中的其他元器件对测试产生影响，造成测量误差

（续）

元器件	检测与判断
贴片电阻	首先把万用表调到相应电阻挡，然后两表笔接触贴片电阻的两端头，然后根据万用表读数与其挡位就可以检测出贴片电阻阻值。一般电阻值为无穷大，说明采用的挡位不正确或者所检测的贴片电阻断路。如果电阻值为0Ω，说明所测的电阻短路
负温度系数热敏电阻	负温度系数热敏电阻的检测方法如下： 1）常温检测。可用万用表 R×1 档进行检测，将两表笔接触热敏电阻的两引脚测出其阻值，并与标称阻值对比，如果两者相差在 ±2Ω 内即为正常，相差过大，则说明电阻不良或者损坏 2）加温检测。用电烙铁靠近热敏电阻对其加热，同时用万用表监测其电阻值是否随温度的升高而减小。如果能够，说明热敏电阻正常，如果不能够，说明热敏电阻不再"热敏"，已经损坏了 3）手握测量热敏电阻。有的热敏电阻可以把它握在手里测试一下阻值与没有握在手里的数值比较，看是否发生变化，如果有变化，说明热敏电阻是好的。不过，手需要有一定的热量，因此，检测前，可以把手搓一搓，以提高手的温度
电位器	电位器的好坏可以通过转动来判断：检测时，可以转动旋柄（即转动轴柄），旋柄转动平滑、开关灵活等，说明电位器正常。如果旋转时，感觉不平滑、费力以及不可以360°旋转的电位器变得可以旋转一周等，说明电位器可能损坏了 另外，电位器的好坏可以通过听声音来判断：电位器开关通、断时咔嗒声清脆，说明电位器正常。电位器内部接触点与电阻体存在摩擦沙沙声、断断续续的沙沙声，则说明电位器质量不好 电位器也可以采用万用表来检测：首先根据被测电位器阻值的大小，选择万用表的电阻档档位，然后用万用表的电阻档检测电位器的两固定端，其读数应与电位器的标称阻值一致，否则说明电位器已经损坏了
10pF 以下固定电容	10pF 以下固定电容可以采用检测电容定性来判断，也就是说用万用表只能定性地检查其是否有漏电、内部短路或击穿现象。用万用表检测的主要要点如下：首先把万用表调到 R×10k 档，然后用两表笔分别任意接电容的两引脚，此时，检测的阻值正常情况一般为无穷大。如果此时检测的阻值为零，则说明该电容内部击穿或者漏电损坏
电解电容	电解电容的检测可以采用指针式万用表来检测，具体方法如下： 1）把万用表调到 R×10k 档或 R×1k、R×100 档（1～47μF 的电容，可以采用 R×1k 档来测量，大于47μF 的电容可以用 R×100 档来测量） 2）检测脱离电路的电解电容的漏电阻值，正常一般大于几百千欧。指针应有一顺摆动与一回摆动：采用万用表 R×1k 档，当表笔刚接通时，指针向右摆一个角度，然后指针缓慢地向左回摆，最后指针停下来。指针停下来所指示的阻值就是该电容的漏电电阻。该漏电电阻阻值越大，则说明该电容质量越好。如果漏电电阻为几十千欧，则说明该电解电容漏电严重 3）在线检测。在线检测电容主要是检测开路、击穿两种故障。如果指针向右偏转后所指示的阻值很小（几乎接近短路），说明电容已击穿、严重漏电。测量时如果指针只向右偏转，说明电解电容内部断路。如果指针向右偏后无回转，但所指示的阻值不很小，说明电容开路的可能性很大，应脱开电路进一步检测
起动电容	电动机配用的起动电容好坏，可以采用万用表的 R×1k 档来检查，首先把两支表笔分别接到电容的两个线头上，然后观察指针的摆动情况： 1）正常电容检测时，指针先向有有较大幅度的摆动，再缓缓回到接近左边起始位置 2）检测电容时，如果指针向右摆到0Ω位置，不再返回，说明所检测的电容内存在短路处 3）检测电容时，如果指针向右摆动的角度很小，说明所检测的电容容量减退 4）检测电容时，如果指针向右摆动后，不能退回电阻无穷大位置，说明所检测的电容漏电 5）检测电容时，如果指针不动，说明所检测的电容内部有断路的地方

（续）

元器件	检测与判断
较小容量的贴片电容	首先把万用表调到 R×10k 档，然后用万用表表笔同时触碰贴片电容的端头，在触碰瞬间观察万用表指针，应有小幅度摆动，即贴片电容的充电过程。如果触碰贴片电容没有充电过程，说明所检测的电容异常 然后把万用表的两表笔对调，触碰贴片电容的端头，在触碰瞬间观察万用表指针，应有小幅度摆动，即正常的贴片电容具有反充电与放电过程。如果触碰贴片电容没有反充电与放电过程，说明所检测的电容异常 如果是过小容量的贴片电容，即使采用上述档位与检测方法，正常的贴片电容会难以观察到微小摆动。因此，检测过小容量的贴片电容不能够在指针不摆动时就判断其异常
容量较大贴片电解电容	容量较大贴片电解电容检测时，如果万用表指针摆动大，然后慢慢回归无穷大处或者500kΩ位置，说明电容正常，电容容量越大，回归越慢。如果回归小于500kΩ数值位置，说明电解电容漏电，并且阻值越小，漏电越大。如果指针在0位置不动，说明所检测的贴片电容击穿短路
电感	检查电感好坏的方法：用万用表测量其通断，理想的电感电阻很小，近乎为零。用电感测量仪测量其电感量 普通指针式万用表检测电感的方法为：选择 R×1 档，测电感的电阻值，如果电阻极小，则说明电感基本正常；如果电阻为∞，则说明电感已经开路损坏。电感量相同的电感，电阻越小，品质因数越高
贴片电感	一般贴片电感的电阻比较小，如果用万用表检测，电阻为∞，说明该贴片电感可能断路
普通二极管	普通二极管颜色一般为黑色，其一端有一白色的竖条，表示该端为负极。普通二极管一般是两端，但是一些特殊的普通二极管为多端，因此，识别时需要注意
稳压二极管	检测稳压二极管一般使用万用表的低电阻档（如 R×1k 或 R×1k 档以下时表内电池为 1.5V） 1）检测正向电阻时，万用表的红表笔接稳压二极管的负极，黑表笔接稳压二极管的正极。如果表头指针不动或者正向电阻很大，则说明被测管是坏的，内部已断路 2）检测反向电阻时，与检测正向电阻时的红、黑两表笔互换，如果测试阻值极小，接近0Ω，则说明被测管是坏的，已短路
二极管	二极管的好坏可以用万用表 R×100 或 ×1k 档测量其正、反向电阻来判断： 1）正向电阻：测量硅管时，指针指示位置在中间或中间偏右一点。测量锗管时，指针指示在右端靠近满刻度的地方。说明二极管正向特性是好的。如果指针在左端不动，则说明管子内部已经断路 2）反向电阻：测量硅管时，指针在左端基本不动。测量锗管时，指针从左端起动一点，并且不应超过满刻度的1/4，说明所检测的二极管反向特性是好的。如果指针指在0位置，说明所检测的二极管内部已短路
LED	首先把万用表调到 R×10k 档，然后进行正、反向电阻测量。正常情况正向电阻为几千欧到十几千欧，反向电阻则为无穷大。如果与正常值偏差较大，则说明 LED 可能已经损坏 另外，也可以采用万用表 R×1k 档检测。这时，因万用表工作电压只有 1.5V，因此需要外接一只1.5V的干电池，正常情况下：正向测量时，万用表的指针向右大幅度偏转，同时 LED 发亮；反向测量时，万用表的指针不动，并且 LED 不亮
小功率全桥	小功率全桥极性的数字万用表判断方法如下：首先把数字万用表调到二极管档，然后黑表笔固定某一引脚，再用红表笔分别触接其余三个引脚。如果三次显示中两次为 0.5～0.7V，一次为 1.0～1.3V，则说明黑表笔接的引脚是小功率全桥的直流输出端正极；两次显示为 0.5～0.7V，则说明黑表笔接的引脚是小功率全桥的交流输入端，另一端则是直流输出端负极 如果检测得不出上述结果，则可以将黑表笔改换一个引脚重复以上检测步骤，直至得出正确结果，判断出极性即可

（续）

元器件	检测与判断
桥式整流器	桥式整流器一般只需要检测 2 脚与 3 脚和 1 脚与 4 脚。2 脚和 3 脚两端为交流输入端，正常均为不导通。1 脚和 4 脚为直流输出端，正常只有一端会导通：如果 1 脚接红表笔，4 脚接黑表笔，会导通。如果 1 脚接黑表笔，4 脚接红表笔，不会导通。当检测与上述正常测量有差异时，说明该检测的桥式整流器可能损坏了。 桥式整流器
晶体管	晶体管处于放大、饱和、截止状态的判断方法如下： 　　对于 NPN 型管，$V_C > V_B > V_E$ 是判断晶体管处于放大状态的依据之一 　　对于 PNP 型管，$V_E > V_B > V_C$ 是判断晶体管处于放大状态的依据之一 　　对于 NPN 型管，$V_B > V_C > V_E$ 是判断晶体管处于饱和状态的依据 　　对于 NPN 型管，$V_C > V_E > V_B$ 是判断晶体管处于截止状态的依据 　　晶体管在线好坏的检测，如果采用检测电阻，往往因晶体管与其他元器件有关联，检测阻值不能够为判断提供实在依据。因此，晶体管的在路检测一般通过检测电压来判断，即采用电压法 　　首先把万用表调到相应直流电压档，然后检测被测晶体管各引脚的电压，然后根据晶体管所处的工作状态下的三引脚电压关系来判断晶体管是否正常，进而判断晶体管的好坏
贴片晶体管	贴片晶体管好坏的检测也可以采用万用表来判断。 单一贴片晶体管的内部结构 　　根据单一贴片晶体管的内部结构可以发现，贴片晶体管的检测与插件晶体管的检测基本一样：对 PN 结的正反向电阻进行检测，正常情况 B、E 极间正向电阻小，反向电阻大。E、C 极间正向、反向电阻都大 　　实际中，遇到的贴片晶体管内部结构有不同的形式，因此，检测时可以根据内部结构形式来检测
单向晶闸管	单向晶闸管性能的万用表判断方法如下：首先把万用表调到 R×1 档，检测 1~6A 单向晶闸管时，红表笔接 K 极，黑表笔同时接通 G、A 极，在保持黑表笔不脱离 A 极的状态下断开 G 极，指针应指示几十欧 100Ω，此时说明晶闸管已被触发，且触发电压低。然后瞬时断开 A 极再接通，指针应退回无穷大位置，说明所测的单向晶闸管性能良好
双向晶闸管	双向晶闸管性能的万用表判断方法如下：首先把万用表调到 R×1 档，检测 1~6A 双向晶闸管，红表笔接 T1 极，黑表笔同时接 G、T2 极，在保证黑表笔不脱离 T2 极的前提下断开 G 极，指针应指示为几十欧至一百多欧。然后将两表笔对调，重复上述步骤测一次，指针指示还要比上一次稍大十几欧至几十欧，说明所测的双向晶闸管性能良好 　　如果保持接通 A 极或 T2 极时断开 G 极，指针立即退回无穷大位置，则说明所测的双向晶闸管触发电流太大或损坏

（续）

元器件	检测与判断
MOS 场效应晶体管	首先将万用表拨到 R×100 或者 R×10 档，先确定栅极。如果一引脚与其他两引脚的电阻均为无穷大，说明此脚就是栅极 G。再交换表笔重新测量，S−D 极间的电阻值应为几百欧至几千欧，其中阻值较小的那一次，黑表笔接的为漏极 D，红表笔接的是源极 S
场效应晶体管	场效应晶体管的数字万用表检测方法如下：首先把数字万用表调到电阻档，再用两表笔任意触碰场效应晶体管的三个引脚，好的场效应晶体管最终测量结果只有一次有读数，并且在 500Ω 左右。如果在最终测量结果中测得只有一次有读数，并且为 0 时，需要用表笔短接场效应晶体管的引脚，然后再测量一次，如果又测得一组 500Ω 左右读数时，此管也为好管。不符合以上规律的场效应晶体管可能已经损坏
继电器	首先在继电器线圈引脚间加上额定电压，然后听继电器吸合的声音是否正常来判断。也可以检测触点是否动作：通电动断的触点是否断开，通电动合的触点是闭合这一特点来判断  继电器的检测
电池	鉴定电池的好坏可以用万用表直流电压档来测试： 　1）额定电压 1.2V 的充电电池，测试电压≥0.9V，电池往往正常；测试电压＜0.9V，则需要更换电池 　2）额定电压 2.4V 的充电电池，测试电压≥1.8V，电池往往正常；测试电压＜1.8V，则需要更换电池 　3）额定电压 4.2V 的充电电池，测试电压≥3.9V，电池往往正常；测试电压＜3.9V，则需要更换电池

一点通

电动机配用的电容一般不能用电解电容代替，即使它们的容量、耐压值适合，也不可以。电解电容是有正、负极的有极性电容，其只能用在直流或脉动电路中，不能用在交流电路中。为保证电动机的额定功率，维修代换电容时，应选择高质量的电容，并且注意不能随意改变电容的容量。

★★★2.9.4　集成电路的检测

检测集成电路的方法见表 2-117。

表 2-117　集成电路的检测方法

名称	解　　说
目测法	目测法就是通过眼睛观察集成电路外表是否与正常的不一样，从而判断集成电路是否损坏。其主要就是要看哪些外表是损坏的标志。正常的集成电路外表是，字迹清晰、物质无损、表面光滑、引脚无锈等。损坏的集成电路外表是，表面开裂，有裂纹或划痕，表面有小孔，缺角、缺块等

（续）

名称	解　说
感觉法	感觉法就是通过人的感觉体验集成电路是否正常。这里的感觉主要有触觉、听觉、嗅觉。感觉法包括：集成电路表面温度是否过热，散热片是否过烫，是否松动，是否发出异常的声音，是否产生异常的味道。触觉主要靠手去摸来感知温度，靠手去摇来感知稳定度。感知温度是根据电流的热效应判断集成电路发热是否不正常，即过热。集成电路正常在 −30～85℃ 之间，而且安装一般远离热源。影响集成电路温度的因素有：工作环境温度，工作时间，芯片面积，集成电路的电路结构，存储温度，以及带散热片的情况下与散热片材料、面积有关。过热往往从温度的三个方面去考虑：温升的速度，温度的持久，温度的峰值
电压检测法	电压检测法就是通过检测集成电路的引脚电压值与有关参考值进行比较，从而得出集成电路是否有故障以及故障原因。电压检测法有两种数据：参考数据和检测数据
电阻检测法	电阻检测法是通过测量集成电路各引脚对地正反直流电阻值和正常参考数值比较，以此来判断集成电路好坏的一种方法。此方法分为在线电阻检测法和非在线电阻检测法两种 1）在线电阻检测法是指集成电路与外围元器件保持相关电气连接的情况下所进行的直流电阻检测方法。它最大的优点就是无需把集成电路从电路板上焊下来 2）非在线电阻检测法就是通过对裸集成电路引脚之间电阻值的测量，特别是对其他引脚与其接地引脚之间的测量。它最大的优点是受外围元器件对测量的影响这一因素得以消除
电流检测法	电流检测法是指通过测量集成电路各引脚的电流，其中以检测集成电路电源端的电流值为主的一种测量方法。因测量电流需要把测量仪器串联在电路上，所以，应用不是很广泛。同时，测电流可以通过测电阻与电压，再利用欧姆定理进行计算得出电流值
信号注入法	信号注入法是指通过给集成电路引脚注入测试信号（包括干扰信号），进而通过电压、电流、波形等反映来判断故障的一种方法。此方法关键之一就是用合适的信号源。信号源可以分为专用信号源和非专用信号源。对维修人员来说，非专用信号源实用性更强。非专用信号源可以采用万用表信号源、人体信号源
代换法	代换法就是用好的集成电路代用怀疑坏的集成电路的一种检修方法。它最大的优点是干净利索、省事。在用此方法时需要注意以下几点： 1）代换法分为直接代换法和间接代换法 2）尽量采用原型号的集成电路代换 3）代换集成电路有时需要注意尾号的不同所代表的含义不同 4）代换的集成电路需要注意封装形式 5）代换的集成电路所要安装的散热片是否安装正确 6）在没有判断集成电路的外围电路元器件是否损坏之前，不要急于代换集成电路。否则，会使代换上去的集成电路又会损坏 7）如果进行试探性代换，最好有保护电路 8）所代换的集成电路保证是好的，否则，会使检修工作陷入困境 9）拆除坏的集成电路要操作正确，拿新的集成电路前注意消除人身上的静电
加热法和冷却法	加热法是怀疑集成电路由于热稳定性变差，在正常工作不久时其温度明显异常，但是又没有十足把握，这时用温度高的物体对其辐射热，使其出现明显的故障，从而判断集成电路损坏。加热的工具可以用电烙铁烤、用电吹风机（热吹风机）吹，烤和吹的时间不能太长，同时，不要对每个集成电路都这样进行。另外，对所怀疑的集成电路如果加热了也不见故障出现，则应该考虑停止加热 冷却法就是对集成电路进行降温，使故障消失，从而判断所降温的集成电路损坏的一种检修方法。冷却的物质或工具可用95%的酒精、冷吹风机，不能够用水、油冷却

（续）

名称	解　说
升压法和降压法	对所怀疑集成电路的电源电压数值的增加，就是升压法。升压法一般是故障（某个元器件阻值变大）把集成电路的电源拉低，才采用的一种方法，否则较少采用。而且升压也不能够过高，应在集成电路电源允许范围内。对集成电路电源电压的数值减少，就是降压法。集成电路一般工作于较低电压下，如果采用了低劣集成电路或其他原因引起集成电路工作电压过高以及引起集成电路自激，为消除故障，可以采用降压法。降压的方法可采用电源端串接电阻法、电源端串接二极管法 提高电源电压法在实际的检修过程中较少采用，原因是这种方法无论是外接电源，还是改变集成电路电源线的引进路径，都比较费工费时。但不管是升压法还是降压法，电压要在极限电压以内
综合法	综合法就是各种方法的综合应用。但需要注意，尽量使用安全、简单、易行、经济、可靠、快速的方法以及这些方法的组合

2.10　其　他

★★★2.10.1　钢珠离合器的工作原理

钢珠离合器在电动螺丝刀中有应用，其工作原理见表2-118。

表2-118　钢珠离合器的工作原理

步骤	分析	图例
1	螺丝刀头帽压迫钢珠，使钢珠停在传动轴内壁	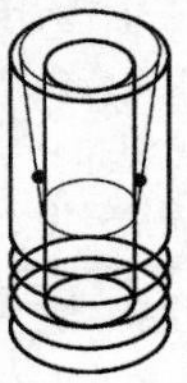
2	如果操作者将螺丝刀头帽往下压，螺丝刀头帽钢珠有活动空间，从传动轴内壁往外	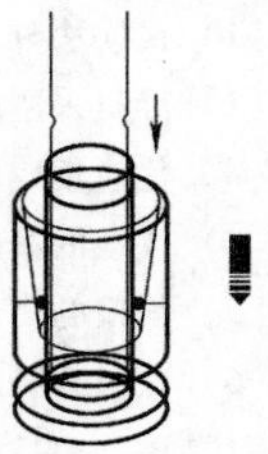
3	如果将螺丝刀头帽放开，螺丝刀头帽弹簧将螺丝刀头帽弹回，钢珠便又回到原来传动轴内，并且卡在凹槽处	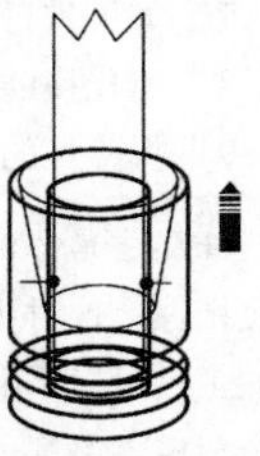

★★★2.10.2　其他器件、附件

其他器件、附件见表2-119。

表2-119 其他器件、附件

名称	解说
电锤转换电钻连接杆	电锤转换电钻连接杆可以实现电锤当作电钻使用。电锤转换电钻连接杆的类型有方柄接杆四坑、圆柄接杆二坑等,具体规格与类型需要根据所使用的电锤来选择  方柄接杆　　圆柄接杆 电锤转换电钻连接杆外形
变速箱	变速箱是一种用于改变机械传动比的装置,广泛应用于各种机械传动系统中。变速箱通常由多个齿轮和轴组成,通过改变齿轮的组合和位置,来实现不同的传动比,从而适应不同的工作需求
输出轴	输出轴与齿轮和钻夹头连接,可以带动夹头转动。输出轴端面跳动大,会引起夹头晃动。输出轴上的钢珠孔要对准冲击齿的槽。输出轴尺寸偏长与冲击钮干涉,会导致冲击钮拨不动 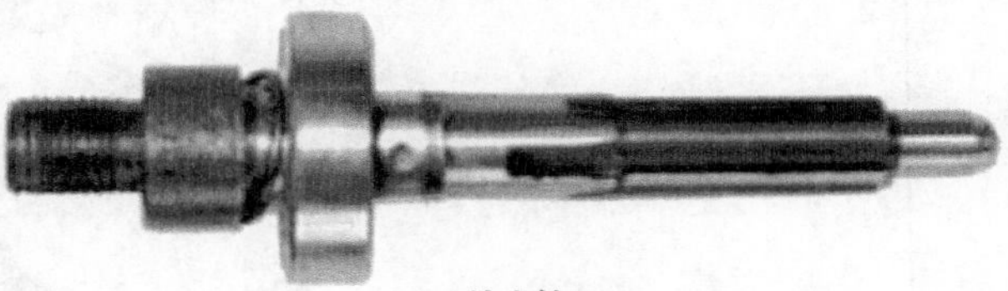 输出轴
线扣、内导线	线扣就是指用于连接导线与电气元件的铜扣。线扣主要保证导线与电气元件之间连接可靠。线扣没有打好,会导致停机现象 内导线就是指用于连接机器内部各个电气元件的导线。内导线主要是传送电流 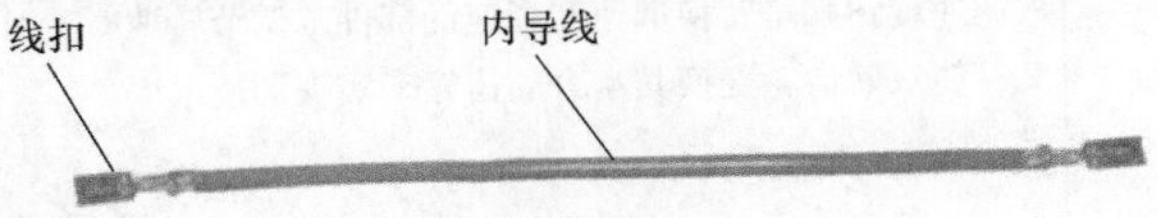 线扣　　　　内导线 线扣、内导线
热缩管	热缩管就是一种受热收缩的套管。热缩管主要起绝缘保护、机械功保护、美化外观等作用
水平珠	水平珠就是装在机壳上,指示水平位置的零件
冲击拨钮	冲击拨钮是冲击钻转换冲击功能的部件。其上面的图案为榔头的是带冲击功能(主要用于打墙体),图案为钻头的是不带冲击功能(主要用于打金属,木头材质的物体)  冲击拨钮

（续）

名称	解　说
挡风圈	挡风圈就是固定在机壳内起导风作用的零件 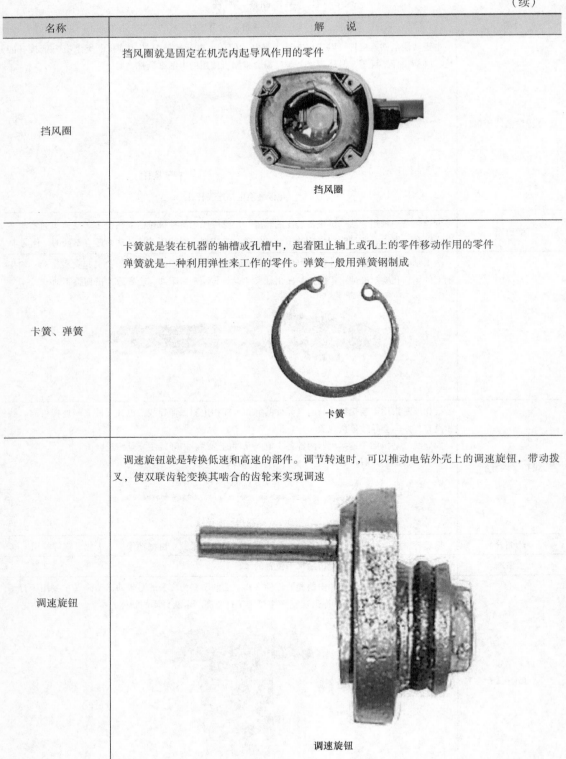 挡风圈
卡簧、弹簧	卡簧就是装在机器的轴槽或孔槽中，起着阻止轴上或孔上的零件移动作用的零件 弹簧就是一种利用弹性来工作的零件。弹簧一般用弹簧钢制成 卡簧
调速旋钮	调速旋钮就是转换低速和高速的部件。调节转速时，可以推动电钻外壳上的调速旋钮，带动拨叉，使双联齿轮变换其啮合的齿轮来实现调速 调速旋钮

第 3 章

电动螺丝刀

3.1 基　础

★★★3.1.1　螺丝刀的规格与种类

螺丝刀又叫作螺钉旋具、起子、改锥。其是用于拧紧与旋松螺钉、螺母等类似零件，以迫使其就位的一种工具。螺丝刀常有一个薄楔形头，可插入螺钉头的槽缝或凹口内。螺丝刀可以分为手工螺丝刀、电动螺丝刀、传统螺丝刀、棘轮螺丝刀等。

螺丝刀的规格与种类见表 3-1。

表 3-1　螺丝刀的规格与种类

项目	解　说
根据大小	大型螺丝刀、中型螺丝刀、精密螺丝刀
根据刀头类型	一字、十字、星形、米字、球头内六方、内六角形（平头）、六方套筒、三角 Y 形、刀头类似 U 形、叉子 M 形、六方（六角）等
六方（六角）	六方（六角）螺丝刀可以分为公制的、英制的
根据品质分级（应用场合）	通用级（家用级）、专业级（专业人员使用）、高品质级（大师级的高端产品）、工业级（专门针对流水线与现场操作用）
档次分级	三星、四星、五星系列等
梅花螺丝刀	T6、T8、T9、T10、T15、T20 等（从小到大）；PHO00、PHO0、PH0、PH1、PH2、PH3 等
手机用螺丝刀	一般为 T5、T6、T7、T8 等

★★★3.1.2　电动螺丝刀的规格与种类

电动螺丝刀俗称电批、电动批（例如，墙螺丝批外形见图 3-1），又叫作电动螺丝刀机、

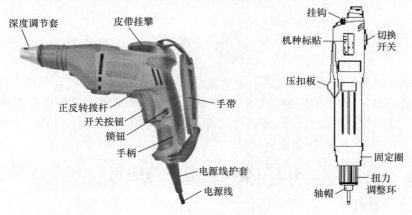

图 3-1　墙螺丝批外形

电动螺钉钻。电动螺丝刀是一种装有钻夹头，利用电力或者电池驱动作业的，用来拧紧与旋松螺钉的一种旋转工具。电动螺丝刀没有装冲击机构，但可装有设定深度、设定扭矩、断开旋转运动的装置。

电动螺丝刀的主要功能是拧螺钉，也能够钻孔，但是只能够支持钻一些薄的木板、纸板类的孔，不能够钻混凝土、瓷砖等高硬度材料上的孔。

电动螺丝刀的分类见表3-2。

表3-2　电动螺丝刀的分类

名称	解　说
半自动电动螺丝刀	该类电动螺丝刀的特点如下： 1）达到设定扭力后，不会自动制动 2）通常半自动电动螺丝刀设计成手按式 3）半自动电动螺丝刀电压分为交流高压直插式螺丝刀、需经电源变压的直流低压式螺丝刀
根据传动机构规格分类的电动螺丝刀	电动螺丝刀采用牙嵌离合器传动机构或齿轮传动机构，规格有 M1、M2、M3、M4、M6 等
国内电动螺丝刀	该类电动螺丝刀属于国内厂家生产的
交流高压电动螺丝刀	该类电动螺丝刀不需要单独的电源供应器转换电压，直接可以与市电连接
进口电动螺丝刀	该类电动螺丝刀属于国外厂家生产的
全自动电动螺丝刀	全自动电动螺丝刀的特点如下： 1）达到设定扭力后，能够完全自动制动以及停止运转 2）全自动电动螺丝刀又分为交流高压全自动电动螺丝刀、直流低压全自动电动螺丝刀两个系列 3）根据起动模式不同可以分为手按式全自动电动螺丝刀、下压式全自动电动螺丝刀
手按式电动螺丝刀	操作起动模式需用手指按住起动杠杆或压板按钮
下压式电动螺丝刀	操作起动模式无需用手指按住起动杠杆或压板按钮，也就是直接可以对准工件压下就可起动
装备充电电池的直流低压电动螺丝刀	该类电动螺丝刀一般体积小、重量轻，需要低压直流电动机驱动
无刷电动螺丝刀	无刷电动螺丝刀主要采用无刷电动机，适合长时间连续使用
气吸式电动螺丝刀	气吸式电动螺丝刀是利用真空发生器，产生吸力，使螺钉吸附在螺丝刀上，从而免去用手取螺钉的步骤。气吸式电动螺丝刀主要用于一些难取的螺钉或不带磁性的螺钉

一点通

电动螺丝刀的基本结构由电源线、电动机整组、离合器整组、控制组件、PCB（半自动电动螺丝刀无 PCB）、调节和限制扭矩的机构等组成。电动螺丝刀电枢由硅钢片与换向器两大部分组成。硅钢片依具体机种而异。电动螺丝刀换向器可以分为 110V（14PIN）电压换向器、220V（24PIN）电压换向器。

3.2　结构、原理与使用

★★★3.2.1　结构

电动螺丝刀的一些结构见表3-3。

表 3-3 电动螺丝刀的一些结构

名称	解 说
电动螺丝刀引导棒的种类与特点	电动螺丝刀引导棒分为三段。由下往上依顺序排列是离合器内的引导棒下段、风扇内的陶瓷棒、电动机内的引导棒上段。其中陶瓷棒可以分为 10mm×φ1.5mm、10mm×φ1.7mm 等尺寸规格。离合器与电动机内的引导棒依机种型号不同，所使用长度、直径也有所不同
电动螺丝刀游星齿的种类	电动螺丝刀游星齿的种类有 17T（小）、17T（大）、14T、13T、21T、23T 等。一般 17T（小）、17T（大）用于快速机型。21T 在奇力速电动螺丝刀 9140P 有应用，23T 在奇力速电动螺丝刀 9150P 有应用

★★★3.2.2 电动螺丝刀常见的耗用零件

电动螺丝刀常见的耗用零件见表 3-4。

表 3-4 电动螺丝刀常见的耗用零件

名称	解 说
齿轮筒	齿轮筒润滑脂黏性变异、污染会造成主齿与游星齿间隙加大、磨损齿轮，这时，需要更换磨损的齿轮
电动机	电动机发热容易磨损转子。转子间隙大、绝缘漆脱落会造成螺丝刀传动性能不良
电源线	电源线插头经常插拔，易造成螺丝刀电木含针、连接线松动。需要检查螺丝刀电木含针是否移位、连接线是否断裂等现象
离合器	离合器、轴承磨损，会造成螺丝刀扭力不稳或扭力下降，这时，需要更换离合器、轴承
连接轴	连接轴跳脱钢珠孔磨损会造成扭力不稳、制动性能不良等故障
扭力弹簧	扭力弹簧弹性会疲乏，造成扭力下降或不稳。一般使用一年半左右需要更换弹簧
螺丝刀头、套筒	螺丝刀头、套筒使用后会磨损，造成与连接轴间隙太大，影响扭力的稳定性
制动针	制动针反弹作用力大，容易使开关移位、损坏制动开关，从而造成制动性能变差
电刷	1）两个月左右需要打开电刷盖取出电刷清理碳粉一次 2）六个月左右电刷基本损耗到需更换的程度
外壳、押扣板	螺丝刀外壳、押扣板容易受到使用环境的影响而破损，则需要根据实际情况予以更换

★★★3.2.3 原理

电动螺丝刀的原理见表 3-5。

表 3-5 电动螺丝刀的原理

名称	解 说
全自动手按压板式电动螺丝刀的工作原理	全自动手按压板式电动螺丝刀的工作原理如下：按压电动螺丝刀的板开关，即可触动起动开关，这时交流电源进入电动螺丝刀内部，并且经 PCB 转换成直流电压，该直流引到电动机，电动机带动传动机械部分的离合器旋转，直到螺钉完全锁紧时，机械部分的离合器内部产生跳脱，并且使下段开关引导棒、传动陶瓷棒、电动机内上段开关引导棒，往上跳脱，并且经三合一开关架瞬间触动制动开关，使得电动螺丝刀发出"嗒"的一声，即制动控制停止，也就是电动螺丝刀锁紧螺钉作业完成。如果需要再操作，则将手按压板开关放开，然后再根据该方法进行操作即可
半自动手按压板式电动螺丝刀的工作原理	半自动手按压板式电动螺丝刀的工作原理如下：首先插好插头，再按压板触动开关，则交流电源由桥式整流器转换成直流电压，引入到电动机使其转动，并且带动传动机械部分的离合器旋转，直到螺钉完全锁紧。螺钉完全锁紧时螺丝刀头不动，但是电动机依旧在运转。半自动手按压板式电动螺丝刀没有 PCB 自动制动系统，需要放开手按压板开关，才可以使螺钉完全锁紧时电动机也停止转动

★★★3.2.4 使用电动螺丝刀的注意事项

使用电动螺丝刀的一些注意事项如下：

1）工作场所照明应良好。

2）有的电动螺丝刀的速度是随着扣动扳机压力的增大而增加。

3）有的电动螺丝刀有调速旋钮，而且一般增加转速是将旋钮朝＋方向旋转；降低转速是将旋钮朝－方向旋转。

4）有的电动螺丝刀具有可调节螺丝刀外露长度的功能。

5）将电动螺丝刀电源插头插入电源插座前，需要检查开关按钮操作是否正常，释放能否复位。

6）使用前，把螺丝刀的固定圈（或扭力护套）旋紧。

7）当电动螺丝刀没有完全停止前，使用正反转开关改变旋转方向可能会损坏工具。

8）使用时，不能够从最低扭力直接调到最高扭力或从最高扭力调到最低扭力，以免损坏离合器钢珠与扭力顶针。

9）正反转开关可以用来改变工具的旋转方向，如图 3-2 所示。

10）将电动螺丝刀电源插头插入插座前，需要确认电源电压与工具所需电压相符。

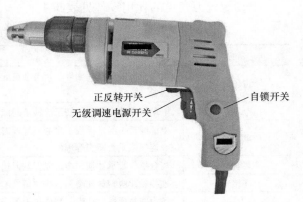

正反转开关
自锁开关
无级调速电源开关

图 3-2 正反转开关的应用

11）不同的电动螺丝刀使用方法可能存在差异，因此，使用电动螺丝刀时，需要详阅具体电动螺丝刀的使用说明，了解其具体规范与要求。

12）一般使用电动螺丝刀 45%～75% 范围内的扭力，不能过载长期使用超过 80% 的扭力。

13）螺丝刀内部零件不得接触到油脂或其他腐蚀性液体。

14）松螺钉与钻孔一般选用高速档，紧螺钉一般选用低速档。

15）使用时，螺丝刀头要与螺钉呈直线使用。

16）松螺钉时间要有度，松螺钉时不因时间过短而要继续松螺钉，也不因时间过长而将螺钉脱离母体而掉地。

17）紧螺钉时间也要有度，紧螺钉时紧的时间不要太长，以免把螺钉拧断。

18）如果电动螺丝刀旋拧螺钉未紧，则需要用手工螺丝刀进行固定。

19）不要在电动螺丝刀非设定功能上操作。

20）根据被锁螺钉的形状，配备好螺丝刀头。

21）离合器里加机油可以保护齿轮与转动轴，降低磨损，提高使用寿命。

22）根据使用频率，清理转子里的碳粉，以免碳粉过多引起转子短路。

23）不得使用电源线拉提电动螺丝刀。

24）退螺钉时，如果在同一扭力无法退出，则可以将扭力值调高，等退出螺钉后，再恢复原来的设定。

25）退螺钉时，如果发现已锁紧螺钉扭力大于螺丝刀输出扭力，离合器无法跳脱时，必须立刻将正反转开关切到关位置，切断电动机电源，以免损坏螺丝刀。

26）如果发现握把温度急速上升或螺丝刀转速急速下降，则说明螺丝刀可能存在过载现象。

27）需要保持电动螺丝刀的清洁，避免接触水源。

28）定期更换电刷，更换时碳粉要清除，避免累积碳粉造成短路。

29）更换的电刷应是符合要求的产品。

30）电动机轴承要定期润滑，油要适量。

31）螺丝刀头座内不可加油，加油会产生油锈咬死螺丝刀头，造成无法更换螺丝刀头。

32）维修前，必须将电源线从插座上拔下来。

3.3　维修检修

★★★3.3.1　电动螺丝刀检查与判断

电动螺丝刀的检查与判断见表3-6。

扫一扫看视频

表3-6　电动螺丝刀的检查与判断

名称	解　说
电动螺丝刀PCB好坏的检查	检查电动螺丝刀PCB的好坏可以通过检测PCB的输入端是否有回路阻值来判断：当检测其输入端为开路状态，即阻值为∞，以及短路状态，即阻值为0，均说明PCB可能异常。PCB输入端正常的回路阻值有的机型为几十千欧
PCB是否有电压输出的检查	检查PCB是否有电压输出，首先要确定PCB有正常的输入电压，然后根据PCB输出电压引入到电动机输入端的特点，可以直接测量电动机输入端的电压。有的电动螺丝刀电动机输入端的电压为市电输入电压的$\sqrt{2}$左右（电动机没有负载情况下的电压值）
磁筒的判断与维修	判断与维修磁筒的方法、要点如下： 1）观察磁筒内是否有碳粉，如果有，可用气枪轻吹掉碳粉 2）观察磁筒内磁铁是否移位，如果发生移位，则需要更换磁筒
电动螺丝刀电路是否有故障的初步判断	初步判断电动螺丝刀电路是否有故障的方法如下： 1）将电动螺丝刀拆开后，短接电动机两极。正常情况下，测得电动机输入端直流电阻值应略小于初步检测值（即没有短接电动机两极的电阻值） 2）采用万用表R×1k档来检测：首先按下微动开关，测量电动螺丝刀输入端的直流电阻，正常情况下为15kΩ左右。如果采用数字万用表二极管档检测，正常应显示为1V。如果检测的是上述值，则说明该电动螺丝刀的电路部分工作是正常的。如果检测值与上述值存在差异，则说明该电动螺丝刀的电路部分可能存在异常情况
EMC BOX整组局部与整块故障的判断	判断EMC BOX整组局部故障主要常见的元件就是熔丝。EMC BOX整组上的熔丝正常状况下，阻值为0Ω。如果检测时，发现熔丝呈开路状态，而EMC BOX基板零件均为正常状态，则需要更换熔丝。熔丝一般是采用快速熔断熔丝，规格有FUSE 2.5A 250V等种类 检测时，如果发现EMC BOX基板有严重烧毁等异常现象，则需要更换EMC BOX基板整组
游星齿、齿盘、上离合器筒内是否有崩牙的检查	检查游星齿、齿盘、上离合器筒内是否有崩牙可以采用目视检查，只是需要拆开离合器，以及用汽油清洗干净后，才能够便于仔细观察

★★★3.3.2 电动螺丝刀电动机组成部件好坏的判断

电动螺丝刀电动机组成部件好坏的判断方法见表3-7。

表3-7 电动螺丝刀电动机组成部件好坏的判断方法

名称	解说
电枢	电枢是电动螺丝刀最重要的零件，电枢的状态决定电动螺丝刀能不能正常工作。电枢好坏的判断可以通过测量它的直流电阻来判断：正常情况下，电枢换向器相邻两极间的直流电阻（220V）为 15～20Ω（不同机型，数值有差异） 电枢损坏的特征如下： 1）电枢的中心轴是否较明显地变小 2）电枢转动中心是否不稳，噪声是否较大 3）电枢换向器相邻两极是否开路 4）电枢的换向器有无明显的磨损 5）换向器磨损较严重，则电枢工作时噪声大
垫片	垫片主要起固定电枢，防止上下晃动，保证平稳等作用。垫片需要合适的数量，电枢才不会上下晃动
定子	外观上判断其内部磁盘是否破损、移位。另外，还需要检测其磁性大小：将一字螺丝刀放入磁铁内即可检验。如果磁性太小，则需要更换新磁铁
电动机前盖	外观上判断其是否破损
电刷	电刷磨损到剩余 2～3mm 时或者剩余电刷 1/3 时，需要更换新电刷
电刷座	外观上判断其是否破损、内部是否碳化烧黑
轴承	通过转动轴承以判断其是否存在卡死现象。当轴承内部摩擦感较强时，电动机的噪声较大

★★★3.3.3 电动螺丝刀电刷的更换

更换电动螺丝刀电刷的方法与步骤如下：

1）用一字螺丝刀头插入电刷盖上的开启孔内，然后往上勾，打开电刷盖。

2）再将压在电刷上面的弹簧拨开。

3）然后拨开电刷本体上的铜丝线，并且拉着该铜丝线将电刷拉出。

4）直到拉出铜丝线的端子即可，有关图例如图3-3所示。

5）放回新的电刷采用与上述步骤反向的步骤进行。

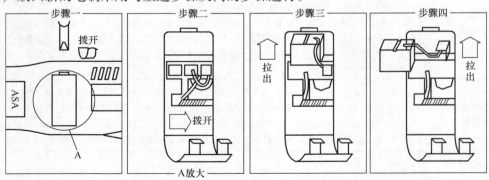

图3-3 操作图例

★★★**3.3.4　电动机电枢好坏的检测判断**

　　检测判断电动机电枢的好坏可以采用万用表来检测。首先把万用表调到 R×1 档，然后对换向器一组组进行检测。正常情况是每次测得的阻值一样。不同的电枢绕线有差异，所测量的阻值也有差异。表 3-8 是奇力速电动螺丝刀电枢所测正常参考阻值。

表 3-8　奇力速电动螺丝刀电枢所测正常参考阻值

机型	电枢规格	电枢代号	电枢所测正常参考阻值/Ω
2125L（F）	2125L	E	5～12
215L	215L	A	9～16
2215L（F）	2215L	R	21～30
2225L（F）	2225L	N	21～30
3180L	3180L	B	4～11
3180LF	3180P	M	5～12
3180P（F）	3180P	M	5～12
3280L（F）	3280L	S	21～30
3280P（F）	3280L	S	21～30
9131P	9131P	F	5～12
9131P（F）	9131P	L	5～12
9140P	9140P	H	3～10
9140PF	9140PF	G	3～10
9230PF	9240P	T	15～22
9231P（F）	9231P	P	21～30
9240P	9240P	T	15～22
9240PF	9240PF	TF	7～14

　　如果万用表测量时的数值为 0，则说明除电枢本身存在短路外，还可能是积碳太多、有导电铁屑掉落在电枢上等原因引起的。

　　另外，检测判断电动机电枢的好坏还可以采用观察法来判断：如果电枢上碳粉积得多，则其导电性会相对降低，并且造成接触不良、螺丝刀漏电等现象。因此，电枢上碳粉积得多，需要立即清除。

★★★**3.3.5　电动螺丝刀其他电子组件好坏的判断**

　　判断电动螺丝刀其他电子组件好坏的方法见表 3-9。

表 3-9　判断电动螺丝刀其他电子组件好坏的方法

名称	解　说
保护器	测量保护器的电阻值，正常为零。保护器轻度超载后能自动复位，过大超载将永久失效
电源线	测量电源线的直流电阻值，正常的值趋近于零
微动开关	测量常开触点，正常的电阻趋近于无穷大。测量常闭触点，正常的电阻趋近于零。微动开关常见故障有本体破裂、触点接触不良、触点烧黑、按键无法复位等
整流桥	将输出端（＋、－）短路，测量输出端（＋、－）的直流电阻，有的整流桥正常阻值为 15kΩ 左右
正反开关	拨动键所对应的引脚为公共端，拨动键所对应的两档正常均是相通的

★★★ 3.3.6 组装电动机需要注意的事项

组装电动机需要注意的一些事项如下：

1）风扇与电动机前盖需要完全紧密。

2）电枢两侧所垫的垫片必须适宜。

3）电刷与电枢接触面需要完全接触。

4）电动机固定片应水平。

5）电动机运转时的声音要小、电刷与电枢运转接触的火花要小。

6）风扇正常、运转平衡，即风扇没有崩牙、磨损、晃动过大或歪斜现象。

7）轴承必须运转顺畅。

8）电枢积碳少。

9）电动机加直流电压前，需要再确认是否组装完整。

10）电动机使用电压与所需电流要符合相关要求，例如奇力速电动螺丝刀的电动机使用电压与所需电流见表3-10。

表3-10 奇力速电动螺丝刀的电动机使用电压与所需电流

类型	加离合器（负载）	未加离合器（负载）	
	测得电流/mA	使用电压/V	测得电流/mA
110V电动螺丝刀	≤300	DC150	≤150
220V电动螺丝刀	≤200	DC300	≤100

★★★ 3.3.7 电动螺丝刀的维修流程

电动螺丝刀维修的流程如下：

1）半自动电动螺丝刀维修的流程：输入（保护器、起动开关）→整流→正反开关→电动机→离合器。

2）全自动电动螺丝刀维修的流程：输入（EMC、保护器、微动开关）→PCB→正反开关→电动机→离合器。

★★★ 3.3.8 电动螺丝刀离合器常见的故障与维修对策

电动螺丝刀离合器常见的故障与维修对策见表3-11。

表3-11 电动螺丝刀离合器常见的故障与维修对策

故障	原因	维修方法
无法卡住螺丝刀头	传动轴损坏	更换传动轴
	缺少钢珠	补上新钢珠
传动轴损坏	螺丝刀头严重磨损	更换螺丝刀头
	传动轴内部断裂	更换传动轴

★★★ 3.3.9 电动螺丝刀故障的排除

电动螺丝刀一些故障的排除方法见表3-12。

表 3-12　电动螺丝刀一些故障的排除方法

现象	原因	维修方法或对策
螺丝刀不转动	电源供应器没有输出	1）检查电源供应器输出端子 −、+ 间有无直流 30V，如果没有，则需要更换电源供应器 2）检查连接线是否断路，如果断开，则需要更换连接线
	熔丝断路	更换熔丝
	电刷破损、移位	更换、调整电刷
	离合器不良、卡死	更换离合器
	压板已断或磨损	更换压板
	交流电源已断，不能通电到 PC 板	更换电源线
	PC 板接线不良或烧坏	接好线路或更换 PC 板
	起动开关、制动开关、正反开关损坏	更换起动开关、制动开关、正反开关
	电枢烧坏	更换电枢
	各焊点、接点（接线）脱落	焊好、接好
螺丝刀运转不顺	电源供应器内附保护回路需要时间	电源供应器内附保护回路，需要通电 3 ~ 5s 后，方能稳定供电
	存在正转起动时电动机瞬间转动	若正转起动时电动机瞬间转动，则可尝试反转或转动螺丝刀头 90°，再正转起动
螺丝刀头容易脱落、有晃动现象	螺丝刀头与附属品规格不相同	改为规格相同的
	螺丝刀头没有顺着主轴两侧导沟插入、套牢	改正为正确的操作
达到预设扭力值时，螺丝刀不会自动停止	制动回路故障或制动开关移位	维修或者调整好
	螺丝刀头插入错误	取出螺丝刀头旋转 180°后，重新插入即可
	扭力设定太高	将扭力设定值降低到适当值
	电动机扭力不足	更换较大扭力的螺丝刀
	螺丝刀头尖端尺寸与螺钉头凹槽尺寸不适合，造成打滑	更换合适的螺丝刀头
	引导棒太短	更换引导棒
	PC 板烧坏	更换 PC 板
	磁铁失磁	更换磁筒
	制动电阻损坏	更换电阻
电动螺丝刀时转时停	电源线接触不良	更换电源线
	电刷耗尽	更换电刷
	电枢其中有 1 组铜片不通	更换电枢
	各焊点、接点（接线）脱落	焊好、接好
	引导棒太短	更换引导棒
电动螺丝螺丝刀插电即转	三合一开关架卡死	清理或更换三合一开关架
	离合器下压卡住	更换损坏件
	手按开关杆损坏或者起动开关卡死	更换手按开关杆、起动开关

（续）

现象	原因	维修方法或对策
发现电动螺丝刀运转时有异声或声音过大	轴承损坏	更换轴承
	风扇没有配置好	配置好风扇
	离合器油蒸发掉	给离合器加指定用的油
	转动离合器不顺	更换离合器
	垫片过少或过厚	将垫片垫适宜
	电刷与电枢铜片接触不良	清理电枢与电刷
螺丝刀达不到所需扭力	扭力调整棒异常	更换扭力调整棒
	离合器头磨损	更换离合器头
	扭力弹簧异常	更换扭力弹簧
下压式离合器下压动作不正常	螺丝刀头异常	更换螺丝刀头
	铜套（下离合器筒）异常	更换下离合器筒或更换螺丝刀头
离合器跳脱	上离合器头异常	检查、更换上离合器头
	跳脱钢珠异常（磨损、变形）	更换跳脱钢珠、离合器
	扭力推盘磨损	更换扭力推盘
	传动轴（六角轴）异物卡住	清除异物
螺丝刀头不能卡住离合器	螺丝刀头帽钢珠不存在、损坏	更换螺丝刀头帽钢珠
	螺丝刀头帽弹簧不存在	更换螺丝刀头帽弹簧
	螺丝刀头帽磨损	更换螺丝刀头帽
	传动轴磨损或生锈	更换传动轴
	离合器规格不符合标准	更换离合器

3.4　充电螺丝刀

★★★3.4.1　充电螺丝刀的结构

　　充电螺丝刀又叫作充电螺丝批、充电式螺丝刀电钻、充电式螺丝刀、充电螺丝机，其是指设计成专门用于松紧螺钉的一种工具。充电螺丝刀的一些外形如图3-4所示。

　　充电螺丝刀主要零部件有变速杆组件、压簧、机壳组件、自攻螺钉、片簧、转换杆、开关、电池夹、一字平头螺钉、无匙钻夹头、齿轮组件、直流电动机组件、半圆头螺钉、机壳组件、充电器、电池、电池盖等。充电螺丝刀内部结构如图3-5所示。

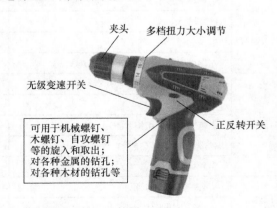

夹头

多档扭力大小调节

无级变速开关

可用于机械螺钉、木螺钉、自攻螺钉等的旋入和取出；对各种金属的钻孔；对各种木材的钻孔等

正反转开关

图3-4　充电螺丝刀的一些外形

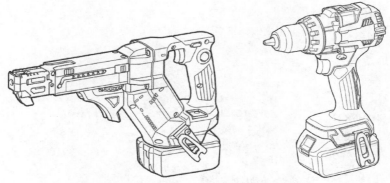

图 3-4　充电螺丝刀的一些外形（续）

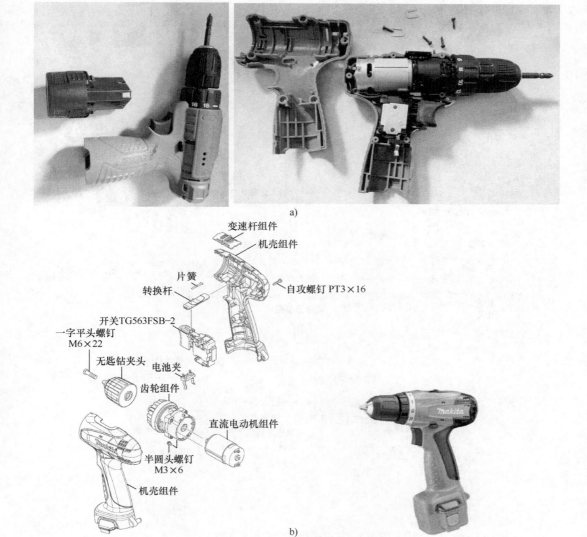

a)

b)

图 3-5　充电螺丝刀内部结构

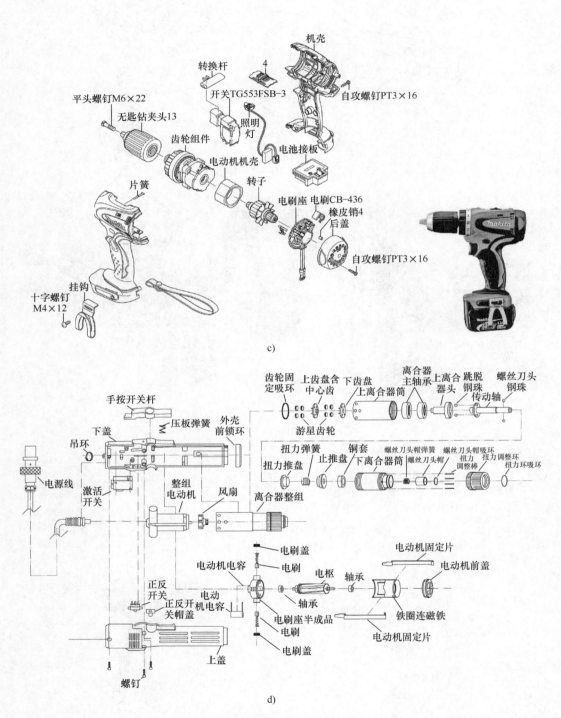

c)

d)

图 3-5　充电螺丝刀内部结构（续）

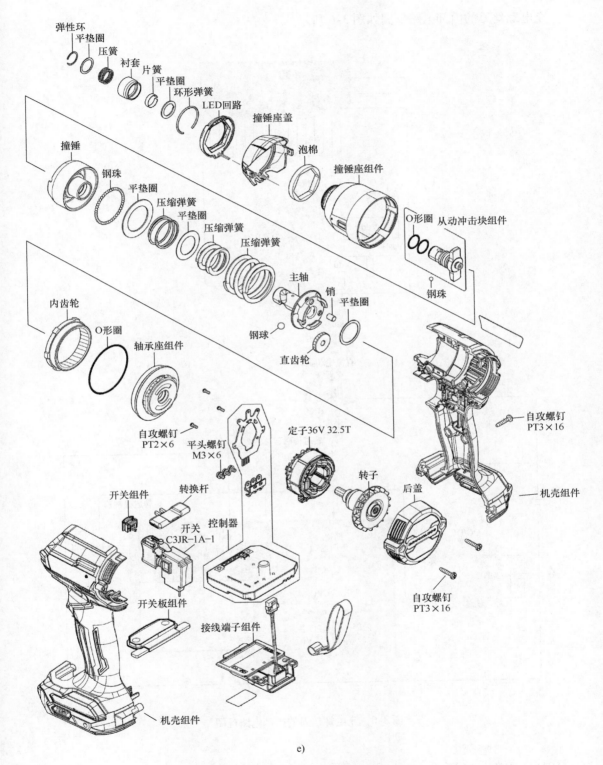

弹性环
平垫圈
压簧
衬套
片簧
平垫圈
环形弹簧
LED回路
撞锤座盖
泡棉
撞锤座组件
撞锤
钢珠
平垫圈
压缩弹簧
平垫圈
压缩弹簧
压缩弹簧
O形圈
从动冲击块组件
主轴
销
平垫圈
钢珠
钢球
内齿轮
O形圈
轴承座组件
直齿轮
自攻螺钉
PT2×6
平头螺钉
M3×6
定子36V 32.5T
自攻螺钉
PT3×16
开关组件
转换杆
控制器
转子
后盖
机壳组件
开关
C3JR-1A-1
开关板组件
接线端子组件
自攻螺钉
PT3×16
机壳组件

e)

图3-5 充电螺丝刀内部结构（续）

充电螺丝刀的内部电路框图如图 3-6 所示。

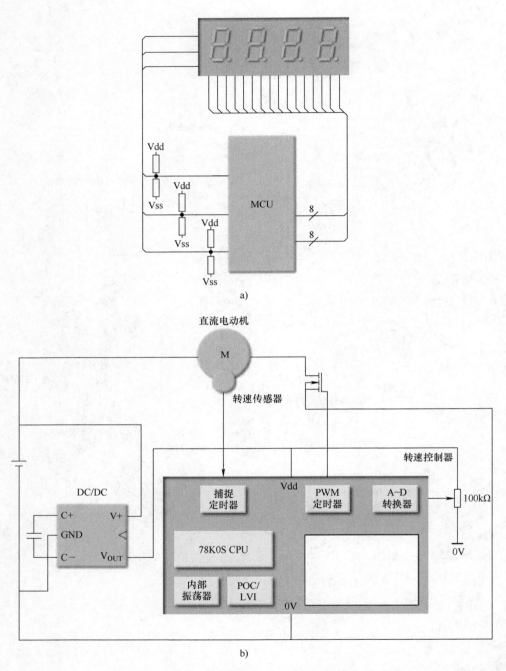

图 3-6　充电螺丝刀的内部电路框图

HIMAX CLT –50/CLT –50S 电动螺丝刀电源原理框图如图 3-7 所示。

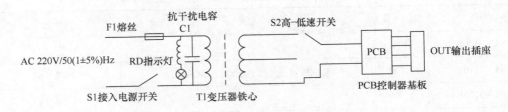

图 3-7 HIMAX CLT – 50/CLT – 50S 电动螺丝刀电源原理框图

 一点通

充电螺丝刀应用附件的作用如下：

1）水平珠——水平校验。

2）绳带——安全作用。

3）深度尺——可控制钻孔深度。

4）磁铁——可吸住螺丝刀嘴。

5）机身带螺丝刀嘴——携带方便。

6）辅助手柄——大功率机方便抓握。

★★★3.4.2 使用充电螺丝刀的注意事项

使用充电螺丝刀的一些注意事项如下：

1）不得让杂物进入充电式电池连接口内。

2）不得随意拆卸充电式电池与充电器。

3）不得使充电式电池短路。

4）不得将电池丢入火中，以免电池受热会爆炸。

5）在墙壁、地板、天花板上钻孔时，需要检查是否存在埋设的电源线等。

6）不得将异物插入充电器的通风口。

7）当把钻头装入无键夹盘时，需要充分旋紧导套。

8）变压器是靠电磁感应原理把某种频率的电压变换成同频率的另一种电压的一种功率传输装置，因此，需要保证电压变换正确。

9）不要在温度低于 10℃ 的环境下充电，以免导致电池充电过度，引发危险。也不能在高于 40℃ 的环境下充电。一般而言，最适合的充电温度是 20 ~ 25℃。

10）不要连续使用充电器充电。充完 1 次电后，有的需要等约 15min 后再进行第 2 次充电。

11）有的机种要求充电时间不要超过 2h。

3.5 检修速查

★★★3.5.1 奇力速电动螺丝刀的使用电压与接线方式

奇力速电动螺丝刀的使用电压与接线方式见表 3-13。

表 3-13　奇力速电动螺丝刀的使用电压与接线方式

机型	使用电压	备注	接线参考图
SK－3110L	110V		图（4）
SK－3110P	110V	蓝色线较长（接到起动开关的引线）	图（5）
SK－3120L	110V		图（4）
SK－3120P	110V	蓝色线较长（接到起动开关的引线）	图（5）
SK－3180L（F）	110V		图（4）
SK－3180P（F）	110V	蓝色线较长（接到起动开关的引线）	图（5）
SK－3210L	220V		图（1）
SK－3210P	220V	蓝色线较长（接到起动开关的引线）	图（2）
SK－3220L	220V		图（1）
SK－3220P	220V	蓝色线较长（接到起动开关的引线）	图（2）
SK－3280L（F）	220V		图（1）
SK－3280P（F）	220V	蓝色线较长（接到起动开关的引线）	图（2）
SK－9130L（F）	110V	黄色线较长（接到制动开关的引线）	图（6）
SK－9130P（F）	110V	蓝色线较长（接到起动开关的引线）	图（5）
SK－9131L（F）	110V	黄色线较长（接到制动开关的引线）	图（6）
SK－9131P（F）	110V	蓝色线较长（接到起动开关的引线）	图（5）
SK－9140L（F）	110V	黄色线较长（接到制动开关的引线）	图（6）
SK－9140P（F）	110V	蓝色线较长（接到起动开关的引线）	图（5）
SK－9150L	110V	黄色线较长（接到制动开关的引线）	图（6）
SK－9150P	110V	蓝色线较长（接到起动开关的引线）	图（5）
SK－9230L（F）	220V	黄色线较长（接到制动开关的引线）	图（3）
SK－9230P（F）	220V	蓝色线较长（接到起动开关的引线）	图（2）
SK－9231L（F）	220V	黄色线较长（接到制动开关的引线）	图（3）
SK－9231P（F）	220V	蓝色线较长（接到起动开关的引线）	图（2）
SK－9240L（F）	220V	黄色线较长（接到制动开关的引线）	图（3）
SK－9240P	220V	蓝色线较长（接到起动开关的引线）	图（2）
SK－9250L	220V	黄色线较长（接到制动开关的引线）	图（3）
SK－9250P	220V	蓝色线较长（接到起动开关的引线）	图（2）

（续）

机型	使用电压	备注	接线参考图

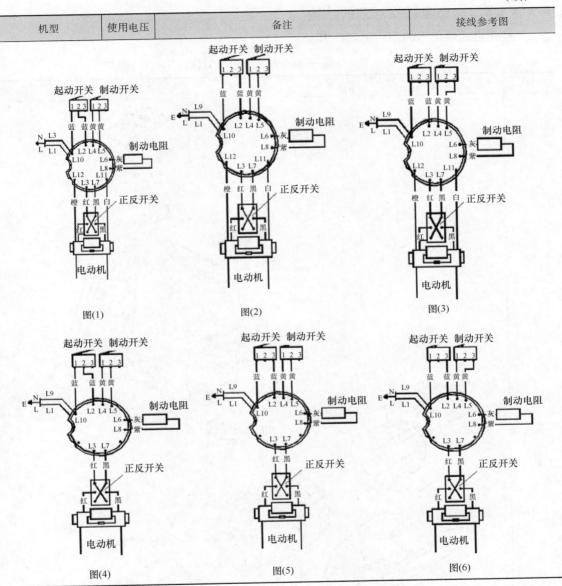

图(1)　　　　图(2)　　　　图(3)

图(4)　　　　图(5)　　　　图(6)

有关连接端连接功能见表3-14。

表3-14　有关连接端连接功能

连接端	连接端连接功能
L1、L9	PCB 输入线，110V 为黑色、220V 为棕色
L11、L12	PCB 输出线分别接到电动机电容两边
L2、L10	起动开关引线，皆为蓝色
L3	PCB 正电压（+）输出线，红色
L4、L5	停止开关引线，黄色
L6	制动电阻引线，灰色
L7	PCB 负电压（-）输出线，黑色
L8	制动电阻引线，紫色

★★★3.5.2 充电式螺丝刀的结构

一些充电式螺丝刀的结构见表3-15。

表3-15 一些充电式螺丝刀的结构

名称	结构图
结构1	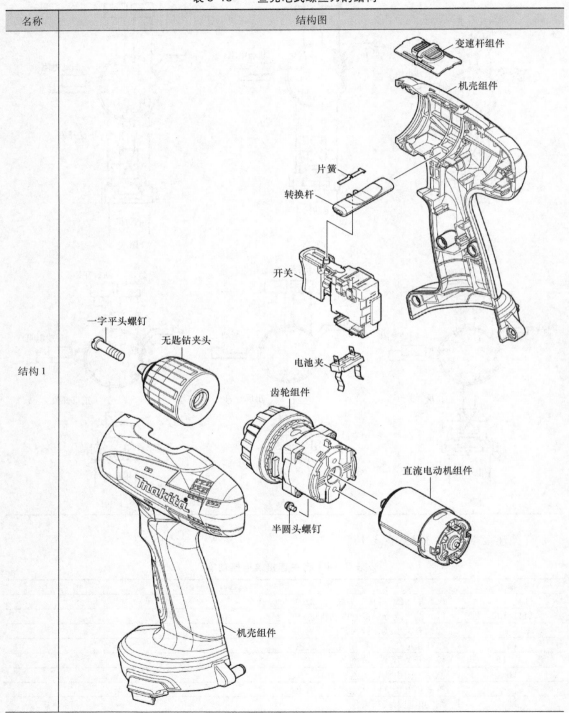

（续）

名称	结构图
结构2	

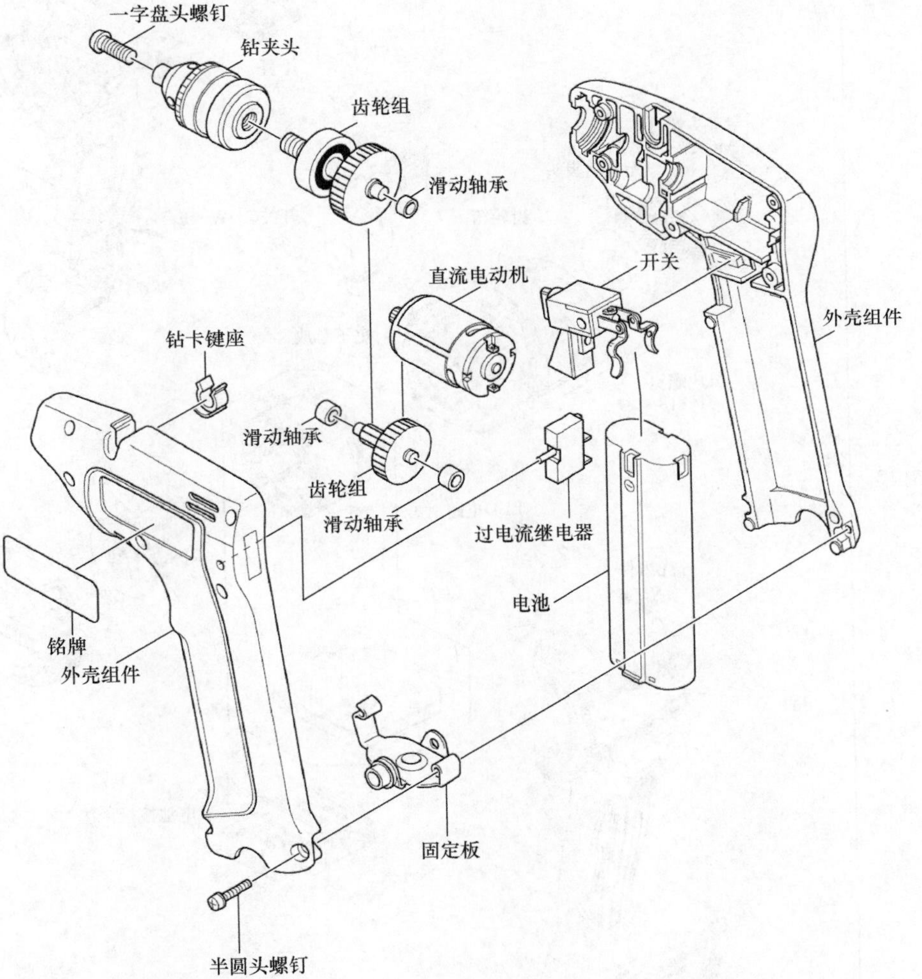

图中标注：
一字盘头螺钉
钻夹头
齿轮组
滑动轴承
直流电动机
开关
外壳组件
钻卡键座
滑动轴承
齿轮组
滑动轴承
过电流继电器
电池
铭牌
外壳组件
固定板
半圆头螺钉

（续）

名称	结构图
结构3	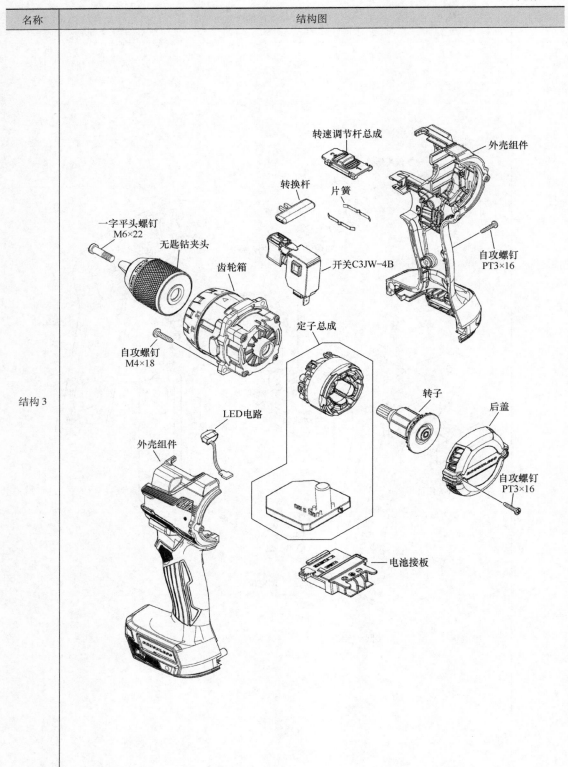

（续）

名称	结构图
结构4	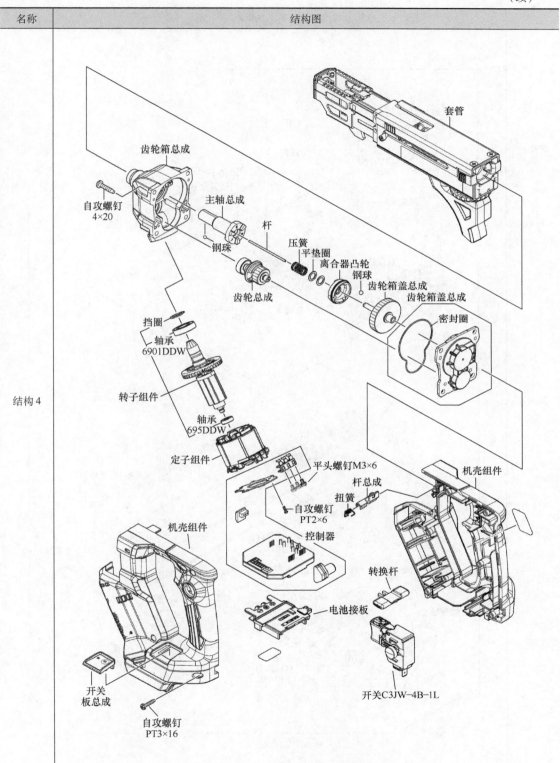

（续）

名称	结构图

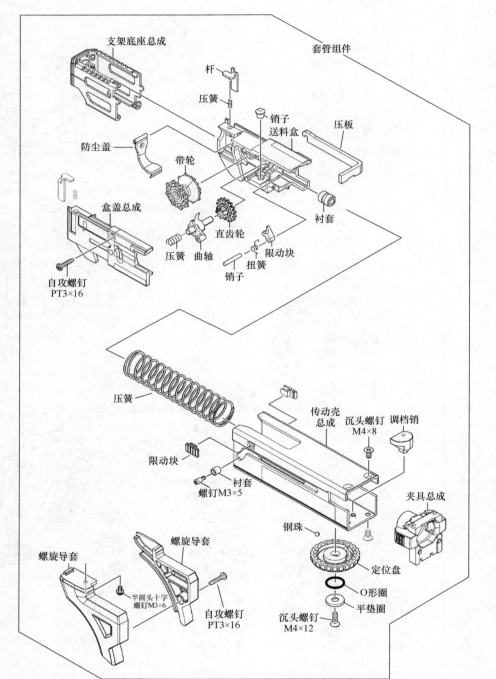

支架底座总成

套管组件

杆

压簧

销子

送料盒

压板

防尘盖

带轮

衬套

盒盖总成

直齿轮

压簧

曲轴

销子

扭簧

限动块

自攻螺钉
PT3×16

结构4

压簧

传动壳
总成

沉头螺钉
M4×8

调档销

限动块

衬套

螺钉M3×5

钢珠

夹具总成

螺旋导套

螺旋导套

半圆头十字
螺钉M3×6

自攻螺钉
PT3×16

定位盘

O形圈

平垫圈

沉头螺钉
M4×12

★★★3.5.3 充电式角向电钻的结构

充电式角向电钻的结构见表3-16。

表3-16 充电式角向电钻的结构

名称	结构图
结构	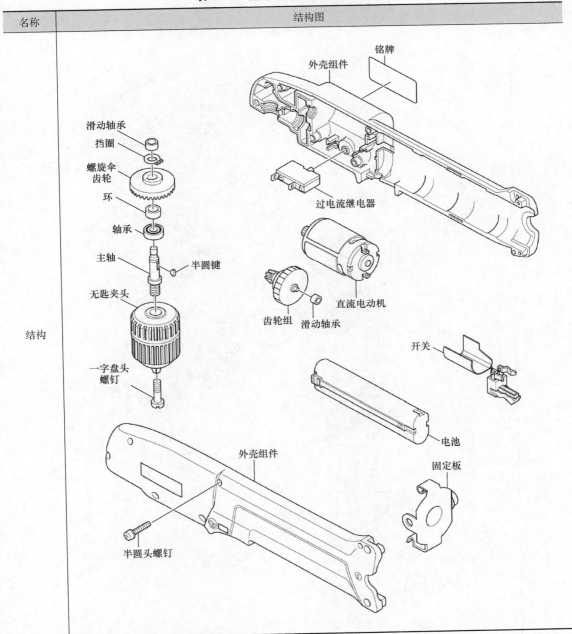

★★★3.5.4 充电式冲击螺丝刀的结构

一些充电式冲击螺丝刀的结构见表3-17。

表 3-17　一些充电式冲击螺丝刀的结构

名称	结构图
结构 1	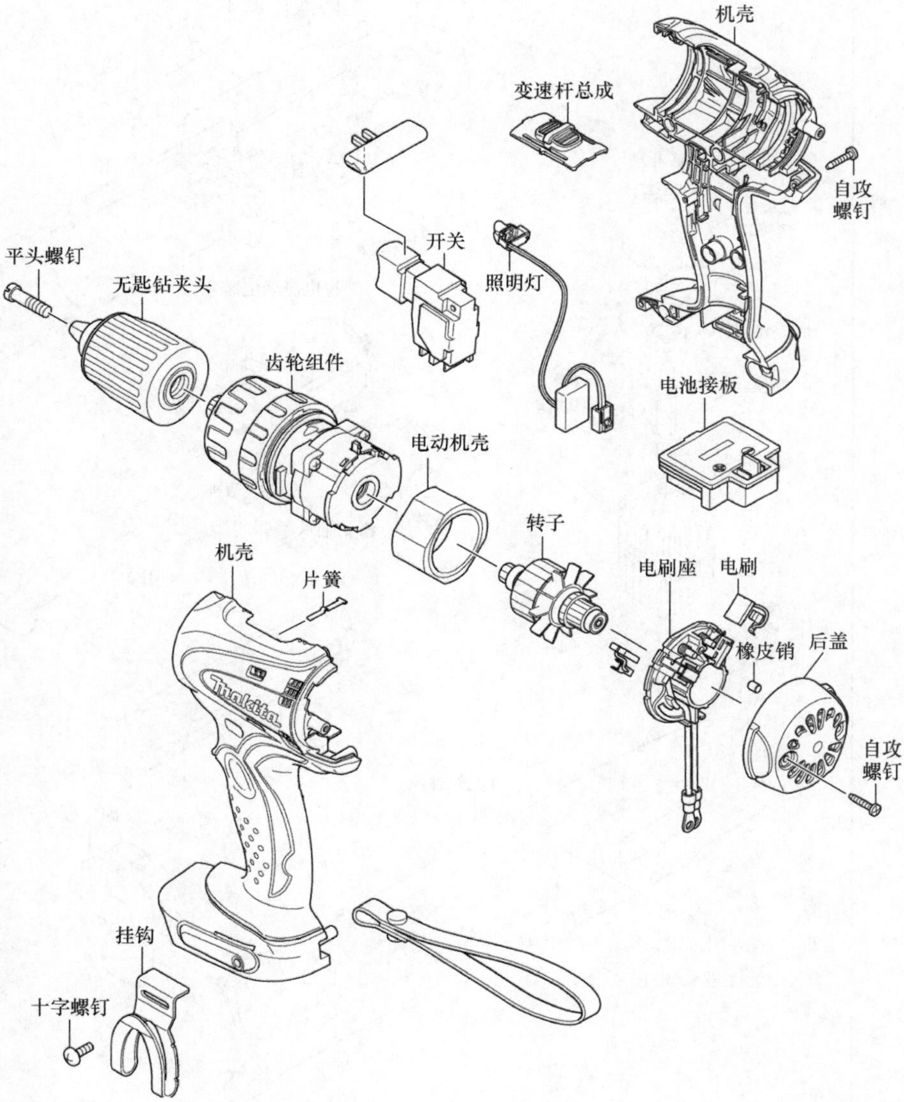 机壳 变速杆总成 开关 照明灯 自攻螺钉 电池接板 平头螺钉 无匙钻夹头 齿轮组件 电动机壳 转子 电刷座　电刷 橡皮销　后盖 自攻螺钉 机壳 片簧 挂钩 十字螺钉

（续）

名称	结构图
结构2	

（续）

名称	结构图
结构3	

（续）

名称	结构图
结构4	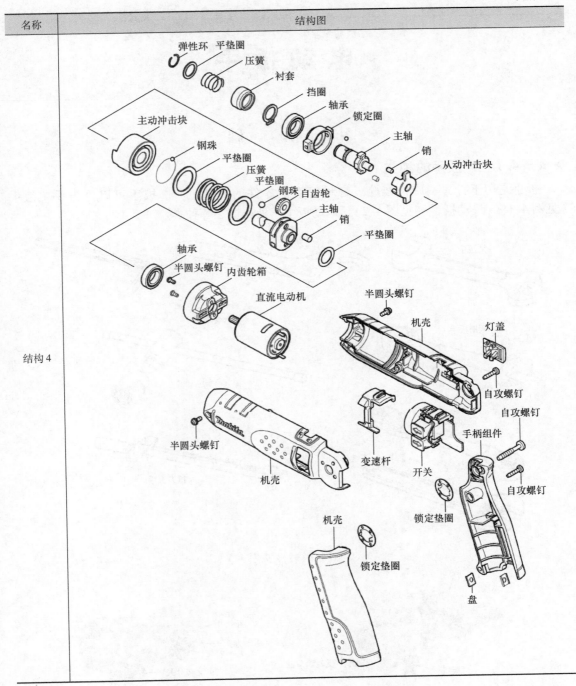

弹性环　平垫圈
压簧
衬套
挡圈
轴承
锁定圈
主动冲击块
钢珠
平垫圈
压簧
平垫圈
钢珠　自齿轮
主轴
销
从动冲击块
主轴
销
平垫圈
轴承
半圆头螺钉　内齿轮箱
直流电动机
半圆头螺钉
机壳
灯盖
半圆头螺钉
机壳
自攻螺钉
自攻螺钉
手柄组件
变速杆
开关
自攻螺钉
机壳
锁定垫圈
锁定垫圈
盘

第4章

电 动 扳 手

4.1 基　础

★★★4.1.1 扳手的种类

扳手是用于拧紧、旋松螺栓或螺母等类似零件的一种工具。扳手可以分为手工扳手（见图4-1）、气动扳手（见图4-2）、电动扳手、液压扳手等种类。

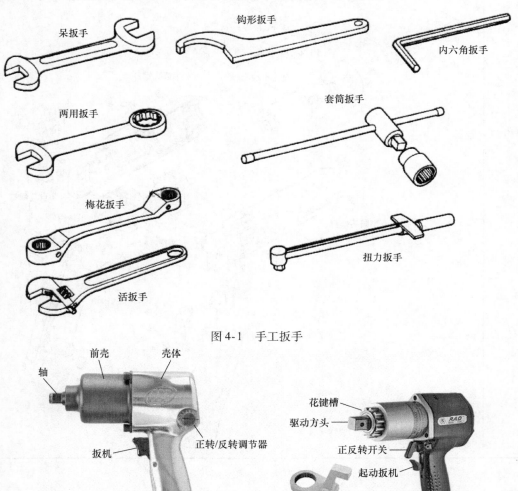

呆扳手
钩形扳手
内六角扳手
两用扳手
套筒扳手
梅花扳手
活扳手
扭力扳手

图4-1　手工扳手

轴
前壳
壳体
扳机
正转/反转调节器
空气入口

花键槽
驱动方头
正反转开关
起动扳机
反作用力臂
供气入口

图4-2　气动扳手

★★★4.1.2 电动扳手的特点

电动扳手是以电源或电池为动力的一种扳手，其也是一种拧紧高强度螺栓的工具，因此，电动扳手又叫作高强螺栓枪。电动扳手的特点是操作方便、功率大、耐撞击性强等。

电动扳手的种类有冲击电动扳手、扭剪电动扳手、定扭矩电动扳手、转角电动扳手、角向电动扳手、直向电动扳手、充电式电动扳手、电动开合活扳手、储能型电动扳手等。根据旋转螺母规格可以分为 M8、M12、M16、M20、M24、M30 等规格的电动扳手。一些电动扳手的特点见表 4-1。

表 4-1 一些电动扳手的特点

名称	解 说
定扭矩电动扳手	定扭矩扳手是用于拧紧需要以恒定张力连接的螺纹件的一种没有冲击机构的扳手。定扭矩电动扳手可以分为角向定扭矩电动扳手、直向定扭矩电动扳手等种类
冲击电动扳手	冲击扳手是用于拧紧、旋松螺栓、螺母等类似零件的一种工具，其装有旋转冲击机构。冲击电动扳手可以分为三相冲击电动扳手与单相冲击电动扳手等种类
充电式电动扳手	充电式电动扳手就是利用充电电池提供动力的一种电动扳手。例如，12V 镍镉电动扳手外形结构如下图所示 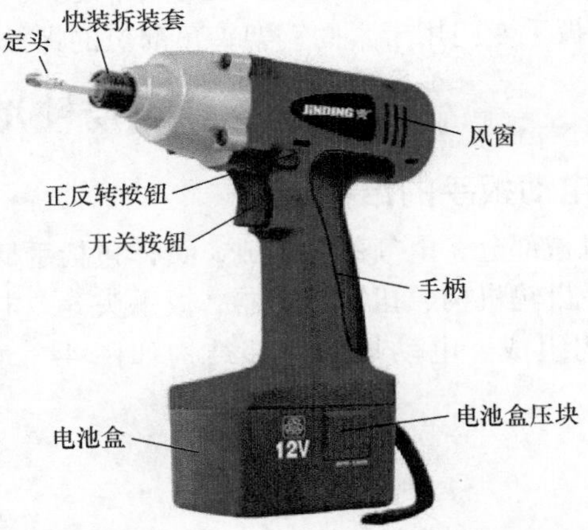
电动开合活扳手	电动开合活扳手有的是利用电池作为动力，驱动蜗杆带动扳口快速开合，开合距离依不同电动开合活扳手而异。 有的电动开合活扳手还具有米制、英制的开合标尺，为使用提供了方便。电动开合活扳手外形结构如下图所示 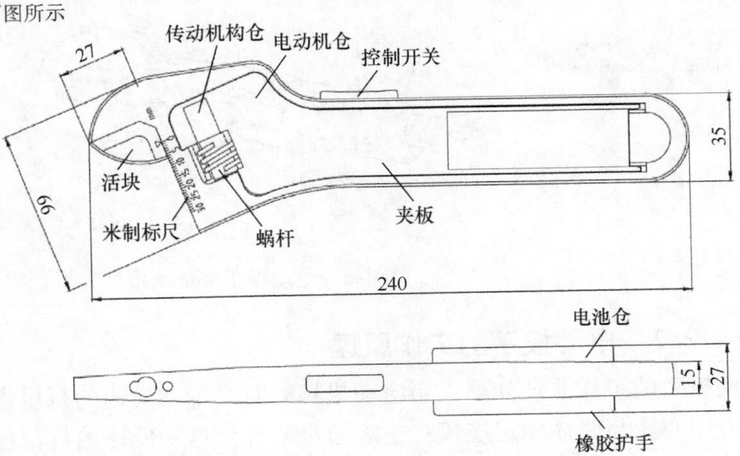 注意：电动开合活扳手不得当作榔头使用

（续）

名　称	解　　说
扭剪电动扳手	扭剪电动扳手是一种终紧扭剪型高强度螺栓的一种工具 扭剪电动扳手的操作方法：工作时，将扭剪电动扳手头对准螺栓头，然后扣动开关即可开始工作，几秒后，螺栓梅花头将被扭断，再抽出扳手扣动扳机将梅花头弹出即结束工作

不同电动扳手的应用特点如下：

1）扭剪型高强螺栓的初紧可以使用冲击电动扳手或定扭矩扳手，终紧必须使用扭剪扳手。

2）大六角高强螺栓的初紧与终紧都必须使用定扭矩扳手。

3）电动定扭矩扳手既可用于初紧，又可用于终紧。

4）电动角向扳手专门用于紧固钢架夹角部位的螺栓。

4.2　结构原理与使用维修

★★★4.2.1　电动扳手的结构

电动扳手由机械部分、电气部分组成，具体包括手柄、外壳、开关、附件、微机控制系统、电动机、行星齿轮机构、扭矩传感器、扳手头等。电动扳手的传动机构由行星齿轮、滚珠螺旋槽冲击机构组成。电动扳手外部结构如图 4-3 所示。电动扳手内部结构如图 4-4 所示。

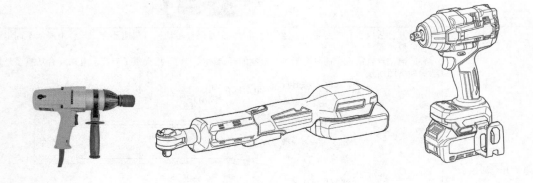

图 4-3　电动扳手外部结构

★★★4.2.2　电动扳手的工作原理

电动扳手的工作原理如下：当电动机转动时，带动高速的行星齿轮机构的一个中心轮转动，另一中心轮与壳体固定连接。扭矩通过系杆传送到低速的行星齿轮机构的中心轮上，另一中心轮与传感器相连并固定在壳体上。扭矩同时通过系杆传送到扳手头上，实现对螺栓的

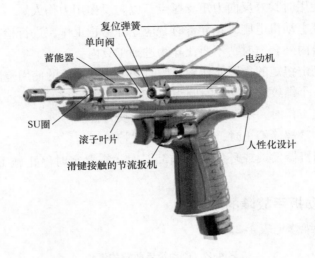

复位弹簧
单向阀
蓄能器
电动机
SU圈
滚子叶片
人性化设计
滑键接触的节流扳机

图 4-4　电动扳手内部结构

拧紧作业功能。

微机控制系统采集齿圈传感器的扭矩信号，经处理反馈给电动机，从而实现对扳手扭矩、转速的控制。

★★★4.2.3　使用电动扳手的注意事项

使用电动扳手的一些注意事项如下：

1）在工具接通电源前，需要检查开关处于断开状态才能插入。

2）确认现场所接电源与电动扳手所需要电压是否相符，是否接有漏电保护器。

3）根据螺母大小选择匹配的套筒，并妥善安装。

4）电压过高过低均不宜使用。

5）不要将筒体当作锤击工具使用。

6）不要在手摇杆上增加套杆或撬棒后加力。

7）电动扳手的金属外壳需要可靠接地。

8）检查电动扳手机身安装螺钉紧固情况，如果发现螺钉松了，需要立即重新扭紧。

9）检查手持电动扳手两侧手柄是否完好，安装是否牢固。

10）站在梯子上工作或高处作业应做好防止高处坠落措施。

11）如果作业场所在远离电源的地点，需延伸线缆时，要使用容量足够、安装合格的延伸线缆。

12）不可在潮湿或下雨的条件下使用，以免漏电。

13）改变电动扳手转向时，必须首先使电动机停转，再改变开关转向。

14）电动扳手使用的机用套筒需要与电动扳手的方头尺寸一致。

15）安装或拆卸电刷前，需要先拔下电源插头。

16）检查、保养前，一定要关掉开关并拔下电源插头。

17）尽可能在使用时找好反向力矩支撑点，以防反作用力伤人。

18）使用时发现电动机电刷火花异常时，应立即停止工作，进行检查处理，排除故障。

19）更换或安装内外套筒时，不要让异物进到工具内。

20）电动扳手是定扭矩的，因此作旋紧用时必须注意扳手的使用范围，以防拧断螺栓。

21）一般装配一个螺纹件，冲击时间为 2～3s，不要经常超过 5s。

22）电动扳手在工作时，不要用手触摸红色的反力臂。

23）当扳手已拧紧螺栓停止时，不要开机再次拧紧。

24）施工时，当机器发烫或环境温度≥35℃时，需要定时停止施工，使其适当冷却后再使用。

★★★4.2.4 电动扳手故障的维修

电动扳手故障的维修见表4-2。

表4-2 电动扳手故障的维修

故障	解 说
电动机损害	电动机损害的可能原因如下： 1）电源插座插错位置，因电压过高烧毁电动机 2）电源插头虚接，造成瞬间电流过大 3）电动扳手起动频繁，线圈电流过大，造成线圈长时间处于高温而加速老化
转动力矩降低	引起转动力矩降低的可能原因如下： 1）使用了不正确尺寸的套筒造成不均匀力矩 2）使用方法不当影响了正常的力矩 3）长时间使用磨损严重的套筒或铁砧端，导致不可移动的电动力矩 4）紧固螺栓时间过长，损害了撞击锤头与齿轮，从而增大了摩擦，消耗部分旋转力矩，从而使转动力矩降低
电刷故障	1）电刷振动——原因有换向片异常、换向器表面有条纹、与电刷/刷握的间隙过大、传动机构振动等 2）刷压不当——原因有刷握弹簧异常、电刷已消耗掉等
换向器故障	1）换向片焊接不良或开焊——用功率较大的电烙铁或者小型对焊机焊接良好 2）换向器积尘——需要清除灰尘。清洗时，不可损伤换向器表面氧化膜。在剔除沟槽里的积尘时，可以用薄竹片，不能用金属硬物进行操作，以免划伤换向器表面。平时需要定期用酒精与白棉布擦洗换向器表面

4.3 结 构 速 查

★★★4.3.1 电动扳手的结构

某款电动扳手的结构如图4-5所示。

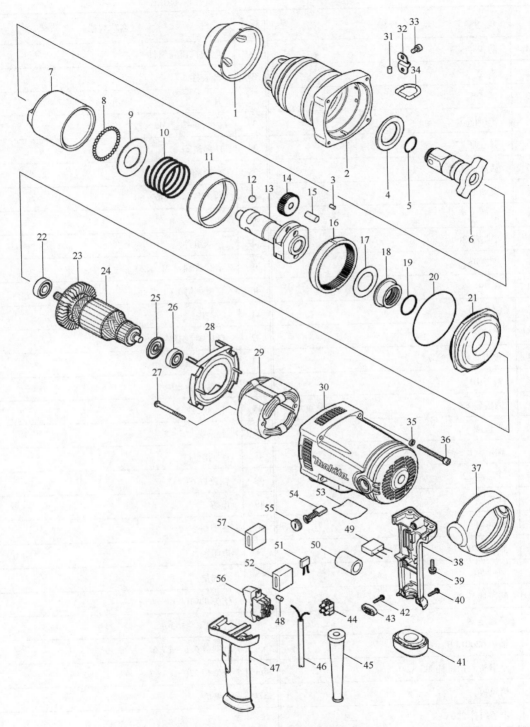

图 4-5   某款电动扳手结构

序号	名称规格	序号	名称规格
1	防护端盖	30	电动机机壳组件
2	头壳	31	橡胶柱 6
3	销子 5	32	片
4	平垫圈 35	33	内六角螺栓 M6×12
5	弹性环 22	34	D 形垫圈
6	从动冲击块	35	平垫圈 6
7	主动冲击块	36	内六角螺栓 M6×60
8	钢珠 4.8	37	防护罩
9	平垫圈 36	38	手柄组件
10	压簧 45	39	半圆头螺钉 M5×20
11	环 79	40	自攻螺钉 PT4×18
12	钢珠 10.3	41	防护座
13	主轴	42	自攻螺钉 PT4×18
14	直齿圆柱齿轮 37	43	电源线压板
15	销子 10	44	接线端子 2P
16	内齿轮 82	45	电源线护套
17	平垫圈 34	46	电源线 1.5-2-2.5
18	轴承室	47	手柄组件
19	O 形圈 32	48	橡胶柱 6
20	O 形圈 95	49	电容
21	中间盖	50	海绵垫
22	轴承 6201LLU	51	电阻
23	风叶 80	52	海绵垫
24	转子组件 220V	53	铭牌 TW1000
25	绝缘垫圈	54	电刷 CB-153
26	轴承 6200LLB	55	电刷盖 6.5-13.5
27	十字头六角螺栓 M5×60	56	开关 SL220SD-19
28	挡风板	57	海绵垫
29	定子组件 220V		

图 4-5　某款电动扳手结构（续）

★★★4.3.2 充电式冲击扳手的结构

某款充电式冲击扳手结构如图4-6所示。

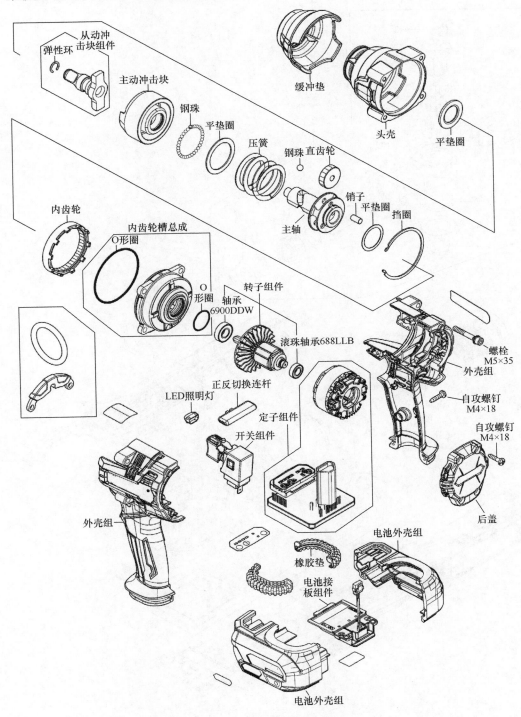

图4-6 某款充电式冲击扳手结构

★★★4.3.3 充电式棘轮扳手的结构

某款充电式棘轮扳手的结构如图4-7所示。

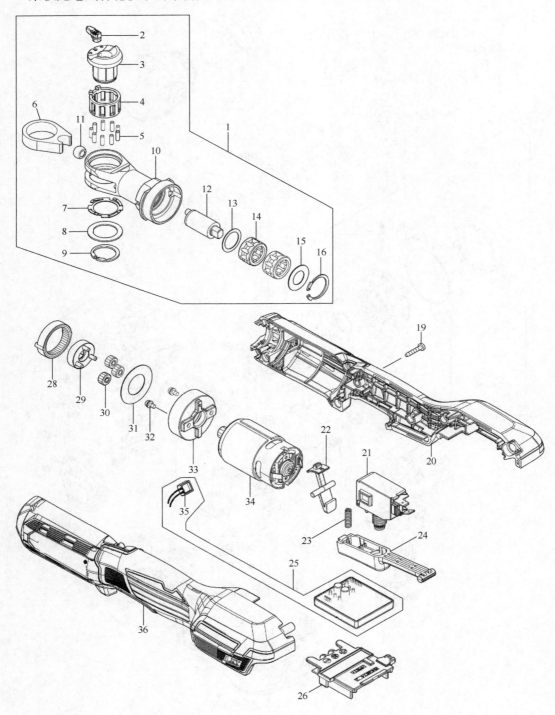

图4-7 某款充电式棘轮扳手的结构

序号	名称规格	序号	名称规格
1	头壳组件	20	机壳组件
2	控制杆组件	21	开关 C3JW – 6BM – PN
3	从动冲击块	22	锁定连杆
4	轴承挡圈	23	压簧
5	销子	24	开关连杆
6	棘齿环	25	控制器
7	板簧	26	电池接板
8	平垫圈	28	内齿轮
9	挡圈（外置）S – 18	29	托架组件
10	棘齿头壳	30	直齿轮
11	衬套	31	平垫圈
12	主轴	32	半圆头十字螺钉 M3 ×6
13	平垫圈	33	内齿轮罩
14	滚针轴承	34	直流电动机
15	平垫圈	35	LED 回路
16	挡圈	36	机壳组件
19	自攻螺钉 3 ×16		

图 4-7　某款充电式棘轮扳手的结构（续）

第 5 章

电钻与冲击电钻

5.1 基　　础

★★★5.1.1 电钻的概念

电钻是一种用于在诸如金属、塑料、木材等各种材料上钻孔的工具，其是一种装有钻夹头用来钻孔的旋转工具，如图5-1所示。

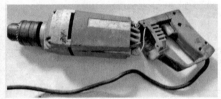

扫一扫看视频

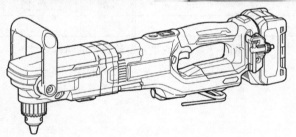

图5-1　电钻

一些电钻的概念见表5-1。

表5-1　一些电钻的概念

名称	解　　说
角向电钻	角向电钻是钻头与电动机轴线成固定角度（一般为90°）的一种电钻
万向电钻	万向电钻是钻头与电动机轴线可成任意角度的一种电钻
磁座钻	磁座钻又称为吸铁钻，它是一种安装在设有电磁吸盘，回转机构进给装置的机架上，使用时由电磁吸盘将整机吸附在钢铁的水平面、侧面、顶面或曲面（须在电磁铁和曲面间加垫块）上钻孔的电钻。它与一般电钻相比，能减轻劳动强度，提高钻孔精度，尤其适用于大型工件与高空钻孔
木钻	木钻是用于在原木或大型木结构件上钻大孔、深孔的一种工具
带水源的金刚石钻	带水源的金刚石钻是附有支架及供水装置，用在混凝土构件上钻大直径孔的一种工具
水钻	水钻在使用过程中必须加水，一般应用于大型钻掏取芯工程
干钻	干钻在使用过程中不需要加水，主要应用于水、电、暖、空调管道安装等小型打孔工程

★★★5.1.2　冲击电钻的概念

冲击电钻也称为电动冲击钻（见图5-2），冲击电钻是设计用于在混凝土、砖石及类似材料上钻孔的一种工具。它的外形结构与电钻相似，但有一个装在内部的冲击机构，在轴向外力的作用下使旋转输出主轴产生轴向冲击运动。它可以有一个使冲击机构不动作的附属装置，以作普通电钻使用。

★★★5.1.3　电钻的工作原理

电钻的工作原理是电磁旋转式或电磁往复式小容量电动机的转子做磁场切割做功运转，通过传动机构驱动作业装置，带动齿轮，增加钻头的动力，从而使钻头刮削物体表面。

电动机转子的旋转运动是通过减速箱减速后传动钻轴，使钻轴与钻夹头旋转带动钻头转动进行钻削加工。电钻的内部结构如图5-3所示。

图5-2　电动冲击钻

图5-3　电钻的内部结构

★★★5.1.4　电钻常见型号与类型

电钻常见型号与类型如下：

1）电钻常见型号规格有6A、10A、13A、16A、23A等，根据最大钻孔直径来区分。

2）电钻主要规格也常用钻头最大直径来表示，例如有4mm、6mm、8mm、10mm、13mm、16mm、19mm、23mm、32mm、38mm、49mm等。规格数字指在抗拉强度为390N/mm的钢材上钻孔的钻头最大直径。对有色金属、塑料等材料，最大钻孔直径可比原规格大30%～50%。

3）手电钻有单速手电钻、双速手电钻、多速手电钻、电子调速手电钻等种类。

4）根据电源相数分为单相电钻、三相电钻等。

5）同一规格电钻，根据其参数不同可分为A、B、C类。

6）根据电钻的基本参数与用途：

A类电钻（普通电钻）——主要用于普通钢材的钻孔以及塑料与其他材料的钻孔，具有较高的钻削生产率，适用于一般体力劳动者。

B类电钻（重型电钻）——B类电钻的额定输出功率与转矩比A类电钻大。B类电钻主要用于对优质钢材以及各种普通钢材的钻孔。B类电钻可以施加较大的轴向力。

C类电钻（轻型电钻）——C类电钻的额定输出功率与转矩比A类电钻小。C类电钻主要用于对有色金属、铸铁、塑料等材料的钻孔。C类电钻可以施加较小的轴向力。

7）根据电源的种类，可分为单相交流电钻、直流电钻、交直流两用电钻。

8）电钻可区分为手电钻、冲击钻、锤钻。

9）根据选用的电动机的型式不同，可以分为交直流两用串励电钻（即单相串励电钻）、三相工频电钻、三相中频电钻、直流永磁电动机（适宜于野外作业）等。

★★★5.1.5 电钻的结构

电钻的结构名称与其特点见表5-2。

表5-2 电钻的结构名称与其特点

名称	解说
电钻电动机	电钻中采用的电动机一般有单相串励电动机、三相工频笼型异步电动机、三相200Hz中频笼型异步电动机等型式
电钻手柄	电钻手柄的特点如下： 1）电钻在工作时，需要有一定的轴向推压力，一般是借助于手柄来加力 2）手柄的结构随电钻的规格大小有所不同，一般是利用电动机外壳作手柄 3）6mm的电钻一般采用手枪式结构手柄 4）10mm的电钻一般采用环式后手柄结构，有的在左侧再加一个螺纹连接的侧手柄 5）13~23mm的电钻一般采用双侧手柄结构并带有后托架（板），其一个侧手柄直接与机壳铸成一体或用螺钉连接成一体，另一个侧手柄用圆锥螺纹连接 6）有些13~23mm的电钻靠双手的推力还不够，还要利用后托架（板）用胸顶或用杠棒加力 7）32mm以上的电钻采用双侧手柄结构，并且带有进给装置，以此获得更大的推力
电钻风扇	电钻风扇的特点如下： 1）电钻在工作中会发热，其电动机轴上装有风扇进行冷却 2）电钻风扇冷却的方式有自扇内冷式、自扇外冷式等 3）自扇内冷式是在电动机内部予以冷却，在机壳上开设有进风口、出风口 4）自扇外冷式是在电动机外部予以风冷，不需要进风口、出风口。为了增强散热效果，常在机壳上设置散热片，以增加散热面积 5）自扇外冷式只应用在大规格的三相电钻上 6）大多数电钻采用自扇内冷式结构 7）电钻风扇有轴流式风扇、离心式风扇等 8）轴流式风扇一般采用钢板冲制而成，离心式风扇一般采用铝合金或塑料制成 9）大多电钻风扇采用离心式风扇
电钻减速箱	电钻减速箱的特点如下： 1）电钻的减速箱一般由减速箱壳与一对或两对齿轮组成 2）电钻的减速箱用以减速，或者既能减速又能改变传动方向 3）齿轮一般是采用0.5~1.5小模数高度修正或角度修正的圆柱齿轮 4）减速箱壳与电动机壳一般用螺钉连接 5）减速箱机壳内一般需要充填适量的润滑脂予以润滑 6）传动轴采用滚珠轴承或含油轴承支承，在滚珠轴承处设置有油封零件，防止润滑油漏出 7）使用电钻时需要尽可能减少过载、堵转等现象，以延长齿轮的使用寿命
电钻转速	电钻转速的特点如下： 1）交直流两用串励电钻的空载转速比满载转速高40%~50% 2）交直流两用串励电钻的负载不同，其转速不同 3）当轴向推力、钻孔直径不同时，电钻转速有不同的要求 4）对不同的钻孔直径，为了达到好的切削速度，要求的转速不同 5）一般而言，钻大孔时，转速应低一些。钻小孔时，转速应高一些

点通

手电钻常用配件如下：

1）手电钻常用配件有钻夹头、机壳、钻头、开孔器等。

2）一般19mm以下的电钻多采用三爪式钻夹头。

3）19～49mm以上的电钻均采用莫氏圆锥套筒。

4）19mm、23mm电钻常采用3号莫氏圆锥套筒。

5）38mm、49mm电钻常采用4号莫氏圆锥套筒。

★★★5.1.6 电钻定子线圈与电枢绕组的连接方法

电钻定子线圈与电枢绕组的连接方法见表5-3。

表5-3 电钻定子线圈与电枢绕组的连接方法

类型	图例
电枢绕组串联在两个定子线圈的中间	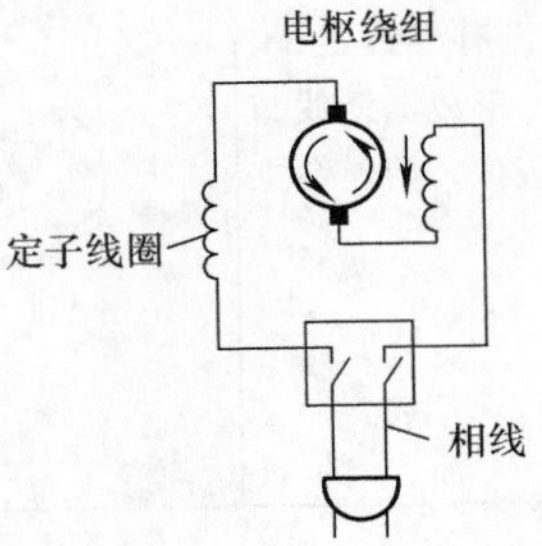 电枢绕组 定子线圈 相线
两个定子线圈串联后，再与电枢绕组串联	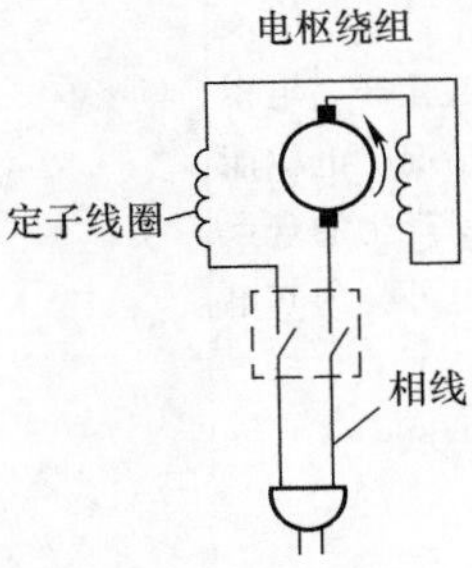 电枢绕组 定子线圈 相线

5.2 故障与检修

★★★5.2.1 电钻刷握发生接地现象的类型

电钻刷握发生接地现象的类型见表5-4。

扫一扫看视频

表 5-4　电钻刷握发生接地现象的类型

解说	图例
电源接通,电源相线经过电枢绕组到刷握处接地。该种情况,熔丝不会被熔断,电枢还能起动运转,但是电动机的转速极快、力矩很小,电枢绕组很快会被烧毁	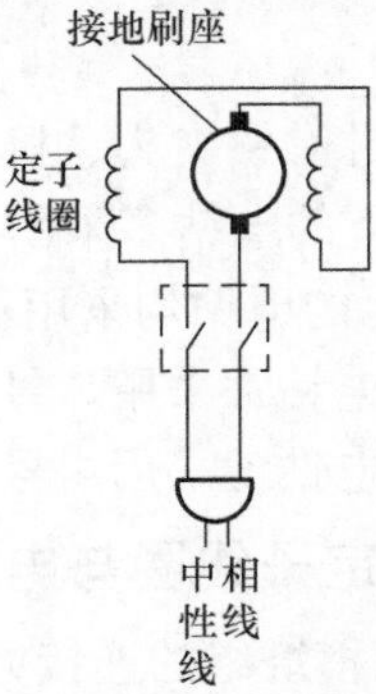 接地刷座 定子线圈 中相性线线
电源接通,电源相线没有经过定子、电枢绕组而由刷握接地,形成电源线与大地的短接。该种接地现象,熔丝会立即被熔断	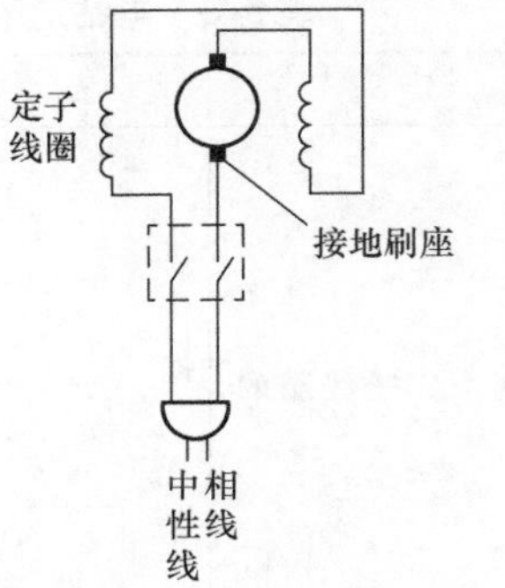 定子线圈 接地刷座 中相性线线
电源接通,电源相线通过定子、电枢绕组后,刷握接地。该种情况,电枢能够起动运转,并且运转时所产生的现象完全与正常电钻相同,只是外壳为其电路的中性线	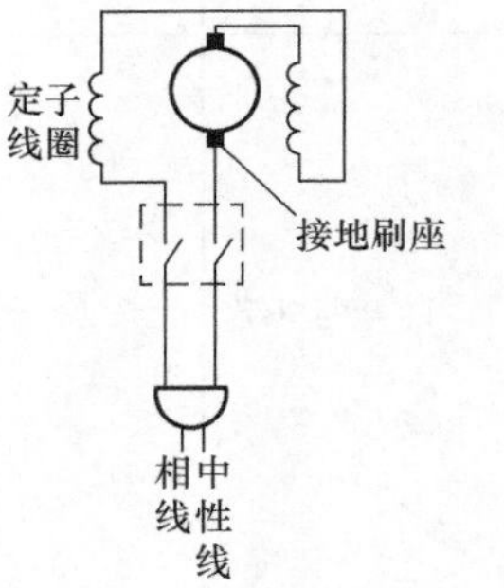 定子线圈 接地刷座 相中线性线线
电源接通,电源相线先通过两个定子线圈,再由刷握接地。该种情况,如果熔丝很细会被熔断。如果熔丝没有熔断,则定子线圈会被烧毁	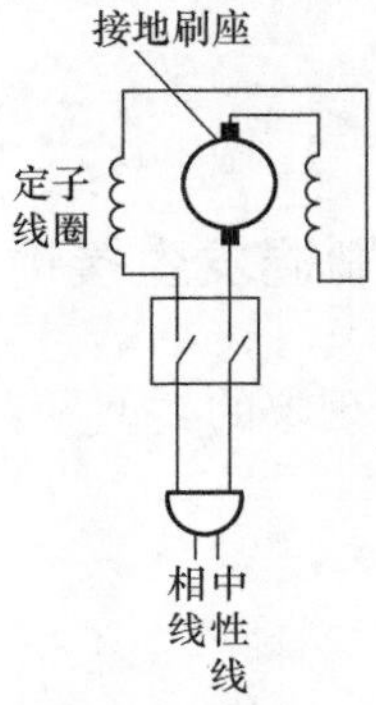 接地刷座 定子线圈 相中线性线线

★★★5.2.2　电钻轴承损坏的检查方法

电钻轴承损坏的检查方法见表5-5。

表5-5　电钻轴承损坏的检查方法

名称	解　说
听声音检查	如果轴承滚球损坏、轴承滚道有沙子、铁屑或其他杂物，运行时会发出不均匀的噪声。轻微的，可用螺丝刀一端靠近轴承盖，木柄贴在耳边来辨别。严重的，可直接听出来并且伴随着振动
松动检查	将电钻齿轮箱取下，中间盖不动，仍与机壳用螺钉紧固，再用手指提着电枢主轴沿垂直于轴的方向上下扳动。如果能够扳动，说明轴或轴承发生了磨损。然后拆下中间盖，查明是轴承损坏，还是主轴损坏。拆开后，如果轴承能很轻松地从轴上取下，则说明主轴磨损了。如果不是主轴磨损，则把轴承从主轴上取下检查，如果轴承的圈有左右松动的现象，则说明轴承已损坏
外观检查	轴承无明显松动时，检查夹持圈等有无松脱、发蓝色异常现象。检查滚球有无锈斑、脱皮、崩裂等异常现象 用手推动轴承外圈，让其利用惯性转动，以及由其自行减速停止。正常的轴承在整个自转中是平稳的。如果在停止前有倒退，或停止前突然卡死的现象，则清洗以及用自行车气筒吹干后再试。如果故障依然存在，则说明轴承有缺陷，需要更换轴承

★★★5.2.3　电钻损坏轴承的拆卸

拆卸损坏的电钻轴承的方法、要点见表5-6。

表5-6　拆卸损坏的电钻轴承的方法、要点

名称	解　说
拉马法	常用"拉马"工具拆卸球轴承：首先将拉钩钩住轴承内圈，并且把螺旋顶杆通过定心钢珠压向轴端，然后旋动手柄即可将轴承退出
敲落法	内径较小的轴承可用铜棒或铁棒把轴承敲落。如果轴承后小盖的退位较小，可以采用一根长约0.5m的扁嘴钢撬棍插入轴承内圈上，另一端垫在木块上用手掌压住撬棍，再用铁锤猛击木块另一端，使撬棍受力退出轴承。注意：敲打时要使轴承内圈受力，需要边打边转动，使其均匀受力
加热法	用湿布包住转轴，将加热到120℃左右的机油浇淋在轴承内圈上，并且边浇边拉轴承，使其退出来。注意：浇油后3~5min内才可能有效果

★★★5.2.4　轴承的装配

装配轴承的方法、要点见表5-7。

表5-7　装配轴承的方法、要点

名称	解　说
热套法	首先把轴承清洗干净。然后悬于热油中加热到100℃左右。再经10~15min取出，并且迅速套入轴上，以及稍加压力将其压到轴肩位即可
冷压法	冷压安装一般用于轴径较小的轴承。首先用一内径稍大于轴承内径的衬套，一端焊平后用手锤敲打衬套平头将轴承敲入。注意：手工敲入时，需要将转子用软布包裹卡紧

★★★5.2.5 故障维修速查

一些具体故障维修速查见表5-8。

表5-8 一些具体故障维修速查

名称	解　说
散热风扇松动的检修	检修散热风扇松动的方法、要点如下： 1）散热风扇是为了驱除电钻内部所产生的热量，其一般配合在电枢主轴上，随着电枢运转一起旋转 2）为了减轻电动工具的重量，目前电钻所采用的风扇多数为塑制风扇，铝制的、薄钢板冲制成的较少。因此，一般更换风扇是采用原风扇同类型的风扇 3）风扇与轴要配合好，如果风扇套大了，可以用钢錾錾花轴使配合部位变粗，再把风扇压入主轴。另外，也可以用强力环氧树脂胶粘牢
电钻机械故障的检查	检查电钻机械故障的方法、要点如下： 1）在对电钻进行机械检查时，可用手转动电钻钻夹头。如果钻夹头正转与反转两个方向都能够较轻快地转动，则说明电钻内部齿轮、铁心、轴承没有被卡住 2）如果电钻钻夹头不能转动或转动较困难，则说明轴承、齿轮、铁心、其他转动部件可能存在变形或损坏的现象
电钻漏电故障的检查	检查电钻漏电故障的方法、要点如下： 1）漏电检查时，可用绝缘电阻表测量电源线与电钻金属外壳或金属部件间的电阻值，正常值一般在数兆欧以上 2）如果阻值接近零，说明可能是内部电路存在接地故障 3）如果电阻值低于0.5MΩ，说明电钻绕组与绝缘可能受潮
电钻电路故障的检查	检查电钻电路故障的方法、要点如下： 1）检查时，可以采用万用表测量电钻电源线间的电阻值 2）合上开关，用手转动钻夹头几圈，检查整个回路是否正常： ① 万用表读数接近于零，说明电钻电路输入端附近、线圈可能发生短路现象 ② 钻夹头转动数圈后，万用表读数无明显变化，属于正常 ③ 万用表指针晃动厉害，说明电钻电路中有接触不良的地方、电源线折断 ④ 万用表指针晃动厉害，如果是电源线折断，则此时将电源线拉扯一下，万用表指示应发生变化 ⑤ 钻夹头转动在某一位置时，万用表读数偏低，说明电钻电路输入端附近、线圈可能发生短路现象 ⑥ 万用表无读数，说明电路不通，可能是开关、电刷、电源、绕组等出现故障
电钻接地故障的检查	检查电钻接地故障的方法、要点如下： 1）检查时，可以用万用表测量电钻接地线脚与金属外壳间的电阻 2）一般采用万用表的小欧姆电阻档来测量 3）在接地良好时，仅为接地导线的电阻值与接地桩头的接触电阻之和，其阻值应小于1Ω。如果出现电阻值大于几欧姆、几十欧姆、万用表指针摇晃不停、无读数等异常情况，说明电钻存在故障 4）接地故障常见的原因有没有接地、接地线折断、接地不良等

（续）

名称	解　说
电钻电枢绕组短路故障的检查	维修电钻电枢绕组短路故障的方法、要点如下： 1）采用观察法来判断：换向器铜片中有黑斑点、换向器铜片间的云母片有烧焦迹象等情况说明电钻电枢绕组可能存在短路现象。然后需要采用万用表检查短路点，在短路点上，如果换向器向右旋转，则表上电阻值数字是增加的；如果向左旋转，电阻值就必然减小，直至等于换向器铜片间的电阻值 2）匝数较少的电枢绕组，绕组电阻小，对其电枢绕组短路点，一般采用"短路试验器"来检查判断 3）电钻通入电流运转时，如果转速很慢，力矩很小，在换向器与电刷间往外飞溅着略带绿色的火花。运转不久就产生高热，发出杂而响的声音。这些异常现象说明电钻电枢绕组内产生短路现象 4）电钻通入电流运转时，如果电枢绕组短路很严重，则通入电流后不能起动，只有嗡嗡的叫声 5）对于匝数较多的电枢绕组，其绕组的电阻值较大，可以采用一般万用表来检查：用万用表测量换向器对角的电阻值。检测时，慢慢旋转换向器，如果在万用表上出现的电阻值与换向器铜片间的电阻值相等，则说明被测的一只线圈已经短路
单相串励电钻定子线圈绕组短路故障的检查	检查单相串励电钻定子线圈绕组短路故障的方法、要点如下： 1）首先把需要检查电钻的电刷从刷握中拔出来，使之不与换向器表面接触 2）再用一根绝缘导线连接两只刷握，如下图中的虚线所示 3）在电钻上施加$30\% \sim 40\%$的额定电压 4）用万用表的交流电压档测量下图中的c、d两端与a、b两端的电压。如果所测的两个电压基本相等，说明定子线圈没有短路。如果所测的两个电压不相等，说明电压小的那个线圈存在短路故障 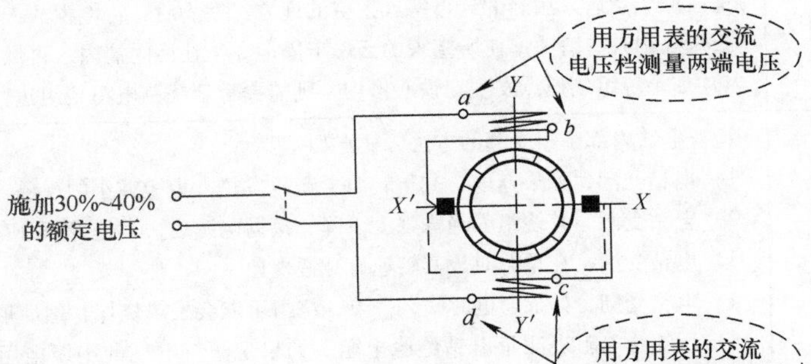
单相串励电钻电枢绕组短路故障的检查	检查单相串励电钻电枢绕组短路故障的方法、要点如下： 1）接上规定的试验电压，观察电枢有无扭转 2）如果有扭转，说明电枢绕组存在短路现象；如果没有扭转，可用一根绝缘棒拨动一下电枢，使之转过45°，如果电枢确存在短路，此时电动机会扭转，并且转过之后又不动了，以及发出"嗡嗡"叫声 3）如果拨动45°后，电枢仍没有扭转现象，说明电枢绕组不存在短路故障

（续）

名称	解　说
电钻电枢绕组接地故障的检查	检查电钻电枢绕组接地故障的方法、要点如下： 1）如果电枢绕组发生接地故障，则通入电源后，电钻初步检查发现出现接地故障，则把电钻拆开，然后仔细检查 2）可以采用万用表法来检测：万用表一只表笔固定搭在铁心上，另一只表笔搭在换向器铜片上，依次检查，如果发现万用表指示有通路现象，则说明绕组发生对地接通故障 3）如果绕组接地发生在铁心槽口处，可以采用观察法仔细寻找即可发现故障处 4）注意观察绝缘纸是否移动，从移动部分或绝缘纸破裂的地方，容易找到接地的线圈 5）如果接地线圈采用其他方法找不到，则可将电钻放到短路试验器上，接通电源后，电枢绕组受到感应电动势，再用一只交流毫伏表，将一根导线接触在电枢铁心上，另一根导线依次接触在换向器每一片铜片上逐个检查。如果接触到某个铜片上，交流毫伏表的指针停在零点，说明该铜片所接的线圈为接地线圈。找到接地线圈后，再在接地线圈周围找出接地处 6）如果接地故障处发生在换向器铜片上，则在带电运转时，能够发现在换向器接地点飞溅出红色火花 7）如果在接地线圈周围找不到接地处，则说明绕组接地处可能发生在铁心槽内 8）电钻在使用时，其外壳应是可靠接地。如果电枢绕组发生了接地故障，则熔丝可能熔断，也可能没有熔断
电钻电枢绕组接地故障的维修	维修电钻电枢绕组接地故障的方法、要点如下： 1）找到接地的线圈，然后根据具体情况来维修 2）使用竹片将接地的线圈与铁心隔开，再在绝缘破坏处插进一些绝缘纸 3）如果接地故障发生在换向器铜片位置，则需要拆开电枢，在换向器上找出绝缘被烧黑处，一般该处就是铜片的接地点。维修时，把换向器上烧黑的云母挖出，并且做绝缘隔离处理，直到不再出现接地故障，然后采用新的云母塞入挖空的地方。塞满后，将电枢放入烘箱内烘干，然后在换向器塞入新云母处刷一些清漆，使所塞入的云母牢固地黏结在换向器内，再烘一下即可 4）如果绕组接地点发生在铁心槽内，则需要重新绕制电枢绕组进行更换
电钻内部绕组受潮的检查	检查电钻内部绕组受潮的方法、要点如下： 1）电钻受潮，如果通电，其运转时会产生发热、力矩减小的现象 2）电钻受潮，其绕组的绝缘强度下降，接通电源后，其绝缘部分存在漏电现象 3）电钻受潮，在重载时，其转速有减慢现象 4）电钻受潮，如果通电时间久一点，绕组可能会发热烧坏，然后形成电钻绕组短路或接地故障 5）用绝缘电阻表测量电钻绝缘电阻，如果定子、电枢的绝缘电阻小于 $0.5M\Omega$，则说明电钻可能受潮
电钻内部绕组受潮的维修	维修电钻内部绕组受潮的方法、要点如下： 1）如果发现电钻受潮，则应立即停止使用 2）把电钻绕组或把刷握从机壳中取下，放入烘箱内进行烘干，烘箱温度一般为 $100 \sim 120$℃，烘 $6 \sim 8h$即可
电钻电路是通的，但是空载时不能起动的维修	维修电钻电路是通的，但是空载时不能起动的方法、要点如下： 1）可能是轴承过紧，卡住了电枢主轴，则可以更换润滑油或轴承 2）可能是电枢绕组短路，换向片中间有导电粉末，则可以清除换向片中的导电粉末 3）可能是电刷不在中心线上，换向器工作不正常，则可以移动电刷架使电刷位于中心线上
电钻电路是通的，但是负载时不能起动的维修	维修电钻电路是通的，但是负载时不能起动的方法、要点如下： 1）可能是电刷不在中心线上，则可以移动电刷架使电刷位于中心线上 2）可能是电源电压低，则可以调整电源电压

（续）

名称	解　说
电钻电刷有火花的维修	维修电钻电刷有火花的方法、要点如下： 1）可能是电刷不纯，含有硬石屑或其他杂质，则可以更换电刷 2）可能是换向器中云母凸出，则可以下刻云母片 3）可能是电刷不在中心线上，则可以校正电刷位置 4）可能是电刷太短或弹簧压力不足，则可以更换电刷或弹簧 5）可能是电刷或换向器上有油污或砂粒，则可以清除污物 6）可能是换向器铜片中间有导电粉末，则可以清除导电粉末 7）可能是换向器表面粗糙或铜片凹凸不平，则可以对换向器进行磨削加工 8）可能是换向器铜片上焊锡流入换向器铜片间，则可以清除铜片之间的焊锡 9）可能是电刷与换向器表面接触不良，则可以调整弹簧压力和修磨电刷或者更换电刷与弹簧 10）另外，还可能的原因有电枢绕组短路、电枢绕组断路、电枢绕组反接、定子线圈短路、定子线圈短路、刷握与电刷之间绝缘损坏、电刷通地、电枢接地、换向器或定子线圈接地等
电钻的换向器发生异常火花的维修	维修电钻的换向器发生异常火花的方法、要点如下： 1）可能是换向器表面凹凸不平，则可以车平换向器表面 2）可能是电动机的电源电压过高，则可以调整电源电压 3）可能是电刷与换向器接触不良，则可以调整弹簧的压力或修磨电刷的接触面 4）另外，还可能的原因有电枢绕组短路、电枢绕组断路等
电枢主轴齿轮与减速齿轮损坏故障的维修	维修电枢主轴齿轮与减速齿轮损坏故障的方法、要点如下： 1）齿轮箱内的齿轮在运转时，需要有足够的润滑油 2）如果齿轮箱内润滑油很少，齿轮在运转时，会发出很大的杂音，并且齿轮会发热，进而造成主轴齿轮、减速齿轮损坏 3）如果齿轮中的齿损坏较少，电钻依旧可以运转，但是，运转受到一定的阻碍，发出杂声以及加重电钻的负载 4）齿轮中的齿损坏，还会引起绕组过度发热，以及烧毁 5）减速齿轮磨损，一般更换同型号、同规格的齿轮即可 6）主轴齿轮磨损，一般需要更换整个电枢
电钻轴承的维修	维修电钻轴承的方法、要点如下： 电钻轴承损坏，只能够根据原轴承的规格更换一个新的轴承。为此，要延长轴承使用寿命，则需要经常保持轴承内存有润滑油，以及注意轴承内不能够有污物或铁屑等物质，以免损坏轴承

★★★5.2.6　维修电钻的注意事项

维修电钻的一些注意事项如下：

1）不得任意改变电钻原设计的数据。

2）不允许采用低于原用材料性能的代用材料和与原有规格不符合的零件、部件。

3）对电动工具内的绝缘衬垫、套管等不得随意拆除、调换，以及不能漏装。

4）换电枢（转子）必须注意电钻旋转方向需要与原规定的旋转方向一致。

5）拆修电钻时，必须按原顺序装配。

6）电气绝缘部分修理后需要进行必要的试验。

5.3 普通电钻

★★★5.3.1 普通手电钻的主要结构

普通手电钻主要结构见表5-9。

表5-9 普通手电钻主要结构

名称	解说
电动机	1）一般为自行通风防护单相串励电动机，绝缘等级为E级 2）定子、电枢导线一般采用高强度聚酯漆包圆铜线，并经特殊的绝缘处理 3）换向器一般采用梯形铜排制成，以热固性塑料及云母片作为绝缘介质 4）电极轴与铁心间压入热固性工程塑料
电容	抗干扰的电钻手柄内装有电容，该电容能够抑制手电钻对无线电、电视等设备的干扰
电源线与插头	一般采用三线插头的三芯软线，电源线一端在进入机壳外装有绝缘护套，用以保护软线，另一端连接插头架后再压入塑料（橡胶），制成不可拆卸的电源插头，安全可靠
机壳	1）6mm、10mm、13mm电钻的机壳、手柄盖一般采用热塑料性工程塑料 2）19mm、23mm电钻在铝壳内装有塑料衬套组成双重绝缘结构
减速箱	箱壳与中间盖一般采用铝合金压铸而成，齿轮一般为修正齿轮
开关	一般采用手按式快速切断并具有自锁装置的电钻开关
钻夹头	6mm、10mm、13mm的电钻一般采用三爪式钻夹头（或螺纹钻夹头）。使用三爪式钻夹头时，先需要清除钻夹头内孔及钻轴表面上的异物，然后把夹头钻装在轴上即可使用

电钻的基本结构由电动机、减速器、手柄、钻夹头或圆锥套筒及电源连接装置等部件组成。普通手电钻外形结构如图5-4所示。调速带正反转的手电钻外形结构如图5-5所示。轻型电钻外形结构如图5-6所示。手电钻内部结构如图5-7所示。

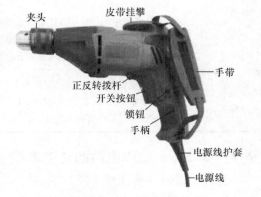

图5-4 普通手电钻外形结构

★★★5.3.2 使用手电钻的注意事项

使用手电钻的一些注意事项如下：

1）操作者必须遵守安全操作规程，不得违章作业。

2）保持工作区域的清洁。

3）工作时要穿工作服。面部朝上作业时，要戴上防护面罩。在生铁铸件上钻孔时要戴好防护眼镜，以保护眼睛。

4）不要在雨中、过度潮湿或有可燃性液体、气体的地方使用电钻。

5）手电钻适合对金属、木材、塑料等很小力的材料上钻孔作业，手电钻没有冲击功能，因此，手电钻不能钻墙。

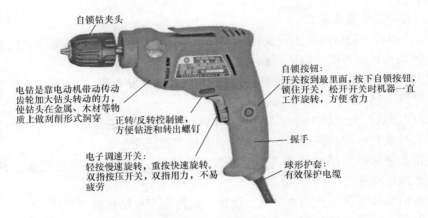

自锁钻夹头

自锁按钮:
开关按到最里面,按下自锁按钮,
锁住开关,松开开关时机器一直
工作旋转,方便 省力

电钻是靠电动机带动传动
齿轮加大钻头转动的力,
使钻头在金属、木材等物
质上做刮削形式洞穿

正转/反转控制键,
方便钻进和转出螺钉

握手

电子调速开关:
轻按慢速旋转,重按快速旋转。
双指按压开关,双指用力,不易
疲劳

球形护套:
有效保护电缆

图5-5 调速带正反转的手电钻外形结构

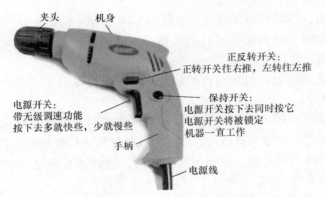

夹头

机身

正反转开关:
正转开关往右推,左转往左推

电源开关:
带无级调速功能
按下去多就快些,少就慢些

保持开关:
电源开关按下去同时按它
电源开关将被锁定
机器一直工作

手柄

电源线

图5-6 轻型电钻外形结构

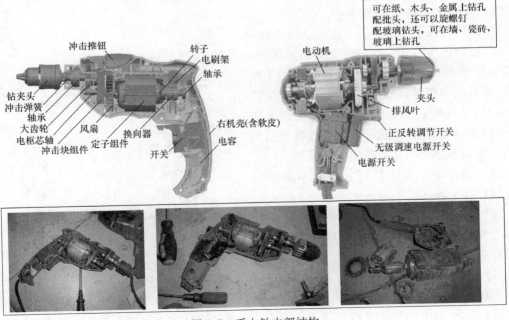

可在纸、木头、金属上钻孔
配批头,还可以旋螺钉
配玻璃钻头,可在墙、瓷砖、
玻璃上钻孔

冲击推钮

转子
电刷架
轴承

钻夹头
冲击弹簧
轴承
大齿轮
电枢芯轴
冲击块组件

风扇
换向器
定子组件

右机壳(含软皮)

开关

电容

电动机

夹头

排风叶

正反转调节开关

无级调速电源开关

电源开关

图5-7 手电钻内部结构

6）钻头夹持器要妥善安装。

7）电钻使用前，确认电钻上开关接通锁扣状态，否则插头插入电源插座时电钻将出其不意地立刻转动，从而可能导致人员伤害危险。

8）使用前，检查电钻机身安装螺钉是否紧固，如果发现螺钉松了，需要立即重新扭紧，否则会导致电钻故障。

9）电钻使用前，先空转1min，以检查转动部分是否运转正常。

10）如果橡皮软线中有接地线，则需要牢固地接在机壳上。

11）电钻必须保持清洁、畅通，需要经常清除尘埃、油污，并且注意防止铁屑等杂物进入电钻内而损坏零件。

12）手电钻钻孔时，不宜用力过大、过猛，以防止手电钻过载。

13）手电钻转速明显降低时，应立即把稳手电钻，以减少施加的压力。如果突然停止转动时，必须立即切断手电钻的电源。

14）安装钻头时，不得用锤子或其他金属制品物件敲击手电钻。

15）手拿手电钻时，必须握持工具的手柄，不要通过拉软导线来搬动手电钻，需要防止软导线擦破、割破、轧坏等现象。

16）电源线要远离热源、油和尖锐的物体，电源线损坏时要及时更换，不要与裸露的导体接触，以防电击。

17）如果作业场所在远离电源的地点，需延伸线缆时，需要使用容量足够、安装合格的延伸线缆。延伸线缆如通过人行过道，应高架或做好防止线缆被碾压损坏的措施。

18）较小的工件在被钻孔前，必须先固定牢固，这样才能保证钻孔时使工件不随钻头旋转，保证作业者的安全。

19）有的电钻的速度可调，有的还具有反向旋转的功能，另外，电钻还可以与许多配件配合使用。因此，使用电钻时需要根据具体的电钻来使用以及了解一些注意事项。例如，改变电钻转向的操作方法如下：

① 如果按住了起停开关，则无法改变转向。

② 使用正反转开关可以改变电钻的转向。正转适用于正常钻和转紧螺钉。反转适用于放松/转出螺钉和螺母，如图5-8所示。

20）钻孔时，对不同的钻孔直径需要选择相应的电钻规格，以充分发挥各规格电钻的性能，避免不必要的过载与损坏电钻。

21）操作时，应用杠杆加压，不准用身体直接压在上面。

22）操作时，需要先起动后接触工件，钻薄工件要垫平垫实，钻斜孔要防止滑钻。钻孔时要避开混凝土钢筋。

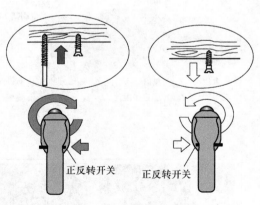

图5-8 正反转开关的应用

23）现在的手电钻一般都有调速功能，小的钻头用高转速，手上的压力要小一点，否则容易断。

24）3mm以上的钻头要低转速、大压力，如果用高转速会使钻头发红，导致没有刚性。

25）用 12mm 以上的手持电钻钻孔时，需要使用有侧柄的手枪钻。

26）钻较大孔眼时，预先用小钻头钻穿，然后再使用大钻头钻孔。

27）长时间在金属上进行钻孔时可采取一定的冷却措施，以保持钻头的锋利。

28）钻头钝了，需要及时打磨钻头，要始终保持钻头的锋利。

29）在金属材料上钻孔，应首先在被钻位置处冲打样冲眼。

30）钻孔时产生的钻屑严禁用手直接清理，应用专用工具清屑。

31）作业时钻头处在灼热状态，需要注意避免灼伤肌肤。

32）站在梯子上工作或高处作业时需要做好防止高处坠落措施。

33）电钻不用时要放在干燥，以及小孩接触不到的地方。

34）更换配件时务必将电源断开后再更换。

5.4　充电电钻

★★★5.4.1　充电手电钻的外形与结构

充电手电钻的外形结构如图 5-9 所示。

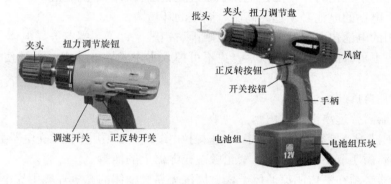

图 5-9　充电手电钻的外形结构

充电手电钻的内部结构如图 5-10 所示。

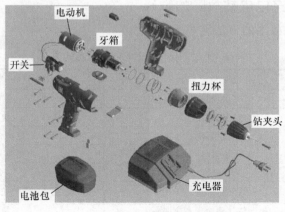

图 5-10　充电手电钻的内部结构

点通

充电电钻充电器的类型有快充充电器（一体式）、慢充充电器（分体式）等类型。充电电钻减速器的类型有：单速牙箱，没有机械调速功能；双速牙箱，又分为单杯带冲击、单杯不带冲击两种类型；三速牙箱。

★★★5.4.2　充电手电钻的使用

使用充电手电钻的一些注意事项如下：

1）使用充电手电钻的工作场地需要保持干净，并且光线充足。

2）使用充电手电钻的工作环境中没有易燃液体、燃气或尘埃等。

3）一般的充电手电钻需要远离雨水、潮湿环境。

4）使用充电手电钻的人工作时需要全神贯注、头脑清醒。

5）使用充电手电钻的人需要穿好个人防护服，戴上护目镜。

6）使用充电手电钻时，不能让电钻承载过重，堵转时间不能超过3s。

7）充电手电钻的电池必须远离高温、潮湿的环境。

8）不使用的电池包必须远离回形针、硬币、钥匙、钉子、螺钉等导电体。

9）电池包不可重压或从高空跌落，更不可掉入水中或导电体中，严禁使用外力改变电池的形状。

10）禁止私自拆卸电池。

11）充电器需要远离潮湿、雨水。

12）从插座上拿下或移动充电器时，禁止提拉电缆线，必须用手握住充电器主体后再操作。

13）从高温插座取下充电器时，禁止触碰充电器上的插脚。

14）充电器必须在室内阴凉通风干燥，周围无易燃物体的充电环境中充电。

15）当发现机器异响、不转或充不进电等故障时，必须停止使用。

16）工具需要放在儿童不易接触的地方。

★★★5.4.3　电池充电电钻故障的维修

维修电池充电电钻故障的方法见表5-10。

表5-10　维修电池充电电钻故障的方法

现象	原因	排除方法
无反应	开关损坏	更换开关
	电动机磨损	更换电动机
	电池损坏	更换充好电的电池
	电池没电	更换充好电的电池
转动时有杂声	齿轮磨损	更换齿轮
	齿轮箱开裂	更换齿轮箱
能转动但没有力	电动机即将达到使用寿命期限	更换电动机
	大板齿磨损	更换大板齿
	电池电量不足	更换充好电的电池

5.5 冲 击 电 钻

★★★5.5.1 冲击电钻的外形与结构

冲击电钻的外形与结构如图 5-11 所示。

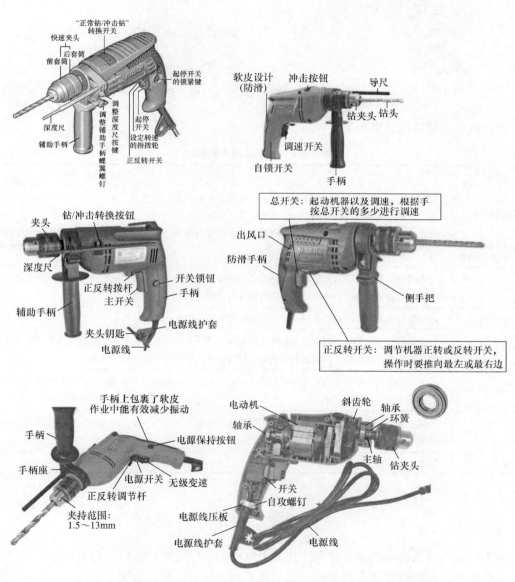

图 5-11 冲击电钻的外形与结构

图 5-11　冲击电钻的外形与结构（续）

冲击电钻内部结构见表 5-11。

表 5-11　冲击电钻内部结构

名称	解　说
变速装置	根据不同规格对转速与冲击次数的要求，变速装置可以是一级变速，也可以是二级变速。国产电动工具大多是二级变速。国外的 13mm 冲击电钻是一级变速 变速齿轮多为变位齿轮，由合金钢制成，并且经过高频热处理。变速箱箱体一般由合金铝压铸而成
冲、钻转换装置	冲、钻的转换是通过调节钮或调节环进行切换的
冲击机构	冲击机构一般是由一对犬牙状的动冲击块与静冲击块组成，静冲击块固定在变速箱体的前部，动冲击块装在主轴中间部位，通过调节钮进行啮合与分离
电动机	冲击电钻的电动机一般是采用双重绝缘结构的单相串励电动机
辅助手柄	冲击电钻的辅助手柄一般是由热塑性工程塑料（增强尼龙或聚碳酸酯）注塑而成。手柄套在工具的前端，能转动任意角度，以适应各种姿势，使操作者在作业时更加灵活、方便
机壳	冲击电钻机壳一般采用热塑性工程塑料（增强尼龙或聚碳酸酯）注塑而成，其机械强度与电气性能均要能满足规定与使用要求
开关、电缆线	开关一般均带有自锁装置，有些开关还带有调速机构与正反转装置。电源线一般为带不可重接插头的电缆线
钻夹头	钻夹头用于夹持钻头

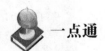

一点通

　　冲击电钻的冲击机构的种类有犬牙式冲击机构、滚珠式冲击机构。冲击电钻的可调式结构特点有：调节在旋转无冲击位置——装上普通麻花钻头，能在金属上钻孔；调节在旋转带冲击位置——装上镶有硬质合金的钻头，能在砖石、混凝土等脆性材料上钻孔。

★★★5.5.2　冲击电钻的工作原理

　　冲击电钻的工作原理见表 5-12。

表5-12　冲击电钻的工作原理

名称	解　说
齿形冲击电钻的工作原理	齿形冲击电钻的工作原理如下： 1）冲击电钻通入220V、50Hz交流电时，按下电源开关，则冲击电钻电动机起动运转，电动机转子轴其轴齿经过减速齿轮带动输出轴旋转，主轴输出机械功率，则能进行一般钻孔作业 2）如果将调节钮拨到钻削位置，冲击电钻则处于电钻工作状态 3）如果将调节钮拨到冲击位置，可转动控制环将定位销压入。当输出轴旋转时，套入输出轴上的活动冲击子连同输出轴会一起旋转。活动冲击子通过端面的V形槽带动与输出轴有相对旋转运动的内端面开有V形槽的固定冲击子一起转动。但由于定位销卡住固定冲击子不让其转动，迫使活动冲击子与固定冲击子沿V形槽滑移脱开，形成活动冲击向前运动。如此，输出轴转动的同时也会产生冲击运动
滚珠式冲击电钻的工作原理	滚珠式冲击电钻的工作原理如下： 1）滚珠式冲击电钻由动盘、定盘、钢球等组成 2）动盘通过螺纹与主轴相连，并带有12个钢球 3）定盘利用销钉固定在机壳上，并带有4个钢球，在推力作用下，12个钢球沿4个钢球滚动，使硬质合金钻头产生旋转冲击运动，从而能够在砖、砌块、混凝土等脆性材料上钻孔 4）脱开销钉，则能够使定盘随动盘一起转动，不产生冲击，可作为普通电钻使用

★★★5.5.3　冲击电钻的使用

冲击电钻的使用方法见表5-13。

表5-13　冲击电钻的使用方法

项目	解　说
辅助手柄的使用	1）可以根据需要改变辅助手柄的位置，以提高工作安全与增加工作的舒适性 2）调整辅助手柄：首先把辅助手柄摆动到需要的位置上，再顺时针拧紧调整辅助手柄的蝶翼螺钉
调整钻深	1）使用深度尺可以设定需要的钻深 2）首先按下调整深度尺的按键，再把深度尺装入辅助手柄中。适当调整深度尺，注意，从钻嘴尖端到深度尺尖端的距离必须与需要的钻深一致，图例如下： 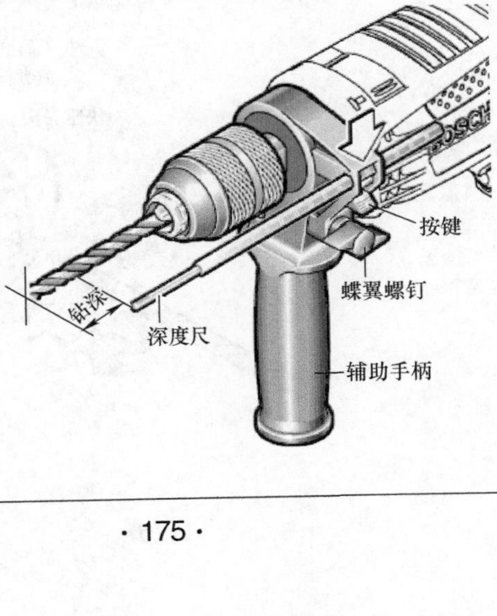 按键 蝶翼螺钉 钻深 深度尺 辅助手柄

（续）

项目	解　说
冲击档	冲击电钻只有在钻墙时才放在冲击档位上，其他一般用途需要放在电钻档位。另外，钻孔一般为正转（夹头向右边转为正转），反转可用于松螺钉
安装或拆卸钻头	1）安装或拆卸钻头前，需要先关闭冲击电钻的电源开关，并且拔下电源插头 2）扳手式钻夹头：安装钻头时，将钻头插入钻夹头最深处，手动拧紧钻夹头，再将钻头扳手依次插入钻夹头的三个孔中，并顺时针方向拧紧。注意，需要均匀地拧紧钻夹头的三个孔。如果要拆卸钻头，只需逆时针方向转动钻夹头上的其中一个孔，即可手动松开钻夹头
开关操作	1）冲击电钻电源插头插入电源插座前，需要检查开关扳机操作是否正常，并在释放时是否能返回关断位置 2）如果需要起动冲击电钻，只要扣动开关扳机即可，有的冲击电钻的速度随着扣动扳机压力增大而增加 3）释放开关扳机，冲击电钻会立即停止转动 4）如果要连续操作，则需要扣动开关扳机，再按锁定按钮 5）如果要从锁定位置停止冲击电钻，则需要将开关扳机扣到底，再释放即可
正反转开关操作	1）操作冲击电钻前，需要确认冲击电钻的旋转方向 2）只有当冲击电钻完全停止旋转后，才能够使用正反转开关，否则会损坏工具 3）有的正反转开关拨杆拨到 R 位置，则为顺时针方向旋转。拨到 L 位置，则为逆时针方向旋转
过分用力操作	过分用力按压冲击电钻，并且不能够加快钻孔速度。相反，过分的压力会损坏钻头、降低钻头切削性能、缩短工具的使用寿命
夹头锁定与拆卸工具	握紧快速夹头的后套筒，拧转前套筒，必须拧转到能够装入工具为止。也就是必须拧转到不再听见齿轮滑开的摩擦声为止，此时夹头已经自动锁定。如果拆卸工具时，反向拧转前套筒，锁定便自动解除，图例如下： 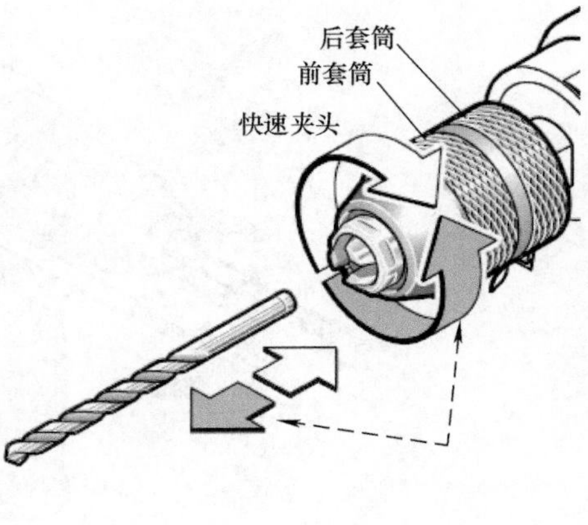 后套筒 前套筒 快速夹头

（续）

项目	解　说
更换电钻拆卸夹头	1）拆卸快速夹头时，必须把内六角扳手固定在快速夹头上，并且把开口扳手固定在主轴上的扳手安装位置 2）把冲击电钻放在稳固的底座上。握紧开口扳手，拧转内六角扳手便可以放松快速夹头。如果快速夹头卡住了，轻敲内六角扳手的长端便可以放松夹头。从快速夹头上拔出内六角扳手，接着拧转取出快速夹头，图例如下： 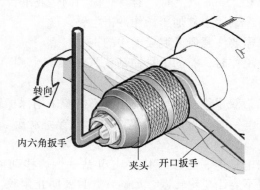 3）安装夹头以相反的步骤安装快速夹头/齿环夹头，图例如下： 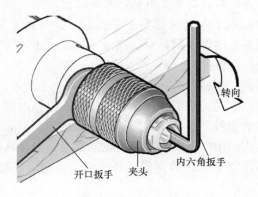

★★★5.5.4　冲击电钻使用的注意事项

使用冲击电钻的一些注意事项如下：

1）冲击电钻不宜在空气中含有易燃、易爆成分的场所使用。

2）不要在雨中、潮湿场所和其他危险场所使用工具。

3）使用前，需要检查冲击电钻是否完好，电源线是否没有破损，电源线与机体接触处是否有橡胶护套。如果异常，则不能使用。

4）根据额定电压接好电源，选择好合适钻头，调节好按钮。

5）钻孔前，先打中心点，避免钻头打滑偏离中心，这样可以引导钻头在正确的位置上，也可以先在钻孔处贴上自粘纸，以防钻头打滑。

6）接通电源前，不要将开关置于接通并自锁位置。另外，使用手电钻、冲击电钻需要安装漏电保护器。

7）接通电源后再起动开关。

8）作业时，需要掌握好冲击电钻手柄。

9）打孔时，先将钻头抵在工作表面，然后开动冲击电钻。注意用力要适度，避免晃动。如果转速急剧下降，则需要减少用力，防止电动机过载。

10）冲击电钻为40%断续工作制，因此，不得长时间连续使用冲击电钻。

11）作业孔径在25mm以上时，需要有稳固的作业平台，并且周围需要设护栏。

12）打孔时，严禁用木杠加压操作冲击电钻。

13）钻孔时，需要注意避开混凝土中的钢筋。

14）冲击电钻工作时，有的工具在钻头夹头处有个调节旋钮，该旋钮可以调普通电钻和冲击电钻。

15）冲击电钻为双重绝缘设计，使用时不需要采用保护接地（接零），使用单相二极插头即可。使用冲击电钻时，可以不戴绝缘手套或穿绝缘鞋。因此，需要特别注意保护橡套电缆。

16）手提冲击电钻时，必须握住冲击电钻手柄。移动冲击电钻时不能拖拉橡套电缆。冲击电钻橡套电缆不能让车轮轧辗、足踏，并且要防止鼠咬。

17）使用冲击电钻时，开启电源开关，需要使冲击电钻空转1min左右以检查传动部分与冲击结构转动是否灵活。待冲击电钻正常运转后，才能够进行钻孔、打洞。

18）当冲击电钻用于在金属材料上钻孔时，需将锤钻调节开关打到标有钻的位置上。当冲击电钻用于混凝土构件、预制板、瓷砖、砖墙等建筑构件上钻孔、打洞时，需将锤钻调节开关打到标有锤的位置上。

19）使用时需戴护目镜。

20）使用时要注意防止铁屑、沙土等杂物进入电钻内部。

21）冲击电钻的塑料外壳要妥善保护，不能碰裂，不能与汽油及其他腐蚀溶剂接触。

22）冲击电钻内的滚珠轴承与减速齿轮的润滑脂应经常保持清洁，注意添换。

23）冲击电钻使用完毕，需要将其外壳清洁干净，将橡套电缆盘好，放置在干燥通风的场所保管。

24）需要长时间作业时，才按下开关自锁按钮。

25）使用时，如果有不正常的杂音，需要停止使用。

26）使用时，如果发现转速突然下降，需要立即放松压力。

27）钻孔时突然停转，应立即切断电源。

28）移动冲击电钻时，必须握持手柄，不能拖拉电源线，防止擦破电源线绝缘层。擦破电源线绝缘层的示意图如图5-12所示。

29）钻头使用后，应立即检查有无破损、钝化等不良情形，如果有，需要研磨、修整、更换。

图5-12 擦破电源线绝缘层

30）存放钻头需要对号入座，以便取用方便。

31）钻通孔时，当钻头即将钻透的一瞬间，扭力最大，此时需用较轻压力慢进钻头，以免钻头因受力过大而扭断。

32）钻孔时，需要充分使用切削，并且注意排屑。

33）钻交叉孔时，需要先钻大直径孔，再钻小直径孔。

34）冲击电钻的冲击力是借助于操作者的轴向进给压力而产生的，因此，需要根据冲击电钻规格的大小而给予适当的压力。

35）在建筑制品上冲钻成孔时，必须用镶有硬质合金的冲击钻头。

36）为保持钻头锋利，使用一段时间后必须对钻头进行修磨。

37）冲击电钻钻头的尾部形状有直柄（直径不大于13mm）与三棱形，无论何种形式，钻头插入钻夹头后均需要用钻夹头钥匙轮流插入三个钥匙定位孔中用力锁紧。

38）操作时应将钻头垂直于工作面，并避开钢筋、硬石块。

39）操作过程中不时将钻头从钻孔中抽出以清除灰尘。

40）为使冲击电钻能正常使用，要经常进行维护保养。

41）在室外或高空作业时，不要任意延长电缆线。

42）工具用完后，应放在干净平整的地方，防止锐器扎坏工具。

43）对长期搁置不用的冲击电钻，使用前应首先进行绝缘电阻检查。

44）使用直径25mm以上的冲击电钻时，作业场地周围需要设护栏，在地面4m以上操作应有固定平台。

5.6　检查与维修

★★★5.6.1　冲击电钻冲击结构好坏的判断

冲击电钻冲击结构好坏的判断方法、要点如下：

1）轴承使用：优质的冲击电钻会采用滚动轴承，这可以确保输出轴在高速运转下不会对轴本身或冲击块造成磨损。

2）冲击齿轮大小：冲击电钻的冲击块上使用的冲击齿轮越大，性能和效果通常越好。齿轮与独立齿轮的接触面越大，说明其结构越优质。

3）冲击齿轮设计：内凹冲击齿轮结构优于外凸冲击齿轮。内凹设计可以避免不必要的磨损，而外凸齿轮在启动时就开始对内部齿轮造成冲击磨损。

4）材料和维护：使用的材料质量以及维护保养的方便性也是判断冲击电钻好坏的重要指标。

5）性能参数：冲击电钻的性能参数，如输入功率、空载速率、冲击率以及允许使用的钻头直径，都是评估其性能的重要指标。

6）使用安全：冲击电钻在使用过程中的安全性也非常重要。例如，确保电源与电动工具的额定电压相符，检查机体绝缘防护，以及使用时的稳定性和防止电线损坏等。

★★★5.6.2　冲击电钻的故障维修

冲击电钻的故障维修见表5-14。

表 5-14　冲击电钻的故障维修

现象	维　修
冲击电钻内部散热风扇颜色变黑	冲击电钻内部散热风扇的颜色有白色散热风扇与黑色散热风扇。它们的材料成分是一样，只是风扇加进去的涂料不同。因此，需要判断冲击电钻内部散热风扇颜色变黑是否是因为冲击电钻采用的是黑色散热风扇 散热风扇颜色一般不会变黑，可能是吸附了一些灰尘，则需要进行除尘处理
冲击电钻接电后电动机不运转	冲击电钻接电后电动机不运转的原因与维修对策如下： 1）可能是定子线圈断路，如果断在出线处，可以重焊后使用。如果断在绕组中间等处，则需要重新绕线圈 2）可能是电刷用完，则需要更换电刷 3）可能是电源断了，则需要修复电源 4）可能是开关接触不良或不动作，则需要修复开关或更换开关 5）可能是电枢或定子线圈烧坏，则需要更换电枢或更换定子线圈 6）可能是电源线损坏，则需要维修或者更换电源线
冲击电钻接电后，有不正常的声音，且不旋转或旋转慢	冲击电钻接电后，有不正常的声音，且不旋转或旋转慢的原因与维修对策如下： 1）可能是轴向推力过大使电钻过负荷，则可以减少推力 2）可能是进入金属时工具咬住，则需要停止推进，正确操作 3）可能是电源电压低，则需要调整电源电压 4）可能是开关触点烧坏，则需要维修开关或更换开关 5）可能是机械部分卡住，则需要检查机械部分 6）可能是电枢少量短路或开路，则需要维修电枢或更换电枢
冲击电钻减速箱外壳过度发热	冲击电钻减速箱外壳过度发热的原因与维修对策如下： 1）可能是齿轮啮合过紧或有杂物入内，则需要更换齿轮或清除杂物 2）可能是减速箱中缺乏润滑脂或润滑脂变脏，则需要添加润滑脂或更换润滑脂
冲击电钻机壳表面发热	冲击电钻机壳表面发热的原因与维修对策如下： 1）可能是装配错误，使电枢运转不灵活，则需要检查电枢是否有卡紧或摩擦铁心现象 2）可能是电源电压下降，则需要调整电源电压 3）可能是负荷过大，则需要减轻负荷 4）可能是钻头迟钝，则需要磨锐钻头 5）可能是绕组潮湿，则需要对绕组进行干燥处理
冲击电钻换向器上产生环火或较大火花	冲击电钻换向器上产生环火或较大火花的原因与维修对策如下： 1）可能是换向器表面不光洁，则需要清除杂物，使换向器表面光洁 2）可能是电枢短路或断路，则需要维修电枢或者更换电枢

5.7　结构速查

★★★5.7.1　手电钻的结构

手电钻的结构见表 5-15。

表 5-15　手电钻的结构

名称	结　　构
结构1	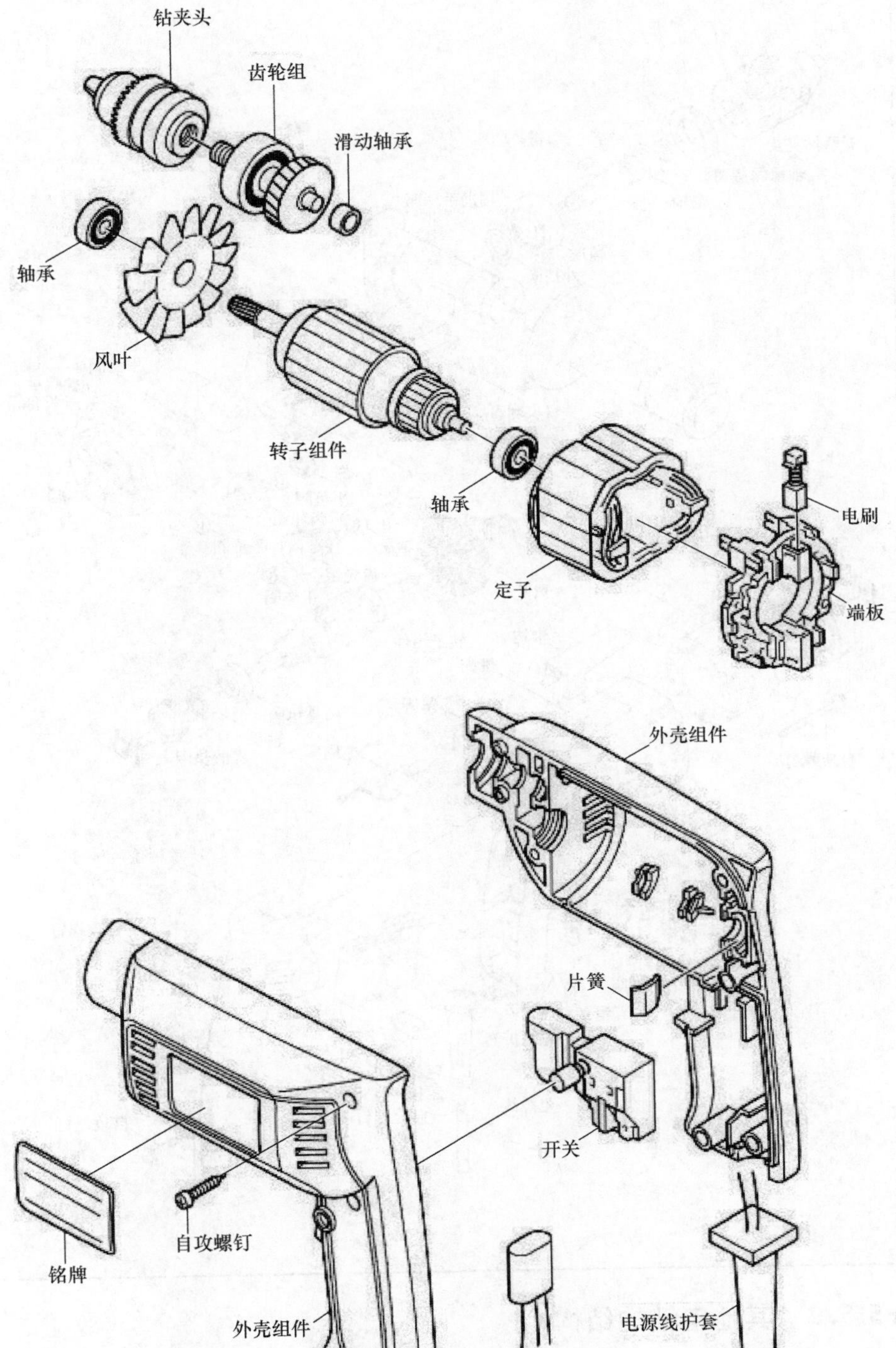

钻夹头

齿轮组

滑动轴承

轴承

风叶

转子组件

轴承

定子

电刷

端板

外壳组件

片簧

开关

铭牌

自攻螺钉

外壳组件

电源线护套

（续）

名称	结　构
结构2	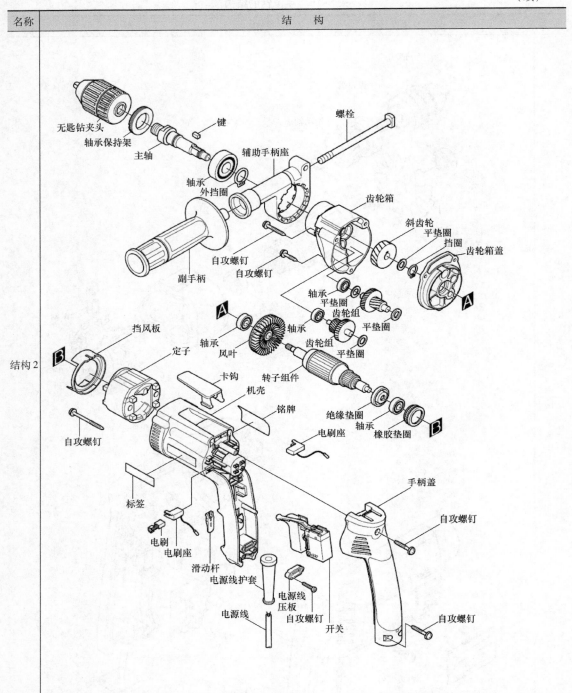

无匙钻夹头
轴承保持架
主轴
键
螺栓
辅助手柄座
轴承
外挡圈
齿轮箱
斜齿轮
平垫圈
挡圈
齿轮箱盖
自攻螺钉
自攻螺钉
副手柄
轴承
平垫圈
齿轮组
平垫圈
挡风板
轴承
风叶
轴承
齿轮组
平垫圈
定子
卡钩
转子组件
齿轮组
平垫圈
自攻螺钉
机壳
铭牌
绝缘垫圈
轴承
电刷座
橡胶垫圈
标签
手柄盖
电刷
自攻螺钉
电刷座
滑动杆
电源线护套
电源线压板
自攻螺钉
开关
电源线
自攻螺钉

★★★5.7.2　其他电钻的结构

其他电钻的结构见表 5-16。

表 5-16 其他电钻的结构

名称	结　构
冲击电 钻结构	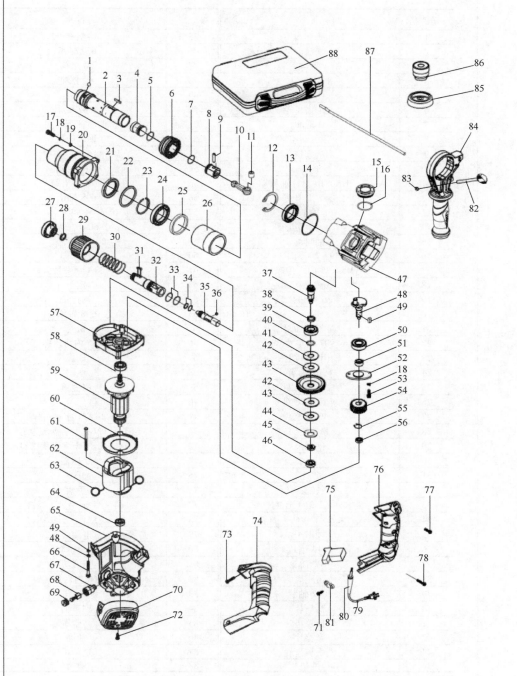

（续）

名称	结　　构

图号	名称	图号	名称
1	$\phi 8$ 钢球	45	特型螺母
2	气缸	46	627 轴承
3	平键	47	减速箱
4	冲击活塞	48	偏心轴
5	O 形圈	49	平键
6	大伞齿齿轮	50	6202 轴承
7	O 形圈	51	偏心轴距离圈
8	压气活塞	52	轴承压板
9	活塞销	53	M4×16 内六角螺钉
10	连杆	54	小平板齿轮
11	HK0810 滚针轴承	55	$\phi 12$ 外卡簧
12	$\phi 47$ 内卡簧	56	698 轴承
13	轴承	57	中间盖
14	$41.5×2$ O 形圈	58	6001 轴承
15	油封盖	59	转子
16	$39×2$ O 形圈	60	挡风圈
17	M5×25 内六角螺钉	61	ST5×60A 十字盘头螺钉
18	$\phi 5$ 弹性挡圈	62	定子
19	$\phi 5$ 平垫片	63	钢拉簧
20	前筒	64	608 轴承
21	骨架大油封	65	机壳
22	907 大垫片	66	M5×45 内六角螺钉
23	轴用钢丝挡圈	67	刷握
24	6907 轴承	68	电刷
25	橡胶距离圈	69	刷握盖
26	尼龙距离圈	70	后盖
27	亮前盖	71	ST4×14A 十字盘头螺钉
28	弹簧垫圈	72	ST4×12BT 十字盘头螺钉
29	钢球架	73	ST4×18BT 十字盘头螺钉
30	小弹簧	74	手柄盖
31	钢球	75	开关
32	转套	76	手柄
33	$24×2.3$ O 形圈	77	M4×35 十字盘头螺钉
34	$14.8×1.9$ O 形圈	78	M6×45 十字圆头螺钉
35	冲击子	79	电缆线
36	7.14 钢球	80	电缆护套
37	小伞齿轮	81	压线板
38	伞齿距离圈	82	M6×60 内六角螺钉
39	6002 轴承	83	M6 螺母
40	薄垫片	84	副手柄
41	摩擦片垫片	85	防尘罩
42	摩擦片	86	油罐
43	大平板齿轮	87	定位尺
44	弹性垫片	88	塑箱

名称栏（左侧）：冲击电钻结构

（续）

名 称	结 构
角向电钻结构	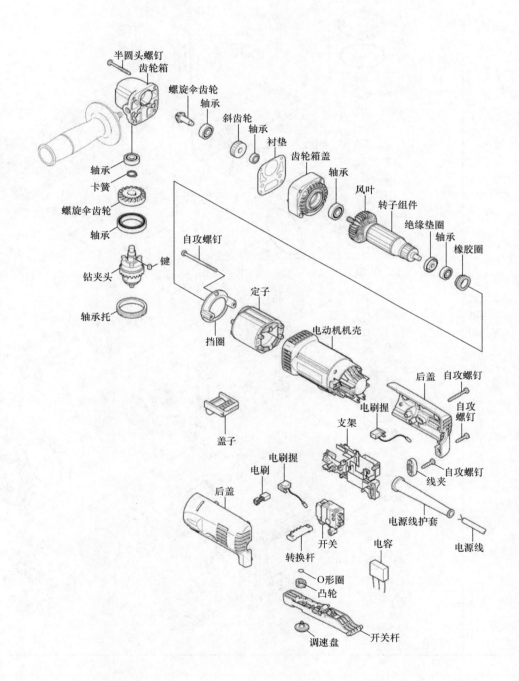

（续）

名称	结　　构

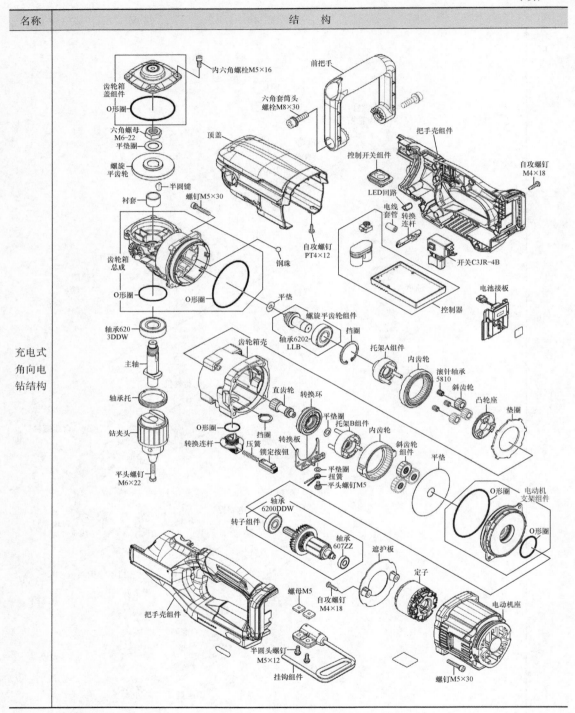

内六角螺栓M5×16

齿轮箱
盖组件

O形圈

前把手

六角套筒头
螺栓M8×30

把手壳组件

自攻螺钉
M4×18

六角螺母
M6-22

平垫圈

螺旋
平齿轮

半圆键

衬套

螺钉M5×30

顶盖

控制开关组件

LED回路

电线
套管

转换
连杆

自攻螺钉
M4×18

开关C3JR-4B

电池接板

控制器

齿轮箱
总成

O形圈

O形圈

自攻螺钉
PT4×12

钢珠

平垫

螺旋平齿轮组件

轴承620
3DDW

主轴

轴承托

钻夹头

平头螺钉
M6×22

O形圈

转换连杆

挡圈

压簧

锁定按钮

转换板

平垫圈
托架B组件

平垫圈
扭簧

平头螺钉M5

直齿轮

齿轮箱壳

转换环

轴承6202
LLB

挡圈

托架A组件

内齿轮

滚针轴承
5810

斜齿轮

凸轮座

垫圈

内齿轮

斜齿轮
组件

平垫

O形圈

O形圈

电动机
支架组件

轴承
6200DDW

转子组件

轴承
607ZZ

遮护板

定子

电动机座

把手壳组件

螺母M5

自攻螺钉
M4×18

半圆头螺钉
M5×12

挂钩组件

螺钉M5×30

充电式
角向电
钻结构

第 6 章

电锤与电镐

6.1 电 锤

★★★6.1.1 电锤的概念与作用

电锤英文名称为 rotary hammer，电锤主要是用来在大理石、混凝土、人造石料、天然石料及类似材料上钻孔的一种用电类工具，其具有内装冲击机构，可进行冲击带旋转作业，也就是说，电锤是利用特殊机械装置将电动机的旋转运动变为钻头的冲击带旋转运动的一种电动工具。电锤可以通过调节机构实现仅旋转或仅冲击的作业。电锤外形如图 6-1 所示。

电锤有的也叫锤钻、冲击钻等。电锤的应用特点就像用锤子敲击砖头，因此，其命名为电锤。

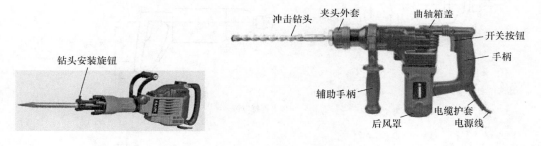

冲击钻头　夹头外套　曲轴箱盖

钻头安装旋钮

开关按钮

手柄

辅助手柄

后风罩

电缆护套

电源线

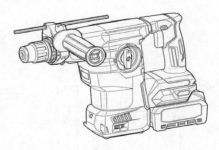

扫一扫看视频

图 6-1 电锤外形

电锤的作用如下：

1）电锤主要用来在混凝土、砖石、楼板、砖墙、石材等材料上钻孔。

2）国外 22mm 及 22mm 以下电锤也可以在金属及木材上钻孔。

3）有些小规格的电锤还可以当螺丝刀使用。

4）多功能电锤可以调节到适当位置，配上适当钻头可以代替普通电钻、电镐使用。

5）高档电锤可以利用转换开关，使电锤的钻头处于不同的工作状态：只冲击不转动、只转动不冲击、既冲击又转动等状态。

★★★6.1.2 电锤的种类

电锤的种类如下：

1）根据内部机构，电锤可以分为曲柄连杆机构的电锤、摆杆机构的电锤。

2）根据手握机构特点，电锤可以分为单手握持电锤、双手握持电锤，如图6-2所示。

3）根据功能特点，电锤可以分为单功能电锤、双功能电锤、多功能电锤、电锤电镐两用电锤等。其中两用重型电锤可以锤，也可以钻。

4）根据冲击旋转的形式，电锤可分为动能冲击锤、弹簧气垫锤、弹簧冲击锤、冲击旋转锤、电磁锤、曲柄连杆气垫锤等。

5）根据最大钻孔直径，电锤常见的型号有16mm、18mm、22mm、24mm、30mm等。

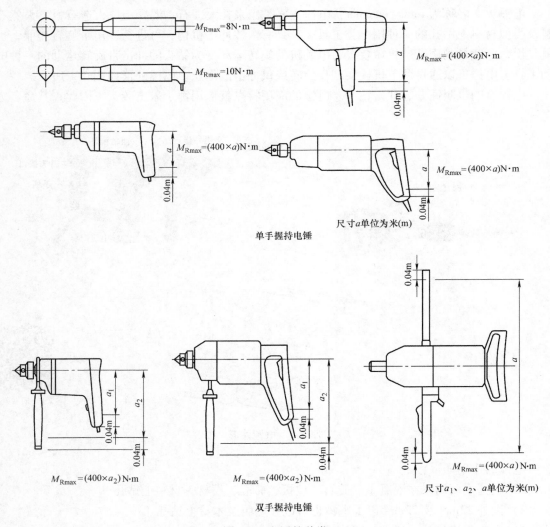

图6-2 电锤的种类

★★★6.1.3 电锤的结构

电锤的结构由串励电动机、齿轮减速器、曲柄连杆冲击机构、转钎机构、过载保护装置、电源开关、电源连接装置件等部件组成。一些部件的外形如图6-3所示。

电锤的电源开关需要采用耐振的、手按式带自锁的复位开关。

电锤电源线的软电缆需要采用橡套电缆，并且电源插头与软电缆需要压塑成一体，成为不可重接电源插头。

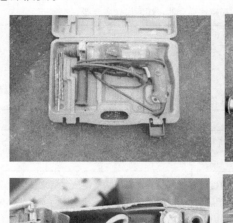

图6-3 一些部件的外形

一些部件的特点见表6-1。

表6-1 一些部件的特点

名称	解说
电锤的过载保护装置的作用与类型	电锤的过载保护装置是用来保护操作者安全与保护工具的。电锤使用中，如果钻头突然卡住，此时扭矩加大，负载突然加大，过载保护装置就出现打滑现象，从而保护了操作者与工具。如果没有过载保护装置或过载保护装置不符合要求，钻头被卡住时，扭矩突然加大，会使操作者的手发生扭伤，以及使电动机堵转、烧坏电动机 电锤过载保护装置有摩擦离合器、钢球离合器、牙嵌离合器、电器控制离合器等。维修时，不可随意调整离合器

（续）

名称	解　说
电锤安全离合器的形式与作用	安全离合器的作用主要是保护人身安全，也就是钻孔时，外力作用导致钻头卡死、扭矩超过安全离合器的最高限值时，安全离合器能够自动出现打滑或脱扣现象，从而保证使用者的人身安全。电锤安全离合器的形式有：摩擦片式离合器，超越式离合器，端面齿式离合器

★★★6.1.4　曲柄连杆气垫式电锤的工作原理

曲柄连杆气垫式电锤的工作原理见表6-2。

表6-2　曲柄连杆气垫式电锤的工作原理

项目	解　说
曲柄连杆机构电锤的主要结构	曲柄连杆机构电锤的主要结构有电动机轴、带动齿轮、小锥齿轮轴、安全离合器、大锥齿轮、气缸、导套、钢球、钻头、偏心轴、连杆、活塞等
冲击运动	电锤的冲击运动是由电动机旋转运动通过齿轮带动偏心连杆机构，使压气活塞在气缸套内做往复运动。同时，冲击活塞与压气活塞间产生气垫。冲击活塞随压气活塞同步往复而锤击钻杆尾部，从而使电锤钻头凿孔。气垫的形成又起着整机受力回跳时的缓冲作用
过载保护装置	电锤的过载保护装置由钢球、弹簧、碗形垫圈等组成。如果阻力矩超过一定范围时，传递转矩的转套通过其半圆凹孔挤压钢球，使钢球径向弹出，再经碗形垫圈压缩弹簧到一定距离，从而使转套与气缸脱开。此时，电动机虽旋转，而钻杆不转。这样的作用，在混凝土软硬不一、使用不当等原因导致钻头被卡住时，可保护电锤操作者，避免扭伤手腕；同时，也对电锤电动机进行过载保护，避免电锤电动机烧毁
旋转运动	电锤电动机的旋转运动是由转轴轴齿啮合齿轮，分别传动偏心连杆冲击机构与直齿锥齿轮副的转钎机构，从而获得所需的冲击功以及转矩
转钎运动	电锤的转钎运动是由电动机通过齿轮带动一对直齿锥齿轮，使气缸套经过载保护装置与六方套或四方套一起转动，并且传递转矩给钻杆。如此，转钎机构与冲击机构同时形成了带旋转的冲击复合运动。其中以冲击为主，旋转为辅，从而使电锤钻头慢慢推进，可以打成所需的孔
气孔的作用	气孔的作用是使冲击锤两端产生压力差，使冲击锤打击冲击子，冲击子再打击正在旋转的钻杆，钻杆从而形成钻孔、冲击的双重作用，可以破碎钻孔对象

★★★6.1.5　摆杆机构电锤的工作原理

摆杆机构电锤的工作原理如下：

1）电动机轴带动齿轮，齿轮带动另一齿轮，另一齿轮传动第三个齿轮，第三个齿轮带动导套。

2）导套与钻杆尾部通过滚柱传递扭矩，以及起到导向作用。

3）电动机旋转时，在滚柱的作用下，钻头会做旋转运动。同时，通过齿轮带动摆杆轴承，摆杆上的轴承再带动气缸，气缸做往复运动，气孔的作用是使在气缸内的冲击锤两端产生压力差，使冲击锤打击冲击子，冲击子再打击正在旋转的钻杆，钻杆从而形成钻孔、冲击的双重作用，可以破碎钻孔对象。

★★★6.1.6　电锤的选择

选择电锤的方法、要点见表6-3。

表6-3　选择电锤的方法、要点

项目	解　说
根据操作环境来选择	根据操作环境来选择电锤： 1）用于爬高与向上凿孔作业时，尽量选择小规格的电锤 2）用于地面、侧面凿孔作业时，尽量选择大规格的电锤
根据功率来选择	如果家用，一般选购200W功率的电锤即可
根据钻头来选择	1）电锤无论功率大小都可以换上相同规格的打穿墙洞的钻头，只是功率过小，会造成电锤损坏 2）电锤有翼钻头，可用于打墙，例如孔径过大，可选装扩眼器 3）电锤无翼钻头，可用来钻木材与金属 4）打空调穿墙眼一般用有翼钻头加扩眼器 5）如果是长期从事打穿墙孔工作，则要选择水钻。这样眼孔整齐、工作量小，但需要注意，水钻不好控制，需要专业人员操作
根据作业性质、对象和成孔直径来选择	用电锤在混凝土建筑物上凿孔，一般会使用金属膨胀螺栓，为此，可以根据成孔直径来选择电锤： 1）成孔直径在12～18mm间，可以选用16mm、18mm规格的电锤 2）成孔直径在18～26mm间，可以选用22mm、26mm规格的电锤 3）成孔直径在26～32mm间，可以选用38mm规格的电锤 另外，选择电锤还需要考虑作业性质、对象： 1）在混凝土构件上进行扩孔作业时，需要选择大规格的电锤 2）在混凝土构件表面进行打毛、开槽等作业，需要选择大规格的电锤，具体如下： ① 在二级配混凝土上凿孔时，需要根据凿孔的直径来选用相应规格的电锤 ② 在三级配或三级配以上的混凝土上凿孔时，需要选择大于凿孔直径规格的电锤 ③ 在瓷砖、红砖、轻质混凝土上使用电锤凿孔时，需要选用16mm、18mm等规格的电锤 说明：大规格的电锤质量较重，打孔速度与效率都高一些 3）在一些不是很坚硬的材料上作业，可以选择小规格的电锤 说明：小规格的电锤输出功率小、冲击功小、冲击频率高，能使成孔圆整、光洁 4）电锤的冲击力远大于普通冲击钻，因此，要求穿墙的作业需要选择电锤
经验法选择电锤	选择电锤时，首先需要确定经常钻孔的直径大小，再用钻孔的直径除以0.618，得到的数值就作为最大钻孔直径来选择电锤 例如，经常钻孔的直径为14mm左右（也就是钻孔的直径大小），再用14除以0.618等于22.6，那么选择22mm的电锤即可
选择两用电锤	如果购买电锤只是为了对混凝土钻孔，不需要其他任何功能，则可以选择单用电锤。如果考虑以后可能会需要使用电钻功能，则应选择电锤、电钻两用电锤。如果考虑以后可能需要使用电镐功能，则需要选择电锤、电镐两用电锤

★★★6.1.7　使用电锤的注意事项

使用电锤的一些注意事项见表6-4。

表6-4　使用电锤的一些注意事项

项目	解　说
个人防护	1）电锤操作者需要戴好防护眼镜。当面部朝上作业时，需要戴上防护面罩 2）长期作业时，要塞好耳塞，以减轻噪声的影响 3）长期作业后，钻头处在灼热状态，更换钻头时需要注意

（续）

项目	解　说
使用前	1）确认现场所接电源与电锤铭牌是否相符，是否接有漏电保护器。电源电压不应超过电锤铭牌上所规定电压的 ±10% 方可使用，并且电压稳定 2）相关监督人员在场 3）检查电锤外壳、手柄、紧固螺钉、橡胶件、防尘罩、钻头、保护接地线等是否正常 4）如果作业场所在远离电源的地点，需延伸线缆时，必须使用容量足够的合格的延伸线缆，并且有一定的保护措施 5）确认所采用的电锤符合钻孔的要求 6）钻头与夹持器要适配，并且妥善安装 7）安装或拆卸钻头前，必须关闭工具的电源开关并拔下插头 8）安装钻头前，需要清洁钻头杆，并且涂上钻头油脂 9）电锤的电源插头插入前，一定要确认开关扳机开动正常，并且要松释后退回到关位置 10）确认电锤上开关是否切断，如果电源开关接通，则插头插入电源插座时电动工具将出其不意地立刻转动，从而可能导致一些危险 11）钻凿墙壁、天花板、地板时，需要先确认有无埋设电缆、管道等 12）作业孔径在 25mm 以上时，需要有一个稳固的作业平台，并且周围需要设护栏 13）使用前空转 30～40s，检查转动是否灵活，火花是否正常 14）新机或者长时间不使用的电锤，使用前，需要空转预热 1～2min，使润滑油重新均匀分布在机械转动的各个部件，从而减少内部机件的磨损
使用中	1）站在梯子上工作或高处作业需要做好高处坠落保护措施 2）在高处作业时，要充分注意下面的物体和行人安全，必要时设警戒标志 3）机具转动时，不得撒手不管，以免造成危险 4）作业时需要使用侧柄，双手操作，以防止堵转时反作用力扭伤胳膊 5）电锤在凿孔时，需要将电锤钻顶住作业面后再起动操作 6）使用电锤打孔时，电锤必须垂直于工作面。不允许使电锤在孔内左右摆动，以免扭坏电锤、钻头 7）起动电锤时，只需扣动扳机开关即可。增加对扳机开关的压力时，工具速度就会增加，松释扳机开关就可关闭工具。连续操作，扣动扳机然后推进扳机锁钮。如要在锁定位置停止工具，就将扳机开关扣到底，然后再松开 8）在混凝土、砖石等材料上钻孔时，压下旋钮插销，将动作模式切换按钮旋转到标记处，并且使用锥柄硬质合金（碳化钨合金）钻头 9）在木材金属和塑料材料上钻孔时，压下旋钮插销，将动作模式切换按钮旋转到标记处，并且使用麻花钻或木钻头 10）电锤负载运转时，不要旋转动作模式切换按钮，以免损坏电锤 11）为避免模式切换机械装置磨损过快，要确保动作模式切换按钮处于任意一个动作模式选定位置上 12）不要对电锤太用力，一般轻压即可，严禁用木杠加压 13）将电锤保持在目标位置，注意防止其滑离钻孔 14）在凿深孔时，需要注意电锤钻的排屑情况：及时将电锤钻退出，反复掘进，不要猛进，以防止出屑困难造成电锤钻发热磨损与降低凿孔效率 15）当孔被碎片、碎块堵塞时，不要进一步施加压力，而是需要立刻使工具空转，然后将钻头从孔中拔出一部分。这样重复操作几次，就可以将孔内碎片、碎块清理掉，以及恢复正常钻入 16）电锤为 40% 断续工作制，不得长时间连续使用 17）电锤作业振动大，对周边构筑物有一定程度的破坏作用 18）作业中需要注意声响、温升，发现异常需要立即停机检查 19）作业时间过长，电锤温升超过 60℃ 时，需要停机，自然冷却后才能再作业 20）作业中，不得用手触摸钻头等，发现其磨钝、破损等情况，需要立即停机或更换，然后才能够继续进行作业 21）电锤向下凿孔时，只需双手分别紧握手柄和辅助手柄，利用其自重进给，不需施加轴向压力。向其他方向凿孔时，只需稍微施加轴向压力即可，如果用力过大，会影响凿孔速度、影响电锤及电锤钻使用寿命 22）对成孔深度有要求的凿孔作业，可以装上定位杆，调整好钻孔深度，然后旋紧紧固螺母

（续）

项目	解　说
保养	1）不要等电锤不能正常工作时才停下来保养，平时也要加强对电锤的保养 2）电锤工作时，其压缩空气会产生很高的温度，会把油脂转变成液态，易造成流失。因此，需要定时给电锤补充油脂。夏天选用耐温在120℃以上的油脂，冬天选耐温在105℃的油脂即可 3）电锤冲击力明显不足时，需要及时更换冲击环，以免把活塞撞坏 4）每次使用完电锤后，需要使用空气压缩机对机体外部及内部进行清洁 5）电锤防尘帽要定期更换 6）保持电锤出风口的畅通

★★★6.1.8　电锤故障的维修

电锤故障的维修见表6-5。

表6-5　电锤故障的维修

项目	解　说
电锤电气故障的维修	维修电锤电气故障的方法、要点如下： 1）电锤常见的电气故障有短路、断路、接地、转子换向环火花大等故障 2）电锤转子火花大一般是转子故障引起的 3）电锤电气接地故障一般是由定子、转子擦铁造成的，以及进水、受潮引起的 4）电锤电气断路故障很多情况是导线断了，其中把手根部的导线断开最为常见，该处断线的检查方法如下：首先把万用表调到电阻档，再把万用表两表笔接在电锤的同一电源线两接线端上，然后将开关按下，并且用手拿动导线的根部，观察万用表的读数是否会有变化，如果有变化，说明该处可能接触不良 5）仔细检查插头的根部，看是否断开。检查开关，看是否损坏 6）仔细检查电刷是否接触不良，检查电刷接触不良的方法如下： ① 观察电刷的端面，如果端面光滑，说明接触良好。如果端面麻麻，说明接触不良 ② 采用万用表来检测：首先把万用表调到电阻档，再把万用表两表笔接到电动机的引出端，然后用两把螺丝刀同时压到刷窝和转子上。此时，如果导通，说明电动机没有故障。如果安装上电刷后，出现不通，则说明电刷接触不良 7）电锤电气断路故障还有可能是电动机断路、转子断路。如果转子断路可以将电源线接到万用表上，并且慢慢转动转子，那么万用表读数会有很大的变化
电锤机械故障的维修	维修电锤机械故障的方法、要点如下： 1）电锤机械故障主要有不冲击、冲击无力等故障 2）电锤不冲击的主要原因有活塞与冲击锤上的胶圈老化、大气缸出现裂纹、连杆或偏心轮断裂、一级轮损坏、转子轴断裂、键断裂、滚针轴承损坏、冲击锤磨损、冲击子磨损、活塞磨损等 3）电锤转进无力或者根本不转的原因有伞齿等部件损坏 4）电锤气缸气孔的大小、位置也影响电锤冲击功的大小，甚至引起不冲击现象

（续）

项目	解　说
电锤冲击功减小的维修	维修电锤冲击功减小的方法、要点如下： 1）冲击锤、活塞上的 O 形密封圈磨损，引起冲击功减小 2）采用氟橡胶制作的 O 形密封圈，具有耐温、耐磨、耐油等性能，比通用胶料制作的 O 形圈要好，使用寿命也长 3）若是 O 形密封圈过紧，则需要更换 O 形密封圈 4）若是冲击机构润滑不好，则需要加润滑油 5）若是冲击锤破碎卡住，则需要更换冲击锤
电锤异常声响的维修	维修电锤异常声响的方法、要点如下： 1）电锤在使用中，发生异常声响时，需要立即停机检查 2）曲柄连杆机构电锤中的连杆两孔平行度与偏心轴加工质量直接影响到连杆的寿命 3）连杆、偏心轴质量问题容易引起连杆大头上滚针轴承损坏 4）如果滚针轴承损坏，滚针会散落在变速箱中，造成零部件卡住、连杆将变速箱壳体打坏等现象，从而发出异常的声响
电锤接电源后发出不正常的声音，且旋转很慢或不旋转的维修	电锤接电源后发出不正常的声音，并且电锤旋转很慢或不旋转的原因与维修对策如下： 1）开关触点损坏——修理或更换开关 2）电源电压低——调整电源电压 3）钻头咬住或碰到钢筋——停止前进或在另外的位置上钻孔 4）电枢少量短路或开路——修理或更换电枢 5）钻深孔时钻屑卡住——拔出钻头，清除钻屑 6）机械部分卡住——检查机械部分
电锤电源接通后电动机起动异常或不转动的维修	电锤电源接通后电动机起动异常或不转动的原因与维修对策如下： 1）开关接触不良——检查开关 2）电缆折断——检查电缆 3）定子、转子烧坏——修理或更换定子、转子 4）电刷与换向器接触不良——需要重新装配电刷 5）电路断路——检查电源、电枢、定子回路
电锤电动机过热或出现环火的维修	电锤电动机过热或出现环火的原因与维修对策如下： 1）电枢匝间短路——更换转子 2）电枢断线——更换转子 3）电源电压低于220V——调整电压 4）电刷与换向器接触不良——检查电刷是否磨损，以及重新装配电刷或更换电刷

（续）

项 目	解 说
电锤工具只旋转不冲击或冲击不正常的维修	电锤工具只旋转不冲击或冲击不正常的原因与维修对策如下： 1）O形密封圈过紧——更换O形密封圈 2）O形密封圈磨损——更换O形密封圈 3）偏心轴折断——更换偏心轴 4）冲击机构润滑不好——需要更换与添加润滑油 5）冲击锤方向装反或者O形圈到锤两端面距离不对称——重新装配 6）气缸或者导套中气孔堵塞——清洗气缸或导套 7）活塞转套内有灰尘杂质卡住使气眼堵塞——清洗机械部分，疏通气眼 8）冲击子磨损或冲击面被打毛——更换冲击子 9）用力过大——适当用力 10）机械部分洗油后装配不良——重新装配
电锤只冲击不旋转的维修	电锤只冲击不旋转的原因与维修对策如下： 1）钻尾部折断——更换钻头 2）混凝土中有钢筋——更换地方再钻 3）齿轮折断——更换齿轮 4）导套损坏——更换导套 5）过载保护装配失灵——调整过载保护装置
电锤过载保护装置打滑的维修	电锤过载保护装置打滑的原因与维修对策如下： 1）蝶形弹簧压力不足——更换蝶形弹簧 2）压紧螺母出现松动——调整压紧螺母 3）压缩弹簧已经损坏——更换压缩弹簧
电锤接电源后电动机不运转的维修	电锤接电源后电动机不运转的原因与维修对策如下： 1）绕组对地短路——需要排除短路故障 2）电源断了——需要修复电源 3）电刷用完或者异常——需要更换电刷 4）接头松落——需要检查所有接头 5）开关接触不良或不动作——修理或更换开关 6）电枢或定子绕组损坏——更换电枢绕组或定子绕组 7）定子线圈断路——重焊或者重绕线圈

 一点通

在更换电锤零件前，一定要把故障点内的杂物、油污处理干净，这样既能够发现其他故障，也不会因杂物卡住齿轮引起二次故障。

6.2 电锤结构速查

充电式电锤结构如图6-4和图6-5所示。

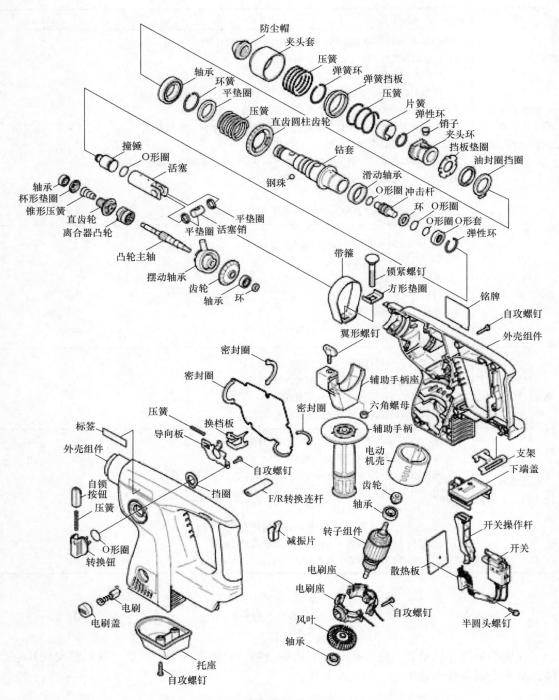

防尘帽
夹头套
压簧
弹簧环
弹簧挡板
压簧
片簧
弹性环
销子
夹头环
挡板垫圈
油封圈挡圈
轴承
环簧
平垫圈
压簧
直齿圆柱齿轮
钻套
滑动轴承
O形圈 冲击杆
环 O形圈
O形圈 O形套
弹性环
撞锤
O形圈
活塞
钢珠
轴承
杯形垫圈
锥形压簧
直齿轮
离合器凸轮
平垫圈
活塞销
平垫圈
凸轮主轴
摆动轴承
齿轮
轴承
环
带箍
锁紧螺钉
方形垫圈
铭牌
自攻螺钉
外壳组件
翼形螺钉
密封圈
密封圈
密封圈
辅助手柄座
六角螺母
辅助手柄
标签
压簧
换档板
导向板
自攻螺钉
自锁按钮
压簧
挡圈
F/R转换连杆
外壳组件
电动机壳
齿轮
轴承
支架
下端盖
O形圈
转换钮
减振片
转子组件
开关操作杆
开关
电刷座
电刷座
散热板
电刷
电刷盖
风叶
自攻螺钉
半圆头螺钉
轴承
托座
自攻螺钉

图6-4　充电式电锤结构1

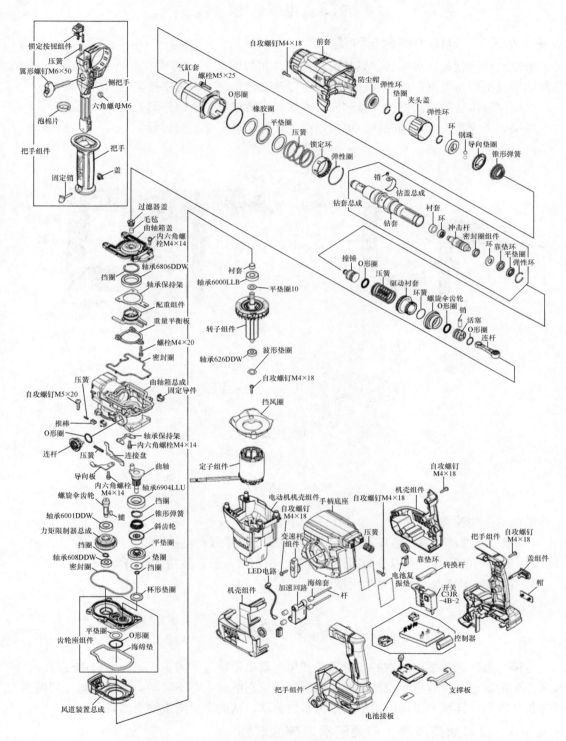

图6-5 充电式电锤结构2

6.3　电　镐

★★★6.3.1　电镐的概念与种类

电镐的功能就是钻头不转，只是前后冲击，可以对墙面、砖墙、石材、混凝土、沥青、道路铺层及类似材料进行敲、凿、铲等作业以及在建筑施工中用来压实与固结材料。

电镐仅有内装的冲击机构，且轴向力不受操作者控制。电镐外形如图6-6所示。

电镐如果安装上合适的配件，也可以敲入螺钉或敲实疏松的材料。

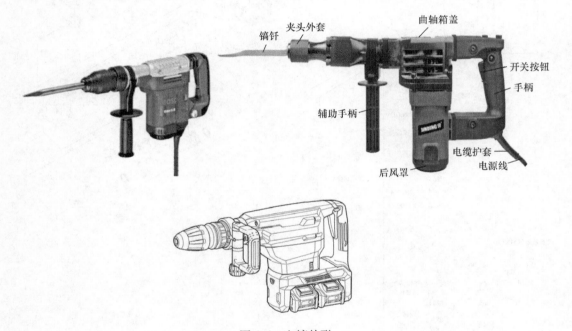

图6-6　电镐外形

电镐的一些种类如下：

1）根据手握持特点，可以分为单手握持电镐、双手握持电镐。

2）根据功能特点，可以分为两用型电镐、单用型电镐、多功能电镐。

3）根据功率特点，可以分为大型电镐、小型电镐。

一点通

电镐与液压泵镐是有区别的，电镐是利用电动机带动甩动的甩砣做弹跳形式运行的，使镐头产生凿击地面的效果。也就是说，电镐只凿，它的镐头并不转动。液压泵镐是利用空气压缩机传输的气体压力带动电镐里的泵锤来回弹动，从而产生凿击地面的效果。

★★★6.3.2　油脂润滑、机油润滑电镐的区别

油脂润滑、机油润滑电镐的区别见表6-6。

表6-6 油脂润滑、机油润滑电镐的区别

名称	是否需要溶化	优点	缺点
油脂润滑的电镐	油脂属于固态胶状，工作前，需要一段时间预热升温，使油脂充分润滑溶化，电镐冲击力瞬间达到最佳状态	密封性、润滑性较好，锤击力持续增大，越用越有劲	开机需要2min左右预热（环境温度过低时，需要的时间更长）
机油润滑的电镐	机油本身是液态，开机后机油不需要溶化，可即刻工作	开机不需要溶化，可即刻工作	密封性能、润滑性能较差，也容易漏油。电镐工作时间越长，密封性、润滑性逐渐衰减，冲击力也逐渐减弱

★★★6.3.3 电镐的结构

电镐的结构见表6-7。

表6-7 电镐的结构

名称	解 说
电镐里的气缸	电镐里的气缸的作用需要根据电镐的工作特点来理解：电镐电动机转动，通过曲轴连杆驱动气缸里的活塞做往复运动，以及往复运动的空气会带动镐头往复运动，从而使电镐具有凿击的功能。可见，电镐设置气缸是为了利用空气来传递力以及缓冲作用。因此，基本上所有的风动工具都有气缸
电镐调速器	电镐调速器同规格不同厂家的产品可能可以适配，也可能不能够适配。因此，平时要积累这方面的资料

★★★6.3.4 使用电镐的注意事项

使用电镐的一些注意事项如下：

1）操作者操作时需要戴上安全帽、安全眼镜、防护面具、防尘口罩、耳朵保护具与厚垫的手套。

2）在高处使用电镐时，必须确认周围、下面无人。

3）操作前，需要仔细检查螺钉是否紧固。

4）操作前，需要确认凿嘴被紧固在相应规定的位置上。

5）使用电镐前，需要注意观察电动机进风口、出风口是否通畅，以免造成散热不良损伤电机定子、转子的现象。

6）凿削过程中不要将尖扁凿当作撬杠来使用，尤其是强行用电镐撬开破碎物体，以免损坏电镐。

7）操作电镐需要用双手紧握。

8）操作时，必须确认站在很结实的地方。

9）电镐旋转时不可脱手。只有当手拿稳电镐后，才能够起动工具。

10）操作时，不可将凿嘴指着任何在场的人，以免冲头可能飞出去而导致人身伤害事故。

11）当凿嘴凿进墙壁、地板或任何可能会埋藏电线的地方时，绝不可触摸工具的任何金属部位，握住工具的塑料把手或侧面抓手以防凿到埋藏的电线而触电。

12）操作完，手不可立刻触摸凿嘴或接近凿嘴的部件，以免烫坏皮肤。

13）需要定期更换、添加专业油脂。一般工作达到60h（具体根据不同用户使用情况而定），气缸内应添加油脂。

14）及时更换电刷，并且使用符合要求的电刷。

15）电镐长期使用时，如果出现冲击力明显减弱，一般需要及时更换活塞与撞锤上的O形圈。

16）寒冷季节或当工具很长时间没有使用时，需要让电镐在无负荷下运转几分钟以加热工具。

★★★6.3.5 电镐的故障与原因

电镐的故障与原因见表6-8。

表6-8 电镐的故障与原因

故障	维修
电镐接电后电动机不运转	电镐接电后电动机不运转的原因有：定子线圈断路、电源断开、电枢或定子线圈烧坏、接头松落、电刷用完、开关接触不良或不动作等
电镐接电后发生不正常的叫声，并且不旋转或转得慢	电镐接电后发生不正常的叫声，并且不旋转或转得慢的原因有：电源电压低、钻深孔时屑子卡住、电枢少量短路或断路、机械部分卡住或动静部分相擦、开关触点烧坏、钻头咬住或碰到钢筋、特殊螺母松动等
电镐减速箱过度发热	电镐减速箱过度发热的原因有转动部分配合不好、转动部分有杂物落入内部、减速箱内缺乏润滑脂、减速箱内润滑脂变脏等
电镐机壳表面过度发热	电镐机壳表面过度发热的原因有电源电压下降、绕组潮湿、装配得不正确、负荷过大、电枢运转不灵活、钻头迟钝等
电镐换向器上产生环火或较大火花	电镐换向器上产生环火或较大火花的原因有换向器表面不光洁、电刷与换向器接触不良、电枢短路或断路等
电镐电动机旋转而钻头不冲击或冲击力减弱	电镐电动机旋转而钻头不冲击或冲击力减弱的原因有添加润滑油不当导致油路堵塞、活塞环磨损、润滑油挥发或失效、活塞转套内有灰尘、杂质卡住使气眼堵塞、冲击活塞上O形密封圈损坏、冲击活塞上O形密封圈磨损等
电镐反冲	电镐出现反冲故障，可能是添加的润滑油过多，因此，取出适量的润滑油即可排除故障

6.4 电镐结构速查

★★★6.4.1 电镐的结构

电镐的结构如图6-7所示。

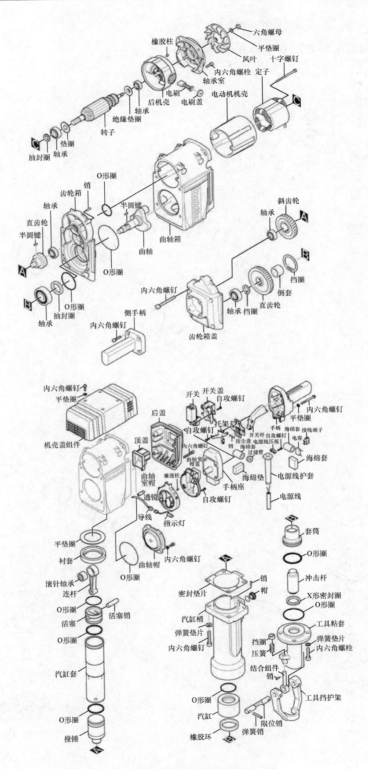

图 6-7 电镐的结构

★★★6.4.2　充电式电镐的结构

充电式电镐的结构如图 6-8 所示。

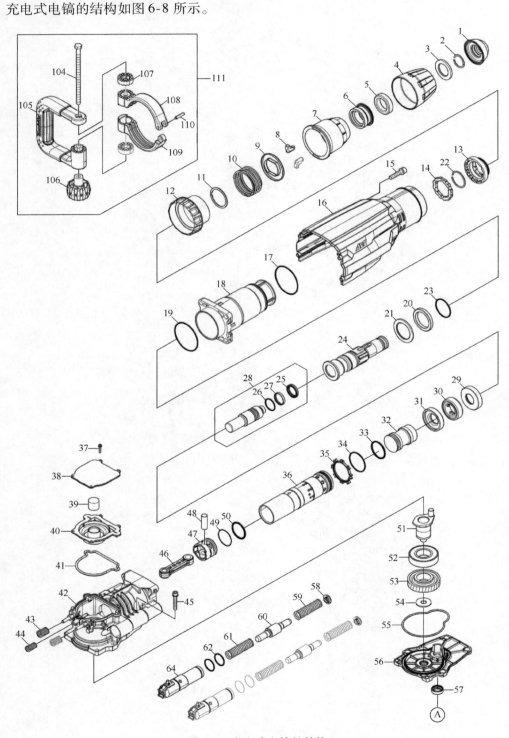

图 6-8　充电式电镐的结构

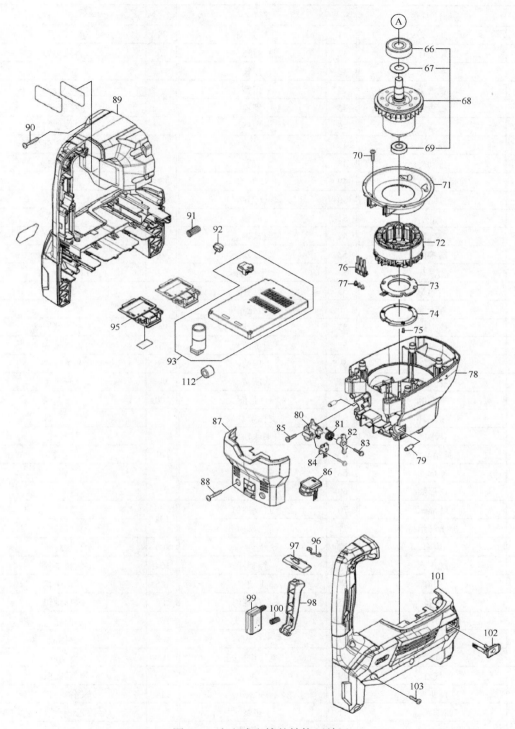

图 6-8　充电式电镐的结构（续）

图号	部件名称	图号	部件名称	图号	部件名称
1	防尘帽	41	密封圈	84	感应器回路
2	定位环	42	曲轴箱总成	85	自攻螺钉
3	平垫圈	43	压簧	86	调速刻度盘
4	锁紧盖	44	压簧	87	电动机机壳后盖总成
5	橡皮圈	45	螺栓		橡胶套
6	锁紧环	46	连杆	88	自攻螺钉
7	释放盖	47	活塞	89	机壳组件
8	止动件	48	销		橡胶柱
9	弹簧定位器	49	O 形圈		防护栏
10	压簧	50	O 形圈		帽
11	挡圈	51	曲轴		板
12	转换圈盖	52	滚珠轴承	90	自攻螺钉
13	转换圈	53	斜齿轮	91	压簧
14	锁紧环	54	平垫圈	92	LED 指示灯
15	内六角螺栓	55	密封圈	93	控制器
16	外壳盖	56	齿轮箱	95	接线端子
17	O 形圈	57	油封圈	96	片簧
18	气缸套	58	弹簧压板	97	扳机锁扣
19	O 形圈	59	压簧	98	开关连杆
20	橡皮圈	61	压簧	99	开关
21	平垫圈	62	O 形圈	100	压簧
22	定位环	64	支撑架总成	101	机壳组件
23	O 形圈	66	滚珠轴承		橡胶柱
24	工具钻套组件	67	平垫圈		防护栏
25	X 形圈	68	转子总成		帽
26	O 形圈	69	轴承		板
27	O 形圈	70	自攻螺钉	102	盖组件
28	冲击杆组件	71	挡风圈		O 形圈
29	肩套	72	定子	103	自攻螺钉
30	橡皮圈	73	控制器	104	六角螺栓
31	肩套	74	止动器	105	辅助手柄
32	撞锤	75	自攻螺钉	106	蝶形螺母
33	O 形圈	76	线缆接头	107	凸轮
34	O 形圈	77	平头螺钉	108	侧柄底
35	气阀导管	78	电动机机壳	109	侧柄底
36	气缸	79	销	110	弹簧圆柱销
37	半圆头螺钉	80	底座	111	侧柄组件
38	曲轴箱盖	81	扭簧	112	线路滤波器
39	过滤器	82	杆组件		
40	曲轴帽	83	自攻螺钉		

图 6-8　充电式电镐的结构（续）

第 7 章

切割机与切断机

7.1　石材切割机

★★★7.1.1　电动石材切割机的概念与外形

石材切割机主要用于天然或人造的花岗岩、大理石及类似材料等石料板材、瓷砖、混凝土、石膏等的切割，其广泛应用于地面、墙面石材装修工程施工中。石材切割机外形如图 7-1 所示。

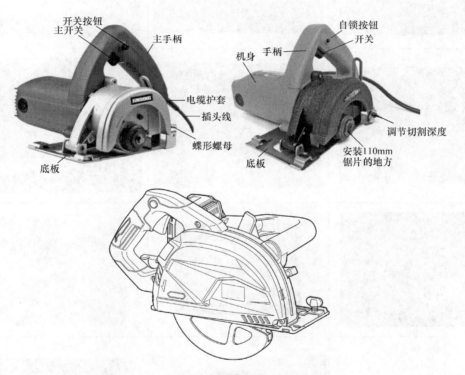

图 7-1　石材切割机外形

★★★7.1.2　电动石材切割机的结构

电动石材切割机的结构是由单相串励电动机、减速箱、调节机构、防护罩、底板、金刚石锯片等组成。

电动石材切割机的内部结构见表 7-1。

表 7-1　电动石材切割机的内部结构

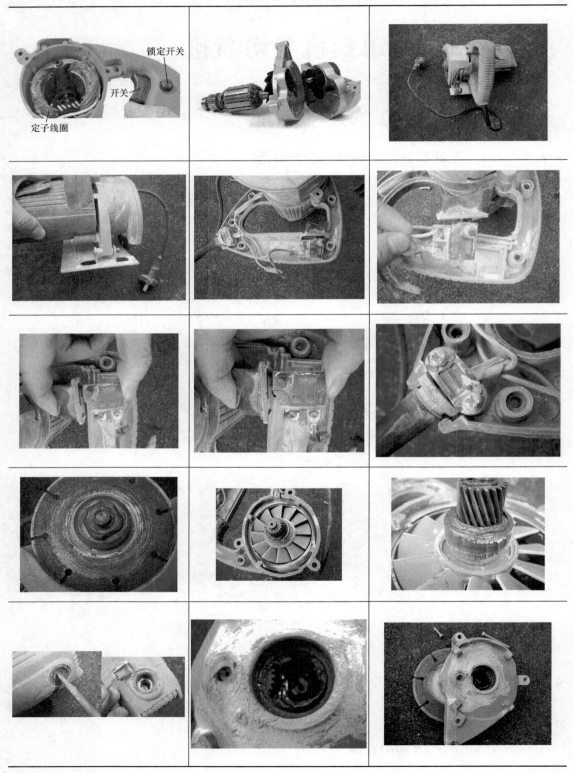

锁定开关

开关

定子线圈

点通

石材切割机常用的配件有：轴承挡块、锯片压板、压紧螺钉、底板、罩壳、齿轮箱、轴承座（大功率用）、圆锯片等。

★★★7.1.3 电动石材切割机的工作原理

常见的电动石材切割机是手提式电动石材切割机，下面以手提式电动石材切割机为例来介绍电动石材切割机的工作原理：手提式电动石材切割机是采用单相串励电动机作为动力。其减速箱是由一对圆柱斜齿轮组成，电动机经过斜齿轮变速后带动金刚石锯片旋转进行切割加工。切割机的调节机构由锯切深度调节架与底板组成。其底板可以作为支承机体用，也可以用以调节锯切深度与锯切角度。另外，切割机在锯片上方设有防护罩，起到安全的保护作用。

★★★7.1.4 使用电动石材切割机的注意事项

使用电动石材切割机的注意事项如下：

1）工作前，穿好工作服、戴好护目镜，如果是女性操作工人一定要把头发挽起戴上工作帽。如果在操作过程中会引起灰尘，可以戴上口罩或者是面罩。

2）工作前，要调整好电源刀开关与锯片的松紧程度，防护罩和安全挡板一定要在操作前做好严格的检查。

3）石材切割机作业前，需要检查金刚石切割片有无裂纹、缺口、折弯等异常现象，如果发现有异常情况，需要更换新的切割片后，才能够使用。

4）检查石材切割机的外壳、手柄、电缆插头、防护罩、插座、锯片、电源延长线等应没有裂缝与破损，如图7-2所示。

5）操作台一定要牢固，夜间工作时要有充足的光线。

6）开始切割前，需要确定切割锯片已达全速运转后，方可进行切割作业。

7）为了使切割作业容易进行，以及延长刃具寿命、不使切割场所灰尘飞扬，切割时需要进行加水。

8）安装切割片时，要确认切割片表面上所示的箭头方向与切割机防护罩所示方向一致，并且一定要牢牢拧紧螺栓。

图7-2 电源延长线

9）严禁在机器起动时，有人站在其面前。

10）不能起身探过和跨过切割机。

11）要会正确使用石材切割机。

12）在工作时，一定要严格按照石材切割机规定的标准进行操作。

13）不能尝试用切割机切锯未夹紧的小零件。

14）不得用石材切割机来切割金属材料，否则，会使金刚石锯片的使用寿命大大缩短。

15）当给水时，要特别小心，不能让水进入电动机内，否则将可能导致触电。

16）不可用手接触切割机旋转的部件。

17）手指要时刻避开锯片，任何的马虎大意都将带来严重的人身伤害。

18）防止意外突然起动，将石材切割机插头插入电源插座前，其开关应处在断开的位置，移动切割机时，手不可放在开关上，以免突然起动。

19）石材切割机使用时，应根据不同的材质，掌握合适的推进速度，在切割混凝土板时如遇钢筋应放慢推进速度。

20）操作时应握紧切割机把手，将切割机底板置于工件上方而不使其有任何接触，试着空载转几圈，等到确保不会有任何危险后才开始运行，即可起动切割机，获得全速运行时，沿着工件表面向前移动工具，保持其水平、直线缓慢而匀速前进，直至切割结束。

21）切割快完成时，要放慢推进速度。

22）石材切割机切割深度的调节是由调节深度尺来实现的。调整时，先旋松深度尺上的蝶形螺母并上下移动底板，确定所需切割深度后，拧紧蝶形螺母以固定底板。

23）有的石材切割机仅适合切割符合要求的石材。绝对不允许用蛮力切割石材，电动机的运转速度最佳时，才可进行切割。

24）在切割机没有停止运行时，要紧握，不得松手。

25）如果切割机产生异常的反应，均需要立刻停止运行，待检修合格后才能够使用。例如，切割机转速急剧下降或停止转动，切割机电动机出现换向器火花过大及环火现象，切割锯片出现强烈抖动或摆动现象，机壳出现温度过高现象等，需要待查明原因，经检修正常后才能继续使用。

26）瓷片切割机作业时，需要防止杂物、泥尘混入电动机内，并且随时观察机壳温度，如果机壳温度过高及电刷产生火花，需要立即停机检查处理。

27）瓷片切割机切割过程中用力要均匀适当，推进刀片时不得用力过猛。当发生刀片卡死时，需要立即停机，慢慢退出刀片。重新对正后，才可再切割。

28）检修与更换配件前，一定要确保电源是断开的，并且切割机已经停止运行。

29）停止运行后，需要拔掉总的电源。清扫干净废弃、残存的材料、垃圾。

★★★7.1.5 云石切割机常见故障的维修

云石切割机常见故障的维修方法见表7-2。

表7-2 云石切割机常见故障的维修方法

故障	原因	排除方法
电动机不转	电源不通、接头松脱	修复电源、拧紧接头
	推进力太大，导致开关跳闸	让切割机休息几分钟后重新起动，如果是单相切割机，要按下过载保护器复位按钮后再起动
	电源故障	检修电源，以及电源供电情况
	电动机开关损坏	更换开关组件
	起动电容损坏	更换起动电容
	电动机损坏	维修或更换电动机
	电源线连接故障	检查、正确选用、正确连接电源线

（续）

故障	原因	排除方法
切割速度慢	传动带过松	张紧传动带
	锯片锋利度降低	用硬质耐火砖或者砂轮磨利锯片
	电源电压低	确保正常的电压
切割时机头振动大	芯轴轴承损坏	更换轴承
	电动机固定螺栓松动	重新紧固螺栓
	锯片防护罩没有锁紧	锁紧防护罩
	锯片安装不正确	重新正确安装
	机头没有缩进	拧紧缩进把手
切割崩边	配件损坏	检查、更换铰链、导轮、导轨等配件
	锯片偏摆	检查电动机轴承、重新安装锯片
	导轨精度降低	重新调整设备精度、更换磨损零配件
	锯片选择不正确	正确选择锯片
	干切	保证带水切割
切割精度降低	配件损坏	检查、更换铰链、导轮、导轨等配件
	锯片不正	重新校正设备
	推力大	缓慢平稳地推动工作台
切割效果差或转速下降	锯片安装方向不正确	重新安装锯片
	传动带磨损	调整或更换传动带
	工件进给过快	缓慢平稳地推动工作台
	锯片钝	更换新锯片
切割时电动机停转	开关故障	更换开关组件
	电动机故障	维修或更换电动机
	热保护保护	检查电源电压、配线及电动机是否过载
	电压波动或不正确配线	检查电源及配线是否正确

7.2 结构速查

石材切割机（云石机）结构如图7-3和图7-4所示。

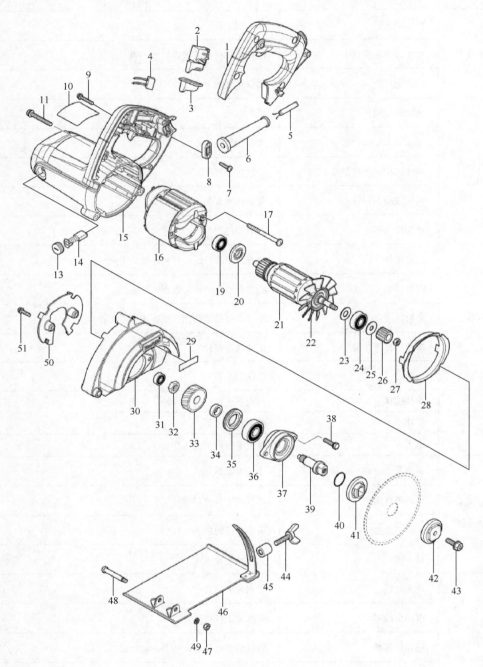

图 7-3 石材切割机（云石机）结构 1

图号	部件名称	图号	部件名称
1	手柄盖	27	六角螺母
2	开关	28	挡风圈
3	开关防尘罩	29	标签
4	电容	30	安全护罩
5	电源线	31	轴承
6	电源线护套	32	六角螺母
7	自攻螺钉	33	斜齿轮
8	电源线压板	34	O形圈
9	半圆头螺钉	35	轴承保持架
11	半圆头螺钉	36	轴承
13	电刷盖	37	轴承座
14	电刷	38	六角螺栓
15	电动机机壳	39	主轴
15	电刷座（左）	40	O形圈
16	定子	41	内压板
16	接线环	42	外压板
16	连接器	43	六角螺母
17	自攻螺钉	44	蝶形螺栓
19	轴承	45	衬套
20	绝缘垫圈	46	底座
21	转子组件	47	六角螺母
22	风叶	48	沉头螺钉
23	平垫圈	49	弹簧垫
24	轴承	50	盖
25	平垫圈	51	盘头螺栓
26	斜齿轮		

图 7-3 石材切割机（云石机）结构 1（续）

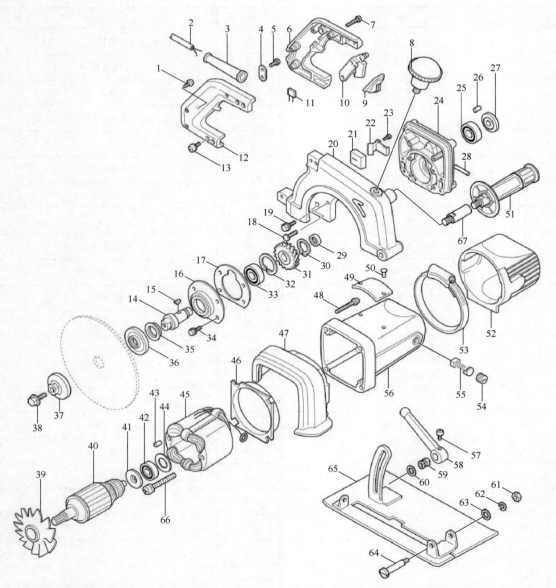

图 7-4　石材切割机（云石机）结构 2

图号	部件名称	图号	部件名称
1	半圆头螺钉	8	辅助手柄
2	电源线	9	开关防尘罩
3	电源线护套	10	开关
4	电源线压板	11	电容
5	半圆头螺钉	12	手柄组件
6	手柄组件	13	半圆头螺钉
7	半圆头螺钉	14	主轴

图号	部件名称	图号	部件名称
15	半圆键	43	橡胶柱
16	轴承室	44	平垫圈
17	垫圈	45	定子组件
18	圆头方颈螺栓	45	线耳
19	十字槽六角头螺栓	45	连接头
20	护罩	46	挡风圈
21	海绵垫	47	防护罩
22	盖片	48	半圆头螺钉
23	半圆头螺钉	50	铆钉
24	齿轮箱	51	辅助手柄
25	轴承	52	罩
26	橡胶柱	53	夹钳
27	防水密封圈	54	电刷盖
28	密封橡胶	55	电刷
29	滚针轴承	56	电动机机壳
30	挡圈	56	电刷握
31	斜齿轮	56	固定螺钉
32	挡圈	57	平头螺钉
33	轴承	58	调节杆
34	十字槽六角头螺栓	59	六角螺母
35	防水密封圈	60	平垫圈
36	内压板	61	六角锁紧螺母
37	外压板	62	锁紧垫圈
38	六角螺栓	63	平垫圈
39	风叶	64	平头螺钉
40	转子组件	65	底板
41	绝缘垫圈	66	半圆头螺钉
42	轴承	67	接合线

图 7-4　石材切割机（云石机）结构 2（续）

7.3　型材切割机与切断机

★★★7.3.1　型材切割机的结构

型材切割机是用固定在主轴上的平形砂轮切割金属的一种工具。

型材切割机主轴装在一横臂的外端，横臂绕着连接机架的横臂内端回转，从而带动砂轮切割金属。型材切割机的工作台是一个具有固定工件的夹紧装置，其外形与型材切割机其他外观结构如图7-5所示。

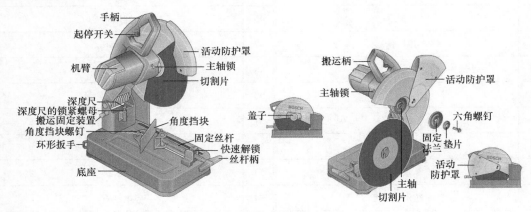

图7-5　型材切割机的结构外形

斜切割机是一种用旋转的开齿锯片来锯割诸如铝等有色金属材料、木材以及类似材料的一种工具。斜切割机有一个支承工件与将工件定位的锯台，工件用手靠着挡板进给。斜切割机的锯片装在锯台上方的悬臂上，该悬臂通常绕着斜切割机支架回转或直接绕着锯台回转。有些情况下，斜切割机锯片的截断动作伴随着滑动。

★★★7.3.2　针对有活动防护罩的切割机的安全规章

针对有活动防护罩的切割机的安全规章如下：

1）工作场所必须保持清洁。

2）固定好工件。

3）不要加工含石棉的物料。

4）如果操作机器时会产生有害健康、易燃或可能引爆的废尘，务必采取适当的防护措施。

5）不要使用电线已经损坏的切割机。

6）在户外使用切割机时，必须在切割机上安装剩余电流保护开关。

7）不可以站在切割机上。如果切割机突然翻倒或者不小心碰触切割片，都可能造成严重伤害。

8）检查防护罩的功能是否正常，移动防护罩时会不会发生摩擦。不可以在打开的状况下固定住防护罩。

9）有的切割机只适合干式切割。如果水分渗入切割机中，可能造成触电。

10）有的切割机切割物料有规定，因此，不得随意切割物料。

11）为了确保操作安全，底座的脚必须放置在合适的地垫上。

12）切割片的最大许可转速必须等于或大于切割机的无负载转速。

13）根据工件选择合适的切割片。

14）进行某些极端的金属切割工作后，可能在切割机的内部堆积大量的导电废尘，此时必须增加使用压缩空气清洁通气孔的次数，并且要连接剩余电流保护开关。

15）有活动防护罩的电动工具，活动防护罩必须能够无阻地来回摆动，并且要能够动关闭，所以防护罩的四周必须随时保持清洁。

16）每次使用前，需要仔细检查砂轮片有无缺口、变形、裂纹，并做试运转，如发现有异常现象，应立即切断。检查电源电压，需要稳定与符合要求。

17）不可以使用损坏、弯曲变形或转动时会振动的切割片。损坏的切割片在运转时会产生较大的摩擦力，容易被夹住，并且造成回击。

18）使用正确规格的切割片与合适的切割片接孔。切割片的接孔与切割机的接头如果不能完全吻合，切割片旋转时会失去平衡，容易造成操作失控。

19）操作切割机时需要留心，不要让火花伤及旁人。

20）金属碎片或其他物品如果接触了转动中的切割片会快速弹开，即可能击伤操作者。

21）先确定工作范围内及工件上没有任何调整工具及金属屑，接着才可以操作切割机。

22）先开动切割机，再把切割片放在工件上，以免切割片夹在工件中，会产生回击。

23）工具没有完全静止时，不可离开工具。如果工具仍继续转动，可能会造成伤害。

24）如果电动工具还在转动，千万不可以把手放入切割范围中。触摸切割片会被割伤。

25）如果切割机还在转动，千万不可以尝试清除切割范围中的切屑、金属屑或类似的杂物。

26）务必先收回机臂，然后再关闭切割机。

27）保护切割片免受敲击和冲撞。

28）不可以使用侧压切割片的方式，来制止刀片继续转动。

29）不可以让切割机因为过度超荷而停止运转。

30）操作切割机时用力过猛，不仅会明显降低切割机的功率，而且会缩短切割片的使用寿命。

31）工作结束后，如果切割片尚未冷却，不可以触摸切割片。

32）为了避免意外开动切割机。安装切割片或进行切割机的维护修理工作时，切割机的插头都不可以插在插座中。

33）维修切割机或换装切割机零配件前，务必从插座上拔出插头。

34）不可使用汽油、稀释剂、四氯化碳、酒精等溶剂擦拭塑料零件，否则易使塑料龟裂而损伤。要擦拭塑料制品，可以用软布沾湿肥皂水擦拭。

35）定期替换和检查电刷。

36）经常加润滑脂。

37）经常检查安装螺钉是否松脱。若发现松了，需要及时拧紧。

38）经常对电动机维护、保养。

7.4 检 修 速 查

★★★7.4.1 切割机的基本参数要求

切割机的基本参数应符合的规定见表7-3。

表7-3 切割机的基本参数应符合的规定

规格	切割锯片尺寸/mm 外径×内径	额定输出功率/W	额定转矩/N·m	最大切割深度/mm
110C	110×20	≥200	≥0.3	≥20
110	110×20	≥450	≥0.5	≥30
125	125×20	≥450	≥0.7	≥40
150	150×20	≥550	≥1.0	≥50
180	185×25	≥550	≥1.6	≥60
200	200×25	≥650	≥2.0	≥70

★★★7.4.2 切割机切割片夹紧压板的规定要求

切割机切割片夹紧压板尺寸应符合的规定见表7-4。

表7-4 切割机切割片夹紧压板尺寸应符合的规定

切割片外径/mm	夹紧压板尺寸/mm	
	D	B
$\phi110$	≥35	≥4
$\phi125$	≥35	≥4
$\phi150$	≥35	≥6
$\phi180$	≥40	≥6
$\phi200$	≥40	≥6

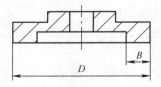

★★★7.4.3 型材切割机的结构

某款型材切割机的结构如图7-6所示。

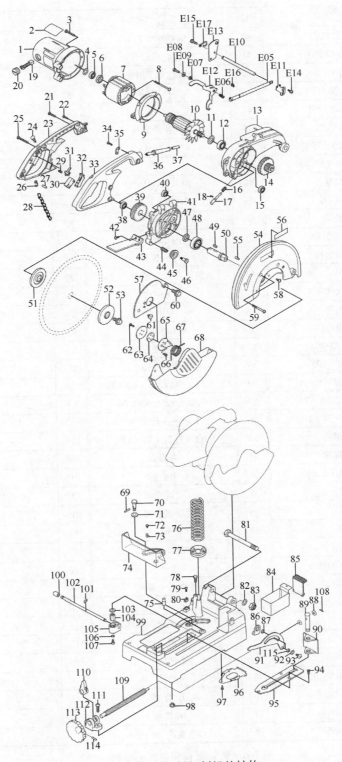

图 7-6 某款型材切割机的结构

图号	零件名称	图号	零件名称	图号	零件名称
1	电动机机壳	40	轴承 6000LLB	79	自攻螺钉 CT4×16
2	铭牌 LC1230	41	齿轮座组件	80	片簧
3	自攻螺钉 CT 5×40	42	自攻螺钉 CT4×16	81	六角螺栓 M16
4	平垫圈 16	43	挡屑板	82	平垫圈 16
5	轴承 629LLB	44	压簧 11	83	六角螺母 M16－24
6	绝缘垫圈	45	锯片导向块	84	灰尘盒
7	定子 220V 75T	46	螺钉 M6	85	橡胶盖
8	自攻螺钉 M5×75	47	环	86	橡胶垫
9	挡风板	48	轴承 6204DDW	87	平垫圈 8
10	转子组件	49	键 5	88	平垫圈 8
11	垫圈 15	50	主轴	89	销
12	轴承 6202LLB	51	内压板 70	90	台虎钳导板
13	齿轮箱组件	52	外压板 69	91	连接板
14	齿轮组 16－44	53	六角头有肩螺栓 M6×20	92	平垫圈 8
15	轴承 6000	54	中心护罩	93	半圆头螺 M6
16	压簧 9	55	销	94	沉头螺钉 M5×12
17	主轴锁定杆	56	牧田牌标签	95	导向板
18	挡圈 E－8	57	中心盖板	96	底板
19	电刷 CB－203	58	自攻螺钉 CT5×12	97	自攻螺钉 PT4×12
20	电刷盖 7－18	59	半圆头螺钉 M6×60 WR	98	挡圈 20
21	自攻螺钉 CT 5×30	60	六角头螺栓 M6×20	99	底座
22	自攻螺钉 PT4×18	61	十字平头螺钉 M6	100	盖 16
23	手柄组件	62	自攻螺钉 CT4×16	101	挡圈 E－8
24	开关按钮	63	中心板	102	杠杆
25	自攻螺钉 CT 5×50	64	中心板	103	平垫圈 10
26	钩	65	扭簧盖板	104	六角螺母 M10－17
27	销子 6	66	内六角螺栓 M4×8	105	杠杆座
28	链条	67	扭簧 38	106	平垫圈 6
29	压簧 4	68	安全护罩	107	六角螺栓 M6×49
30	开关 TG71B	69	销子 5	108	销 M3－16
31	开关保险	70	平头带孔螺钉	109	导向丝杆
32	开关扳机	71	平垫圈 12	110	夹钳螺母
33	手柄组件	72	半圆头螺钉 M4×6	111	半圆头螺钉 M8×30 WR
34	自攻螺钉 PT4×18	73	位置指针	112	螺纹挡块
35	电源线压板	74	夹钳	113	把手
36	电源线护套 8－90	75	销	114	弹簧圆柱销 5－24
37	电源线 GB	76	压簧 45	115	环 8
38	轴承 6000	77	弹簧座		
39	斜齿轮 38	78	六角螺栓 M8×20		

图 7-6　某款型材切割机的结构（续）

★★★7.4.4 充电式金属切割机的结构

充电式金属切割机的结构如图7-7所示。

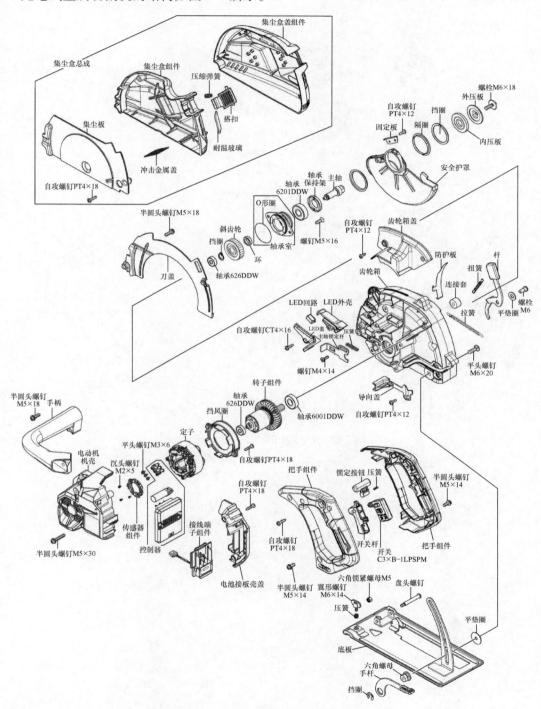

图7-7 充电式金属切割机的结构

★★★7.4.5　充电式切断机的外形与结构

充电式切断机的外形与结构如图 7-8 所示。

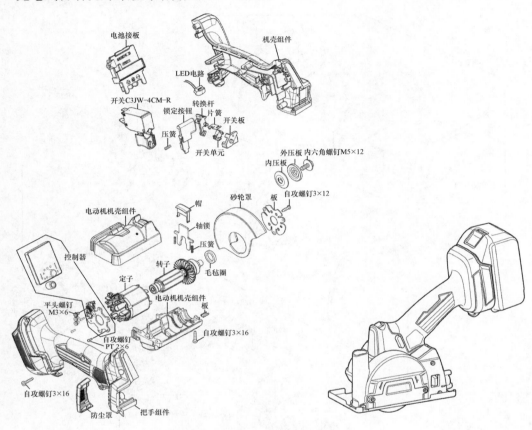

图 7-8　充电式切断机的外形与结构

第8章

电动砂轮机

8.1 基 础

★★★8.1.1 砂轮机的概念与种类

砂轮机是用来刃磨各种刀具、工具的一种常用设备，也有一种砂轮机是用砂轮或磨盘进行磨削物体表面的。

砂轮机的种类有轻型台式砂轮机、重型台式砂轮机、落地砂轮机、除尘砂轮机、手持电动砂轮机、直向电动砂轮机、电动角向磨光机、单相串励砂轮机、三相中频直向砂轮机等，一些砂轮机的外形如图8-1所示。

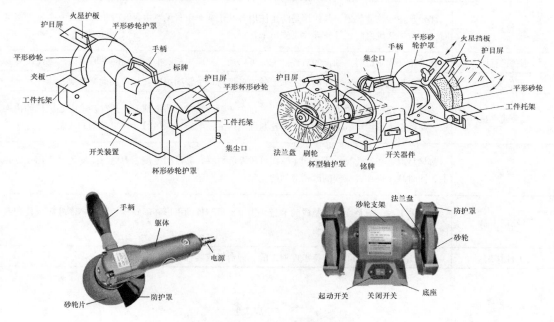

图 8-1 一些砂轮机的外形

一些砂轮机的特点见表8-1。

表 8-1 一些砂轮机的特点

名称	解 说
手持式砂轮机	手持式砂轮机是由砂轮、手柄、外壳等构成的用于去除多余的焊肉、铁锈等的一种常用普通打磨工具。手持式砂轮机可以分为手持式直向砂轮机、手持式角向砂轮机
台式砂轮机	台式砂轮机是放置在适当的工场内，用手握持工件，由固定在该机器主轴上的一个或两个旋转的砂轮，磨削金属或类似材料的一种工具

(续)

名称	解　说
一般直向砂轮机	一般直向砂轮机是一般环境条件下，采用平行砂轮，用圆周面对钢铁进行磨削的单相串励、三相工频、三相中频的直向砂轮机
直向盘式砂轮机	直向盘式砂轮机是转轴与电动机轴成一直线，用于圆周与端面磨削作业的一种工具
立式盘式砂轮机	立式盘式砂轮机是转轴与电动机轴成一直线，用端面磨削作业的一种工具

★★★8.1.2　台式砂轮机的主要结构

台式砂轮机的主要结构见表8-2。

表8-2　台式砂轮机的主要结构

名称	解　说
附件	规定安装到台式砂轮机上，代替砂轮，由主轴带动的其他器件
机器主轴	支承砂轮及带动砂轮旋转的台式砂轮机的电动机主轴
集尘口	能将台式砂轮机连接到集尘系统上的器件
砂轮护罩	部分罩住砂轮的装置，其作用是防止使用者在正常使用时无意中触及砂轮，以及万一砂轮破裂时，在防护区域内防止砂轮碎片飞溅出来
夹板组件	将砂轮夹紧到机器主轴上的器件。夹板可以是，异形夹板、中间凹陷的平形夹板、接合式夹板
平形夹板	平形夹板包含一个固定在机器主轴上的内夹板与一个紧固用的（或可动的）外夹板
接合式夹板	接合式夹板是中心紧固的夹板组件，其包含一个固定在机器主轴上，并对砂轮中心定位的内夹板，与一个不依赖于机器主轴，使砂轮紧固到内夹板上的紧固用的（或可动的）夹板
衬垫	衬垫是放置在砂轮与夹板间的柔软而可压缩的材料，其目的是使压力尽可能均匀地作用在砂轮上，同时减小夹在夹板间的砂轮滑动的危险
砂轮内卡盘	砂轮内卡盘一般是由金属制成的卡盘，用于支承与传动平形杯形砂轮、圆柱杯形砂轮或使用端面部分的砂轮
工件托架	工件托架是用于支承与保持工件加工的一种台面或装置

一点通

台式砂轮机的正常负载是指台式砂轮机连续运行所达到的负载，在该负载下作用于主轴上的转矩为额定输入功率（以 W 为单位）时的转矩。

★★★8.1.3　砂轮机砂轮防护罩安全防护的要求

砂轮机砂轮防护罩安全防护的一些要求如下：

1）台式砂轮机与落地砂轮机的防护罩一般需要备有吸尘口。

2）砂轮防护罩的型式如图 8-2 所示。砂轮防护罩的材料需要选用抗拉强度为 $375\sim460\text{N/mm}^2$ 的 Q235 钢或强度相当的压延钢板制造，其厚度不应低于表 8-3 的规定。

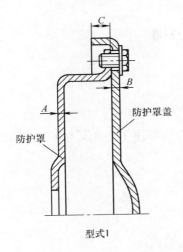
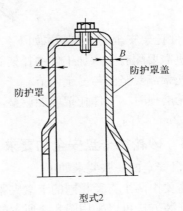

图8-2　砂轮防护罩的型式

表8-3　防护罩的板厚 （单位：mm）

最大砂轮直径 D		100	125	150	175	200	250	300	350	400	500	600
台式砂轮机 落地砂轮机	防护罩最小板厚 A	—	1.5	2	2.5		3			4	5	7
	防护罩盖最小板厚 B	—	1.2		1.5		2		2.5	3	4	5
轻型台式 砂轮机	防护罩最小板厚 A	1.2		1.5		2.0	2.5			—		
	防护罩盖最小板厚 B	1.0		1.2		1.5	2.0			—		

3）防护罩开口角度需要不大于 90°，在砂轮安装轴水平面上方的开口角度需要不大于 65°。半径 R 需要不小于规定的砂轮卡盘半径。如果需要使用砂轮安装轴水平面以下砂轮部分加工时，防护罩开口角度可以增大到 125°，在砂轮安装轴水平面的上方，防护罩开口角度仍需要不大于 65°，如图8-3 所示。

4）防护罩的圆周防护部分需要能调节，或配有可调护板。当砂轮磨损时，砂轮的圆周表面与防护罩可调护板间的距离一般应可调整到 1.6mm 以下。

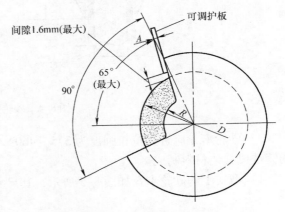

图8-3　防护罩开口角度要求

5）砂轮卡盘外侧面与砂轮防护罩开口边缘间的间距一般应不大于 15mm。

6）可调护板的板厚不应小于防护罩板厚，但台式砂轮机和落地砂轮机的板厚最小不得小于 3mm。紧固可调护板的螺钉不应少于 2 个，螺钉直径不小于可调护板厚度的 1.6 倍（最小不小于 M5）。如果采用导向式或铰链式可调护板，其安装螺钉允许减少 1 个。

点通

砂轮机工件托架安全的一些要求如下：

1) 砂轮机需要配有支承加工件的托架。

2) 工件托架需要坚固与易于调节。

3) 当砂轮磨损时，工件托架应能调整，并且能够使工件托架与砂轮圆周表面的最大间隙仍可保持在 2mm 以内。

★★★8.1.4　砂轮机卡盘安全的要求

砂轮机卡盘安全的一些要求如下：

1) 砂轮需要由两个直径相同的卡盘夹紧。

2) 砂轮安装方法可以采用图 8-4 所示的结构型式。

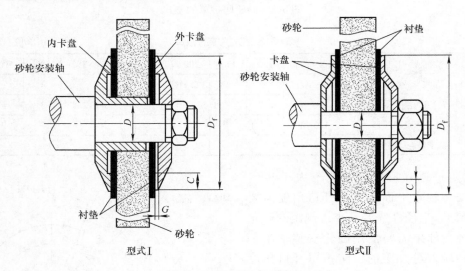

图 8-4　砂轮安装方法

3) 砂轮卡盘应选用抗拉强度为 $375 \sim 460 \text{N/mm}^2$ 的 Q235 钢或具有能满足相同性能要求的铸铁或其他材料制成。

4) 型式 I 的砂轮卡盘如图 8-5 所示，其尺寸需要符合表 8-4 中的规定。

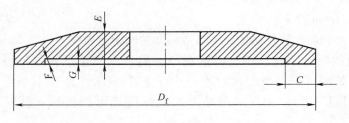

图 8-5　型式 I 的砂轮卡盘

表8-4 型式 I 的砂轮卡盘尺寸 （单位：mm）

最大砂轮直径	100	125	150	175	200	250	300	350	400	500	600
卡盘最小直径 D_f	40	45	55	60	70	85	120		175	250	360
卡盘平面最小厚度 E	5	6	10				13		15	20	
卡盘斜面最小厚度 F	3.2		5		6.5		8		10	15	
最小接触面宽度 C	6	8	9	10	12		15		20		25
最小凹面深度 G	1.5										

5）型式 II 的砂轮卡盘如图8-6所示，其尺寸需要符合表8-5中的规定。

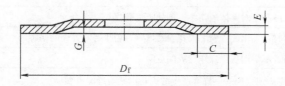

图8-6 型式 II 的砂轮卡盘

表8-5 型式 II 的砂轮卡盘尺寸 （单位：mm）

最大砂轮直径	100	125	150	175	200	250
卡盘最小直径 D_f	40	45	55	60	70	85
卡盘最小厚度 E	2		2.5		3	3.5
最小接触面宽度 C	6	8	9	10	12	
最小凹面深度 G	1			1.5		

6）砂轮与卡盘间需要衬以柔性材料制成的衬垫，其厚度为1~1.5mm，并且衬垫需要将砂轮卡盘接触面全部覆盖，以及直径应大于卡盘直径2mm。

7）砂轮安装轴直径与轴端螺纹需要符合表8-6中的规定。

表8-6 砂轮安装轴尺寸 （单位：mm）

最大砂轮直径	100	125	150	175	200	250	300	350	400	500	600
砂轮安装轴最小直径 D	10	13[1]			16	18	25		32	40	45
砂轮安装轴端螺纹	M10	M12			M16		M24		M30		M36

[1] 对外销转内销的产品，该尺寸可为12.7。

8）砂轮安装轴端螺纹旋向需要与砂轮旋转方向相反，以免砂轮机运转中松脱零件、部件。

★★★8.1.5 砂轮机的主要危险

砂轮机的主要危险见表8-7。

表 8-7　砂轮机的主要危险

项目	解　说
机械危险	1）锐边、尖角、突出部分等对人体的伤害 2）砂轮碎片飞出 3）高速旋转的主轴、卡盘、砂轮等造成的危险 4）安全装置失效，例如砂轮防护罩脱落
电气危险	1）电动机、电器因损坏造成的触电危险 2）突然断电后意外起动的危险 3）砂轮机过热造成的危险 4）电线老化、破损导致的触电事故
噪声危险	由噪声产生对人体的伤害，例如听力受损
粉尘、飞溅物危险	磨削时，飞出的砂粒、火花、磨屑物、粉尘等对人体的伤害
操作不当的危险	使用者不根据规程操作造成的危险
其他危险	1）爆炸或火灾——打磨产生的火花点燃附近的可燃物 2）骨骼与肌肉的功能紊乱——长期重复保持不舒服的工作姿势

 一点通

砂轮机导致的伤害主要原因如下：

1）使用不配套的砂轮。

2）安装不正确。

3）操作注意力不集中。

4）不正确使用个人防护用品。

5）不正确使用砂轮机。

6）安全装置失效。

★★★8.1.6　使用砂轮片的安全注意事项

使用砂轮片的一些注意事项如下：

1）运送砂轮片过程需要小心。

2）不能扔或磕碰任何物体。

3）如果砂轮片曾经被摔过或重击过，则不能使用，需要换新的砂轮片使用。

4）如果砂轮片破损严重或有裂纹，需要立即更换。

5）新砂轮片需要保存于靠近打磨作业场所的干燥的环境中。

6）打磨用砂轮片根据重量、尺寸、中心孔径、转速进行分类，这些信息可以在砂轮片上获得。

7）打磨用砂轮片只能够用于打磨，不能够用于切割材料，而且只能使用研磨面，不能使用背面。

8）切割用砂轮片是根据尺寸、中心孔径、厚度分类，这些信息也可在砂轮片上获得。

9）切割用砂轮片只能用于切割，不能用于研磨，并且只能使用其边缘。

10）调节、保养、更换砂轮片前，需要首先切断电源。

11）使用的砂轮片需要是符合相关要求的产品。

12）确认砂轮最大转速大于砂轮机最大转速，这样即使砂轮机电动机烧坏也不会使砂轮片破碎。

13）检查砂轮片及附件是否有裂纹或瑕疵。

14）需要经常清洁砂轮片与砂轮机。

15）安装前，需要进行必要的轻敲检查：用较轻的非金属工具（如螺丝刀木把）轻轻地敲打一张干燥干净的砂轮片。如果听到清脆的声音，说明砂轮片是正常的。如果听到沉重的声音，则说明砂轮片可能有裂纹或不能使用。

16）确认砂轮片可以毫不费力地安装在轴杆上，据此检查中心孔径与砂轮机是否配套。

17）拆装砂轮片需要使用专用扳手，严禁使用不合格的自制工具。

18）轴杆螺母必须能够使砂轮足够紧地固定，又不会使法兰变形。

19）确认砂轮片的防护罩处于正确的位置。

20）安装砂轮片，在清洁防护罩或更换防护罩后，应使砂轮机空转 1min 以测试可靠性与砂轮的平稳性，此时人应处于防护罩一侧。

21）如果防护罩不在正确位置，砂轮机不能使用。

22）如果防护罩丢失、破损、失效，应及时更换安装。

★★★8.1.7 砂轮机的正确使用

正确使用砂轮机的方法、要点见表8-8。

表8-8 正确使用砂轮机的方法、要点

项目	解　说
使用前准备	1）确认所使用的电源与砂轮机所需要的规格相符 2）确认砂轮机电源开关是切断状态，方可插头插入电源插座 3）不得在易燃易爆等危险区域内使用砂轮机 4）不得使用没有防护罩的砂轮机 5）不要认为打磨作业没有风险 6）需要清楚并慎重对待存在的风险 7）使用砂轮机前，需要学会如何消除、减少、防止风险转变为伤害 8）不得使用不符合砂轮机要求的砂轮片 9）确认轮罩和砂轮螺母安装紧固 10）使用前，应检查砂轮与接盘间的软垫并安装稳固，螺母不得过紧 11）凡受潮、变形、裂纹、破碎、磕边缺口、接触过油、碱类的砂轮均不得使用，并不得将受潮的砂轮片自行烘干使用 12）开始打磨前，需要在安全区域进行试运转，以确认装配是否正确无误以及砂轮是否无显著缺陷 13）试运转时间为更换砂轮后 3min 以上，开始日常作业前 1min 以上 14）电动砂轮机应正确接地，接地接头和漏电保护器应符合要求。检查电缆与接头是否破损 15）砂轮机起动后，运行到正常速度后方可进行磨削作业 16）当在工作场所发现没有按照安全行为操作砂轮机时，需要对作业人员进行教育或指导 17）打磨作业点周围 3m 内有其他作业人员，他们应该配备与操作人员相同的劳动保护用品 18）使用台钻砂轮机时严禁戴手套

（续）

项目	解　说
使用过程中	1）新砂轮机首次打磨时，需要等砂轮的前缘适当磨损后，才可以往任何方向打磨 2）操作人员需要根据工序要求选择合适的砂轮片。打磨坡口时一般选用6mm厚的砂轮片。打磨坡口间隙时一般需要选择3mm厚的砂轮片 3）电缆不应妨碍别人工作或使人绊倒 4）作业时，操作人员必须佩戴护目镜或其他面部防护用品 5）注意附近作业环境，严禁将砂轮机面对周围的施工人员 6）作业中，发现异常情况后需要立即停止作业，等排除故障并确认无误后方可继续使用 7）拿起或放下砂轮机时，不能提拿电线，也不能拉扯电线从电源插座拆除插头 8）电线需要与热源和油液隔开，并避免与锐利的边缘接触 9）作业不可对砂轮机施加过大的压力，需要用力均匀，以免损坏机械或导致砂轮片破碎伤人 10）打磨时，不能将砂轮机的全表面施加在要打磨的材料上，砂轮片与被打磨材料需要保持15°～30°的角度 11）更换砂轮片时要切断电源及风带的快速接头
使用后	1）停止作业或检修时，需要先关闭砂轮机电源或风动开关，将转动的砂轮片在打磨工件上缓慢减速，并且确认停止转动后方可将砂轮机放置在平稳且干燥的工作台或地面上 2）砂轮片要存放在不易受潮的地方 3）严禁操作人员手拿砂轮机打斗、嬉闹
使用手提电动砂轮、坡口机	1）选用结构特性符合被磨削材料、磨削性质的砂轮，并且使用前需要做全面的性能检查 2）一般需要选用可调式砂轮防护罩，以便随时根据工作要求进行调整 3）磨削或切割时，施力不要过大，应均匀施力，以防砂轮破碎 4）手拿砂轮时，需要注意使其不要碰撞或磕碰到坚硬的金属等物体

★★★8.1.8　砂轮机的维修

砂轮机的维修方法、要点见表8-9。

表8-9　砂轮机的维修方法、要点

异常现象	原因	排除方法
电动机不转动（有电磁声音）	起动电容损坏	更换新起动电容
	三相电源断相（为采用三相电源的设备）	检查、维修电路
	电源开关损坏	更换电源开关
	轴承卡死	更换轴承
	绕组烧坏	维修绕组
电动机不转（无电磁声音）	电源开关损坏	更换电源开关
	绕组烧坏	维修绕组
	停电	等待供电
砂轮易碎、磨损过快	砂轮类型不正确	更换对应类型的砂轮
	安装不正确	正确安装
	轴承损坏	更换轴承
	砂轮过期、质量不好	更换合格的砂轮
声音不正常	轴承磨损严重	更换轴承
	绕组故障	维修绕组
	断相运行	检查、维修电源
	砂轮安装不正确	正确安装砂轮
绕组烧毁	定子、转子扫膛	更换轴承
	单相电动机误接入380V电源	检查电源
	三相电动机断相运行（为采用三相电源的设备）	检查电源

8.2 结构速查

★★★8.2.1 砂轮机的结构

某款砂轮机的结构如图8-7所示。

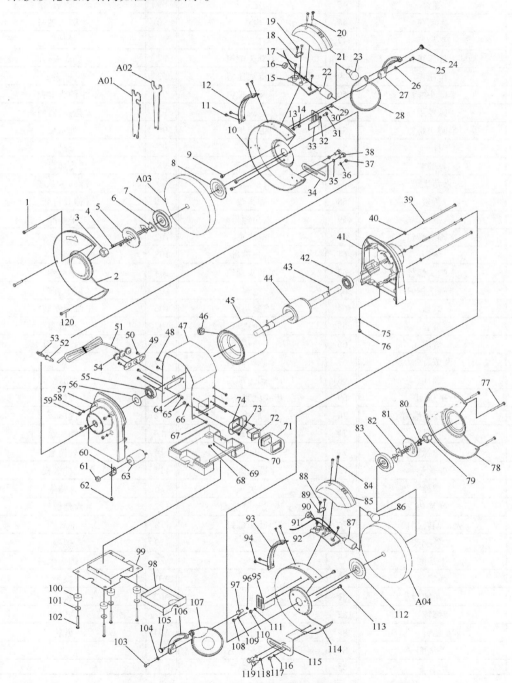

图8-7 某款砂轮机的结构

图号	部件名称	图号	部件名称	图号	部件名称
1	半圆头螺钉	42	轴承	86	灯泡
2	砂轮罩	43	销	87	灯管
3	螺母	44	转子	88	平圆头螺栓
4	螺钉	45	定子	89	压板
5	平衡板	46	电刷	90	半圆头螺钉
6	平衡器	47	机壳	91	螺母
7	外压板	48	半圆头螺钉	92	盖板
8	内压板	49	电源线压板	93	杆夹
9	半圆头螺钉	50	半圆头螺钉	94	半圆头螺钉
10	砂轮罩	51	电源线	95	火花偏转挡板
11	半圆头螺钉	54	电源线护套	96	弹簧垫
12	杆夹	55	轴承	97	螺栓
13	弹簧垫	56	波形垫圈	98	冷却盘
14	六角螺母	57	机壳盖	99	冷却盘总成
15	盖板	58	弹簧垫	100	橡胶衬套
16	螺母	59	六角螺母	101	平垫圈
17	半圆头螺钉	60	电容夹	102	半圆头螺钉
18	压板	61	六角螺母	103	螺栓
19	平圆头螺栓	62	半圆头螺钉	104	平垫圈
20	半圆头螺钉	63	电容	105	调节旋钮
21	灯盖	64	弹簧垫圈	106	护眼罩安装臂
22	灯管	65	六角螺母	107	护目盖
23	灯泡	66	弹簧垫圈	108	六角螺母
24	调节旋钮	67	半圆头螺钉	109	弹簧垫
25	螺栓	68	半圆头螺钉	110	六角螺母
26	平垫圈	69	齿式锁紧垫圈	111	弹簧垫
27	护眼罩安装臂	70	底板	112	内压板
28	护眼罩	71	开关盖	113	半圆头螺钉
29	六角螺母	72	开关	114	砂轮盖
30	弹簧垫	73	半圆头螺钉	115	工件搁板
31	螺栓	74	开关板	116	弹簧垫
32	弹簧垫	75	齿式锁紧垫圈	117	六角螺母
33	火花偏转挡板	76	半圆头螺钉	118	平垫圈
34	工件搁架	78	侧盖	119	螺栓
35	平垫圈	79	螺母	120	半圆头螺钉
36	弹簧垫	80	螺钉	A01	扳手
37	六角螺母	81	平衡板	A02	扳手
38	螺栓	82	平衡器	A03	砂轮
39	螺钉	83	外压板	A04	砂轮
40	平垫圈	84	半圆头螺钉		
41	机壳盖	85	灯盖		

图 8-7 某款砂轮机的结构（续）

★★★8.2.2 直向砂轮机的结构

某款直向砂轮机的结构如图 8-8 所示。

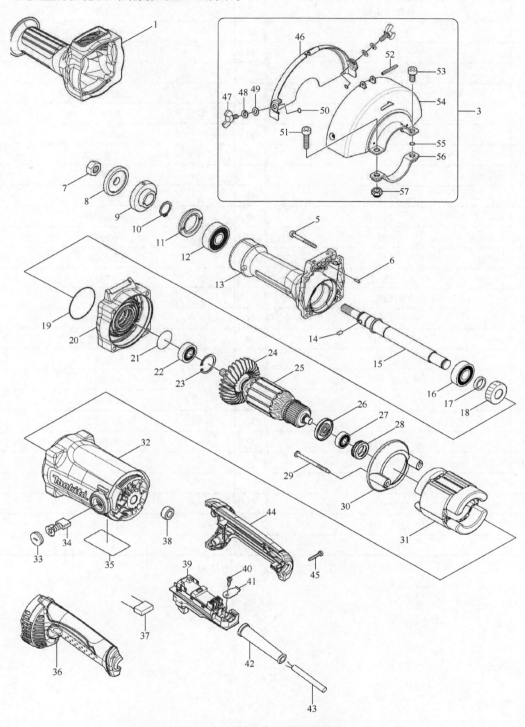

图 8-8 某款直向砂轮机的结构

图号	部件名称	图号	部件名称
1	绝缘盖	31	现场组件 220V
3	砂轮罩组件	32	电动机外壳
5	自攻螺钉	33	电刷盖
6	销	34	电刷
7	六角螺母	35	铭牌
8	外压板	36	手柄组件
9	内压板	37	电容
10	挡圈	38	电线套管
11	轴承保持架	39	开关（带自锁）
12	轴承	40	自攻螺钉
13	齿轮箱	41	张紧片
14	销	42	电源线护套
15	主轴	43	电源线
16	轴承	44	手柄组件
17	环	45	自攻螺钉
18	斜齿轮	46	支撑盖
19	O 形圈	47	蝶形螺栓
20	齿轮箱盖	48	弹簧垫圈
21	O 形圈	49	平垫圈
22	轴承	50	O 形圈
23	挡圈	51	内六角螺栓
24	风叶	52	弹簧圆柱销
25	转子组件	53	六角螺栓
26	绝缘垫圈	54	砂轮罩
27	轴承	55	O 形圈
28	橡胶垫圈	56	密封袋
29	自攻螺钉	57	六角锁紧螺母
30	挡风圈		

图 8-8　某款直向砂轮机的结构（续）

第9章

磨光机、抛光机与砂光机

9.1 角 磨 机

★★★9.1.1 角磨机的特点

角磨机的特点如下：

1）角磨机是磨削制作中重要的一种磨具。

2）角磨机就是用磨料与结合剂树脂等做出来的中间有孔的一种磨具。

3）角磨机是磨具里用量最大、运用面最广的一种工具。

扫一扫看视频

4）角磨机运用时高速扭转，从而可以实现其对金属或非金属工件的外圆、内圆、平面、各类型面等进行粗磨、半精磨、精磨、开槽、割断等一些功能操作。

5）因磨料、结合剂、制造手法不同，具体的一些角磨机的特征具有差异。

6）角磨机的关键特征是由磨粒、结合剂、硬度、组织、形态、大小等因素决定。

7）角磨机的特征参数主要有磨料、黏度、硬度、结合剂、形状、尺寸等。

8）根据形状，角磨机可以分为平形角磨机、斜边角磨机、筒形角磨机、杯形角磨机、碟形角磨机等。根据结合剂，角磨机可以分为陶瓷角磨机、树脂角磨机、橡胶角磨机、金属角磨机等。

★★★9.1.2 电动手持角磨机的应用

电动手持角磨机的其他称呼有电动角磨机、手持角磨机、角磨机、磨光机、研磨机、盘磨机等。角磨机是转轴与电动机轴成直角，用圆周面与端面进行磨光作业的一种工具，其是利用高速旋转的薄片砂轮以及橡胶砂轮、钢丝轮等对金属构件进行磨削、切削、除锈、磨光加工的一种电动工具。

角磨机的外形结构如图9-1所示。

角磨机的应用如下：

1）角磨机在机械制造、造船、电力、建筑等部门得到了广泛的应用。

2）木工、瓦工、电焊工等技术工常需要用到角磨机。

3）一些工厂，角磨机是必备的电动工具之一。

4）建筑装饰工程中，常用角磨机对金属型材进行磨光、除锈、去毛刺等作业。

5）角磨机可以用于修磨与切割不锈钢、合金钢、普通钢管等型材、管材，以及清理工件飞边毛刺、焊缝开坡口等作用。

6）角磨机主要使用磨片、切片进行作业，也可以配锯片、云石片、抛光片、羊毛轮等。换上专用砂轮可切割砖、石、石棉波纹板等建筑材料。换上圆盘钢丝刷，可用于除锈、砂光金属表面。换上抛光轮，可以抛光各种材料的表面。角磨机常见的一些配件如图9-2所示。

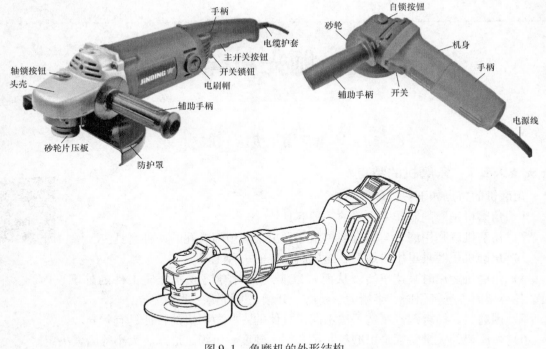

图 9-1　角磨机的外形结构

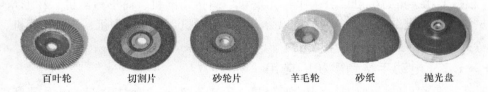

图 9-2　角磨机常见的一些配件

7）小头壳角磨机的头壳较小，可以应用在比较狭小的工作空间。

8）一些金属加工的作业如不锈钢防盗窗、灯箱制作，以及石材加工安装都会应用角磨机。

9）对其他砂磨工具无法加工的大型、复杂的零部件，有时也可以使用角磨机来完成任务。

★★★9.1.3　角磨机的工作原理

电动角磨机的旋转是通过螺旋锥齿轮传动实现的。电动角磨机的一对螺旋锥齿轮装在齿轮箱中，其箱壳的一端与电动机的机壳用螺钉连接，另一端通过砂轮接盘与砂轮、螺母紧固在一起。砂轮轴的上端采用滚针轴承，从而减少砂轮的径向摆动。这样，电动角磨机工作时，电动机的高速旋转运动经螺旋锥齿轮减速，并与轴线变换90°后驱动薄片砂轮、橡胶砂轮、钢丝轮等对金属构件进行磨削、切削、除锈、磨光等加工作业。

★★★9.1.4　角磨机的类型

角磨机的一些类型如下：

1）根据动力，角磨机可以分为电动角磨机、气动角磨机。气动角磨机一般适合高精度的作业。电动角磨机一般用于大型、重型工作的作业。小型电动角磨机也能够适应小型工作的作业。本书主要讲述手持电动角磨机。

2）根据功能，角磨机可以分为普通电动角磨机、多功能电动角磨机。普通电动角磨机只有单一角磨功能。多功能电动角磨机可以角磨，也可以钻孔，有的还可以调速。

3）根据应用领域，可以分为家用角磨机、专业角磨机。

4）根据砂轮（磨片）的直径规格来分类，角磨机常见的有100mm、125mm、150mm、181mm、230mm、300mm等规格。

5）根据动力驱动电动机，可以分为单向串励电动机角磨机、三相中频电动机角磨机。

6）另外，也可以根据额定转速、额定功率等参数级别来分类。常见的额定转速为5000~11000r/min，常见的额定功率为670~2400W。

★★★9.1.5 电动角磨机规格的依据

电动角磨机的规格是根据所使用砂轮的直径分级的，具体的依据与特点见表9-1。

表9-1 电动角磨机的规格

规格/mm	砂轮片规格/mm	砂轮片安全线速度/(m/s)	最高空载转速/(r/min)	额定电压/V	额定功率/W	质量/kg
100	$\phi100 \times 4 \times \phi16$	80	10000	~220	370	2.1
125	$\phi125 \times 6 \times \phi22$	80	10000	~220	580	3.5
150	$\phi150 \times 6 \times \phi22$	80	10000	~220	800	4.5
180	$\phi180 \times 6 \times \phi22$	80	8000	~220	1700	6.8
230	$\phi230 \times 8 \times \phi22$	80	5800	~220	1700	7.2

★★★9.1.6 电动角磨机的选择

选择电动角磨机的方法、要点如下：

1）根据实际需要来选择相应规格的角向磨光机。

2）一般而言，需要爬高作业，或在比较难以操作的环境中作业时，选用 $\phi100$mm 电动角磨机比较合适。因为 $\phi100$mm 电动角磨机质量轻，使用方便，可单手操作。但要注意，其磨削效率较低，操作力稍大时易过载损坏。

3）需要大量磨削的工件、坡口等，选择功率较大的 $\phi180$mm、$\phi230$mm 电动角磨机比较合适。

4）挑选角磨机的方法见表9-2。

表9-2 挑选角磨机的方法

项目	解说
角磨机的电源线	好的角磨机电源线一般有3m长，并且电源线拿在手上比较软，以及具有弹性
角磨机的整体做工	好的角磨机整体做工很精细，并且前面铝头喷的漆很光滑
角磨机的包装	好的角磨机，它的包装看起来整洁大方，包装内有产品说明书、保修证、合格证、附件等
开关	角磨机后置开关，具有防尘效果好等特点

★★★9.1.7　角磨机的内部结构

角磨机的内部结构由外压板、内压板、砂轮罩、盘头三组合螺钉、砂轮罩压板、弹性垫圈、轴承座、输出轴、骨架油封、垫圈、轴承、轴承盖板、大锥齿轮、滚针轴承、自攻带垫螺钉、锁销弹簧、锁销、锁销帽、小锥齿轮、轴承、导风圈、装机转子、防振柱、绝缘垫、装机定子、侧手把、电缆护套、刷握盖板等组成。图9-3是一款角磨机的外形及其内部结构。

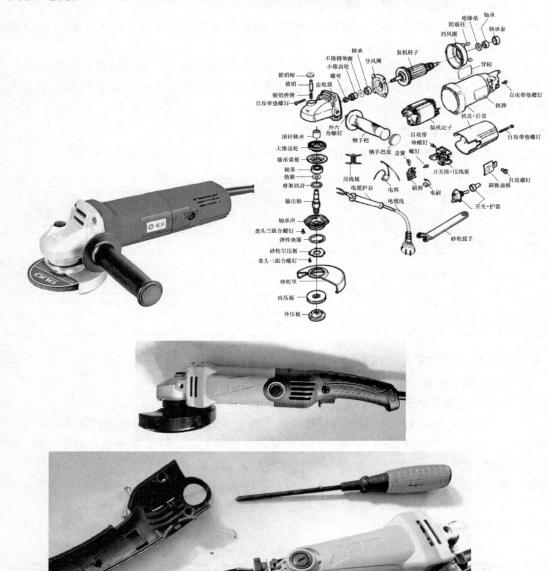

图9-3　角磨机外形与内部结构

★★★**9.1.8 角磨机结构部件的应用**

角磨机一些结构部件的应用见表9-3。

表9-3 角磨机一些结构部件的应用

型号	规格	适 配
G1003 内外压板		国强角向磨光机 G1003、博世 GWS6 – 100
盘簧		国强角向磨光机 SIM – NG – 100（G1004）盘簧、德伟 DW803 的盘簧
G1003 输出轴		国强角向磨光机 G1003、博世 GWS6 – 100
G1003 大小锥齿轮		国强角向磨光机 G1003、博世 GWS6 – 100
G1004 齿轮		国强角向磨光机 G1004、德伟 DW803
G1005A 锥齿轮		国强角向磨光机 G1005A、9556
转子/定子 6 – 100		国强角向磨光机 G1003、博世 GWS6 – 100
转子/定子 DG101		国强电磨 DG101、牧田电磨 903
转子/定子 G1001		国强角向磨光机 G1001、牧田角向磨光机 9523NB

（续）

型号	规格	适　配
转子/定子 D104		国强手电钻 D104
转子/定子 G1005A		国强角磨机 G1005A 、牧田 9556NB/9557NB、德伟 DW801/803
转子/定子 M1101		切割机牧田 4100NH 、国强 M1101
转子/定子 401		电镐/电动锤配博世 GSH11E 、国强 401
转子/定子 T6A		修边机配牧田 N3703/3703、国强 T6A
转子/定子 M1103		切割机配新日立 110 CM4SB、国强 M1103、M1251
转子/定子 D101		国强手电钻 D101
转子/定子 9035		砂光机配牧田 9035 、国强 S93
转子/定子 K1101		开槽机配国强 K1101
转子/定子 K1801		开槽机配国强 K1801
转子/定子 SP1804		抛光机配国强 SP1804

（续）

型号	规格	适　配
转子/定子 M1801		切割机配牧田 4107B 、国强 M1801
转子/定子 DG251		电磨配龙牌电磨、国强 DG251
转子/定子 C2351		电圆锯配牧田 5900B、国强 C2351
转子/定子 CL405		电链锯配牧田 5016B、国强 CL405
转子/定子 S110		砂光机配牧田 BO4510 、国强 S110
转子/定子 R12A		雕刻机配牧田 3612BR 、国强 R12A
转子/定子 J553		曲线锯配博世 GST85PB、国强 J553
转子/定子 G1251		日立 150/G15SA、国强角磨机 G1501
转子/定子 G180		角磨机配波珠 GWS21 – 180、国强 G180
转子/定子 H201		电锤配波珠 20（博世 GBH2 – 20）、国强 H201
转子/定子 T6C		修边机配牧田 N3701 、国强 T6C
转子/定子 C1851		电圆锯配日立 185 C7、国强 C1851/C1852
转子/定子 DG252		电磨配日田电磨 TGH – 6BA 、国强 DG252

（续）

型　号	规　格	适　　配
转子/定子 65A		电镐配日立 PH65A、国强 65A
转子/定子 P82A		电刨配牧田 1900B、国强 P82A/P82B
转子/定子 255		皮带锯配达美 255 090、国强 255
转子/定子 H381		电锤配日立 38（PR－25E/38E）、国强 H381
转子/定子 H26F－3		电锤配波珠 26（博世 GBH2－26）、国强 H26F－3
转子/定子 G1006		角磨机配日立 100 G10SF/G10SF3、国强 G1006
转子/定子 DR132		冲击钻配日立 VTP13/DU－10、国强 DR132/D130

　　另外，国强角磨机 G1004 的转子也适配得伟角磨机 DW803/DW801 的转子。国强角磨机 G1004 的定子也适配得伟角磨机 DW803/DW801 的定子。

 一点通

　　选择角磨机的磨片与切片的方法与注意事项如下：
　　1）质量差的磨片与切片，安全性不高，容易爆裂。
　　2）质量差的磨片与切片动平衡性不高。如果磨片、切片动平衡度不高，使用角磨机时会明显感到工具振动大，易疲劳。另外，动平衡性不高的磨片与切片也会降低角磨机的使用寿命。
　　3）注意切片的薄厚，一般薄片切割，厚片打磨。

★★★9.1.9 安装、拆卸砂轮罩的注意事项

安装、拆卸砂轮罩的一些注意事项如下：

1）安装或拆卸砂轮罩前，必须先关闭工具电源开关，拔下电源插头。

2）砂轮罩必须安装在工具上，确保砂轮罩的封闭侧始终朝向操作者所在的位置。

3）安装砂轮罩时，先将砂轮罩边缘上的凸起部位与前盖上凹陷部位对齐，然后将砂轮罩旋转180°左右。

4）安装螺钉一定要拧紧。

5）拆卸砂轮罩时，按与安装步骤相反的顺序操作即可。

 一点通

安装砂轮的要点如下：

1）安装或拆卸砂轮前，必须先关闭工具电源开关，拔下电源插头。

2）先将下压板安装在输出轴上，再将砂轮片安装在下压板上，然后将上压板拧紧在输出轴上。

★★★9.1.10 安装角磨机的注意事项

安装角磨机的一些注意事项如下：

1）角磨机的主轴一定要直、圆滑、干净、没有损伤。

2）角磨机的主轴长短一定要在认可的范围内。

3）无论是卡盘还是法兰盘其压紧面一定要平坦、干净，并且外径要大于角磨机外径的1/3。

4）合格的法兰盘表面必须小于0.01mm，如果测量发现有差异，则需要维修法兰盘。

5）不得把角磨机硬塞到主轴上或者随意变换角磨机的孔径。如果角磨机的孔径与主轴不匹配，则需要使用适合的角磨机。

6）能自由地把角磨机装配到主轴上或法兰上才是适合的角磨机。

7）不可以使用不洁净、不平整、有毛刺、长短大小不一的法兰。

8）如果法拉是对点紧固的法兰，不可以把法兰拧得太紧。

9）紧固法兰时，要关注螺钉螺母的松紧度，要慢慢地、一步一步地拧紧。有条件的话可以采用测力扳手进行操作。

★★★9.1.11 使用角磨机的注意事项

使用角磨机的一些注意事项如下：

1）保持工作场地清洁、明亮。混乱与黑暗的场地会引发事故。

2）不要在易爆环境下操作角磨机。

3）使用必要的安全装置。

4）着装要适当。

5）不得滥用电线。

6）当在户外使用角磨机时，使用适合户外使用的外接电线。

7）根据用途使用角磨机，不要滥用。

8）长头发操作者，一定要先把头发扎起。

9）使用前要仔细检查砂轮片，应无裂缝、裂口，砂轮出厂日期应在一年内，超过一年的，不宜使用。

10）在使用角磨机进行作业前，应先检查砂轮片的旋转方向，应与减速齿轮箱头部护罩上标示的箭头方向一致。

11）操作角磨机时，需要让儿童与旁观者离开后才能够操作。

12）操作角磨机时，不得分心。

13）操作角磨机时需要保持清醒。不得在疲倦的情况下操作工具。

14）避免突然起动。

15）角磨机接通前，需要拿掉所有调节钥匙或扳手。

16）如果提供了与排屑装置、集尘设备连接用的装置，需要确保它们连接完好且使用得当。

17）角磨机插头必须与插座相配。

18）避免人体接触接地表面，以免增加触电危险。

19）不得将角磨机暴露在雨中或潮湿的环境中。

20）操作时，双手握住机身，再按下开关。

21）以砂轮片的侧面轻触工件，并平稳地向前移动，磨到尽头时，应提起机身，不可在工件上来回推磨，以免损坏砂轮片。

22）如果角磨机转速快、振动大，操作时需要注意安全。

23）进行任何调节、更换附件前，必须拔掉电源插头。

24）根据具体的角磨机使用说明书进行操作。

25）操作时应双脚站稳。当在高处作业时应系好安全带，并确认下面无人。

26）角磨机砂轮应选用增强纤维树脂型，其安全线速度不得小于80m/s。

27）角磨机配用的电缆与插头应具有加强绝缘性能，并不得任意更换。

28）角磨机磨削作业时，应使砂轮与工件面保持15°~30°的倾斜位置。切削作业时，应使角磨机沿切割砂轮平面推进，不要左右横向摆动、移动，以免导致砂轮损坏。

29）角磨机切割、研磨及刷磨金属与石材，作业时不可使用水冷却。

30）切割石材时必须使用引导板。

31）如果是配备了电子控制装置的机型，则在该类机器上安装合适的附件，也可以进行研磨及抛光作业。

32）打开开关后，要等砂轮转动稳定后才能够工作。

33）不能用手拿小零件利用角磨机进行加工。

34）角磨机在高速下运行，为了不出现危险，在装配前需要检查，不应有裂纹等问题；为了使角磨运行平稳，运行前要进行平衡实验。

35）操作角磨机时，切勿用强力。

36）如果在磨削作业时发生工具掉落，一定要更换砂轮片。

37）避免发生砂轮片弹跳与受阻现象，以防砂轮片失控而反弹，尤其是在进行角部或锐边等部位的加工作业时。

38）有的角磨机严禁使用锯木锯片和其他锯片。因为角磨光机使用这些锯片时，会频繁弹起，易发生失控，造成人身伤害事故。

39）如果角磨机运动部件被卡住、转速急剧下降，或突然停止转动、异常推动，或声响、温升过高，或有异味，则必须立即切断电源，待查明原因，经检修正常后方可使用。

40）发现砂轮崩裂，需要立即切断电源，待查明原因，经检修正常后方可使用。

41）出现换向器火花过大、环火等异常现象，需要立即切断电源，待查明原因，经检修正常后方可使用。

42）操作时，应先起动角磨机，后接触工件。结束作业时，需要先离开工件，后切断电源。操作时，应均匀施加压力，不能用力过大。

43）切勿用砂轮片敲击工件。

44）操作角磨机完毕后，一定要关闭工具。

45）将闲置的角磨机贮存在儿童所及范围之外。

46）只有在输出轴停止转动时，才可以使用自锁按钮。输出轴处于转动状态时，不要使用自锁按钮，以免损坏工具。

47）不使用超过磨损标准的角磨机。

48）只能够使用有效期内的角磨机。

49）不使用有质量问题的角磨机。

★★★9.1.12　角磨机的判断与检修

角磨机的判断与检修见表9-4。

表9-4　角磨机的判断与检修

项目	解说
角磨机漏电	导致角磨机漏电的常见故障有：转子漏电、定子漏电、电刷座漏电、内部导线破损等。判断角磨机漏电的方法如下： 1）独立测量转子是否漏电 2）拆除电刷，可以判断定子、电刷座、内部导线是否漏电 3）断开定子与电刷座的连接线，可以判断电刷座是否漏电
角磨机强振动导致手发麻	解决角磨机强振动导致手发麻的方法如下： 1）可能是锯片磨钝引起的振动，可以通过更换锯片解决问题 2）可能是轴承不同心，需要调整、维修 3）采用减振手柄，能一定程度上缓解机器工作时造成的振动与手部疲劳
角磨机用2min就发热有烧焦味	角磨机用2min就发热有烧焦味的一些原因如下：转子轴承损坏、轴承座损坏、定转子摩擦、定子线圈匝间短路、转子线圈匝间短路、转子换向器磨损严重、电刷接触不良等
角磨机插上电源没有反应	角磨机插上电源没有反应的一些原因如下：导线断路、开关损坏、电刷接触不良、定子线圈断路等

★★★9.1.13　角磨机的结构

角磨机的结构见表9-5。

表9-5　角磨机的结构

名称	结　　构

结构1

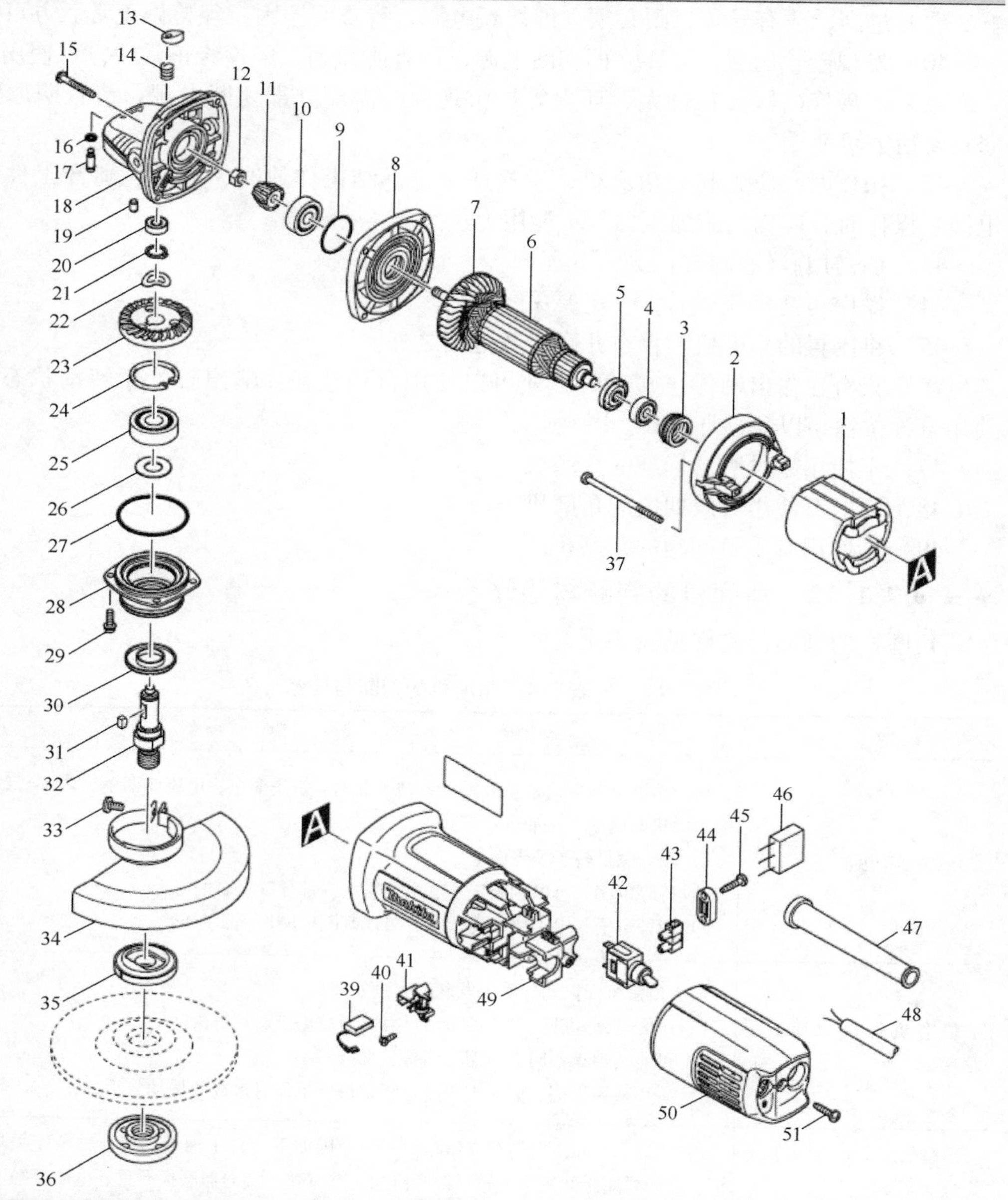

图号	零件名称	图号	零件名称	图号	零件名称
1	定子 220～240V	10	轴承 629LLB	18	齿轮箱组件
3	橡皮圈 19	11	螺旋伞齿轮 10	19	橡胶柱 4
4	轴承 607LLB	12	六角螺母 M6	20	轴承 696ZZ
5	绝缘垫圈	13	锁销盖	21	挡圈 S–12
6	转子 220～240V	14	压簧 8	22	波形垫圈 12
7	风叶 56	15	自攻螺钉 4×30	23	螺旋伞齿轮 12
8	齿轮箱盖	16	O 形圈 5	24	挡圈 R–32
9	O 形圈 26	17	锁销 4	25	轴承 6201DDW

（续）

名称	结　构						

图号	零件名称	图号	零件名称	图号	零件名称
26	平垫圈 12	35	内压板 42	45	自攻螺钉 4×18
27	O 形圈 45	36	锁紧螺母 14－45	46	电容
28	轴承室	37	自攻螺钉 4×70	47	电源线护套 8
29	半圆头螺钉 M4×14	39	碳刷 CB－325	48	电源线 1.0－2－2.5
30	迷宫式垫圈	40	自攻螺钉 PT 3×10	49	机壳
31	键 4	41	电刷握	50	后盖
32	主轴	42	开关 STL115ADT－D	51	自攻螺钉 4×18
33	半圆头螺钉 M5×14	43	接线端子 1P		
34	砂轮罩组件	44	电源压板		

结构 1

结构 2

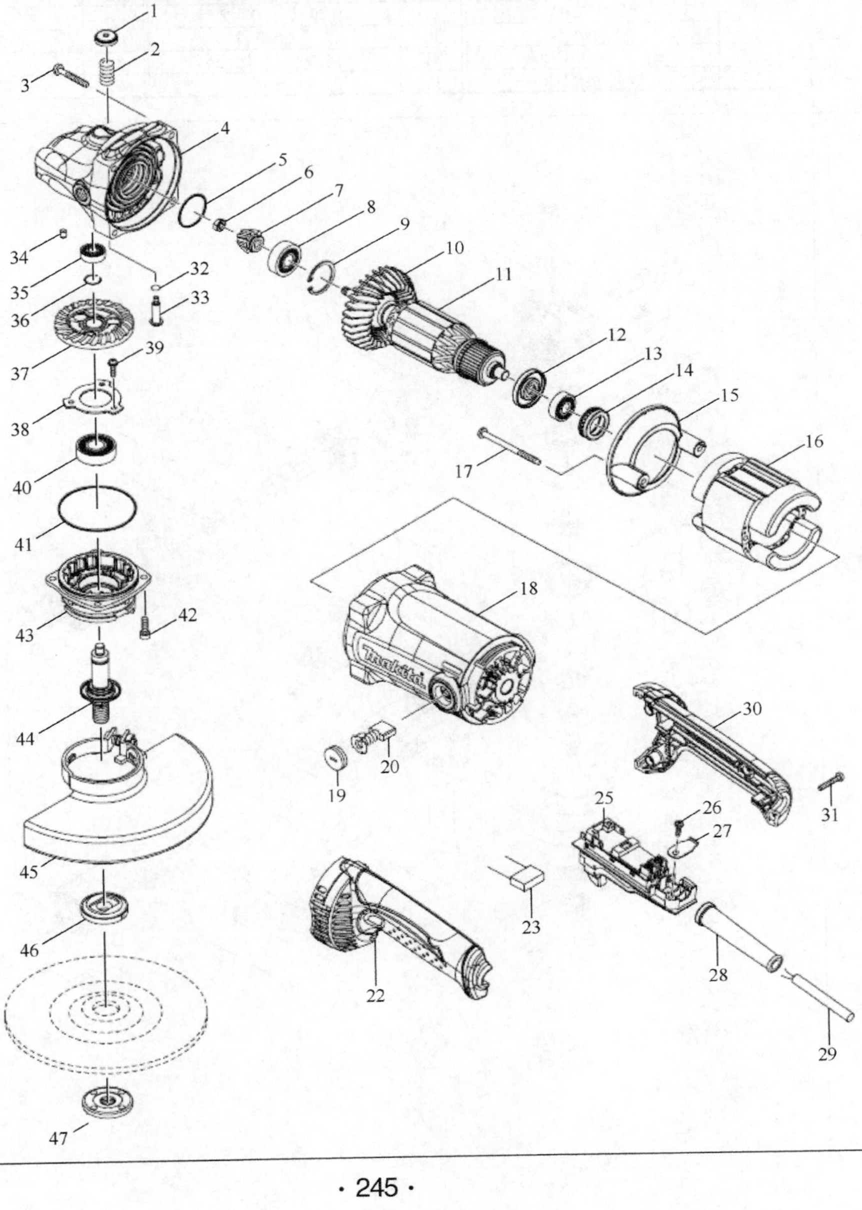

（续）

名称	结　构							

图号	零件名称	图号	零件名称	图号	零件名称
1	锁销盖	15	挡风圈	33	锁销11
2	压簧12	16	定子	34	橡胶柱4
3	自攻螺钉 M5×35	17	自攻螺钉5×70	35	轴承608ZZ
4	齿轮箱	18	机壳	36	环簧13
5	O形圈31	19	电刷盖7-18	37	螺旋伞齿轮38
6	六角螺母M7	20	电刷 CB-204	37	螺旋伞齿轮49
7	螺旋伞齿轮10A 螺旋伞齿轮10B	22	手柄组件	38	轴承保持架
8	轴承6201DDW	23	电容	39	半圆头螺钉M4×1
9	挡圈 R-32 挡圈（INT）R-32	25	开关	40	轴承6202DDW
10	风叶30	26	自攻螺钉4×14	41	O形圈67
11	转子220V	27	张紧片	42	内六角螺栓M5×1
12	绝缘垫圈	28	电源线护套8	43	轴承室
13	轴承6000DDW	29	电源线1.0-2.5	44	主轴
14	橡胶垫圈26	30	手柄组件	45	砂轮罩组件
		31	自攻螺钉4×25	46	内压板42
		32	O形圈7	47	销紧螺母14

结构2

结构3

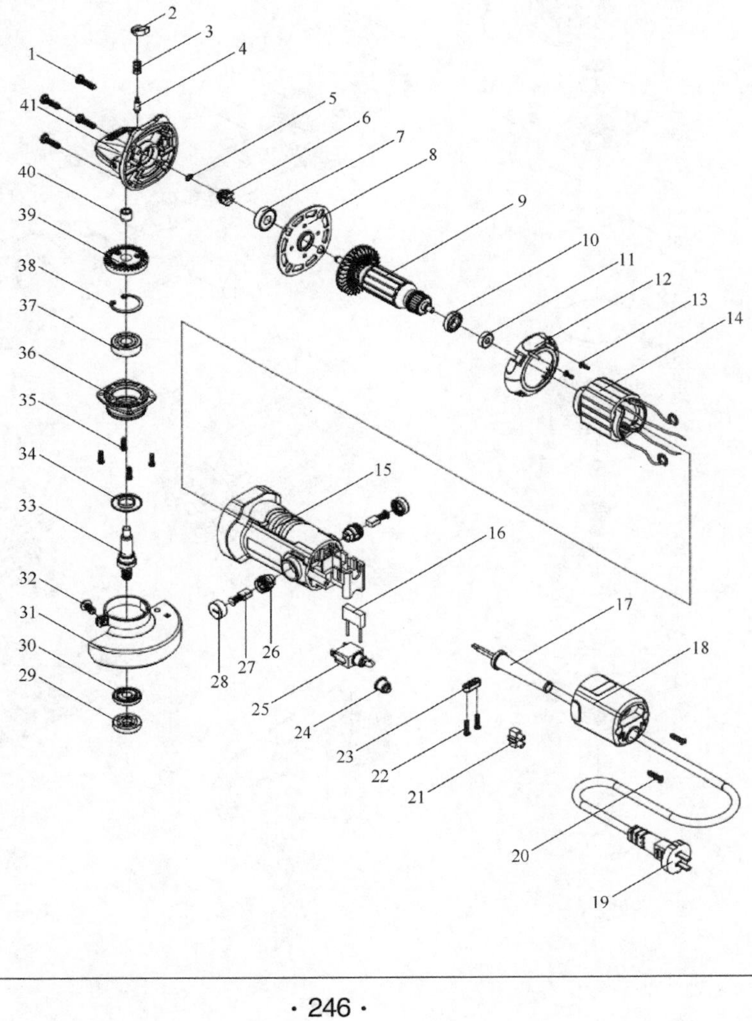

（续）

名称	结　构							
	序号	名称	序号	名称	序号	名称		
结构3	1	自攻螺钉 ST 4.8×20	15	机壳	29	外压板		
	2	自锁钮	16	电容	30	内压板		
	3	自锁钮弹簧	17	电缆护套	31	100mm 防护罩		
	4	自锁销	18	后罩	32	M5×16 螺钉带弹垫		
	5	6mm 轴用弹性挡圈	19	3C 电源线	33	输出轴		
	6	小齿轮	20	自攻螺钉 ST 3.9×18	34	防尘圈		
	7	深沟球轴承 6000RS	21	接线柱	35	M4×12 螺钉		
	8	隔板	22	自攻螺钉 ST 3.9×14	36	头壳盖		
	9	转子	23	电缆压板	37	深沟球轴承 6201RS		
	10	绝缘挡圈	24	开关套	38	32mm 孔用弹性挡圈		
	11	深沟球轴承 606RS	25	开关	39	大齿轮		
	12	导风圈	26	刷握	40	滚针轴承 HK0810		
	13	自攻螺钉 ST 2.9×10	27	电刷	41	头壳		
	14	定子	28	刷盖				

名称	结　构
结构4	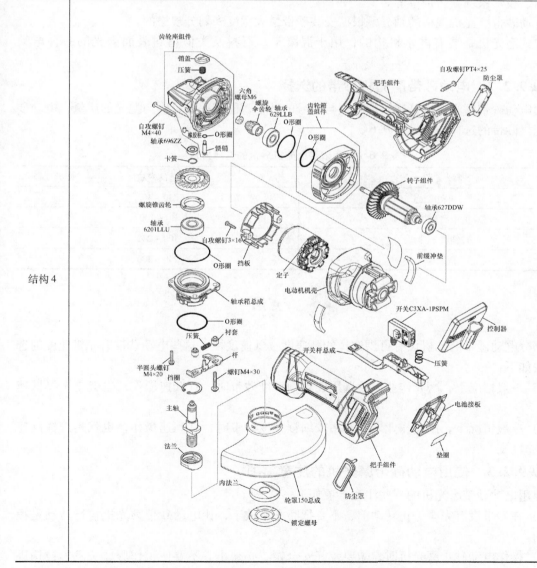

9.2 电磨与磨光机

★★★9.2.1 磨光机的特点

磨光机常见的零部件、配件有头壳、扳手、砂轮片压板、防护罩、开关拉杆（有的磨光机有）、自锁、砂轮片、钢丝轮、轴承套、绝缘垫圈、隔板、电容、电感、螺母、螺钉、半圆键、挡圈等。

电动砂带磨光机是木地板进行磨平砂光的一种专用工具，它适用于已铺设的各种木质新旧地板的磨光。电动砂带磨光机磨削的方向不受纹路的影响。

电动砂带磨光机主要结构部件有单相串励电动机（大型砂带磨光机采用电容式单相电动机或三相电动机）、齿轮减速箱、皮带传动机构、砂带传动机构、砂带张紧调节机构、冷却风扇、吸尘系统、防护罩等。

电动砂带磨光机规格的划分是根据安装砂带最大宽度来划分规格的。

湿式磨光机是装有淋水机构的，用于混凝土、石料及类似材料表面磨光的一种电动工具。

★★★9.2.2 电动砂带磨光机砂带的选择

为电动砂带磨光机选择适当颗粒度与型号的砂带，能够提高打磨与抛光的质量，电动砂带磨光机砂带的选择方法见表9-6。

表9-6 电动砂带磨光机砂带的选择方法

所需磨光、抛光结果	合适的颗粒度
粗糙磨光	30～40
适中磨光/抛光	40～100
较细磨光/抛光	100～240
精细抛光	240～400

 一点通

部分电动砂带磨光机设有可供选择的高速度、低速度档。这些电动砂带磨光机速度的选择方法如下：

1）一般情况下，磨光作业以及选用较粗颗粒度砂带时，宜低速操作，也就是选择低速度档。

2）一般情况下，抛光作业以及选用较细颗粒度砂带时，宜高速操作，也就是选择高速度档。

★★★9.2.3 使用电动砂带磨光机的注意事项

使用电动砂带磨光机的一些注意事项如下：

1）在砂带没有完全停止转动前，不要把磨光机放下，让电动砂带磨光机自行转动是很危险的。

2）操作电动砂带磨光机时，需要戴好安全帽。必须小心不要使工作服、头发等被钩进

砂带与空转带轮内。

3）当粉尘量为集尘袋容量的1/3时，需要将集尘袋中的粉尘倒掉。

4）为获得最佳的操作效果，要以平稳的速度与均匀的受力前后交替地移动电动砂带磨光机。

5）电动砂带磨光机的传动部分，需要经常性查看，以及适时适量地添加润滑脂。同时，注意润滑脂不能够加得太多，以免污染砂带以及影响打磨质量。

6）要经常检查安装螺钉是否紧固，如果发现螺钉松动，需要重新拧紧，以免导致严重的事故。

★★★9.2.4　电动砂带磨光机的维修

电动砂带磨光机的维修见表9-7。

表9-7　电动砂带磨光机的维修

故障	维修
电动砂带磨光机接电后电动机不转	电动砂带磨光机接电后电动机不转的原因与维修对策如下： 1）可能是电源故障，则可以检查、排除电源异常情况即可解决问题 2）可能是开关接触不良，则可以修理或更换开关解决问题 3）可能是电枢短路烧坏，则可以更换电枢解决问题 4）可能是电路断线，则可以检查、排除电刷、定子、电枢电路异常情况即可解决问题
电动砂带磨光机换向器火花大或有环火	电动砂带磨光机换向器火花大或有环火的原因与维修对策如下： 1）可能是电刷压力不足，则可以调整电刷弹簧压力解决问题 2）可能是电刷过度磨损，则可以通过更换电刷解决问题 3）可能是电枢内有部分短路，则可以检查电枢，排除异常情况即可解决问题
电动砂带磨光机电动机转动砂带不动	电动砂带磨光机电动机转动砂带不动的原因与维修对策如下： 1）可能是传动带断裂，则可以通过更换传动带解决问题 2）可能是传动齿杆打坏，则可以通过更换齿杆解决问题 3）可能是检修后没有装上半圆键，则需要重新拆开，装上半圆键才能够解决问题

★★★9.2.5　电磨的特点

电磨是利用砂轮或磨盘进行砂磨的一种电动工具。电磨的特点如下：

1）电磨可以制成直向、角向、软轴传动的工具。

2）电磨用于磨削内孔及空间狭小的部位。

3）没有电磨的情况下，可以将电磨的磨头装在电钻上使用，但效率较低。

4）如果用电磨夹钻头当电钻用是不可以的，因为电磨转速太高，钻头会烧坏。

5）角磨机装上专用的割片可以切割金属。但是，电磨的扭矩小，夹持的磨头直径较小，因此，电磨不能够当作切割工具使用。

6）电磨常见型号是根据电磨头最大直径来划分的，例如10mm、25mm等。

电磨常用的零部件有弹簧夹头、弹簧夹头螺母、O形密封圈、机壳、电磨头等。电磨的外形结构如图9-4所示，内部结构如图9-5所示。

★★★9.2.6　电磨相关配件的主要用途

电磨相关配件的主要用途见表9-8。

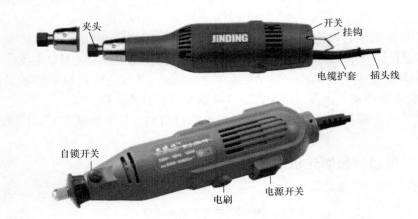

图 9-4　电磨外形结构

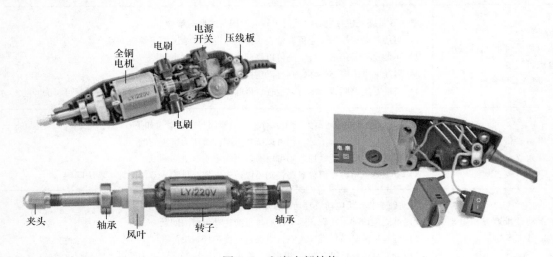

图 9-5　电磨内部结构

表 9-8　电磨相关配件的主要用途

名称	图例	解说	名称	图例	解说
树脂切割片		树脂切割片适合用于切割金属，例如机箱钢板	电磨连接杆		接上连接杆，有的配件才能够安装在电磨上使用，例如树脂切割片、双网切割片、不锈钢切割片、各种磨头等
电磨支架		塑料底座夹在桌子边缘，金属伸缩杆拧在底座上，可以把电磨吊在上面，直接用软轴工作，操作更加方便、顺手	砂纸圈		砂纸圈适合用于打磨木材，但是必须配合橡胶连接轴。注意：砂纸圈有大小两种规格

（续）

名称	图例	解说	名称	图例	解说
抛光膏		抛光膏配合羊毛轮或者羊毛磨头使用，能够使物体表面光滑、亮泽	抛光轮	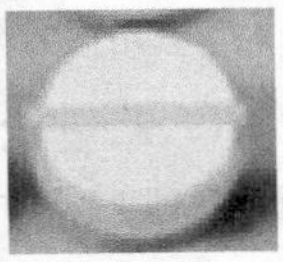	抛光轮适合用于抛光金属、塑料表面
双网切割片		双网切割片适合用于切割金属	高速钢钻头	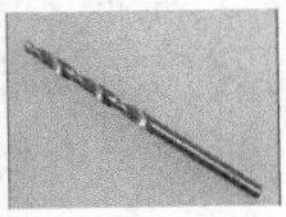	高速钢钻头适合用于钻金属木材等
电磨夹头		更换不同规格的夹头可以夹各种粗细的电磨配件，例如钻头、磨头	金刚砂磨针		金刚砂磨针适合用于金属打磨、雕刻
钢丝刷	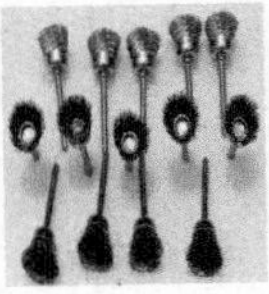	钢丝刷适合用于金属除锈、打磨光亮等			

★★★9.2.7 电磨的选择

选择电磨的方法、要点如下：

1）选择具有"3C"认证、配件齐全、售后服务完善的正规厂家的电磨。

2）质量好的电磨一般采用优质的电动机与工程塑料，以及采用双重绝缘结构、内置干扰抑制器。

3）质量好的电磨外观设计合理、精致、手感较好。

4）选择电磨，也可以采用对比法来选择：首先将两台或多台电磨放在一起，通电后通过声音进行鉴别。质量好的电磨动力强劲，加速迅速有力。质量较差的电磨动力和加速疲软、功率不足，有的带有异常的噪声。

5）一般电磨的电动机使用220V交流电，功率一般为120~250W，带调速功能的电磨转速可以控制在8000~30000r/min。

6）选择电磨还要正确选择电磨的配件：

① 套头可以安装 0.3~2mm 的钻头。

② 切割片、打磨头、抛光头等可以由直径 2mm 的轴连接。

③ 切割时，可以选择树脂高速切割砂片、带布网的切割砂片、金刚砂切割片等。

④ 研磨时，可以选择各种异型陶瓷磨头、砂圈、砂鼓、附柄砂布轮等。

⑤ 抛光时，可以选择羊毛毡轮、毡片、小布轮、钢丝刷、铜丝刷等。

⑥ 带金刚砂的切割片与雕刻头可以在玻璃、玉石上雕刻花纹。

★★★9.2.8　使用电磨的注意事项

使用电磨的一些注意事项如下：

1）保持工作区域清洁。

2）不要在雨中、过度潮湿或有可燃性液体与气体的地方使用电磨。

3）电磨电源线要远离热源、油、尖锐的物体。

4）电源线损坏时，要及时更换，不要与裸露的导体接触以防电击。

5）工作时要穿工作服并戴防护眼镜。

6）不要超过电磨的工作能力来使用。也就是说，不要用小功率的电磨来做大负荷的工作，以免损坏电磨。

7）不要使用电磨做其功能以外的工作。

8）软轴与机身的夹头和软轴与磨头的夹头，需要采用小扳手锁紧。

9）当电磨接通电源时，电源开关必须在"OFF"断开的状态。

10）初次使用电磨，可以先在废旧材料上做试验，积累经验。

11）对较小的工件，务必用老虎钳或类似的固定工具将工件夹住。

12）切勿用磨头敲击工件，以免导致磨头破损，发生危险。

13）操作使用前，需要对所用的磨头进行检查，严禁使用已破损或开裂的磨头。

14）加工前，除应将被加工件固定牢靠外，还应将电磨试转一下（空载），在确认没有任何异常情况后才能够加工操作。

15）对零件进行加工时，应适当控制手对电磨施加的压力，切忌用力过猛。

16）使用切割片加工时，务必保证人员偏离切割片的切线方向，防止切割片飞片伤人。

17）如果在磨削作业时发生工具掉落，一定要更换磨头。

18）应避免发生磨头弹跳与受阻现象，以免造成人身伤害事故。

19）磨头没有接触工件时，接通工具电源，并且等磨头达到全速，然后缓缓将磨头接触工件，并且是从左面慢慢移动工具，这样可以达到良好的作业效果。

20）电磨在运行 15~20min 的时间后，需要停机降温。

21）树脂切割片薄且脆，进刀时，需要轻起轻下，保持切割片与加工件垂直，不要晃动。

22）对于不熟悉的加工工序或加工材料，需要将电磨速度从低速开始调起，尤其对于塑料、有机玻璃等不耐高温的材料，更需要在低速操作，以免烧熔材料、损坏磨头。

23）操作完毕后，一定要关闭工具。

24）务必等磨头完全停止转动后，才可以把电磨放下。

25）检查或保养电磨前，需要先关闭电磨电源开关并拔下电源插头。

26）经常检查开关动作与调速旋钮是否灵活可靠。

27）软轴与电磨机身连接好后，除非特别情况，不要频繁拆卸。

28）更换配件时，必须将电源断开后再装。

29）电磨不用时，需要拔掉电源线，以防意外起动造成危险。

30）电磨不用时要放在干燥且儿童接触不到的地方。

★★★9.2.9 砂磨机的特点

砂磨机的一些特点如下：

1）砂磨机的外形如图9-6所示。

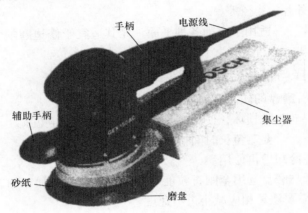

图9-6 砂磨机的外形

2）砂磨机主要用于磨光金属、木材、填料等工作表面以便于油漆作业。

3）砂磨机是由高速旋转（或振动）的平板磨板（平板装有砂纸）对各种装饰面进行砂磨作业的一种工具。

4）砂磨机规格根据磨盘直径或尺寸可以分为旋转型、振动型。旋转型可以分为115mm、125mm、150mm等种类。振动型可以分为110mm×112mm、8mm×130mm、92mm×182mm等种类。

模具电磨是用各种型式的磨头或各种成型铣刀进行高速磨削、抛光、铣切的一种工具。模具电磨适用于复杂形状内表面的精加工。

★★★9.2.10 模具电磨参数的要求

模具电磨参数需要符合表9-9中的规定。

表9-9 模具电磨参数

磨头尺寸/mm	额定输出功率/W	额定转矩/N·m	最高空载转速/（r/min）
$\phi 10 \times 16$	≥40	≥0.022	≤47000
$\phi 25 \times 32$	≥110	≥0.08	≤26700
$\phi 30 \times 32$	≥150	≥0.12	≤22200

★★★9.2.11　金刚石磨盘的种类与用途

金刚石磨盘的种类与用途如下：

1）焊接金刚石磨盘——适用于混凝土、石材的磨削，选择参数有名义外径、锯齿厚度、孔径等。

2）双面磨盘——适用于装配角磨机，可同时进行切磨工作，加工各种石材、混凝土。选择参数有名义外径、锯齿高度、锯齿厚度、孔径等。

3）塑料基体磨盘——适用于角磨机，可磨削石材等非金属材料，以及除金属材料重锈。选择参数有名义外径、孔径等。

4）金刚石平磨片——适用于磨削各种平面，尤其适宜于修边磨削，选择参数有名义外径、锯齿厚度、孔径等。

★★★9.2.12　选择与使用金刚石磨盘的注意事项

选择与使用金刚石磨盘的注意事项如下：

1）为防止工作层非正常损坏，使用磨盘作业过程中需要避免强力、加压操作。

2）无冷却条件下，需要避免长时间持续磨削同一位置。

3）片体烫手时应冷却后再使用。

4）磨削表面质量与磨盘选用金刚石粒度有关，粒度越细，加工的表面粗糙度越好。但是磨削锋利度下降，需要注意相应减小进给速度。

★★★9.2.13　电磨与吊磨的比较

电磨与吊磨的比较见表9-10。

表9-10　电磨与吊磨的比较

项目	电磨	吊磨
变速方式	不能变速的电磨基本就是个电钻，因此，一般要选择有变速装置的电磨。有变速装置的优点是调好速度后工作转速稳定。缺点是如果作业过程中要变速，就要停下来调好了再继续	吊磨采用脚踏板控制无级变速的。优点是可随时进行调速
供电方式	有的有变压器，有的由电池供电	一般采用标准220V交流电供电
磨头尺寸	一般磨头磨针是3mm左右	工业级的吊磨磨头有粗的，也有细的
体积对比	整体比较小巧	体积大
重量	轻	重

★★★9.2.14　结构速查

结构速查见表9-11。

表9-11　结构速查

名称	结　构

电磨
结构1

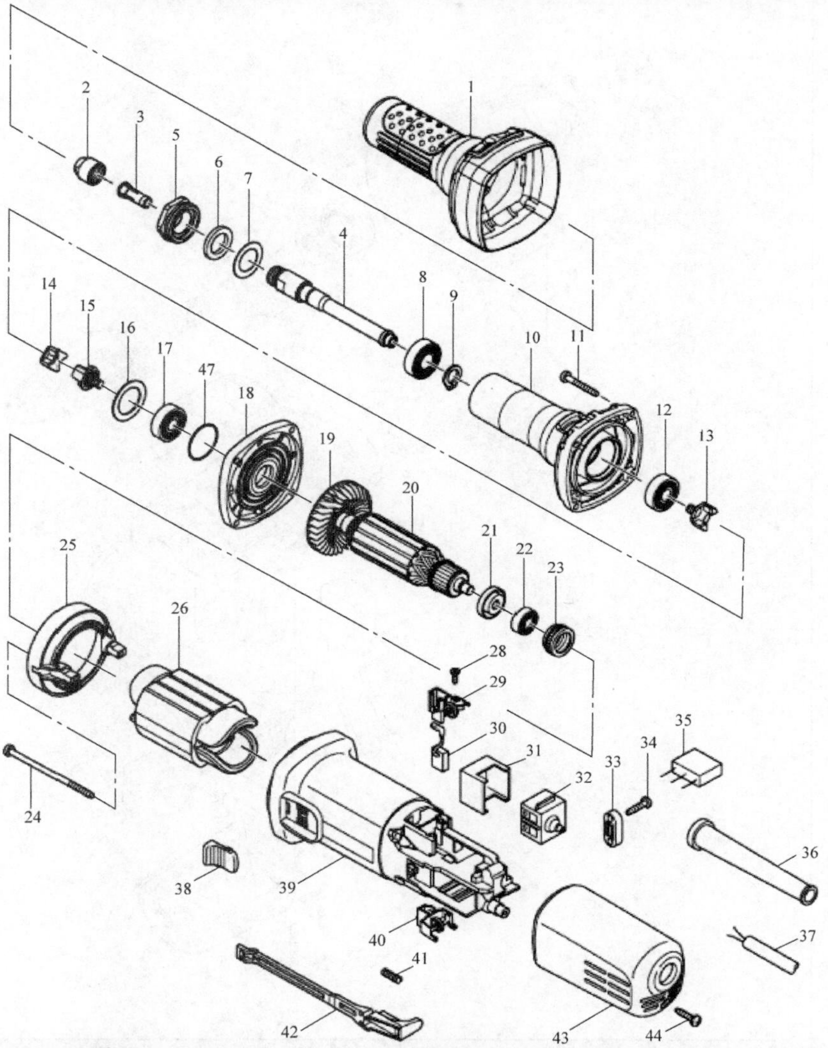

序号	零件名称	序号	零件名称	序号	零件名称
1	橡胶盖	16	平垫圈22	32	开关 DPX－2110－R
2	套筒螺母6	17	轴承 629LLB	33	电源线压板
3	筒夹 6MM	18	齿轮箱盖	34	自攻螺钉4×18
4	主轴	19	风页56	35	电容
5	轴承保持架	20	转子	36	电源线护套
6	毛毡环17	21	绝缘垫圈	37	电源线 1.0－2－2.5
7	平垫圈18	22	轴承 607LLB	38	开关按钮
8	轴承 6001LLB	23	橡皮套19	39	机壳
9	挡圈 S－12	24	自攻螺钉4×80	40	刷握
10	头壳	25	挡风圈	41	压簧4
11	自攻螺钉4×30	26	定子	42	开关杆
12	轴承 629LLB	28	自攻螺钉 PT 3×10	43	后盖
13	联轴节	29	刷握	44	自攻螺钉4×18
14	衬垫	30	电刷 CB－325		
15	联轴节	31	衬垫		

（续）

名称	结　　构

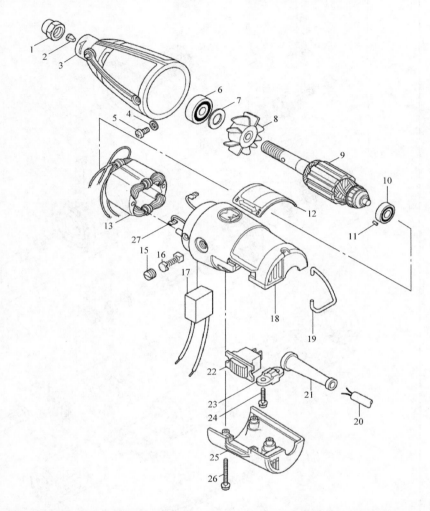

电磨
结构2

序号	零件名称	序号	零件名称	序号	零件名称
1	套筒螺母	10	轴承 625ZZ	20	电源线 1.0 – 2 – 2.0
2	锥形套筒 3MM	11	橡胶柱 4	21	电源线护套 8.5 – 72
3	前罩	12	铭牌 903	22	开关 SS106A
4	平垫圈 4	13	定子 220V	23	电源线压板
5	球面扁圆头螺钉 M4×8	15	电刷盖	24	半圆头螺钉 M4×18
6	轴承 609LLB	16	电刷 CB – 1	25	开关盖
7	平垫圈 9	17	电容	26	半圆头螺钉 M4×28
8	风叶 40	18	电动机机壳	27	接线片
9	转子组件 220V	19	吊攀		

（续）

名称	结　　构

电磨
结构3

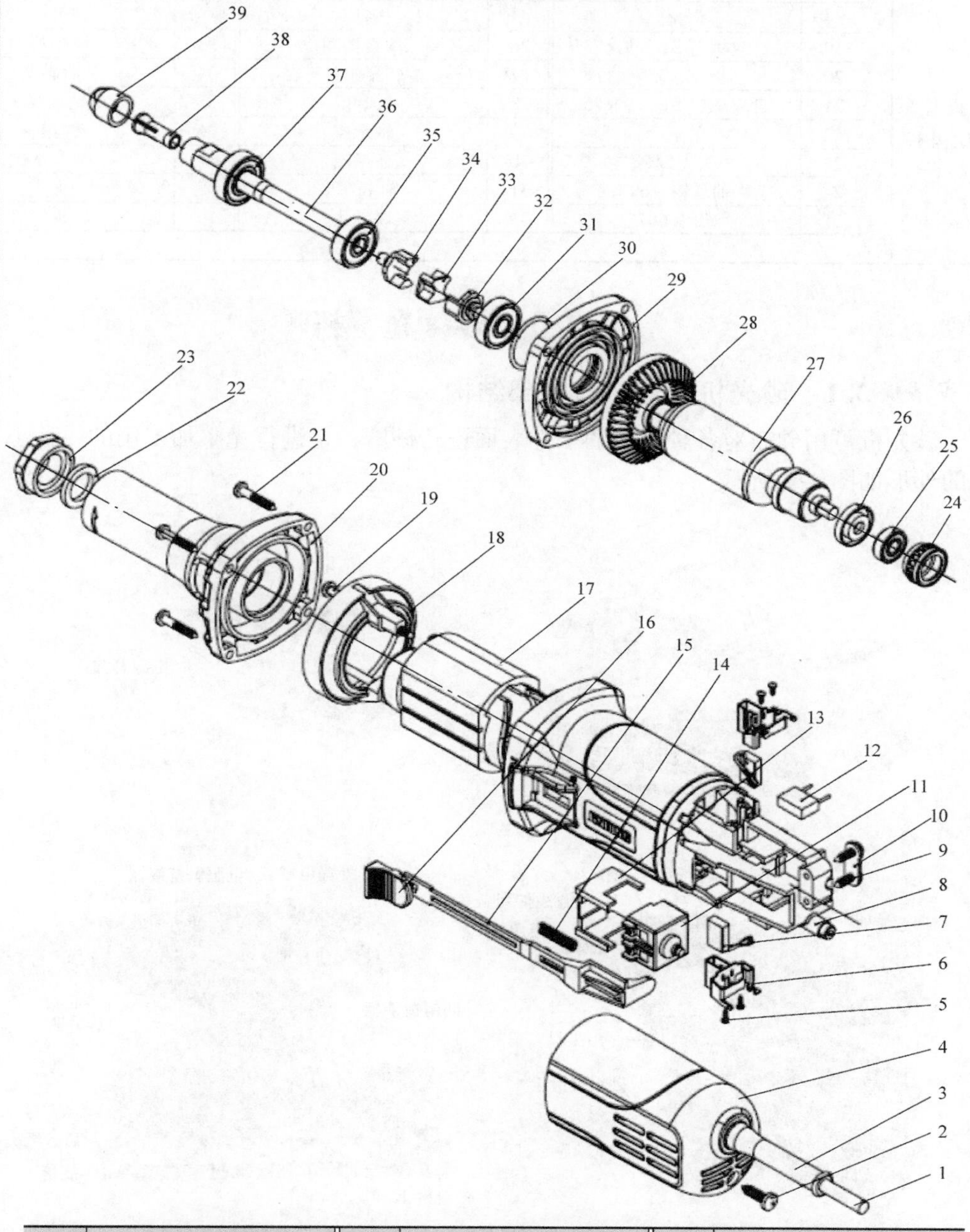

序号	名称	序号	名称	序号	名称
1	电源线＋插头	7	电刷组件	13	开关盒
2	自攻螺钉 ST 3.9×19	8	机壳	14	拉杆弹簧
3	电缆护套	9	自攻螺钉 ST 3.9×14	15	开关拉杆
4	尾罩	10	压线板	16	开关推钮
5	自攻螺钉 ST 2.9×9	11	开关组件	17	定子组件
6	刷握组件	12	电容	18	导风圈

（续）

名称	结　　构							
电磨结构3	序号	名称	序号	名称	序号	名称		
	19	自攻螺钉 ST 3.9×78	26	防炭挡圈	33	橡胶垫圈		
	20	头壳	27	转子组件	34	联轴头		
	21	自攻螺钉 ST 3.9×25	28	风叶	35	轴承629		
	22	羊毛圈	29	轴承座	36	输出轴		
	23	头壳螺母	30	O 形圈	37	轴承6001		
	24	轴承箱－607	31	轴承629	38	夹头		
	25	轴承607	32	联轴头	39	夹头螺母		

9.3　砂　光　机

★★★9.3.1　砂光机的外形与内部结构

砂光机可用砂布对各种材料的工件表面进行砂磨，是进行光整加工用的一种工具。砂光机的外形如图9-7所示。

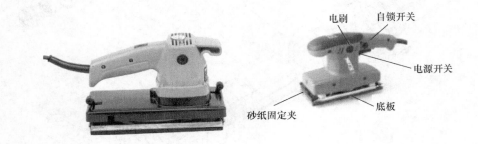

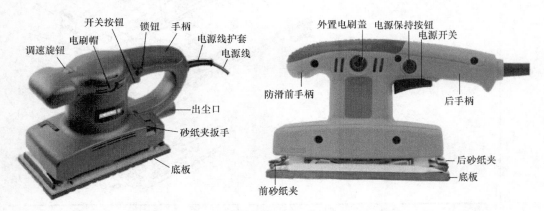

图9-7　砂光机的外形

砂光机的实际内部结构如图9-8所示。

★★★9.3.2　砂光机的概念

一些砂光机的概念见表9-12。

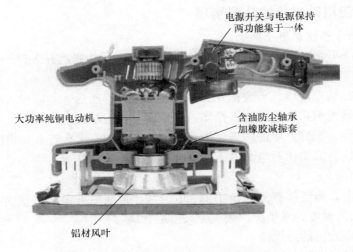

电源开关与电源保持
两功能集于一体

大功率纯铜电动机

含油防尘轴承
加橡胶减振套

铝材风叶

图9-8　砂光机的实际内部结构

表9-12　一些砂光机的概念

名称	解说
盘式砂光机	盘式砂光机是用端面进行砂光作业的一种工具
角向盘式砂光机	角向盘式砂光机是转轴与电动机轴成直角，用端面进行砂光作业的一种工具
带式砂光机	带式砂光机又叫作砂带磨光机，带式砂光机是装有无端环形砂磨带的一种砂光机。带式砂光机可以完成工作量较大的打磨与塑形工作
摆动砂光机	摆动砂光机适用于一般环境下，由直流、交直流两用或单相串励电动机驱动偏心机构，使旋转运动变为摆动，并且在平板上装有刚玉或其他磨料的砂纸或砂布，对木材、金属材料等表面进行砂磨
成型砂光机	成型砂光机是一种便携式砂光机，带有多种特殊的打磨头，可以打磨不规则的形状。成型砂光机对于家具打磨或磨具整修效果比较理想

★★★9.3.3　平板砂光机的基本参数

平板砂光机的基本参数见表9-13。

表9-13　平板砂光机的基本参数

规格/mm	最小额定输入功率/W	空载摆动次数/（次/min）
90	100	≥10000
100	100	≥10000
125	120	≥10000
140	140	≥10000
150	160	≥10000
180	180	≥10000
200	200	≥10000
250	250	≥10000
300	300	≥10000
350	350	≥10000

★★★9.3.4　使用砂光机的注意事项

使用砂光机的一些注意事项如下：

1）贴上或取下砂纸前或者维修更换操作前，必须确认砂光机开关已经关上，电源插头已经拔下。

2）在砂光机接通电源前，需要把开关调到断开状态，然后才能够插入电源。

3）需要根据砂光机指定的功能去操作，以免发生与引起人身伤害。

4）使用的附件、配件、零部件需要是合格的、安全的、参数符合要求的产品。

5）每次使用前，需要核对电源电压与铭牌标定的额定电压是否一致，只有两者一致的情况下，才能够使用。

6）每次使用前，需要检查外壳、手柄、电源线、插头、开关、机械防护装置、安装螺钉等是否正常。如果发现异常情况，则需要修复后才能够使用。

7）经常清理砂光机的通风口。

8）不要在易燃材料附近操作砂光机。

9）操作时，戴上相关的防护用品。

10）操作时，让旁观者与工作区域保持一定的安全距离。

11）操作时，软线应远离旋转的附件。

12）如果在砂光机下面放一块布片，可以实现在家具或其他精细表面上做高光洁度作业。

13）不要用手指或手掌堵住砂光机电动机的出风口。

14）插进砂纸后，需要确认弹性夹将其夹紧，以免砂纸松动滑出导致抛光操作不均匀。

15）操作时，握紧砂光机，起动后等到其获得最大速度，然后缓慢地将砂光机放在加工件的表面上。

16）使用砂光机时，通常一次只少量地磨。

17）操作时，不要用力压在砂光机上。在整个操作过程中，需要保持底板与加工件相平齐。

18）没有贴上砂纸时，不可以转动砂光机，以免损坏衬垫。

19）当电刷被磨损到一定长度时，砂光机会停止运转。这时需要同时替换两只电刷。

20）直到附件完全停止运动才能够放下砂光机。

21）不要使用需用冷却液的附件，用水或其他冷却液可能会导致电腐蚀或电击。

22）砂光时，不要使用超大砂盘纸。选用砂盘纸时需要根据相关推荐选择。超出砂光垫盘的大砂盘纸有撕裂、反弹的危险，以及会引起缠绕现象。

23）需要根据砂光机的使用频次与使用环境等确定定期检查的时间。

24）砂光机定期检查应由有专业知识的人员进行，并用500V绝缘电阻表测量带电零件与机壳间的绝缘电阻，不低于7MΩ为正常。如果低于该值，需要进行干燥处理。

25）使用者与维修者不得任意修改砂光机的原设计参数，不得采用低于原材料性能的代用品。更换零部件必须与原规格参数相符。

★★★9.3.5　结构速查

结构速查见表9-14。

表9-14 结构速查

名称	结　构

砂光机结构1

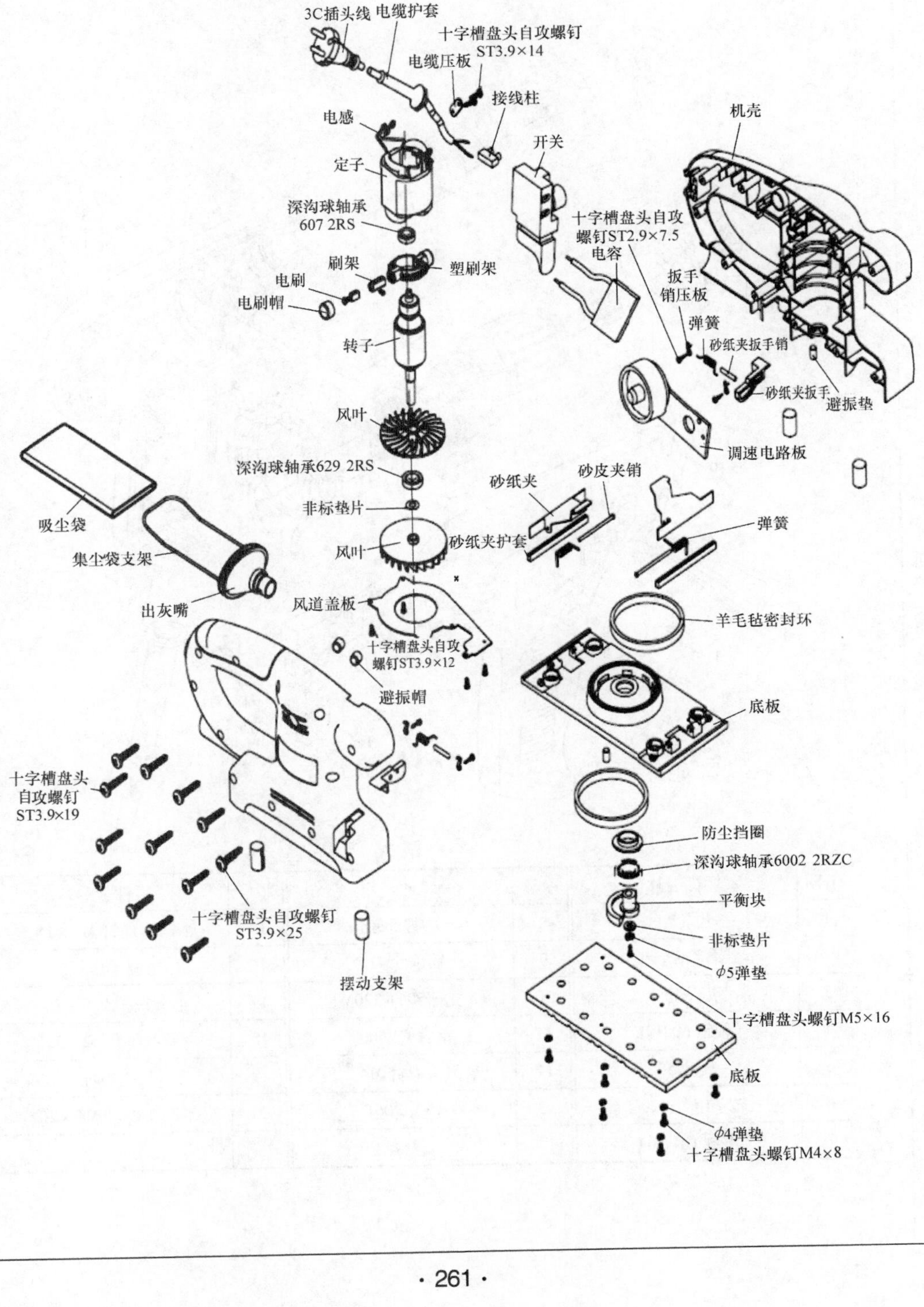

3C插头线　电缆护套

十字槽盘头自攻螺钉 ST3.9×14

电缆压板

接线柱

电感

定子

深沟球轴承 607 2RS

刷架

电刷

塑刷架

电刷帽

转子

风叶

深沟球轴承629 2RS

非标垫片

风叶

砂纸夹护套

吸尘袋

集尘袋支架

出灰嘴

风道盖板

十字槽盘头自攻 螺钉ST3.9×12

避振帽

十字槽盘头 自攻螺钉 ST3.9×19

十字槽盘头自攻螺钉 ST3.9×25

摆动支架

开关

十字槽盘头自攻 螺钉ST2.9×7.5

电容

机壳

扳手 销压板

弹簧

砂纸夹扳手销

砂纸夹扳手

避振垫

调速电路板

砂纸夹　砂皮夹销

弹簧

羊毛毡密封环

底板

防尘挡圈

深沟球轴承6002 2RZC

平衡块

非标垫片

ϕ5弹垫

十字槽盘头螺钉M5×16

底板

ϕ4弹垫

十字槽盘头螺钉M4×8

名称	结　　构

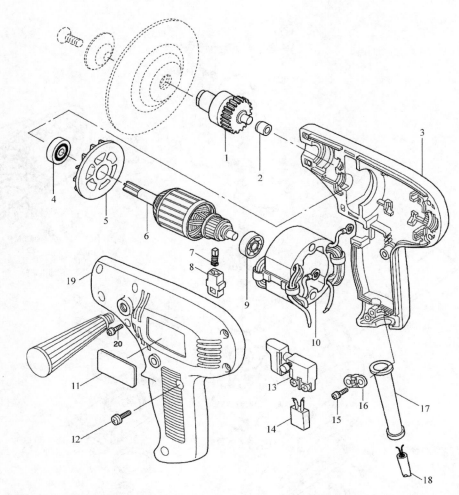

砂光机结构2

序号	零件名称	序号	零件名称	序号	零件名称
1	齿轮组	8	刷握 5×8	15	半圆头螺钉 M4×18
2	滑动轴承 6	9	轴承 627LB	16	电源线压板
3	机壳组件	10	定子组件 220V	17	电源线护套 8-85
4	轴承 608LB	11	铭牌 GV6000	18	电源线 1.0-2-2.5
5	风叶 58	12	半圆头螺钉 M4×20	19	机壳组件
6	转子组件 220V	13	开关 206C	20	半圆头螺钉 M4×20
7	电刷 CB-64	14	电容		

（续）

名称	结　　构

角向砂光机结构

序号	零件名称	序号	零件名称	序号	零件名称
1	锁销帽	14	轴承室	32	平垫圈8
2	压簧7	15	内六角螺栓 M5×16	33	轴承 608DDW
4	齿轮箱	16	主轴	34	橡胶圈22
5	自攻螺钉 M5×30	17	半圆键4	35	自攻螺钉 M5×65
6	辅助手柄36	22	O 形圈7	36	挡风圈
7	轴承 608LLB	23	锁销7	37	定子组件220V
8	挡圈 S-15	26	轴承 6201LLB	38	电动机机壳
9	螺旋伞齿轮43	27	平垫圈12	39	牧田牌标签
10	轴承保持架 23-36	28	齿轮箱盖	40	电刷 CB-204
11	轴承 6202DDW	29	风叶76	41	电刷盖 7-18
12	平垫圈15	30	转子组件220V	42	铭牌 SA7000C
13	O 形圈67	31	绝缘垫圈	43	调速器

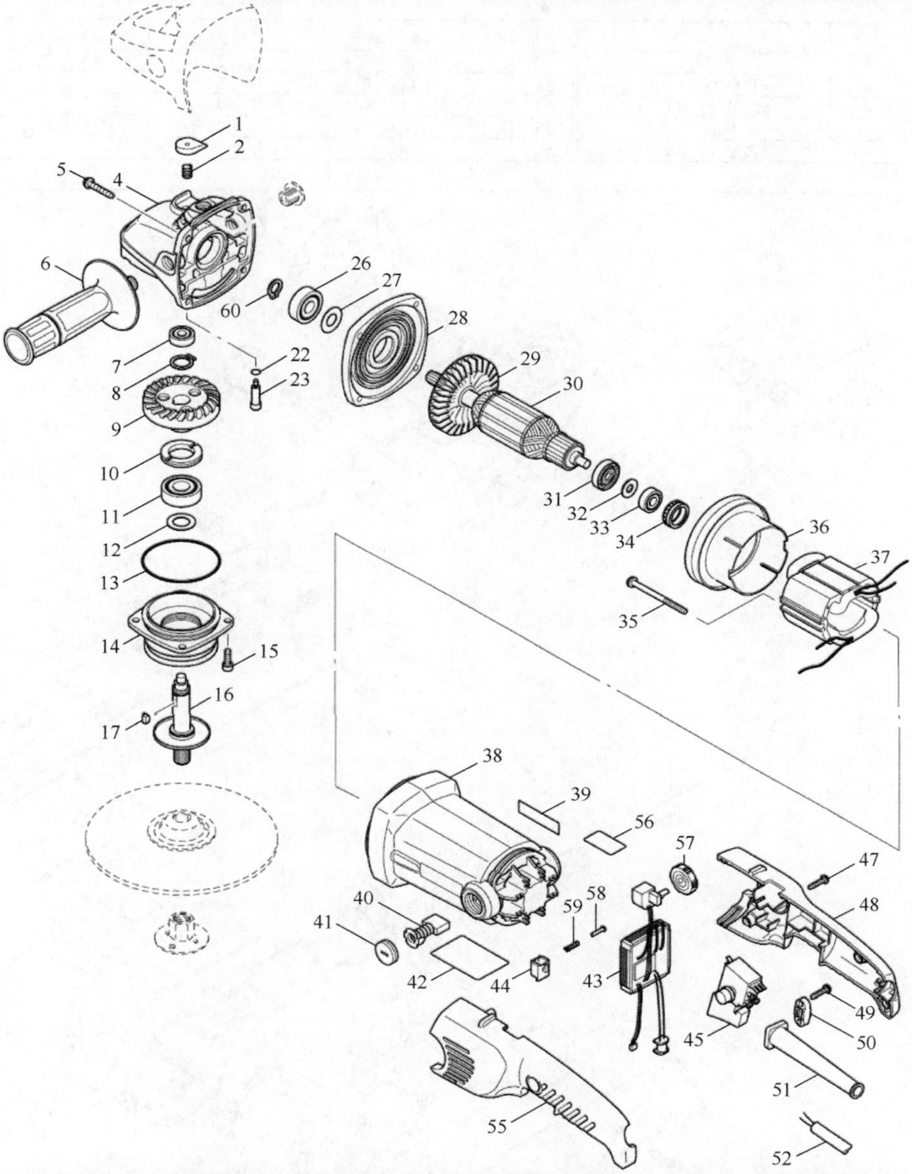

（续）

名称	结　　构							

<table>
<tr><td rowspan="6">角向砂光机结构</td><td>序号</td><td>零件名称</td><td>序号</td><td>零件名称</td><td>序号</td><td>零件名称</td></tr>
<tr><td>44</td><td>衬块</td><td>50</td><td>电源线压板</td><td>57</td><td>拨盘28</td></tr>
<tr><td>45</td><td>开关 TG71ARS</td><td>51</td><td>电源线护套</td><td>58</td><td>销钉2</td></tr>
<tr><td>47</td><td>自攻螺钉 M4×18</td><td>52</td><td>电源线1.5-2-2.5</td><td>59</td><td>压簧3</td></tr>
<tr><td>48</td><td>手柄组件</td><td>55</td><td>手柄组件</td><td>60</td><td>挡圈 S-12</td></tr>
<tr><td>49</td><td>自攻螺钉 M4×18</td><td>56</td><td>标签</td><td></td><td></td></tr>
</table>

带式砂光机结构

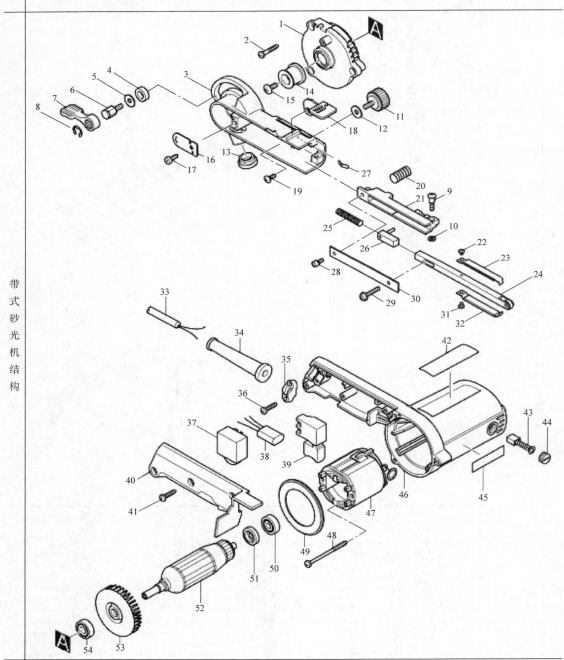

（续）

名称	结 构							

<table>
<tr><td rowspan="18">带式砂光机结构</td><td>序号</td><td>零件名称</td><td>序号</td><td>零件名称</td><td>序号</td><td>零件名称</td></tr>
<tr><td>1</td><td>托架</td><td>19</td><td>半圆头螺钉 M4×11</td><td>37</td><td>控制器 200～240V</td></tr>
<tr><td>2</td><td>自攻螺钉 PT4×25</td><td>20</td><td>压簧 10</td><td>38</td><td>电容</td></tr>
<tr><td>3</td><td>滑动箱</td><td>21</td><td>臂座</td><td>39</td><td>开关 SGEL206C</td></tr>
<tr><td>4</td><td>环9</td><td>22</td><td>平头螺钉 M3×4</td><td>40</td><td>手柄盖</td></tr>
<tr><td>5</td><td>平垫圈 5</td><td>23</td><td>底板组件</td><td>41</td><td>自攻螺钉 PT4×18</td></tr>
<tr><td>6</td><td>六角螺栓 M5×13</td><td>24</td><td>支承杆</td><td>42</td><td>铭牌 9032</td></tr>
<tr><td>7</td><td>扳杆 40</td><td>25</td><td>压簧 6</td><td>43</td><td>电刷 CB－411</td></tr>
<tr><td>8</td><td>挡圈 E－8</td><td>26</td><td>张力臂</td><td>44</td><td>电刷盖 5－8</td></tr>
<tr><td>9</td><td>半圆头螺钉 M4×20</td><td>27</td><td>片簧</td><td>45</td><td>铭牌</td></tr>
<tr><td>10</td><td>平垫圈 4</td><td>28</td><td>内六角螺钉 M4×10</td><td>46</td><td>电动机机壳</td></tr>
<tr><td>11</td><td>旋钮 M5×13</td><td>29</td><td>半圆头螺钉 M4×20</td><td>47</td><td>定子组件 220V</td></tr>
<tr><td>12</td><td>平垫圈 5</td><td>30</td><td>压板</td><td>48</td><td>自攻螺钉 4×60</td></tr>
<tr><td>13</td><td>容器塞头</td><td>31</td><td>平头螺钉 M3×4</td><td>49</td><td>挡风板</td></tr>
<tr><td>14</td><td>带轮</td><td>32</td><td>底板组件</td><td>50</td><td>轴承 627DDW</td></tr>
<tr><td>15</td><td>螺钉 M5×12</td><td>33</td><td>电源线 1.0－2－2.5</td><td>51</td><td>绝缘垫圈</td></tr>
<tr><td>16</td><td>安全护板</td><td>34</td><td>电源线护套 8－8.5</td><td>52</td><td>转子组件 220V</td></tr>
<tr><td>17</td><td>自攻螺钉 PT4×12</td><td>35</td><td>电源线压板</td><td>53</td><td>风叶 60</td></tr>
<tr><td>18</td><td>连接杆</td><td>36</td><td>自攻螺钉 PT4×18</td><td>54</td><td>轴承 608DDW</td></tr>
</table>

充电式砂光机外形与结构

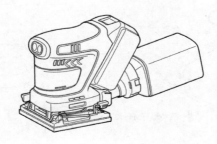

（续）

名称	结　　构

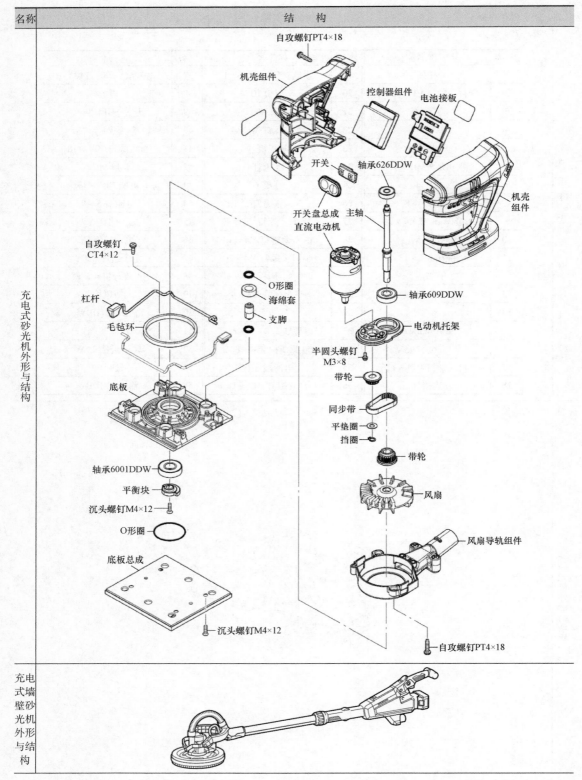

自攻螺钉PT4×18

机壳组件

控制器组件

电池接板

开关

轴承626DDW

机壳组件

开关盘总成

主轴

直流电动机

轴承609DDW

自攻螺钉CT4×12

O形圈

海绵套

支脚

杠杆

电动机托架

毛毡环

半圆头螺钉M3×8

带轮

底板

同步带

平垫圈

挡圈

轴承6001DDW

带轮

平衡块

风扇

沉头螺钉M4×12

O形圈

风扇导轨组件

底板总成

沉头螺钉M4×12

自攻螺钉PT4×18

充电式砂光机外形与结构

充电式墙壁砂光机外形与结构

（续）

名称	结　　构

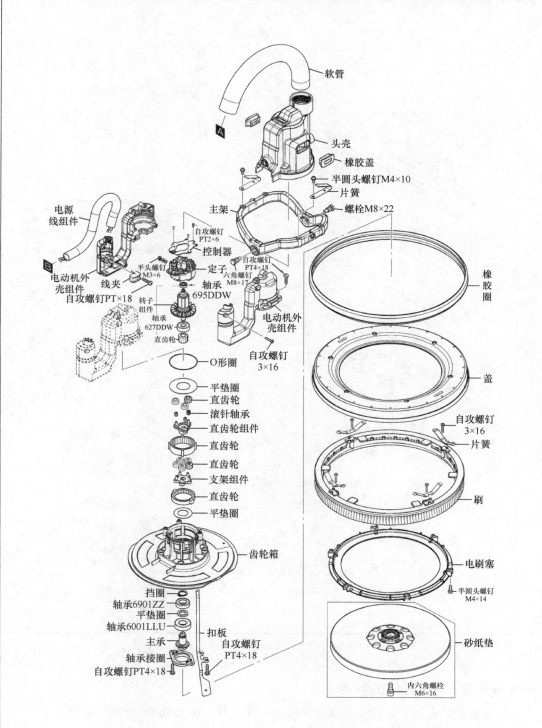

软管

头壳

橡胶盖

半圆头螺钉M4×10

片簧

螺栓M8×22

主架

A

B

电源线组件

自攻螺钉PT2×6

控制器

平头螺钉M3×6

自攻螺钉PT4×18

定子

六角螺钉M8×17

电动机外壳组件

线夹

电动机外壳组件

自攻螺钉PT×18

转子组件

轴承695DDW

轴承627DDW

直齿轮

自攻螺钉3×16

O形圈

平垫圈

直齿轮

滚针轴承

直齿轮组件

直齿轮

直齿轮

支架组件

直齿轮

平垫圈

齿轮箱

挡圈

轴承6901ZZ

平垫圈

轴承6001LLU

扣板

自攻螺钉PT4×18

主承

轴承接圈

自攻螺钉PT4×18

橡胶圈

盖

自攻螺钉3×16

片簧

刷

电刷塞

半圆头螺钉M4×14

砂纸垫

内六角螺栓M6×16

充电式墙壁砂光机外形与结构

名称	结　　构

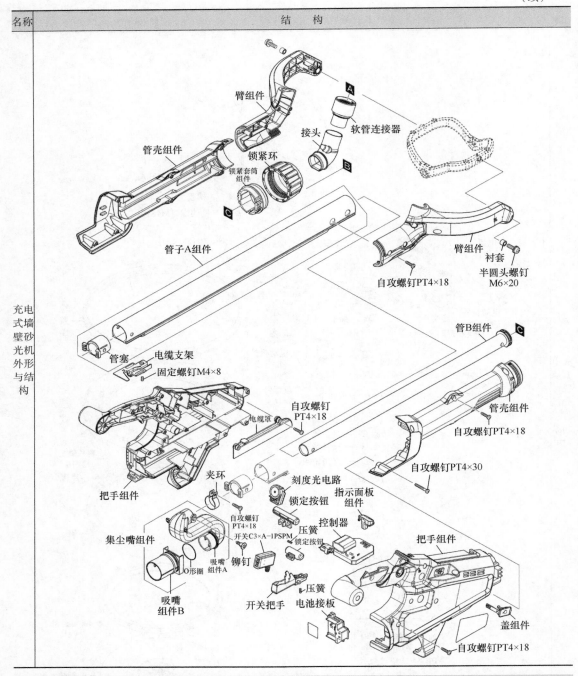

充电式墙壁砂光机外形与结构

臂组件

管壳组件

锁紧套筒组件

锁紧环

接头

软管连接器

A

B

C

管子A组件

自攻螺钉PT4×18

臂组件

衬套

半圆头螺钉 M6×20

管B组件

C

管壳组件

自攻螺钉PT4×18

自攻螺钉PT4×30

管塞

电缆支架

固定螺钉M4×8

电缆罩

自攻螺钉 PT4×18

把手组件

夹环

刻度光电路

锁定按钮

指示面板组件

控制器

把手组件

集尘嘴组件

自攻螺钉 PT4×18

开关C3×A–1PSPM

压簧

锁定按钮

吸嘴组件A

铆钉

O形圈

吸嘴组件B

开关把手

压簧

电池接板

盖组件

自攻螺钉PT4×18

9.4　抛　光　机

★★★9.4.1　抛光机的特点

抛光机是装有用于抛光的转盘与垫板的一种工具。抛光机的一些特点如下：

1）抛光机的外形如图9-9所示。

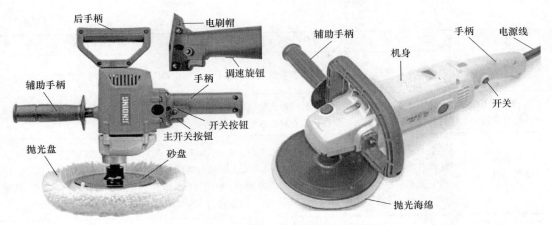

图9-9 抛光机的外形

2）抛光机主要用于各类装饰表面的抛光作业与砖石干式精细加工作业。

3）常见抛光机的性能见表9-15。

表9-15 常见抛光机的性能

规格/mm	抛盘直径/mm	最高空载转速/(r/min)	额定电压/V	输入功率/W	质量/kg
125	125	2850	~220	330	2.3
180	180	1950	~220	570	3.8

4）抛光机可选装侧面手柄或 D 形手柄，以适应不同的需求。

5）具有锁定开关带集成锁定功能的抛光机能够方便控制。

6）具有主轴锁功能的抛光机有助于快速更换附件等作用。

★★★9.4.2 抛光机的种类

抛光机根据所使用抛盘的直径分为 125mm、180mm 等抛光机。根据转轴与电动机轴的空间关系可以分为角向抛光机、直向抛光机、立式抛光机，具体见表9-16。

表9-16 抛光机的种类

名称	解 说
角向抛光机	转轴与电动机轴成直角，用圆周面和端面进行抛光作业的一种工具
直向抛光机	转轴与电动机轴成一直线，用圆周面进行抛光作业的一种工具
立式抛光机	转轴与电动机轴成一直线，用端面进行抛光作业的一种工具

另外，其他种类的抛光机见表9-17。

表9-17 其他种类的抛光机

名称	解 说
往复砂光机或抛光机	往复砂光机或抛光机是装有底板，能平行于作业面做往复运动的砂光机或抛光机
轨道圆运动砂光机或抛光机	轨道圆运动砂光机或抛光机的特点为装有底板，能平行于作业面以轨道圆摆动的砂光机或抛光机

（续）

名称	解　说
摆动式砂光机或抛光机	摆动式砂光机或抛光机的特点为装有底板，能平行于作业面以轨道圆摆动的砂光机或抛光机
无轨道不规则圆周运动砂光机或抛光机	无轨道不规则圆周运动砂光机或抛光机的特点为装有以驱动轴为中心偏心配置的底盘，能够绕其轴线自由回转做平行于作业面旋转的砂光机或抛光机
手动抛光机	手动抛光机由机座、主轴机头、抛光主轴、动力传动机构、张紧机构、电动机等组成。手动抛光机可以使用千页砂轮、麻轮、尼龙轮、布轮、羊毛轮等磨轮对各种材料工件、零件、组件实施表面加工。手动抛光机能够实现不同的抛光——粗抛（Cutting）、中抛（Cut & Colouring）、精抛（Colouring）、超精光抛（Super Colouring）、超镜光抛（Super Mirror Finishing）
不锈钢抛光机	主要针对不锈钢材料进行抛光的一种工具

注：因一些砂光机与抛光机的特点基本一样，因此，本表对它们一起进行了讲述。

★★★9.4.3　抛光机的工作原理

抛光机由底座、抛盘、抛光织物、抛光罩、主轴、抛光盖、电动机等零件组成。电动机固定在底座上，固定抛光盘是用锥套通过螺钉与电动机轴相连。抛光织物是通过套圈紧固在抛光盘上。电动机通过底座上的开关接通电源起动后，可以用手对试样施加压力，即利用转动的抛光盘进行抛光。抛光罩主要为了防止灰土、其他杂物落在抛光织物上，从而影响抛光效果。

★★★9.4.4　使用抛光机的注意事项

使用抛光机的注意事项如下：

1）抛光可以分为两个阶段进行，即粗抛与精抛。

2）抛光机抛光时，试样磨面与抛光盘需要绝对平行，以及需要均匀地轻压在抛光盘上。

3）避免抛光织物局部磨损太快，在抛光过程中要不断添加微粉悬浮液，使抛光织物保持一定湿度。湿度不能够太大，也不能够太小。

4）精抛时的速度可比粗抛时的速度高一些。

5）手工抛光一般是在低转速的抛光轮上进行：首先涂上适量的抛光蜡，再调高抛轮转速，对物件表面进行抛磨。

6）操作前，需要对抛光机进行安全检查，首先让抛光机空转，检查砂轮、布轮与电动机连杆是否紧固，确认正常后，才可以工作。

7）操作中，操作者应经常对抛光机进行安全检查，一旦发现有异常现象，应立即停止工作，待调整、维修正常后，才可以工作。

8）抛光机连续工作时间不宜过长，如果使用有一段时间，则需要降温后再操作。

9）更换砂轮、布轮等操作时，需要关掉电源，拔掉电源插座。

10）工作结束后，切断抛光机电源，清理工作现场。

★★★9.4.5　结构速查

结构速查见表9-18。

表9-18　结构速查

名称	结　　　构
盘式抛光机结构	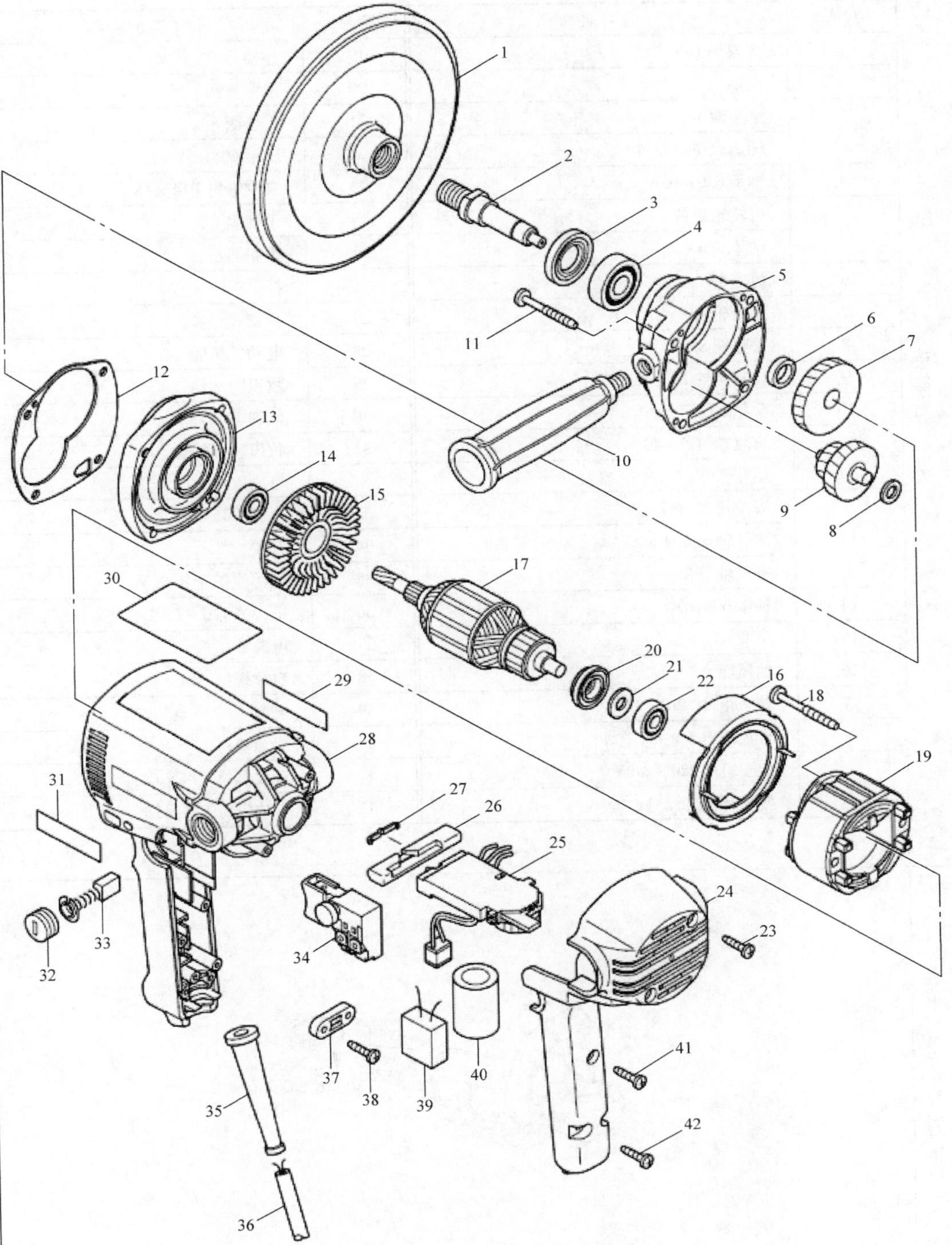

（续）

名称	结 构				

序号	零件名称	序号	零件名称
1	橡胶垫 165	19	连接器 P – 1.25
2	主轴	20	绝缘垫圈
3	平垫圈 16	21	平垫圈 8
	轴承保持架组件	22	轴承 608DDW
4	轴承 6201DDW	23	自攻螺钉 PT4 × 18
5	齿轮箱组件	24	手柄盖
	轴承 626	25	控制器
6	衬套 12	26	杆
7	斜齿轮 43	27	片簧
8	平垫圈 8	28	电动机机壳
9	齿轮组件 21 – 44	29	牧田牌标签
10	手柄 34	30	铭牌 PV7000C
11	自攻螺钉 5 × 40	31	牧田牌标签
12	垫片	32	电刷盖
13	齿轮箱盖组件	33	电刷 CB – 303
	滚针轴承 609	34	开关
	平面轴承 8	35	电源线护套 8
14	轴承 608DDW	36	电源线 1.0 – 2 – 2.5
15	风叶 65	37	电源线压板
16	挡风圈	38	自攻螺钉 PT4 × 18
17	转子组件 220V	39	电容
18	自攻螺钉 5 × 45	40	海绵垫
19	定子组件 220 ~ 240V	41	自攻螺钉 PT4 × 18
	接线环	42	自攻螺钉 PT4 × 18

盘式抛光机结构

充电式抛光机外形与结构

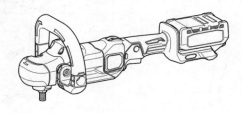

（续）

名称	结　　构

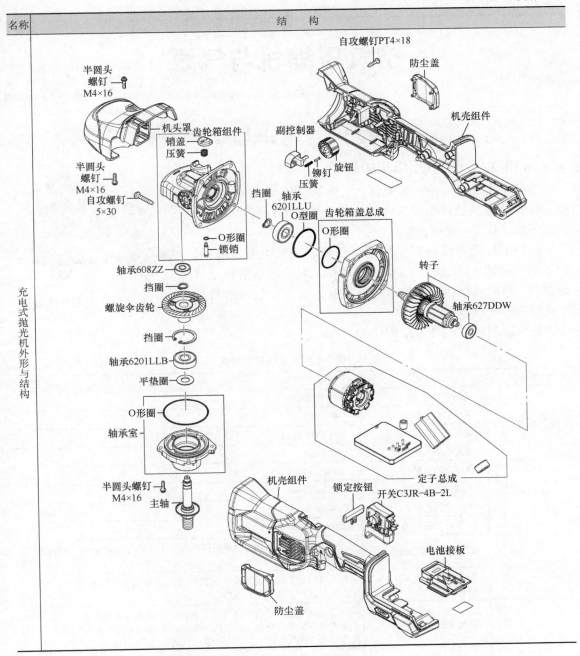

自攻螺钉PT4×18

防尘盖

机壳组件

半圆头
螺钉
M4×16

机头罩
齿轮箱组件
销盖
压簧

副控制器
铆钉 旋钮
压簧

半圆头
螺钉
M4×16
自攻螺钉
5×30

挡圈
O形圈
锁销

轴承
6201LLU
O型圈

齿轮箱盖总成
O形圈

轴承608ZZ

转子

轴承627DDW

挡圈

螺旋伞齿轮

挡圈

轴承6201LLB

平垫圈

O形圈

轴承室

定子总成

半圆头螺钉
M4×16
主轴

机壳组件

锁定按钮
开关C3JR-4B-2L

电池接板

防尘盖

第10章

空气压缩机与气泵

10.1 空气压缩机

★★★10.1.1 空气压缩机的种类

空气压缩机是一种气源装置，它能够将原动机（一般是电动机）的机械能转换成气体压力能，或者将自由状态下的空气压缩成具有一定压力能。

一些工具或者设备需要压缩空气做动力或介质、风源，例如喷沙除锈、管线吹扫、试压、风动工具、气动射钉枪气源动力、喷漆气源动力、喷涂料气源动力等。空气压缩机外形如图10-1所示。

图10-1　空气压缩机外形

空气压缩机的种类见表10-1。

表10-1　空气压缩机的种类

分类依据	种类	解　说
排气压力	低压空气压缩机	0.2～1.0MPa
	中压空气压缩机	1.0～10MPa
	高压空气压缩机	10～100MPa
	超高压空气压缩机	>100MPa
气量	微型空气压缩机	<1m³/min
	小型空气压缩机	1～10m³/min
	中型空气压缩机	10～100m³/min
	大型空气压缩机	>100m³/min
工作原理	容积式空气压缩机	通过压缩气体的体积，使单位体积内气体分子的密度增加，从而提高压缩空气的压力
	动力式（速度式）空气压缩机	提高气体分子的运动速度，使气体分子具有的动能转化为气体的压力能，从而提高压缩空气的压力
运动件或气流工作特征	往复式空气压缩机	往复式空气压缩机包括活塞式、柱塞式、隔膜式等种类的空气压缩机。往复式压缩机是容积式压缩机的一种，其压缩元件主要是一个活塞，通过其在气缸内往复做运动，实现压缩空气的作用
	回转式空气压缩机	回转式空气压缩机包括滚动转子、滑片、三角转子、双螺杆等。回转式压缩机是容积式压缩机的一种，其压缩是通过旋转元件的强制运动实现的
	离心式空气压缩机	离心式空气压缩机属于速度型空气压缩机，其通过一个或多个旋转叶轮，使气体加速，从而实现压缩空气的作用
	轴流式空气压缩机	轴流式空气压缩机属于速度型空气压缩机，其通过装有叶片的转子加速，从而实现压缩空气的作用
	喷射式空气压缩机	喷射式空气压缩机是利用高速气体或蒸汽喷射流带走吸入的气体，然后在扩压器上将混合气体的速度转化为压力

点通

空气压缩机不同应用时的压力如下：

1）用来控制仪表、自动化装置时，其压力一般为 0.6MPa。

2）交通运输业中利用压缩空气制动车辆、启闭门窗，压力一般为 0.2~1.0MPa。

★★★10.1.2　空气压缩机有关名词术语

空气压缩机有关名词术语见表 10-2。

表 10-2　空气压缩机有关名词术语

名称	解　说
ppm	ppm 是一种表示微量物质在混合物中的含量的符号，其指每一百万份中的份数或百万分率
比功率	比功率是指压缩机在单位时间内吸入单位气量所消耗的功率
标准容积流量	标准容积流量是折算到标准吸气状态的流量
表压力	以大气压力为零点测得的压力称为表压力。以绝对真空为零点测得的压力称为绝对压力。通常在空气压缩机铭牌上给出的排气压力为表压力
公称容积流量	公称容积流量是特定的进气压力、进气温度、排气压力及冷却条件下所测得的流量
灰	完全燃烧后的固体残余物
集聚	物理力的作用下干颗粒相对稳定的集合
聚集作用	导致聚集的作用
露点温度	湿空气在等压力下冷却，使空气里原来所含未饱和水蒸气变成饱和水蒸气的温度
凝聚	悬浮的液体颗粒结合成大颗粒的作用
浓度含量	把固体、液体与气体的量表示成另一物质之比，而这种物质正是由上述固体、液体或气体所形成的混合物悬浮液或溶液
气体含油量	单位体积的压缩空气中所含的油的质量
清洗因数	进入分离器的污物量与离开分离器的污物量之比
容积流量	容积流量又称为排气量或铭牌流量，容积流量是指单位时间内进入压缩机吸气口的气体容积值
收集率	过滤器、尘埃分离器、微滴分离器中，残留在分离器内的颗粒量与进入分离器的颗粒量之比
微滴	能以悬浮状态保存在气体中的小质量的液体颗粒
微滴分离器	分离悬浮在气体流中的液体颗粒的一种设备
吸附	气体分子、溶液物分子、液体分子黏附在固体表面上，彼此接触的物理过程
吸收	一种物质与另一种物质接合形成溶液性质的均匀混合物的物理化学过程
悬浮粒子	气体介质中，悬浮的固体粒子、液体粒子
旋流器	利用气体运动的离心力进行分离作用的尘埃分离器或微滴分离器
阻塞	固体或液体颗粒进入过滤介质逐渐沉积妨碍了流动
阻塞容量	设备达到特定的工作限度时所能残留的粒子质量

★★★10.1.3　空气压缩机的结构

空气压缩机的种类繁多，其结构也多样化。本书主要讲述用于装饰装修业、家具制造业等领域中的单相电动机驱动的小型移动式空气压缩机。

小型移动式空气压缩机由单相电容式电动机、压缩泵、曲柄连杆机构、储气缸、压缩空气输送部件、控制部件、仪表等组成。图 10-2 所示为一款双头空气压缩机结构外形图，图 10-3 为一款小型移动式空气压缩机结构外形图与连接图。

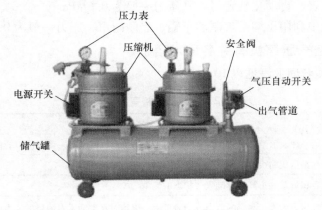

图 10-2　双头空气压缩机

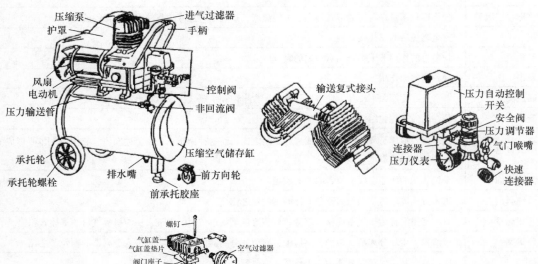

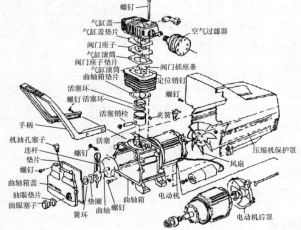

图 10-3　小型移动式空气压缩机

★★★10.1.4　空气压缩机　些零部件的特点

空气压缩机一些零部件的特点见表10-3。

表10-3　空气压缩机一些零部件的特点

名称	解　说
安全阀	当系统压力设定不当或失灵而使气缸内压力比设定排气压力高出时，安全阀即会跳开，使压力降到设定排气压力以下。安全阀不可随意调整
风冷式机型	冷空气经由一循环风扇抽入，吹过冷却器的散热翅片，与压缩空气及润滑油做热交换，达到冷却效果
后冷却器	1）风冷式的冷却器是用冷却风扇将冷空气抽入，通过冷却器冷却压缩空气。风冷式的空气压缩机需要放置在通风的环境中 2）水冷式机型则使用管壳式冷却器，用冷却水来冷却压缩空气。管壳式冷却器对冷却水的水质有要求，如果水质太差，则冷却器易结垢阻塞
进气阀	1）起动时，进气阀位于关闭状态，使空气压缩机在低负载下起动，减轻了电机起动时的负载 2）空车、重车转换空气压缩机起动后，进气阀打开。空气压缩机即转换为重车状态（也就是正常工作状态）
空气过滤器	空气过滤器一般为干式纸质过滤器，过滤纸的细孔度约为$10\mu m$，需要定期取下清除表面的尘埃 空气过滤器清除尘埃的方法就是使用低压空气将尘埃由内向外吹除
水冷式机型	冷却水的水温有的设计基准为$32℃$，水冷式机型对水质有要求
温控阀	温控阀是装在冷却器的前方，其功能是维持排气温度在压力露点温度以上
泄放阀	泄放阀有的采用二通常闭电磁阀，有的采用机械式放空阀。当空气压缩机停机或空车时，泄放阀打开，缸内压力排出，从而确保空气压缩机能在无负载的情况下起动或空负荷运转
压力维持阀	压力维持阀可以确保机体的润滑与油气分离器的保护
油过滤器	油过滤器是一种纸质过滤器，其功能是除去油中杂质
油冷却器	油冷却器有风冷与水冷两种冷却方式
油气分离器	油气分离器滤芯一般是用多层细密的玻璃纤维制成，压缩空气中所含的雾状油气经过油气分离器后几乎可被完全滤去

★★★10.1.5　空气压缩机的工作原理

空气压缩机的工作原理见表10-4。

表10-4　空气压缩机的工作原理

名称	解　说
小型空气压缩机的工作原理	小型空气压缩机的工作原理如下： 1）将空气压缩机接入所需电源，接通压力自动控制开关，则空气压缩机的电动机进入自动起动运转状态，并且通过连杆机构带动压缩泵，以及活塞做上下往复运动，从而将空气压缩储存在储气缸中 2）当空气压缩机储气缸中的压缩空气达到所调整好的预定压力值时，压力自动控制开关自动动作，切断电源，则空气压缩机停止运转 3）当空气压缩机储气缸中的压力低于所调整的预定压力值时，压力自动控制开关重新起动作，接通电源，压缩机运转，直到达到设定压力值时停止运转 4）如果压力自动控制开关失灵，当空气压缩机的压缩空气压力超过设定值时，则安全阀顶开泄压，从而保护空气压缩机 5）由于空气压缩机种类多，其具体工作原理有所差异 6）需要停止空气压缩机时，按下压力自动控制开关，然后拔去电源插头

（续）

名称	解 说
螺杆式单级压缩空气压缩机的工作原理	螺杆式单级压缩空气压缩机是利用一对相互平行啮合的阴阳螺杆（转子）在气缸内转动，从而使转子齿槽间的空气不断地产生周期性的容积变化，以及空气沿着转子轴线由吸入端输送到输出端，也就是实现吸气、压缩、排气的全过程
活塞空气压缩机的工作原理	活塞空气压缩机的工作原理如下：利用电动机驱动曲轴产生旋转运动，进而带动连杆使活塞产生往复运动，从而引起气缸容积的变化，也就是引起气缸内部压力的变化。空气通过进气阀经空气滤清器进入气缸。气缸压缩中，压缩空气经排气阀与排气管、单向阀进入到储气缸。当排气压力达到设定压力时，压力会使控制开关动作，自动停机。当储气缸压力降到一定压力时，控制开关会自动连接起动

★★★10.1.6 空气压缩机的使用

使用空气压缩机的方法、要点见表10-5。

表 10-5 使用空气压缩机的方法、要点

项目	解 说
空气压缩机起动前的检查与注意事项	1）起动前，需要检查润滑油量是否足够。如果不够，需要加满到标准油位 2）确定电源电压在空气压缩机的额定电压的 ±10% 范围内 3）确定空气压缩机所用的电源插座是带有接地良好的地线插座 4）如果压缩机的动力为三相电动机时，则需要观察电动机旋转的方向应与标定的方向一致。如果方向不一致，则需要任意调换一根电源相线 5）传动带带动的压缩机需要注意传动带的松紧度。正确的松紧度为：用大拇指压下传动带中央位置，压下的距离不能超过 10mm 为正常。如果超过这个范围，则需要调紧
空气压缩机的运行与调整的注意事项	空气压缩机的运行与调整的注意事项如下： 1）空气压缩机运行时，需要查看压力值是否正确，保护动作是否可靠 2）压力的调整，一般可以通过压力调节器旋钮来进行，其能够调整气导出口排出的压缩空气的压力。一般而言，压力调节器旋钮向顺时针方向转动，增加压力；压力调节器旋钮向逆时针方向转动，减小压力 3）调整气压时，需要参看气压表显示的压力参数 4）当压力表显示最高压力值时，不得将压力调节器旋钮再向顺时针方向用力转动，以免损坏压力调节器内部结构 5）空气压缩机停止操作时，拧动压力调节器旋钮向逆时针方向转动，致使压力表显示为零后停止，并且可以试开启气导出口开关，从而证实气压是否已经关闭 6）某些型号附有自动排水设备，则需要每天开启排水阀放水 空气压缩机使用的注意事项如下： 1）压缩机接通电源时，不要取掉风罩，以免伤及人体 2）使用时，要戴好眼保护器、脸部保护器等防护设备 3）不要让气流正对着自己或他人 4）为避免损坏，不得给压缩机部件随意加油 5）使用后，关断电源，以免触电
维护维修的注意事项	空气压缩机的维护维修的注意事项如下： 1）空气压缩机具有危险性，检修、维护、保养时需要确认电源已被切断，并且符合检修、维护、保养的程序、要求、规定 2）停机维护时，需要在压缩机冷却后、系统压缩空气安全释放后等情况下，才能够进行 3）需要定期检验空气压缩机的安全阀等保护系统与附件、部件 4）清洗机组零部件时，需要采用无腐蚀性安全溶剂，严禁使用易燃、易爆、易挥发的清洗剂 5）零配件必须采用规范的、符合要求的产品，有的零配件可能需要采用指定的产品

★★★10.1.7 故障与检修

空气压缩机的故障与检修见表10-6。

表 10-6 空气压缩机的故障与检修

故障	检 修
空气压缩机电动机轴承温度过热	空气压缩机电动机轴承温度过热的原因与维修对策如下： 1）可能是杂物进入轴承，则需要检查油封，清洗轴承 2）可能存在过负荷，则需要根据相应的规定负荷运行 3）可能是润滑油过多、油不洁净、油质不良，则需要加入符合规定的、适量的、清洁的润滑油 4）可能是轴的中心线安装不正确，则需要正确安装轴 5）可能是轴承歪斜，则需要合理调整轴承 6）可能是传动带张得过紧，则需要调整好传动带
空气压缩机电动机温度过热	空气压缩机电动机温度过热的原因与维修对策如下： 1）可能是电动机冷却风扇损坏，则需要更换冷却风扇 2）可能是电动机冷却风道存在阻塞现象，则需要清理风道，排除阻塞 3）可能是空气压缩机在高于额定压力的情况下工作，从而引起电动机过载发热，则需要更换不合要求的安全阀，以及调整好压力调节器的压力
空气压缩机电动机部分异常振动	空气压缩机电动机部分异常振动的原因与维修对策如下： 1）可能是轴件弯曲，则需要检修或更换轴件 2）可能是电动机轴承磨损，则需要更换轴承 3）可能是转动件存在不平衡现象，则需要检查转动件，并且需要调整好，使之平衡 4）可能是转子中心与定子中心不重合，则需要对电动机进行检修、调整
空气压缩机气缸组件声音异常	空气压缩机气缸组件声音异常的原因与维修对策如下： 1）可能是气缸中掉入金属碎片与其他杂质，则需要检查活塞、活塞环等 2）可能是压缩机长期运行，气缸、活塞、活塞环磨损严重，则需要更换气缸套、活塞环等部件 3）活塞的压紧螺母松动引起敲击与振动，则需要立即断开电源进行检查，并且可靠拧紧 4）曲轴平衡铁装配不当造成气缸部分振动，则需要更换平衡铁 5）飞轮动平衡性不良造成气缸部分振动，则需要对飞轮进行动平衡找正 6）可能是压缩机运行中，润滑油不足，引起活塞、活塞环在高温条件下干摩擦，造成出现异常声响，则需要检查活塞在气缸中的运动情况 7）可能是安装、检修空气压缩机时，曲轴连杆与气缸中心线不重合，误差超过允许值，则需要对空气压缩机进行重新调整 8）可能是安装、检修空气压缩机时，气缸盖与活塞的前后死点间隙过小，产生直接碰撞，则需要调整活塞行程，增加活塞与气缸的死点间隙 9）可能是气缸润滑油过多或过少引起气缸产生不正常响声，则需要对气缸润滑油进行适当调节
空气压缩机大噪声	空气压缩机大噪声的原因与维修对策如下： 1）可能是阀片损坏，则需要更换阀片 2）可能是阀不干净，则需要清洁阀 3）可能是电动机轴弯曲，则需要更换整个压缩机 4）可能是轴承磨损，则需要更换连杆、偏心轮轴承 5）可能是密封圈损坏，则需要更换密封圈 6）可能是皮碗坏了，则需要更换连杆组件 7）可能是缸盖螺钉松动，则需要拧紧螺钉

（续）

故障	检 修
空气压缩机活塞环故障	空气压缩机活塞环故障的原因与维修对策如下： 1）可能是活塞环与活塞上的槽间隙过大，则需要调整活塞环 2）可能是活塞环使用时间长了，磨损过大，则需要更换活塞环 3）可能是活塞环因润滑油质量差，或注入量少，使气缸温度过高，形成咬死现象，则需要检查活塞环，或清洗活塞上的槽，或更换活塞环与润滑油 4）可能是活塞环装入气缸中的开口间隙过小，受热膨胀卡住，则需要检修活塞环的开口间隙
空气压缩机曲轴箱内曲轴两端盖温度过高	空气压缩机曲轴箱内曲轴两端盖温度过高故障的原因与维修对策如下： 1）可能是曲轴锥形滚珠轴承咬住，则需要检查、更换轴承 2）可能是靠近电动机联轴器端发热，则需要调整好联轴器间隙
空气压缩机机身部分异常振动	空气压缩机机身部分异常振动的原因与维修对策如下： 1）可能是气缸的振动导致机身部分异常振动，则需要消除产生气缸振动的因素 2）电动机轴承磨损严重，则需要更换电动机轴承 3）联轴器径向偏差与轴向偏差超过允许值，则需要检查联轴器的安装偏差，如果偏差过大，需要重新安装以及调整好联轴器的同轴度
空气压缩机储气缸漏气	空气压缩机储气缸漏气的原因与维修对策如下： 1）可能是焊在储气缸上的手柄脱焊引起缸体出现裂缝，则需要补焊或用环氧树脂粘补 2）可能是活塞与气缸配合不当或磨损引起间隙过大，形成漏气，则需要检查气缸，以及配制合适的活塞与活塞环 3）可能是气缸盖与气缸体结合不严，装配时气缸垫破裂或不严形成漏气，则需要刮研气缸盖与缸体结合面，以及更换气缸垫 4）可能是气缸磨损过大或擦伤过大，形成漏气，则需要修理气缸，以及更换活塞、活塞环
空气压缩机漏气	空气压缩机漏气的原因与维修对策如下： 1）可能是压力自动控制开关阀门漏气，则需要将储气缸中的压缩空气放完后，清理阀座，更换密封垫圈，或更换自动控制开关阀门 2）可能是机身、输送管存在裂缝，则需要修补裂缝或更换相关部件 3）可能是连接器、连接口密封不严，则需要采用肥皂水检测，从而确认采用紧固，还是重新装配、更换密封垫圈等措施维修
空气压缩机电动机过热	空气压缩机电动机过热的原因与维修对策如下： 1）可能是空气压缩机风扇损坏，则需要更换风扇 2）可能是空气压缩机通风不良，则需要增加空气流动，或者放置在通风的环境中 3）可能是空气压缩机电动机轴弯曲，则需要更换空气压缩机 4）可能是空气压缩机电容损坏，则需要更换电容 5）可能是空气压缩机上电压过低，则需要增大电压 6）可能是空气压缩机电压过高，则需要降低电压
空气压缩机气缸温度过热	空气压缩机气缸温度过热的原因与维修对策如下： 1）可能是活塞、活塞环异常，则需要检查、更换活塞、活塞环 2）可能是气缸中缺油引起干摩擦，则需要清理异物，以及添加油 3）可能是活塞杆弯曲，则需要对活塞环进行清洗、检查或更换，另外，还需要控制好空气压缩机的润滑油量

（续）

故障	检　修
空气压缩机流量低	空气压缩机流量低的原因与维修对策如下： 1）可能是阀片损坏，则需要更换阀片 2）可能是阀不干净，则需要清洁、检查或更换阀片 3）可能是密封圈损坏，则需要更换密封圈 4）可能是通风不良，则需要增加空气流动，或者放置在通风的环境中 5）可能是皮碗损坏，则需要更换连杆组件 6）可能是缸盖螺钉松动，则需要拧紧螺钉 7）可能是接嘴松动，则需要拧紧松动的接嘴 8）可能是空气压缩机上电压低，则需要增大电压
空气压缩机压力低	空气压缩机压力低的原因与维修对策如下： 1）油气分离器堵塞，则需要更换油气分离器 2）电磁阀漏气，则需要更换电磁阀 3）气管路元件泄漏，则需要检查修复气管路元件 4）传动带打滑、过松，则需要更换传动带或张紧传动带 5）可能是密封圈损坏，则需要更换密封圈 6）可能是皮碗损坏，则需要更换连杆组件 7）可能是缸盖螺钉松动，则需要拧紧螺钉 8）空气滤清器堵塞，则需要清除杂质或更换空气滤清器 9）可能是空气压缩机电压低，则需要增大电压 10）可能是阀片损坏，则需要更换阀片 11）可能是阀片不干净，则需要清洁、检查或更换阀片 12）进气阀不能完全打开，则需要清洗或更换进气阀
空气压缩机不起动或起动后立即停止	空气压缩机不起动的原因与维修对策如下： 1）可能是电容损坏，则需要更换电容 2）可能是轴承磨损，则需要更换连杆、轴承 3）可能是电源异常，则需要检查电源 4）可能是风扇异常，则需要检查风扇 5）可能是压缩机电压低，则需要增大电压 6）可能是电动机轴弯曲，则需要更换电动机轴 7）可能是熔丝烧断，则需要更换熔丝 8）可能是起动按钮接触不良，则需要更换起动按钮 9）可能是压力自动控制开关失灵，则需要检修压力自动控制开关或更换该开关
空气压缩机压力调节器不能够调节所需要的压力	空气压缩机压力调节器不能够调节所需要的压力的原因与维修对策如下：可能是压力调节器损坏，则需要更换其橡胶薄膜垫片或更换压力调节器
空气压缩机不能压缩	空气压缩机不能压缩的一些原因与维修对策如下： 1）可能是空气压缩机气缸盖垫片老化，则需要更换气缸盖垫片 2）可能是阀门系统垫片老化，则需要更换阀门垫片
空气压缩机安全阀故障	空气压缩机安全阀故障的原因与维修对策如下： 1）可能是安全阀与阀座间有杂质，则需要清理杂质 2）可能是安全阀使用时间长，弹簧疲劳，则需要更换安全阀 3）可能是安全阀压力控制失灵，则需要更换安全阀 4）可能是安全阀连接螺纹损坏，则需要检查、更换连接螺纹 5）可能是安全阀密封面损坏，则需要重新修理研磨安全阀密封面 6）可能是安全阀的额定压力没有调整好，则需要更换安全阀

★★★10.1.8　结构速查

结构速查见表10-7。

表10-7　结构速查

名称	结构
AP 系列微型无油空气压缩机安装结构	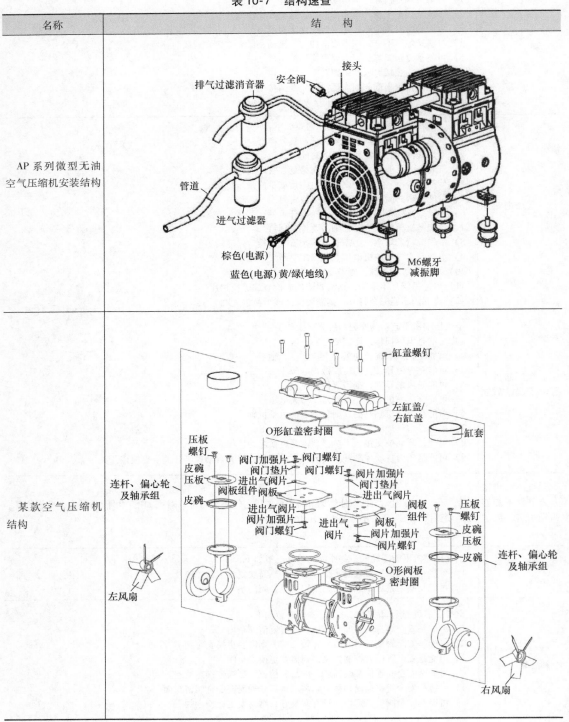
某款空气压缩机结构	

10.2 气 泵

★★★10.2.1 气泵的工作原理

气泵也叫作空气泵，它是从一个封闭的空间排除空气或从封闭的空间添加空气的一种装置。气泵主要用于轮胎打气，作为一些工具的气源等。

气泵可以分为电动气泵、手动气泵、脚动气泵。其中电动气泵是以电力为动力的一种气泵。

不同气泵的工作原理有所差异，下面以某一种气泵为例介绍气泵的工作原理：利用发动机带动 V 带驱动气泵曲轴，进而驱动活塞运动进行打气，并且把打出的气体通过一定的管线导入到储气罐里存储。同时，储气罐通过一根气管将储气罐内的气体导出到气泵上的调压阀内，从而达到控制储气罐内部气压的作用。如果储气罐内的气压没有达到调压阀设定的压力，从储气罐内进入到调压阀的气体不能够顶开调压阀的阀门，也就是没有气体输出到排气口。如果储气罐内的气压达到调压阀设定的压力，则从储气罐内进入到调压阀的气体能够顶开调压阀的阀门，从而使排气口有气体输出。另外，通过气道控制气泵的进气口常开，使得气泵空负荷运转，达到减少动力损耗，保护气泵的目的。当储气罐内的气压损耗低于调压阀设定的压力时，调压阀回位，断开气泵的控制气路，气泵又重新开始打气，即进入如此的循环控制。

★★★10.2.2 空气压缩机与气泵的比较

空气压缩机与气泵的比较见表 10-8。

表 10-8 空气压缩机与气泵的比较

项目	解 说
基本原理	空气压缩机与气泵基本原理差不多
结构	空气压缩机与气泵结构上存在差异
进排气	空气压缩机进气、排气都有阀门，气泵的排气一般是直通的

★★★10.2.3 使用气泵的注意事项

使用气泵的一些注意事项如下：

1）气泵安装使用前，需要检查零件是否损坏、松动等异常现象。如有异常，需要排除后才能够使用。

2）气泵一般需要平稳放置在清洁、阴凉的通风室内使用。

3）新气泵起动前，可能需要注入经过滤的润滑油。使用中的气泵，需要定期检查油位。使用一定时间的气泵，需要更换润滑油。

4）连接电源必须使气泵的旋转方向与气泵上转向标牌的指示方向一致。

5）如果气泵停放三个月以上或是刚检修过，需要让气泵先空转 2h，然后才能够加上额定负荷试运转 0.5h。如果无异常情况，才可以配机使用。

6）吸气管与排气管需要接在指定的接头上，一般吸气管、排气管选用同类胶管。

7）调节阀一般顺时针方向旋转，真空度值是增高的，逆时针旋转则为减小。

8）需要定期将冷却管上的脏物清理一次。

9）需要定期检查清洗空气滤网器。

10）需要定期清洗油气分离滤网。

★★★**10.2.4 气泵常见故障的维修**

气泵常见故障的维修方法与要点见表10-9。

表10-9　气泵常见故障的维修方法与要点

故障	原因	维修对策
气泵风力减小	泵转子上的钢叶片严重磨损	1）修整。2）把叶片反过来使用其另一面。3）更换
胶木叶片的气泵风力较小	散热不良	改进散热
	叶片受潮、受热膨胀、受挤压	调整好叶片
	转子槽内有异物	清理转子槽
气泵漏油	弹簧脱落或断开	更换弹簧
	油封受摩擦、受热老化	更换油封
气泵杂音较大	结合器损坏	更换结合器
	电源异常	检查电源
气泵转动不灵活、被卡等	轴承被卡	更换轴承
	电动机轴头或转子轴头弯曲	修正电动机或转子轴头

★★★**10.2.5 充电式真空泵故障的维修**

充电式真空泵故障的维修方法与要点见表10-10。

表10-10　充电式真空泵故障的维修方法与要点

故障	原因	维修对策
泵无法起动	1）电池安装错误 2）环境温度过低 3）接线不良 4）泵被锁定 5）电动机故障	1）正确安装电池 2）在室内预热泵 3）检修接线 4）检修 5）检修电动机
泵的真空度不足	1）从系统泄漏 2）油量不足 3）油脏 4）泵部件磨损 5）配件、垫圈和密封件损坏 6）电动机故障	1）修复系统 2）加油或换油 3）清洁油箱并换油 4）检修泵部件 5）检修配件、垫圈和密封件 6）检修电动机
漏油	1）垫圈与轴封损坏 2）排油阀的O形圈损坏 3）排油阀松动	1）检修垫圈与轴封 2）更换O形圈 3）旋紧排油阀
异常声音	1）电动机故障 2）轴承故障 3）螺栓松动 4）泵故障 5）吸入空气	1）检修电动机 2）检修轴承 3）拧紧螺栓 4）检修泵 5）拧紧盖子和接头，更换垫圈、O形圈、配件或重新密封

★ ★ ★**10.2.6 结构速查**

结构速查见表 10-11。

表 10-11 结构速查

名称	结 构

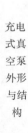
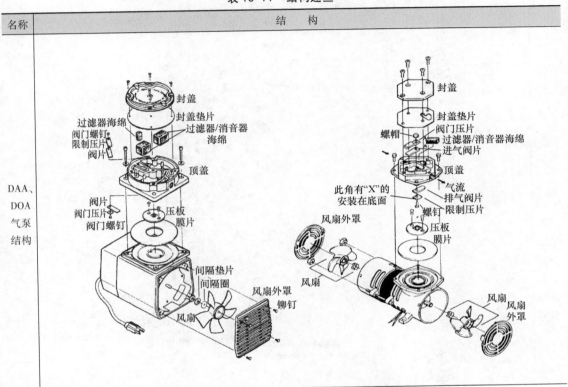

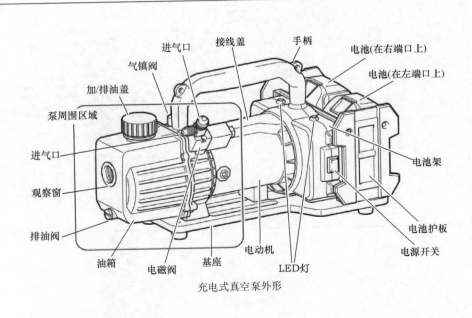

充电式真空泵外形

（续）

名称	结　　　构

充电式真空泵外形与结构

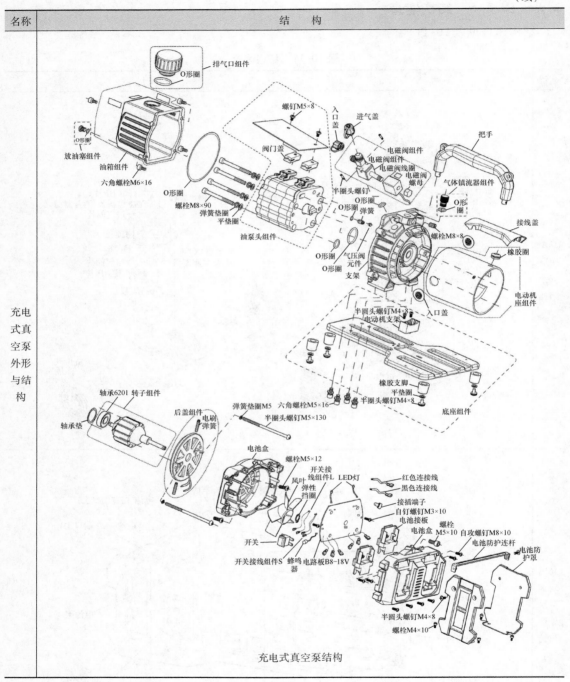

排气口组件
O形圈
螺钉M5×8
入口盖
进气盖
电磁阀组件
电磁阀组件
电磁阀线圈
电磁阀螺母
气体镇流器组件
把手
接线盖
橡胶圈
O形圈
放油塞组件
油箱组件
六角螺栓M6×16
O形圈
螺栓M8×90
弹簧垫圈
平垫圈
油泵头组件
阀门盖
半圆头螺钉
O形圈
O形圈
弹簧
气压阀元件
支架
O形圈
O形圈
螺栓M8×8
电动机座组件
半圆头螺钉M4×8
电动机支架
入口盖
橡胶支脚
平垫圈
半圆头螺钉M4×8
底座组件

轴承6201 转子组件
轴承垫
后盖组件
电刷弹簧
弹簧垫圈M5
六角螺栓M5×16
半圆头螺钉M5×130
电池盒
螺栓M5×12
开关接线组件L
LED灯
红色连接线
黑色连接线
接插端子
自钉螺钉M3×10
电池接板
螺栓
M5×10
电池盒
自攻螺钉M8×10
电池防护连杆
电池防护罩
风叶
弹性挡圈
开关
开关接线组件S
蜂鸣器
电路板B8-18V
半圆头螺钉M4×8
螺栓M4×10

充电式真空泵结构

第11章

电动钉枪、电动拉铆枪与电喷枪

11.1 概　　述

★★★11.1.1　钉枪的种类

钉枪的种类有很多种，根据使用的钉子，可以分为直钉枪、蚊钉枪、图钉枪、射钉枪等。根据驱动源，可以分为气动钉枪、电动钉枪、液压钉枪、点火钉枪。在装饰装修工程中，主要使用气动钉枪、电动钉枪。

码钉枪的特点见表11-1。

表 11-1　码钉枪的特点

名称	解　说
应用的领域	码钉枪主要应用于以下一些领域： 1）码钉枪适用于家具制造、沙发布、皮革的钉合应用 2）码钉枪适用于木箱、外层薄板的钉合应用 3）码钉枪适用于细小木工、木器接驳、天花装嵌等应用
种类	码钉枪的种类有气动码钉枪、电动码钉枪、电动直钉码钉两用枪、小码钉枪、大码钉枪等

一点通

使用气动码钉枪的方法、要点如下：

1）使用气动码钉枪前，从管接头处滴入少许润滑油。

2）首先把管接头与压缩空气机相连，然后在钉槽内装上枪钉，再合拢弹夹。使用时，只需要扣动扳机即可射击应用。

★★★11.1.2　气动码钉枪的结构

下面以气动码钉枪413J结构图为例进行介绍，具体如图11-1所示。

★★★11.1.3　气动码钉枪常见故障的检修

气动码钉枪常见故障和排除方法见表11-2。

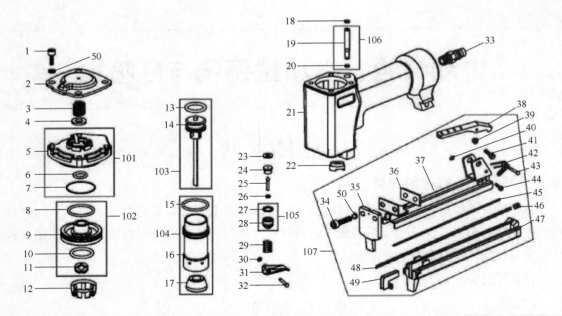

序号	名称	序号	名称
1	内六角螺钉	30	卡簧 $\phi 2.5$
2	上铁顶盖	31	扳机
3	游动阀压簧	32	销钉 $\phi 2.8$
4	上阻气垫	33	快速接头
5	上铝顶盖	34	内六角螺钉
6	胶圈 11.8	35	枪嘴面板
7	胶圈 32×1	36	垫片
8	胶圈 26.8	37	钉槽焊件 A
9	游动阀	38	尾扣
10	胶圈 21.7	39	防松螺母 M
11	游动阀胶	40	卡簧 $\phi 2.5$
12	挡环	41	内六角螺钉
13	胶圈 18×3	42	尾扣钮簧
14	撞针铆接	43	销钉 $\phi 2.9$
15	胶圈 26.8	44	十字槽圆杆
16	气缸 B	45	推钉弹簧
17	缓冲垫	46	开槽圆柱
18	导气阀上	47	推钉器
19	导气阀	48	推钉弹簧
20	导气阀下	49	推钉块
21	枪体	50	弹性垫圈 M
22	下阻气垫 A	101	上铝顶盖
23	开关垫片	102	游动阀部装
24	开关主体	103	撞针部装 A
25	开关顶针	104	气缸部装 A
26	胶圈	105	开关螺盖
27	胶圈 10×2	106	导气阀部装
28	开关螺盖	107	弹夹部装 A
29	扳机弹簧		

图 11-1 气动码钉枪 413J 结构

表 11-2　气动码钉枪常见故障和排除方法

故障	原因	排除方法
放板柄开关漏气	开关总成、O 形圈破损	更换开关总成、O 形圈
	开关总成有杂物	清除杂物
压板柄开关漏气	平衡阀、O 形圈破损	更换平衡阀、O 形圈
	开关总成、尼龙阀座损坏	更换开关总成、尼龙阀座
放板柄气缸盖漏气	气缸盖总成有杂物	消除杂物
	O 形圈破损	更换 O 形圈
压板柄气缸盖漏气	矩形密封圈破损	更换矩形密封圈
	平衡阀处有杂物	消除杂物
放板柄枪头漏气	气缸与气缸外 O 形圈破损	更换 O 形圈
压板柄枪头漏气	活塞总成损坏	更换活塞总成
	缓冲垫与活塞 O 形圈破损	更换 O 形圈
	缓冲垫处有杂物	消除杂物
卡钉	顶头磨损或变形	更换顶头
	撞针头部磨损	更换活塞总成
	枪钉不合格	更换枪钉
不起动	少油	在平衡阀表面加少量润滑脂
	阀针或阀座损坏	更换阀针或阀座

★★★11.1.4　钉枪的结构、外形与应用

钉枪的结构、外形与应用见表 11-3。

表 11-3　钉枪的结构、外形与应用

名称	结构与外形
电动码钉枪	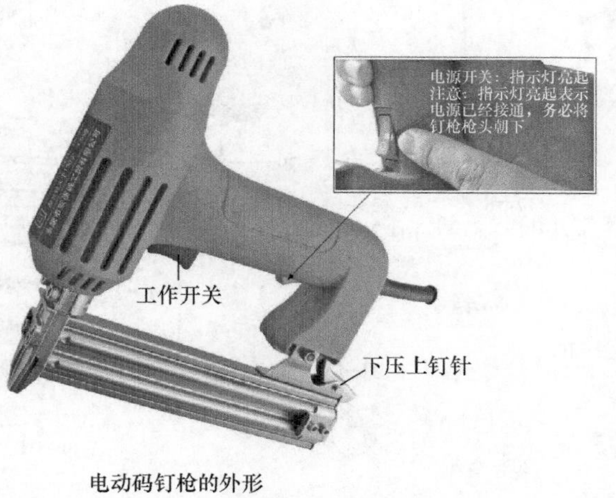  电动码钉枪的外形

(续)

名称	结构与外形
电动码钉枪	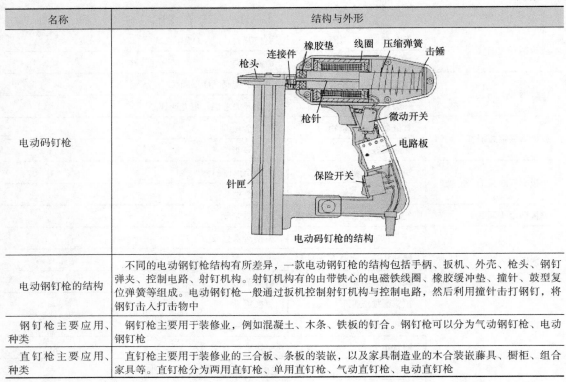电动码钉枪的结构
电动钢钉枪的结构	不同的电动钢钉枪结构有所差异，一款电动钢钉枪的结构包括手柄、扳机、外壳、枪头、钢钉弹夹、控制电路、射钉机构。射钉机构有的由带铁心的电磁铁线圈、橡胶缓冲垫、撞针、鼓型复位弹簧等组成。电动钢钉枪一般通过扳机控制射钉机构与控制电路，然后利用撞针击打钢钉，将钢钉击入打击物中
钢钉枪主要应用、种类	钢钉枪主要用于装修业，例如混凝土、木条、铁板的钉合。钢钉枪可以分为气动钢钉枪、电动钢钉枪
直钉枪主要应用、种类	直钉枪主要用于装修业的三合板、条板的装嵌，以及家具制造业的木合装嵌藤具、橱柜、组合家具等。直钉枪分为两用直钉枪、单用直钉枪、气动直钉枪、电动直钉枪

★★★11.1.5 气动直钉枪的结构

下面以气动直钉枪 F50D 的结构图为例进行介绍，具体如图 11-2 所示。

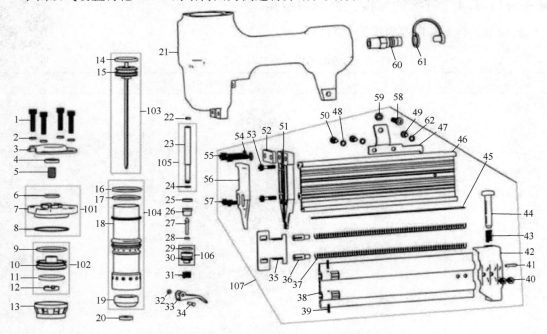

图 11-2 气动直钉枪 F50D 的结构

序号	名称	序号	名称
1	内六角螺钉 M5	36	推钉铜件
2	弹性垫圈 M5	37	推钉弹簧
3	上铁顶盖	38	钉槽小件 B
4	上阻气垫	39	开口销 $\phi 2 \times 10$
5	游动阀压簧	40	内六角螺钉 M4
6	胶圈 13.8×2.4	41	开口销 $\phi 2.5 \times 13$
7	上铝顶盖	42	定位器
8	胶圈 40×1	43	固定销弹簧
9	胶圈 31.8×2.4	44	固定销
10	游动阀	45	导钉滑轨
11	胶圈 25×3.55	46	钉槽大件
12	游动阀胶垫	47	连接片
13	挡环	48	弹性垫圈 M4
14	胶圈 21.2×3.5	49	内六角螺钉 M3
15	撞针组件 A3	50	内六角螺钉 M4
16	胶圈 31.8×2.4	51	枪嘴
17	胶圈 30×2	52	压板
18	气缸	53	内六角螺钉 M4
19	缓冲垫	54	弹性垫圈 M5
20	下阻气垫	55	内六角螺钉 M5
21	枪体	56	枪嘴面板
22	胶圈 3.5×1.6	57	内六角螺钉 M4
23	导气阀	58	内六角螺钉 M5
24	胶圈 4.2×1.2	59	防松螺母 M5
25	开关垫片	60	快速接头
26	开关主体	61	接嘴塞
27	开关顶针	62	弹性垫圈 M3
28	胶圈 3.5×1.6	101	上铝顶盖部装 A
29	胶圈 10×2	102	游动阀部装 A1
30	开关螺盖	103	撞针部装 A3
31	扳机弹簧	104	气缸部装 A1
32	卡簧 $\phi 2.5$	105	导气阀部装 A1
33	扳机	106	开关螺盖部装 A
34	销钉 $\phi 2.8 \times 15$	107	弹夹部装 A1
35	推钉块		

图 11-2 气动直钉枪 F50D 的结构（续）

★★★11.1.6 气动蚊钉枪的结构

下面以气动蚊钉枪 P630 的结构图为例进行介绍，具体如图 11-3 所示。

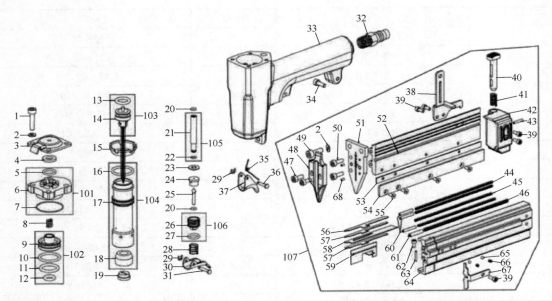

序号	名称	序号	名称
1	内六角螺钉	38	连接片
2	弹性垫圈 M	39	内六角螺钉
3	上铁顶盖	40	固定销
4	上阻气垫	41	固定销弹簧
5	胶圈 12×2	42	定位器
6	上铝顶盖	43	开口销 2.5
7	胶圈 30×1	44	推钉弹簧 I
8	游动阀压簧	45	压钉块弹簧
9	游动阀	46	推钉弹簧 I
10	胶圈 21.5	47	内六角螺钉
11	胶圈 17.3	48	枪嘴面板
12	胶圈 8×3	49	内六角螺钉
13	胶圈 12×3	50	内六角螺钉
14	撞针铆接	51	枪嘴
15	挡环	52	钉槽主体
16	胶圈 21.8	53	导钉板
17	气缸	54	导钉压板
18	缓冲垫	55	内六角沉头螺钉
19	下阻气垫	56	推钉块 II
20	胶圈 3.5	57	推钉块 III
21	导气阀	58	压钉板
22	胶圈 4.2	59	推钉块 I
23	开关垫片	60	推钉铜件 I
24	开关主体	61	推钉铜件 I
25	开关顶针	62	内六角螺钉
26	开关螺盖	63	圆柱销 φ2
27	胶圈 10×2	64	推钉器主体
28	扳机弹簧	65	钢珠
29	卡簧 φ2.5	66	压钉弹簧
30	扳机	67	推钉挡块
31	销钉 φ2.8	101	上铝顶盖
32	快速接头	102	游动阀部装
33	枪体	103	撞针部装 A
33	下阻气垫	104	气缸部装 A
34	内六角螺钉	105	导气阀部装
35	保险扭簧	106	开关螺盖
36	销钉 φ2.8	107	弹夹部装 A
37	扳机保险		

图 11-3　气动蚊钉枪 P630 的结构

★★★11.1.7　电动钉枪参考电路

电动钉枪参考电路见表11-4。

表11-4　电动钉枪参考电路

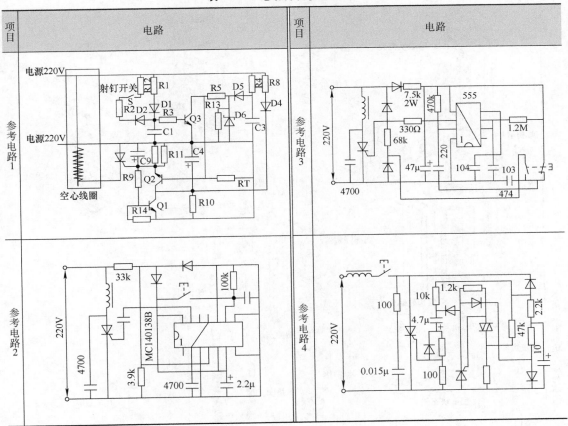

项目	电路	项目	电路
参考电路1		参考电路3	
参考电路2		参考电路4	

★★★11.1.8　充电式钉枪外形与结构

充电式钉枪外形与结构见表11-5。

表11-5　充电式钉枪外形与结构

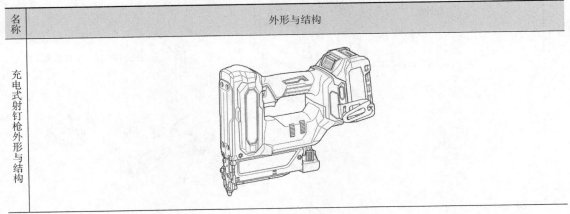

名称	外形与结构
充电式射钉枪外形与结构	

（续）

名称	外形与结构

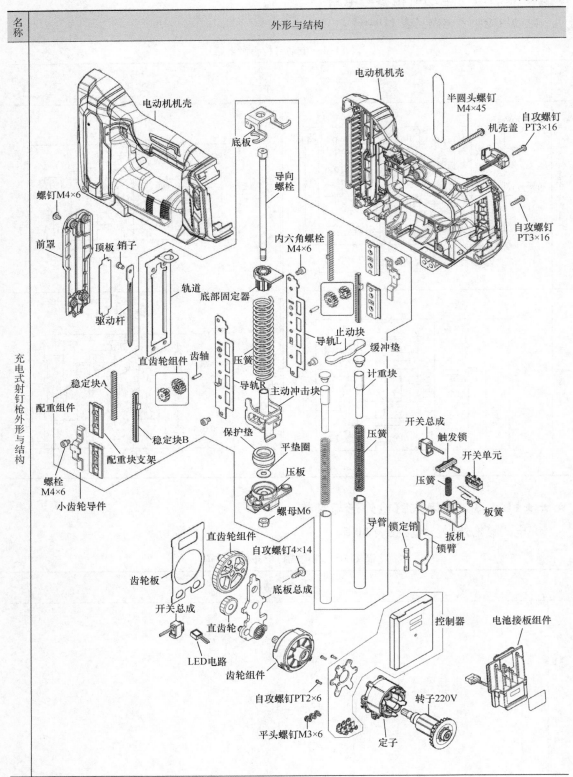

电动机机壳

电动机机壳

半圆头螺钉 M4×45

自攻螺钉 PT3×16

机壳盖

自攻螺钉 PT3×16

底板

导向螺栓

螺钉M4×6

内六角螺栓 M4×6

前罩　顶板　销子

轨道　底部固定器

驱动杆

止动块

导轨L

缓冲垫

直齿轮组件　齿轴

计重块

稳定块A

压簧

配重组件

导轨R

主动冲击块

开关总成

触发锁

开关单元

压簧

稳定块B

配重块支架

保护垫

平垫圈

压板

压簧

板簧

螺栓 M4×6

螺母M6

导管

锁定销

小齿轮导件

扳机

锁臂

直齿轮组件

自攻螺钉4×14

齿轮板

底板总成

开关总成

直齿轮

控制器

电池接板组件

LED电路

齿轮组件

自攻螺钉PT2×6

转子220V

平头螺钉M3×6

定子

充电式射钉枪外形与结构

（续）

名称	外形与结构

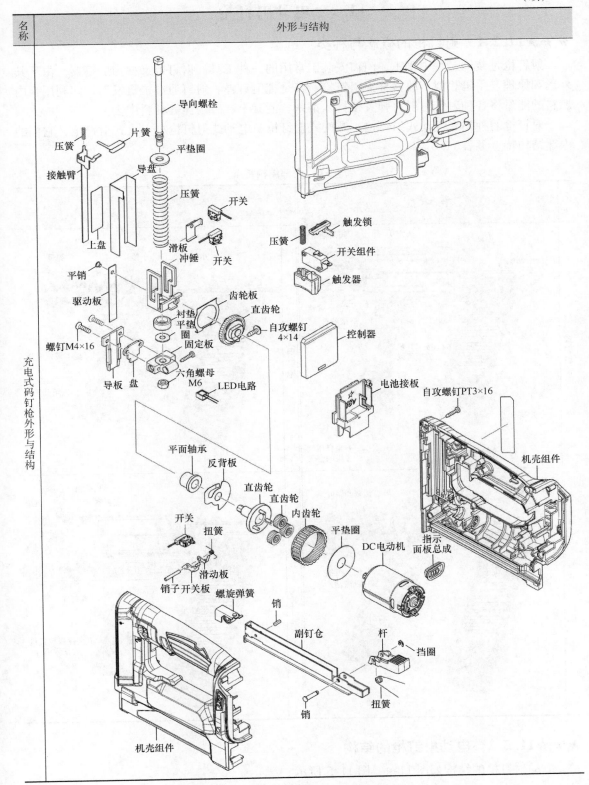

充电式码钉枪外形与结构

导向螺栓
片簧
压簧
平垫圈
接触臂
导盘
压簧
开关
上盘
滑板
冲锤
开关
触发锁
压簧
开关组件
触发器
平销
齿轮板
驱动板
直齿轮
衬垫
自攻螺钉4×14
平垫圈
控制器
螺钉M4×16
固定板
导板 盘
六角螺母M6
LED电路
电池接板
自攻螺钉PT3×16
平面轴承
反背板
直齿轮
直齿轮
内齿轮
机壳组件
开关
扭簧
平垫圈
DC电动机
滑动板
销子开关板
螺旋弹簧
指示面板总成
机壳组件
销
副钉仓
杆
挡圈
扭簧
销
机壳组件

11.2 电动射钉枪

★★★11.2.1 射钉枪的概念与种类

射钉枪是装饰工程中木工、门窗安装工常用的一种工具。射钉枪又称为射钉器，由于其外形和原理与手枪相似，故常称为射钉枪。其是把射钉弹、射钉通过枪机发射，即利用弹内燃料的能量将各种射钉、射钉弹直接打入钢铁、混凝土、砖砌体等材料中去。

射钉枪的种类有气动式射钉枪、螺旋式射钉枪、电动式射钉枪、点火式射钉枪，它们的内部结构特点见表11-6。

表11-6　内部结构特点

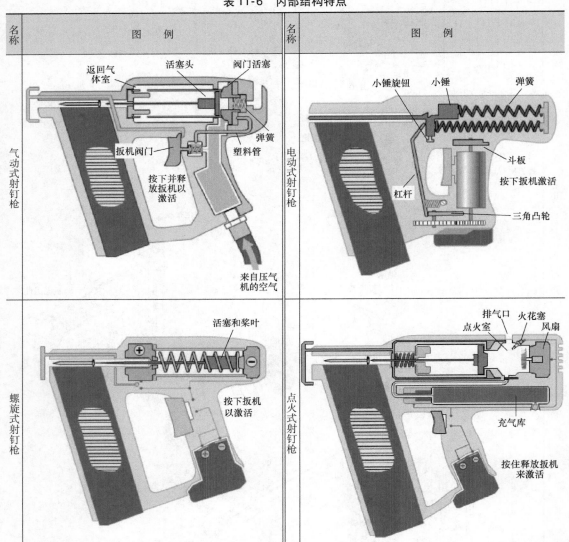

★★★11.2.2 电动射钉枪的结构

电动射钉枪的结构如图11-4、图11-5所示。

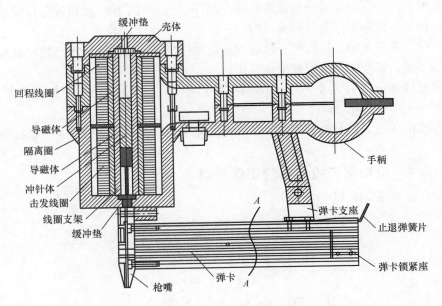

图 11-4　电动射钉枪的结构 1

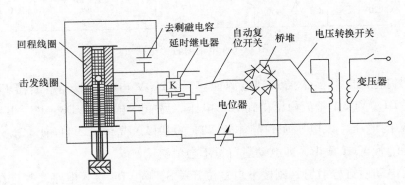

图 11-5　电动射钉枪的结构 2

一点通

电动射钉枪工作过程中需要完成的两项基本动作如下：

1）上一颗射钉射出后，能够重新装填下一颗射钉。

2）把大量的锤击力聚集成一次机械撞击，并且可以快速重复。

★★★11.2.3　电动射钉枪的工作原理

不同的电动射钉枪，工作原理有所差异。其中一种类型的电动射钉枪的工作原理如下：电池或家用交流电提供电动机动力，用电动机旋转双驱动轴。然后，前端的轴带动刻有曲形槽道的金属压盘转动，后端的轴带动一个齿轮传动装置运动。齿轮传动装置驱动一个三角金属凸轮。

扣扳机发射时，三角金属凸轮旋转时将控制杆的一端向下推，然后控制杆转动将锤击装置向上推。锤击装置向上推升使弹簧压缩。

控制杆将锤击装置向上推升时，转动的压盘扣住把手。同时，旋转凸轮松开控制杆，进而释放锤击装置，以及锤击装置被压盘扣住。

压缩弹簧将锤击装置向下推动，如果射钉已经就位，锤击装置会将射钉从射钉枪中射出。

射钉并排粘在一个长的带子上，并且装填在弹仓上。弹仓底部的弹簧可以将射钉带推到枪管内。

★★★11.2.4　电动射钉枪电路的工作原理

电动射钉枪电路如图 11-6 所示。

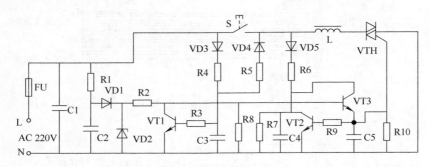

图 11-6　电动射钉枪电路

把电动射钉枪的电源插头插入到电源插座后，220V 市电电源经熔断器 FU 后分两路，一路经 R1、VD1、VD2，整流稳压得到 12V 电压。另一路电源经 VD3、R3、R4 整流限流输出得到约 12V 的电压，该电压加到晶体管 VT1 的基极。晶体管 VT1 饱和导通，则晶体管 VT3 截止，晶闸管 VTH 截止，即电动射钉枪不会射钉。

如果需要电动射钉枪射钉，则按下自复位开关 S，则 VD4 接入电路，并且在市电为负半周时，电路经 VD4、R5、R3 使晶体管 VT1 截止。此时经 VD2、R2 电压加到晶体管 VT3 的基极，使晶体管 VT3 饱和导通，则 VTH 导通，从而接通线圈 L。线圈 L 产生电流形成磁场吸动杠杆射出射钉。同时，晶体管 VT3 导通使晶体管 VT2 也导通。VT2 导通反过来又引起晶体管 VT3 截止，从而使 VTH 在电源过零时关断，进而使线圈 L 只产生短暂脉冲电流，也就保证一次只能射出一颗射钉。

如果需要射下一颗钉，则首先松开开关 S，再按下开关 S 即可射出下一颗射钉。

一点通

电动射钉枪老冒钉，可能是以下原因造成的：

1）电动射钉枪损坏了。

2）可能是操作不当，例如没有拿稳钉枪等。

★★★11.2.5　使用电动射钉枪的注意事项

使用电动射钉枪的一些注意事项如下：

1）工作时，需要戴上防护眼镜。

2）工作中，不要戴戒指、项链、手链等首饰物品。

3）射钉弹属于危险物品，其保管、发放、领取、使用都须有相应的规定，并设专人负责。

4）使用前，检查电源及连接线是否正常。

5）严禁对准人体或向空中击射，以免伤害自己或他人。

6）严禁用手掌推压钉管。

7）严禁将枪口对准人。

8）安装钉子时，不要扣动扳机。

9）装填钉子前，需要先关闭保险开关，以免误扣扳机发射。

10）不要经常空击，以免损坏工具内部零件。

11）插上电源，打开保险开关，将枪嘴对准，并且紧贴于工作物后，才能够击发。

12）如果工作物较硬，则需加力按下钉枪，不使其反弹，确保钉子钉入工作物中。

13）作业间隙，应关闭保险开关。

14）连续作业会导致电动机发热，因此，需要待其自然冷却后再进行作业。

15）作业完毕后，需要关闭保险开关，并且拔下电源插头，以及取出弹夹内多余的钉子。

16）当两次扣动扳机，子弹均不击发时，需要保持原射击位置数秒钟后，再退出射钉弹。

17）更换零件或断开射钉枪前，射钉枪内均不得装有射钉弹。

18）射钉枪因型号不同，使用方法略有不同，因此，操作时，需要具体了解所用电动射钉枪的使用方法。

19）打钉时，严禁在同一钉子位置处打两颗以上钉子，以防第二颗钉子打到第一颗钉帽上溅钉。

20）使用工具时，不可将其当作铁锤重击，敲打。

21）不要站在架子、梯子上面打钉。

22）不可任意改变工具原有的设计、结构、功能组合。

23）暂停使用工具时，不可一直扣住扳机，以免造成不必要的射钉。

24）在薄墙、轻质墙上射钉时，对面不得有人停留、经过，并且要设专人监护，防止射穿基体伤人。

25）发射后，钉帽不要留在被坚固件的外面。

26）射钉枪发生卡弹等故障时，应停止使用。

11.3　电动拉铆枪

★★★11.3.1　铆钉的种类

铆钉的一些种类见表11-7。

表 11-7　铆钉的一些种类

名称	解　说
半沉头铆钉	半沉头铆钉主要用于表面需平滑，载荷不大的铆接场合
半空心铆钉	半空心铆钉主要用于载荷不大的铆接场合
半圆头铆钉	半圆头铆钉主要用于具有横向载荷的铆接场合
扁平头、扁圆头铆钉	扁平头、扁圆头铆钉主要用于金属薄板、皮革、帆布、木料等非金属材料的铆接场合
标牌铆钉	标牌铆钉主要用于铆接机器、设备等上面的铭牌
沉头铆钉	沉头铆钉主要用于表面需平滑，载荷不大的铆接场合
抽芯铆钉	抽芯铆钉是一类单面铆接用的铆钉，其需要使用专用工具，也就是气动铆钉枪、电动铆钉枪、手动铆钉枪进行铆接。该类铆钉适用于不便采用从两面进行铆接的场合。抽芯铆钉以开口型扁圆头抽芯铆钉应用最广，沉头抽芯铆钉适用于表面需要平滑的铆接场合，封闭型抽芯铆钉适用于较高载荷和具有一定密封性能的铆接场合
大扁平头铆钉	大扁平头铆钉主要用于非金属材料的铆接场合
管状铆钉	管状铆钉主要用于非金属材料的没有载荷的铆接场合
击芯铆钉	击芯铆钉是另一类单面铆接的铆钉。铆接时，需要用手锤敲击铆钉头部露出钉芯，使之与钉头端面平齐，即完成铆接操作。其适用于不便采用从两面进行铆接或抽芯铆钉的铆接场合
空心铆钉	空心铆钉主要用于载荷不大的非金属材料的铆接场合
平头铆钉	平头铆钉主要用于一般载荷的铆接场合
平锥头铆钉	平锥头铆钉具有钉头大、耐腐蚀等特点，常用于船壳、锅炉水箱等腐蚀较强的铆接场合
无头铆钉	无头铆钉主要用于非金属材料的铆接场合

 一点通

　　铆钉是用于两个金属材料面与面紧固连接的一种金属圆柱或金属管。铆接分为热铆、冷铆。热铆需要将铆钉预热，然后用红热的铆钉穿入铆孔，打好铆钉头后，利用冷却过程中收缩的应力将材料更紧密的连接。冷铆就是铆钉在常温下进行的铆接。平时，见得比较多的是冷铆。

★★★11.3.2　电动拉铆枪的工作原理与注意事项

　　电动拉铆枪是采用拉伸的方法实现铆钉连接的一种电动工具。电动拉铆枪常拉具有抽芯的铝铆钉。

　　常见的普通电动拉铆枪一般是以单相串励电动机为动力，然后通过电动机的高速旋转，再经减速级，并且利用传动螺栓使旋转运动变为往复直线运动，即可拉抽芯铆钉。

　　使用电动拉铆枪的一些注意事项如下：

　　1）被铆接物体上的铆钉孔应与铆钉配合良好。

　　2）拉铆前，需要检查电动拉铆枪是否完好、可用、安全。

　　3）长期搁置不用的电动拉铆枪，使用前需要进行干燥处理。

　　4）选择铆钉的长度需要与铆接物体厚度相匹配。

5）根据所用的铆钉选定适用的枪头。例如，枪头内孔尺寸为 $\phi2.2mm$、$\phi2.6mm$、$\phi3.4mm$，可以分别适用于 $\phi3mm$、$\phi4mm$、$\phi5mm$ 抽芯铆钉。

6）铆接时，当铆钉轴没有拉断时，可以重复扣动扳机，直到拉断为止。但是，不得强行扭断或撬断。

7）如果作业中，接铆头或并帽如果有松动，应立即拧紧。

8）操作过程中，如果发现有异常声音、现象，应立即停机，切断电源进行检查。

9）换向器部件注意保养。

11.4　电　喷　枪

★★★11.4.1　喷枪的种类

喷枪是把各种低黏度的液体喷射成雾状的一种工具。喷漆枪是对钢制件与木制件的表面进行喷漆的一种工具。喷漆枪可以分为小型喷漆枪、大型喷漆枪、电热喷漆枪。

喷枪的一些种类见表11-8。

表11-8　喷枪的一些种类

名称	图　例	解说
喷砂枪	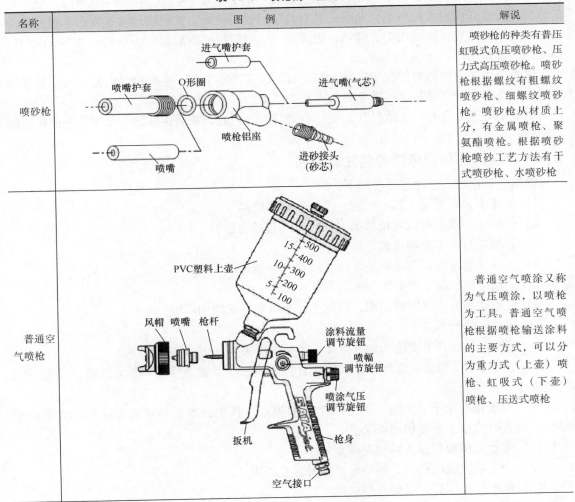	喷砂枪的种类有普压虹吸式负压喷砂枪、压力式高压喷砂枪。喷砂枪根据螺纹有粗螺纹喷砂枪、细螺纹喷砂枪。喷砂枪从材质上分，有金属喷枪、聚氨酯喷枪。根据喷砂枪喷砂工艺方法有干式喷砂枪、水喷砂枪
普通空气喷枪		普通空气喷涂又称为气压喷涂，以喷枪为工具。普通空气喷枪根据喷枪输送涂料的主要方式，可以分为重力式（上壶）喷枪、虹吸式（下壶）喷枪、压送式喷枪

（续）

名称	图　例	解说
电喷枪	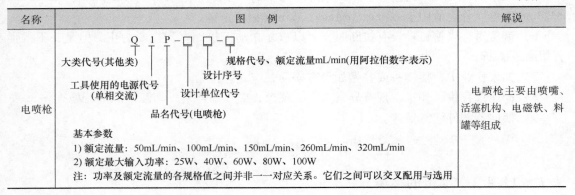　基本参数 1）额定流量：50mL/min、100mL/min、150mL/min、260mL/min、320mL/min 2）额定最大输入功率：25W、40W、60W、80W、100W 注：功率及额定流量的各规格值之间并非一一对应关系。它们之间可以交叉配用与选用	电喷枪主要由喷嘴、活塞机构、电磁铁、料罐等组成

★★★11.4.2　电喷枪的工作原理

电喷枪的工作原理如下：电喷枪内部电磁铁产生作用于活塞杆上，进行高速往复运动的动力。活塞杆是电喷枪内部产生高压的往复式柱塞泵的一部分。当活塞返回时，柱塞泵中形成真空，并且将喷料从料罐中抽吸进来。活塞工作时，将喷料加压到 0.5～10MPa。受压后的喷料推开反向阀进入贮压室。此时，具有高压的喷料经离心式喷嘴的涡流室产生强烈的旋转，并且沿喷嘴孔壁高速向前方喷洒，进入空气后的喷料扩散成颗粒为 0.05～0.5mm 的雾，即实现喷雾作用。

电喷枪中的电磁铁有的位于喷嘴上侧，有的位于喷嘴下侧。电喷枪的电源开关一般采用封闭式以及具有防爆结构、可阻止触头火花的开关。

电喷枪外壳上设有一个通气孔，使得料罐与大气相通，从而保证活塞套压力室的负压能够吸料。

★★★11.4.3　使用电喷枪的注意事项

使用电喷枪的一些注意事项如下：

1）工作中，不要戴戒指、项链、手链等首饰物品。

2）任何时候都不可以将枪口面对任何人（包括自己）。

3）装油漆时，不要扣扳机。

4）不可任意改变工具原有的设计、结构、功能。

5）使用电喷枪时，严禁无关人员靠近。

6）有的产品为建议家庭使用，因此，注意电喷枪的应用范围。

7）穿戴好防护用品。

8）使用前，检查电喷枪。如果损坏，需要及时更换。

9）电喷枪所喷物质可能含有危险的、有害的或易爆、腐蚀性的物质，因此，需要注意环境安全、人身安全。

10）电喷枪有水平、垂直、圆点三个喷涂模式。其中，水平与垂直喷涂用于大面积的喷涂。圆点喷涂用于小面积的喷涂。

11）喷涂量需要根据实际情况调整好。

12）为了避免触电伤害，不要将产品暴露在雨中。

13）电喷枪使用后，需要立即清洗。

★★★11.4.4 电喷枪的故障与检修

电喷枪的故障与检修见表11-9。

表11-9 电喷枪的故障与检修

故障	检 修
电喷枪接电后不动作	电喷枪接电后不动作的原因与检修对策如下： 1）可能是开关接触不良或不动作，则需要修复或更换开关 2）可能是电磁铁线圈烧坏，则需要更换电磁铁线圈 3）可能是电源断线，则需要修复电源线 4）可能是接头松落，则需要检查接头，重新接牢
电喷枪有嗡嗡声，有时又发热	电喷枪有嗡嗡声，有时又发热的原因与检修对策如下： 1）可能是电磁铁线圈浸漆不良，则需要更换电磁铁线圈 2）可能是电磁铁短路环磨损与衔铁接合面锈蚀，则需要更换电磁铁、衔铁 3）可能是电源电压过低，则需要调整电源电压 4）可能是活塞粘在喷枪体中，则需要拆泵清洗
电喷枪喷雾异常	电喷枪喷雾异常的原因与检修对策如下： 1）可能是电源电压过低，则需要调整电源电压 2）可能是活塞杆或缸体磨损，则需要修理或更换活塞杆、缸体 3）可能是喷雾不畅，喷孔粘堵，则需要疏通、清理喷孔 4）可能是喷雾颗粒过大，喷嘴磨损，则需要更换喷嘴

第12章

电　　锯

12.1　概　　述

★★★12.1.1　电锯的特点

一些电锯的特点见表12-1。

表12-1　一些电锯的特点

名称	解　说
带锯	带锯就是用绕在两个或更多带轮上的旋转环状锯条锯割木材或类似材料的一种工具。带锯有一个固定的或可倾斜的工作台，用以支承工件并将工件定位，而工件则用手朝着锯条进给
链锯	链锯就是用回转的链状锯条进行锯截树木或原木的一种工具
摇臂锯	摇臂锯就是用旋转开齿锯片锯割木材或类似材料的一种工具。摇臂锯的锯片装在一个可在摇臂上移动的滚筒锯片托架上，并且悬挂在工作台的上方。摇臂锯有一个支承工件与将工件定位的工作台，工件可以夹持在一个固定位置上，由锯片对之进给做横截作业，或者可以用手将其迎着锯片进给做纵剖作业
带水源的金刚石锯	带水源的金刚石锯是用以对混凝土、石材和类似材料进行锯割、铣槽的带水源的一种工具。带水源的金刚石锯有一个固定导轨导向的活动锯割工作头
斜切割台式组合台锯	斜切割台式组合台锯是一种用旋转的开齿锯片来锯割诸如铝等有色金属材料、木材和类似材料的一种工具。斜切割台式组合锯装有两个台板：一个为上台板，该台板有一条槽缝，锯片穿过该槽缝伸出来，工件由该台板支撑，用手向锯片进给；另外一个为下台板，用来在斜切割时支承工件，并且将工件定位在紧靠护栏的位置上
石膏电锯	石膏电锯是由往复摆动的锯片进行切割，用于拆除石膏绷带的一种工具
刀锯	刀锯是配有或者不配有可作倾斜度调节的导向板的一种往复锯 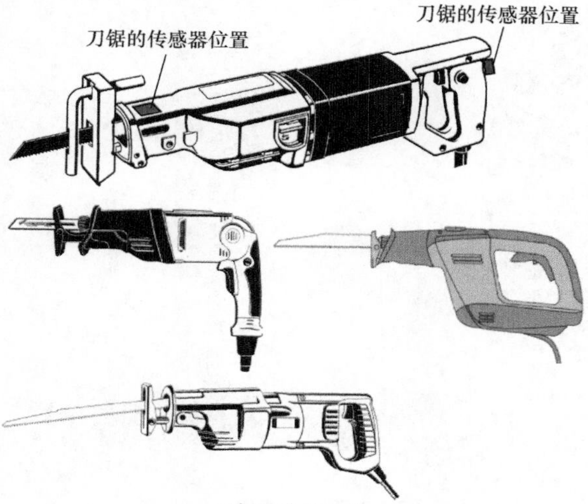 刀锯的传感器位置　　刀锯的传感器位置 刀锯的典型外形

★★★12.1.2 刀锯的基本参数要求

一般环境条件下，对木材、金属、塑料、橡胶和类似材料的板材与管材进行直线锯割的交直流两用或单相串励电动机的手持式电动刀锯的基本参数要求见表12-2。

表12-2 刀锯的基本参数要求

规格 /mm	额定输出功率 /W	额定转矩 /N·m	空载往复次数 /(次/min)
24	≥430	≥2.3	≥2400
26			
28	≥570	≥2.6	≥2700
30			

注：1. 额定输出功率指刀锯拆除往复机构后的额定输出功率。

2. 电子调速刀锯的基本参数基于电子装置调节到最大值时的参数。

★★★12.1.3 使用手提式电锯的注意事项

使用手提式电锯需要注意的一些事项如下：

1）使用电锯时，需要将电源插头橡胶导线放在身上，以保证导线不会被锯齿刮割。

2）操作时，施力的大小必须适当。

3）操作时，不要把圆锯盘硬挤在工件缝隙内。

4）要在锯齿不与工件接触时起动或停止手提式电锯。

5）当锯程开始或结束时，操作应格外小心，此时锯齿露在外边，极易伤人。

6）当木料较短时，无论对其刨还是锯之前，都需要对木料夹牢后才能够开始操作。

7）手提式电锯面板的上方与下方必须装防护罩。为盖住外露的锯齿，下方的防护罩应能够自动返回。

12.2 电动曲线锯

★★★12.2.1 电动曲线锯的特点

电动曲线锯是在板材上可按曲线（可作倾斜度调节）进行锯切的一种电动往复锯。电动曲线锯英文名称为 electric jig saw，电动曲线锯其他名称有积梳机、垂直锯。电动曲线锯简称为曲线锯。曲线锯的一些外形如图12-1所示。电动曲线锯可以分为手持式交直流两用或单相串励曲线锯、单相笼型异步电动机驱动的曲线锯等类型。曲线锯就是配有底板的往复锯，底板倾斜角度允许调整。

电动曲线锯应用的特点如下：

1）电动曲线锯配用曲线锯条，可以对木材、金属、塑料、橡胶、皮革、纸板等板材进行直线与曲线锯割。

2）电动曲线锯可以根据各种曲线在各类板材上锯割出具有较小曲率半径的几何图形。

3）电动曲线锯可以安装锋利的刀片，从而可以裁切橡胶、皮革、纤维织物、泡沫塑料、纸板等。

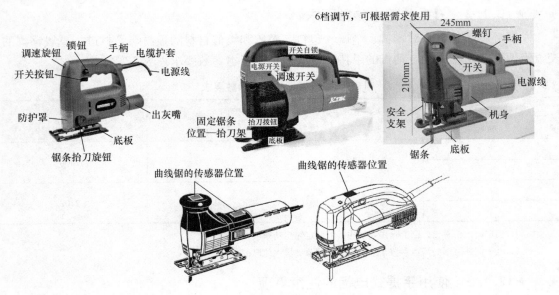

图 12-1　曲线锯的一些外形

4）电动曲线锯广泛应用于汽车、船舶、家具、皮革等行业，在木模、工艺品、布景、广告、家具制造、修理业、建筑装饰工程中也有较多应用。

5）电动曲线锯的规格常以最大锯割厚度来表示，锯割金属可用 3mm、6mm、10mm 等规格的电动曲线锯。锯割木材的规格可增大 10 倍左右。

6）电动曲线锯的中齿锯条适用于锯割有色金属板材、层压板。电动曲线锯的细齿锯条适用于锯割钢板。

★★★12.2.2　曲线锯基本参数的要求

一般环境条件下，对木材、金属、塑料、橡胶等板材进行直线或曲线锯割的手持式交直流两用或单相串励曲线锯的基本参数要求见表 12-3。

表 12-3　曲线锯的基本参数要求

规格/mm	额定输出功率/W	工作轴额定往复次数/（次/min）
40（3）	≥140	≥1600
55（6）	≥200	≥1500
65（8）	≥270	≥1400
80（10）	≥420	≥1200

注：1. 额定输出功率是指电动机的输出功率（指拆除往复机构后的输出功率）。

2. 曲线锯规格指垂直锯割一般硬木的最大厚度。

3. 括号内数值为锯割抗拉强度为 390MPa（N/mm^2）钢板的最大厚度。

★★★12.2.3　手持式单相串励曲线锯的基本结构

手持式单相串励曲线锯的基本结构由单相串励电动机、齿轮减速器、曲柄滑块机构、平衡机构、锯条装夹装置、电源开关、风扇、机壳、手柄、锯条等零部件组成。电动曲线锯的一些内部结构如图 12-2 所示。

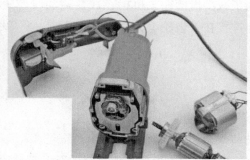

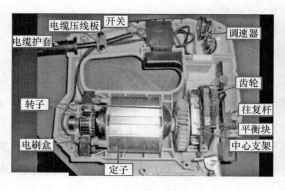

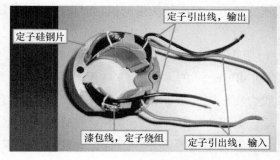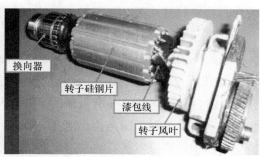

图 12-2 电动曲线锯的一些内部结构

扫一扫看视频

★★★12.2.4 电动曲线锯的工作原理

电动曲线锯电动机接通电源后运转，然后经减速，再由偏心轴带动滑槽往复机构，将旋转运动变为往复运动而带动锯条上下往复进行锯割运动。

具体地讲，电动曲线锯的往复锯割运动一般是由电动机轴轴齿与齿轮啮合，它的减速齿轮上的偏心轴机构与滑槽往复机构上有轴孔的钢球活动连接，从而带动滑槽做往复运动。锯条装在往复杆的下端，以两点固定，锯条向上运动时做锯割运动，向下运动时为空返行程。这样的工作方式可以使曲线锯底板紧贴，达到减小锯割时的振动与延长锯条的使用寿命。

电动曲线锯的冷却工作一般是由安装在电动机轴上的风扇完成冷却的。

另外，为了减小滑槽往复机构在往复运动时产生的振动，电动曲线锯内可以设有平衡块，平衡块由连接在大齿轮上的偏心曲柄带动。平衡块的运动方向与曲柄滑块机构的运动方向相反。

选择电动曲线锯的方法、要点如下：

1）根据需要锯切的木板或其他材料的厚度来选用不同规格、不同品种的电动曲线锯。

2）当加工要求一般时，可以选择普通型电动曲线锯。

3）当需要锯切加工比较精细的工件时，应选用带无级调速的电动曲线锯为宜。

★★★12.2.5 曲线锯锯条的分类与应用

曲线锯的锯条根据应用的需要，可以分为高碳钢锯条、高速钢锯条、双金属锯条、合金锯条。根据齿距来分，可以分为3.5mm、2.5mm、1.75mm等。根据锯齿粗细，可以分为细齿锯条、粗齿锯条。

高碳钢锯条主要用于切割木板、塑料硬纸板、塑料、非金属等。碳钢曲线锯锯齿被磨尖，呈圆锥形，切割快并且切屑处理能力强。高速钢锯条主要用于软金属、铝、非含铁金属等。双金属锯条与合金锯条适合用来切割钢材、金属、有色金属。锯切硬度较高、材质紧密的板料与薄板料时，需要选用细齿锯条。锯切硬度较小、材质较疏松的板料时，需要选用粗齿锯条。

锯条齿距为3.5mm，有前后切削刃口，专门用于锯切木材，可使不同曲率半径的弯曲部分都能获得平滑的加工表面，适合高速锯切40mm厚的木板、塑料板。锯条齿距为2.5mm，适合锯切除玻璃纤维层压板外的各种胶合板、层压板。锯条齿距为1.75mm，适合锯切铝板和类似材料。锯条齿距为1.36mm，适合锯切3～6mm钢板（不同规格的曲线锯，所能锯切的钢板厚度不同）、玻璃纤维层压板。锯条为锋利的刀片，适合剪裁橡皮、皮革、纤维织物、泡沫塑料、纸板等。一般锯条宽度不大于9mm，不小于6.5mm。对于锯切木材而言，8mm宽的锯条可以锯切曲率半径为10mm的曲线工件。

曲线锯可以锯曲线，也可以锯直线。但是，曲线锯的锯条只有一端是固定的，遇到木质软硬与纹理发生变化时，没有固定的一侧所锯的线路是不可预期的。也就是说，正面锯路比较直，背面一般不直。

要想正面、背面锯路均直，可以采用曲线锯"倒装"的方案，并且在台面上安装固定装置，使得曲线锯条两端都固定，也就是用台锯做榫头。

★★★12.2.6 使用电动曲线锯的注意事项

使用电动曲线锯的一些注意事项如下:

1) 操作前检查工件,以免切到铁钉等物体。

2) 不可用电动曲线锯来切空心管子。

3) 不要用电动曲线锯锯切超过规定尺寸的工件。

4) 锯切前,检查工件下面是否需要留有适当的空隙,以防锯片碰到地板、工作台等物体。

5) 锯割前,需要根据加工件的材料种类,选取合适的锯条。

6) 不可用手触摸转动部件。

7) 操作时,需要握紧电动曲线锯。

8) 打开开关前,需要确认锯切刀没有与工件接触。

9) 切通隔墙、地板或任何可能会碰到埋藏的通电电线的地方时,不要碰到电动曲线锯的任何金属部件,要抓在工具的绝缘把手上,以防止切到有电的电线时触电。

10) 如果在锯割薄板时,发现工件有反跳现象,表明锯齿太大,则需要调换细齿锯条。

11) 锯割时,向前推力不能过猛。如果存在卡住现象,需要立刻切断电源,退出锯条,再进行锯割。

12) 锯割时,不能够将曲线锯任意提起,以防损坏锯条。

13) 使用中,如果发现存在不正常的声响、水花、外壳过热、不运转、运转过慢等现象,则需要立即停锯,待检查修复后才可以使用。

14) 不可脱手丢开正在转动着的电动曲线锯。

15) 务必关上开关,并且等到锯刀完全停止下来后,才可以将锯刀移离工件。

16) 操作完成后,不可以立即用手去触摸锯刀或加工件,因其可能还非常热,以免烫伤。

17) 用完电动曲线锯后,需要保养好,以免生锈。图 12-3 所示就是没有保养好的电动曲线锯,已经生锈了。

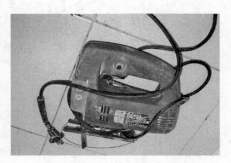

图 12-3　生锈的电动曲线锯

★★★12.2.7 曲线锯的结构

曲线锯的结构见表 12-4。

表12-4 曲线锯的结构

名称	解　说
曲线锯结构1 曲线锯结构2	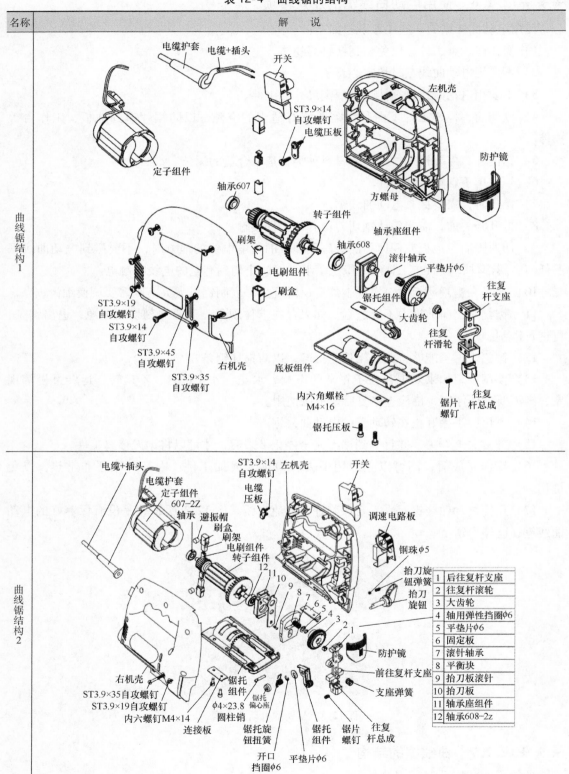

（续）

名称	解　说

充电式曲线锯外形与结构

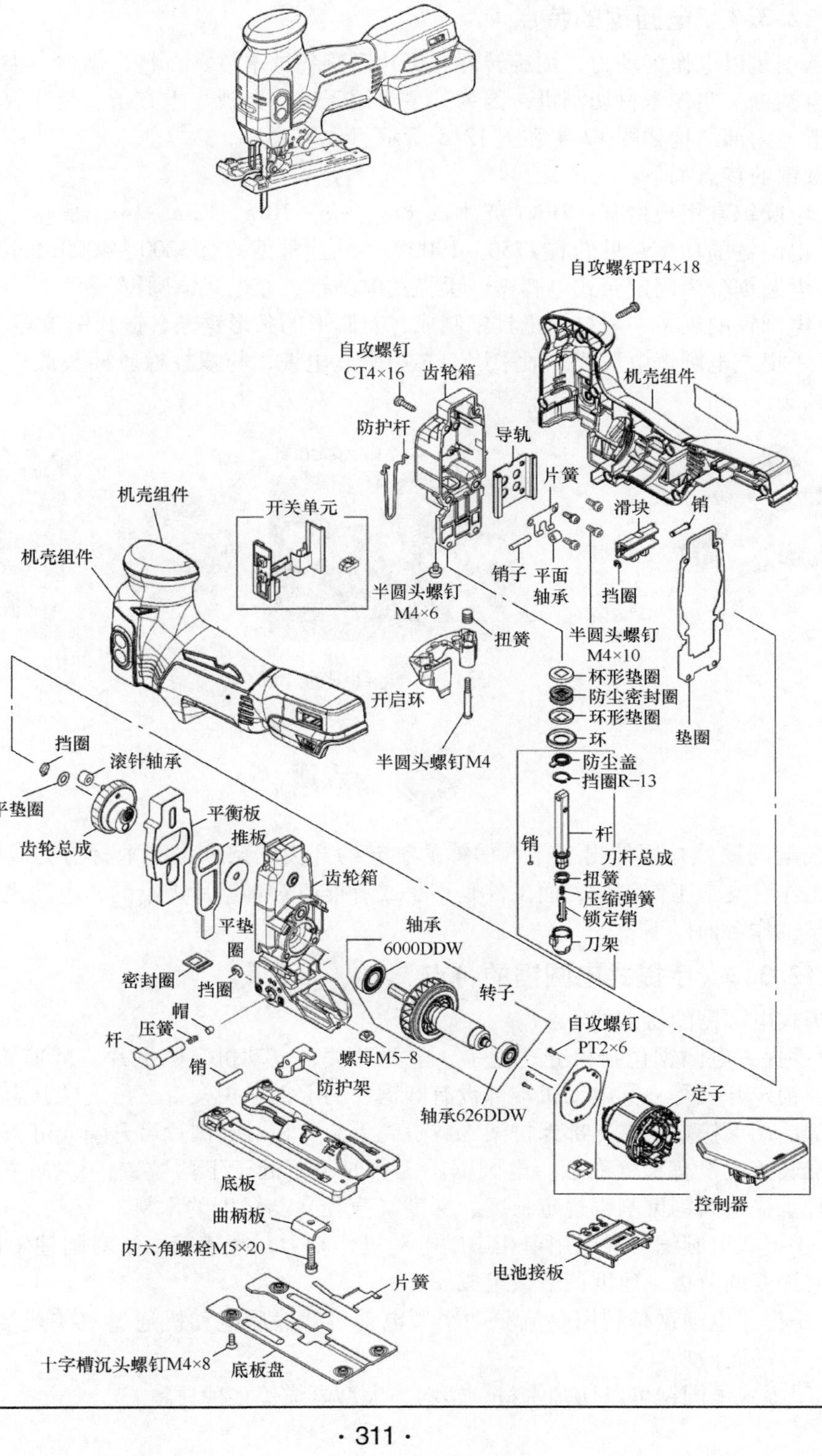

自攻螺钉PT4×18

自攻螺钉
CT4×16　齿轮箱

防护杆

机壳组件

导轨

机壳组件

片簧

滑块　销

开关单元

机壳组件

销子　平面
轴承　挡圈

半圆头螺钉
M4×6

扭簧

半圆头螺钉
M4×10

杯形垫圈
防尘密封圈
环形垫圈
环

垫圈

开启环

半圆头螺钉M4

防尘盖
挡圈R-13

销　杆

刀杆总成

挡圈　滚针轴承

平垫圈

齿轮总成

平衡板
推板

齿轮箱

平垫
圈

密封圈　挡圈

帽
压簧

杆　　销

扭簧
压缩弹簧
锁定销

刀架

轴承
6000DDW

转子

自攻螺钉
PT2×6

定子

螺母M5-8

防护架

轴承626DDW

控制器

底板

曲柄板

内六角螺栓M5×20

片簧

电池接板

十字槽沉头螺钉M4×8　底板盘

12.3 圆 锯

★★★12.3.1 电圆锯的特点

电圆锯是以电作为动力，用旋转开齿锯片锯割各种木材、石料、钢材与类似材料的一种工具。电圆锯又叫作木材切割机，因为其主要用于切割夹板、木方条、装饰板等材料。电圆锯的外形与内部结构如图 12-4 和图 12-5 所示。

电圆锯的特点如下：

1）电圆锯常用规格有：7in（英寸）、8in、9in、10in、12in、14in 等。

2）电圆锯的功率常见的有 1750~1900W，转速常见的有 3200~4000r/min。

3）电圆锯分为固定台式电圆锯、手提式电圆锯、充电式电圆锯。

4）电圆锯的锯条一般是用工具钢制成，有圆形的条形锯条、链式锯条等多种。

5）手提式电圆锯电源线一般采用双芯护套软电缆，与双柱橡胶插头成一整体，构成不可重接插头。

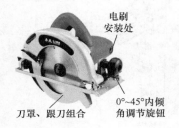
电刷安装处

刀罩、跟刀组合　0°~45°内倾角调节旋钮

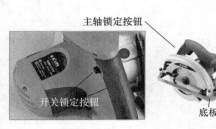
主轴锁定按钮

开关锁定按钮　底板

角度调节　导尺安装处

图 12-4　电圆锯的外形

一点通

台式电圆锯就是用伸出工作台槽缝的旋转的开齿锯条来锯割木材与类似材料的一种工具，该工作台支承工作定位，而工件是用手或者推棒对着锯片进给的，电动机与锯片的传动装置置于工作台面以下。

★★★12.3.2 手提式电圆锯的特点

手提式电圆锯的特点如下：

1）手提式电圆锯包括机壳、把手、电源开关、电动机、圆锯片、减速箱、调节机构、防护罩、锁定开关等，其电动机端部设有圆锯片的上部保护架罩、可旋转开启与复位的圆锯片的下部活动保护罩，在上部保护架罩或机壳上装有相对圆锯片可升降与可调角度的基准底板，基准底板上设有长度靠板。电圆锯不工作时下罩处于下落位置，切割时，下罩自动翻起。该种手提电圆锯可割锯规定长度、深度（直径）与角度的木料。

2）手提式电圆锯一般采用单相串励电动机作动力，减速箱由一对圆柱斜齿轮组成。调节机构由深度调节板、角度调节板组成。

3）手提式电圆锯是利用电流驱动小型电动机，然后电动机通过一些连接传动的机构，使得锯片转动而做功。

4）手提式电圆锯可以切割木材、塑料、大型电缆等多种材料。

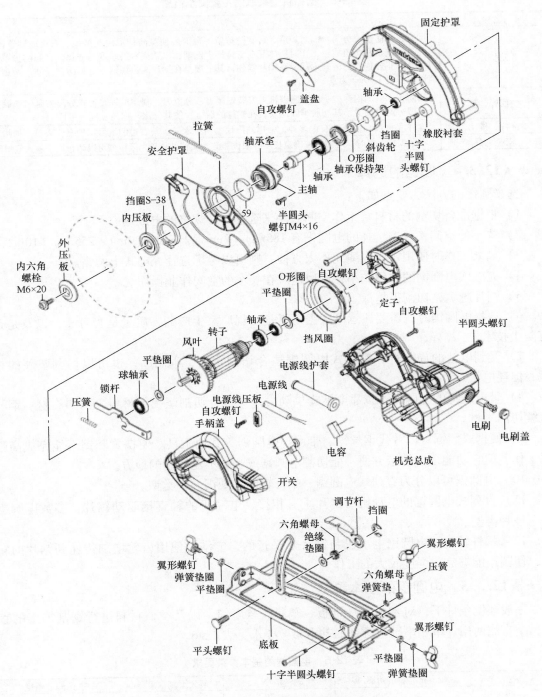

图 12-5 电圆锯的内部结构

★★★12.3.3 圆锯机上采取的主要安全措施

圆锯机上采取的主要安全措施见表 12-5。

表 12-5　圆锯机上采取的主要安全措施

名称	解　说
防护罩	圆锯机的防护罩分为台面防护罩、台底防护罩。台面轻便型防护罩由支持架、有机玻璃罩体、分离刀、制动片等组成。工作时罩体能在支持架上摆动，以适应木料厚度的变化。台底防护罩的目的是防止操作人员清理木屑时被锯片锯伤，其一般是在锯片两边用钢板进行防护，并且两边距离以不超过 150mm 为宜
防回弹装置	为防止木料的回弹，一般在圆锯机上安装锯尾刀、分离刀、制动爪等装置。分离刀是弧形镰刀片，刀刃前沿圆滑，其一般牢固地安装在锯片的后方，使其与锯片保持在同一平面上
推杆、推块	推杆（推块）的形式有很多种，常用的推杆又叫推木砧。其右边的坑可保护操作人员的拇指
安全夹具	在圆锯机下料时，可使用带确定长度的限位器的木制辅助直尺。限位器可以防止人手进入危险区

★★★12.3.4　圆锯的选择

选择圆锯的方法、要点如下：

1）根据准备切割的材料、工作空间大小来选择相应规格的电圆锯。

2）狭小的空间，普遍选择的电圆锯有 185mm（7in）、235mm（9in）、255mm（10in）。

3）如果工作时使用延长电缆绳不太方便，则可以考虑选择充电式电圆锯。

4）充电式电圆锯的体积较小，可以适应在狭小的空间作业操作。

5）锯片越宽，切割得越深。

6）选择电圆锯时，需要注意电圆锯是不是正规厂家生产的，质量是否可靠，以及是否有防尘技术。

7）受到电池的局限性，充电式电圆锯适合切割木头、木制品，也可以切割坚硬的材质，但耗电快。

8）带电缆绳的电圆锯不依靠电池提供动力，更适合切割坚硬的材料，例如石材、钢与持续切割木材。

9）便携式竖锯可以替代钢丝锯、带锯、电圆锯等其他工具。便携式竖锯不能完成高强度工作，但它功能多、携带方便，能切割电圆锯或台锯不能切割的地方。

10）电圆锯可以分为直列式电圆锯、蜗杆转动式圆锯两种类型。

11）直列式电圆锯的电动机与锯片垂直相接，电动机的轴直接驱动锯片，多数电圆锯属于该种类型。

12）蜗杆转动式电圆锯电动机与锯片是平行的，电动机使用齿轮增加传递到锯片的转矩，使圆锯能够完成强度较大的工作。

★★★12.3.5　电圆锯的基本参数

一般环境条件下，对木材、纤维板、塑料、软电缆，以及类似材料进行锯割加工的直流、交直流两用、单相串励电圆锯的基本参数要求见表 12-6。

表 12-6　电圆锯的基本参数要求

规格/mm	额定输出功率/W	额定转矩/N·m	最大锯割深度/mm	最大调节角度
160×30	≥550	≥1.70	≥55	≥45°
180×30	≥600	≥1.90	≥60	≥45°
200×30	≥700	≥2.30	≥65	≥45°
235×30	≥850	≥3.00	≥84	≥45°
270×30	≥1000	≥4.20	≥98	≥45°

注：表中规格指可使用的最大锯片外径×孔径。

★★★12.3.6 对电圆锯的切割能力有影响的因素

对电圆锯的切割能力有影响的因素见表12-7。

表12-7 对电圆锯的切割能力有影响的因素

项目	解 说
锯片	电圆锯的切割能力主要是由锯片来实现的，因此，锯片所用的材料、加工质量对其切割能力的影响比较大： 1）如果材质太软，锯片容易翘曲，锯齿容易磨损，这样，工作效率与切割质量受到影响 2）锯片选材太硬，容易折断，锯齿也容易崩裂，还可能造成人身伤害事故 3）锯片一般选用 T8A 或 65Mn 钢制造，热处理后的硬度为 HRC44～48 为宜
电动机	电圆锯的电动机对电圆锯的切割能力也有影响： 1）电圆锯的电动机必须具备足够的输出力矩与功率，否则，容易烧毁 2）电动机必须结构牢固，其线圈、铁心、槽楔、绝缘片、电刷、弹簧等都不得有任何松动、脱落、断裂等异常现象，否则会影响电圆锯的切割
其他部件	电圆锯的其他部件对电圆锯的切割能力也有影响： 1）其他部件必须使用合格的产品，否则会影响电圆锯的切割 2）应正确使用其他部件，否则也会影响电圆锯的切割

★★★12.3.7 电圆锯对圆锯片的要求

电圆锯对圆锯片的要求如下：

1）电圆锯对锯片的圆度、平整度、轴孔、外圆的同轴度均有要求。

2）锯片不圆、同轴度差，切割时电圆锯会跳动，锯齿容易崩坏。

3）锯片平整度差，则工件的切割断面会粗糙，并且会使电圆锯的功耗增大，容易出现烧坏电动机的现象。

4）对圆锯片的齿形大小也有要求。如果被锯割的工件材质较硬，需要选用齿形较细小的锯片。如果工件材质松软，则需要选用齿形较粗大的锯片。

5）刚出厂的圆锯片其齿形一般都是平的，有时候需要自己开齿。开齿的方法如下：

① 用一把尖嘴钳将锯齿依次分别向左、右两边扳开一定的角度。例如第一个齿向左扳，第二个齿则向右扳，第三个齿再向左扳，第四个齿又向右扳，依次进行即可。

② 角度大小需要根据用户需要而定，范围一般在5°～20°。

③ 一般来说，角度越大，切割速度就越快，同时锯缝也越宽，即浪费的材料增加。角度小，切割速度慢，锯缝窄，被锯工件的材料损耗也少。

6）锯片需要根据切割材料来选择：选用斜齿锯片纵向切割木材，选用直齿锯片横向切割木材。

★★★12.3.8 使用电圆锯的注意事项

使用电圆锯的一些注意事项如下：

1）接通电源前，首先检查电圆锯所需的电压值是否与电源电压相符。

2）检查插头与电缆是否完好。

3）检查开关是否正常、可靠。

4）使用必要的防护设备。

5）检查侧手柄是否安装牢固，握持操作时会不会松动。

6）使用的电圆锯应完好无缺。

7）搬动电圆锯时，手不可放在开关上，以免突然起动。

8）为了安全操作，当锯切薄板时须使用较浅的锯切深度。调节好锯切深度后一定要旋紧蝶形螺母。

9）需要注意电圆锯电缆的摆放位置，以免被锯片切断，造成电源短路以及其他事故的发生。

10）操作电圆锯时，绝对不允许在电圆锯起动前将覆盖圆锯片下半部分锯齿的活动护罩打开，更不允许将其拆除，以免手指或其他物品被锯片损伤。

11）电圆锯使用前，需要对锯片开齿。开齿的大小需要保证锯缝适中，使用的锯片应完好无损，不得有卷齿、缺齿、破裂等异常现象。

12）检查锯片是否安装牢靠，螺栓是否拧紧，内、外卡盘是否已将锯片紧紧夹住，锯片的平面是否与电圆锯的水平轴线方向垂直。

13）检查所需要锯割的深度与角度位置是否已调整好以及固定好。

14）检查活动护罩的转动是否灵活，有没有变形，与圆锯片会不会相擦，连接是不是可靠，操作中会不会脱落等情况。

15）检查被切割的工件是否固定好。

16）检查正常后，则可以将电圆锯的插头插入电源，并且注意此时手指不得置于开关位置以及锯齿必须离开被切割工件。

17）切割工件前，最好先将电圆锯空转一会儿，看看锯片运转是否正常，听听声音是否柔和。

18）不得在高过头顶的部位使用电圆锯。

19）开机时，电圆锯必须处于悬空位置，不允许将锯片置于工作状态，不允许在开机前将锯齿接触被切割工件。必须等电圆锯空载起动后，才能向前推进接触工件进行切割。

20）电圆锯在进行切割操作时，操作者的身体必须与电圆锯保持适当的距离。

21）不得使用电圆锯切割含有石棉或其他对人体有害物质的材料。

22）操作电圆锯切割工件的过程中，如果碰到硬质夹杂物，应立即退出并关机。等将夹杂物排除后才能继续操作。

23）电圆锯在进行切割操作时，双手一定要紧握电圆锯的手柄与侧手柄，手指不可以接近高速旋转的锯片。

24）新锯片在使用一段时间后，切割速度出现下降趋势，此时，需要检查一下锯齿是否磨钝了。

25）常见的手持电圆锯电源电压一般保持在 220（1±10%）V 范围内，方可使用。

26）电圆锯严禁在易燃易爆的场所使用，也不可在雨中与潮湿的环境中使用。

27）使用电圆锯时，对不同硬度的材质，需要掌握合适的推进速度。

28）锯片还在旋转时，不可从工件上移开电圆锯。

29）电圆锯锯割结束时，不允许用木棒等压迫圆锯片侧面的方法来制动。

30）在施工时，可以把电圆锯反装在工作台面下，并且使锯片从工作台面的开槽处伸出台面，以便切割木板与木方条。

31）作业中需要注意音响及温升，发现异常应立即停机检查。

32）作业时间过长，电圆锯温升超过60℃或有烧焦味时，应停机，自然冷却后才能够继续作业。

33）作业中，不得用手触摸刃具，发现其有磨钝、破损等不正常的情况时，应停机后检查。

34）电圆锯转速急剧下降或停止转动、锯片突然被卡或发出异常响声时，必须立即切断电源，等查明原因，经检修正常后才能够继续使用。

35）电圆锯电动机出现换向器火花过大、环火现象，需要立即切断电源，等查明原因，经检修正常后才能够继续使用。

36）电圆锯锯片出现强烈抖动、摆动现象，机壳温度过高现象时，必须立即切断电源，等查明原因，经检修正常后才能够继续使用。

37）电圆锯锯切大块木材时，需要用垫块支撑固定，不要使垫块远离锯断处，使板材产生弯曲而造成卡住锯片。当锯切操作需要将垫块撑在加工件上时，应将电圆锯置于工件较大的一边上（即在锯断后不会掉下的部分）。

38）旋松电圆锯蝶形螺母即可上下移动底板，根据所需锯切深度，调节底板，然后旋紧蝶形螺母以固定底板。

39）电圆锯斜角锯切时，可以通过旋松底板前方的斜角调节蝶形螺母，按斜锯角所需的角度在0°~45°范围内调整，然后旋紧蝶形螺母。

40）电圆锯纵锯木料时，必须使用导向架或直边挡板，具体操作如下：首先调整到所需尺寸，然后将导向架紧贴工件的一边，用蝶形螺母将其固定在底板的前部。这样借助于导向架还可以进行同样宽度的重复锯切。

41）电动机上的电刷磨耗度超出极限，电动机将发生故障，因此，对磨耗的电刷需要立即更换。

42）锯片磨钝需修锉时，需要先关闭电源，拔下插头，等锯片完全停止后，才能够拆下锯片。

43）停电、休息、离开工作场地时，必须关闭电圆锯的电源，并且把插头拔掉。

44）电圆锯加工完毕后，应关闭电源，拔掉插头，以及对周围场地进行清洁。

★★★12.3.9　电圆锯故障的检修

电圆锯故障的检修见表12-8。

表12-8　电圆锯故障的检修

故障	检　修
电圆锯机壳带电	1）可能是定子绝缘损坏或不良，则需要对定子进行绝缘处理或者重新安装合格的绕组 2）可能是定子线圈受潮，则需要对定子线圈进行烘干处理 3）可能是载流导线触及壳体、开关金属部分，则需要加强绝缘处理

（续）

故障	检修
电圆锯接通电源时电动机不转	1）可能是开关损坏，则需要更换开关 2）可能是电源线断了，则需要更换电源线 3）可能是供电线路异常，则需要检查电路的所有接头、熔丝等
接通电源后电圆锯不运转	1）可能是机内接线断路，则需要逐次检查机内导线、电枢、定子、抑制器的连接线 2）可能是电缆断线，则需要更换电缆 3）可能是开关损坏，则需要更换开关 4）可能是电刷与换向器未接触，则需要重新装配电刷
电圆锯整机发烫	1）可能是电动机电枢绕组短路，则需要更换电枢 2）可能是电枢轴变形，则需要更换电枢 3）可能是电源电压过低或过高，则需要调整电压 4）可能是减速箱齿轮变形，则需要更换齿轮
电圆锯电动机时转时不转	1）可能是电刷与换向器接触不良，则需要调整电刷弹簧 2）可能是电动机电枢断路，则需要更换电枢 3）可能是电刷磨损严重，则需要更换电刷 4）可能是开关触头接触不良，则需要更换开关
开机后电圆锯的圆锯片"摇头摆尾"	1）可能是输出轴弯曲，则需要更换输出轴 2）可能是轴承损坏，则需要更换轴承 3）可能是圆锯片变形，则需要更换圆锯片
电圆锯切割完成后，活动护罩不能复位	1）可能是护罩拉簧脱落，则需要安装护罩拉簧 2）可能是护罩拉簧断裂，则需要更换护罩拉簧 3）可能是被固定防护罩卡住，则需要对活动护罩整形
开机后圆锯片发出强烈噪声	1）可能是圆锯片变形，则需要更换圆锯片 2）可能是圆锯片锯齿形状与角度参差不齐，则需要修正圆锯片的锯齿 3）可能是活动护罩变形，则需要对活动护罩整形 4）可能是内卡盘太厚或太薄，则需要更换合适的内卡盘

 一点通

根据声音判断电圆锯故障的方法、要点如下：

1）电圆锯正常的声音应该是柔和的。

2）如果声音尖锐刺耳，一般是电动机的电枢绕组线圈发生短路，造成电动机超速运转。此时需要更换电枢。

3）如果声音如同老牛喘息，则可能是电圆锯受到严重撞击后引起机壳、齿轮轴变形，导致空载时机械损耗过大，也可能是电动机的电枢绕组线圈出现断匝，以及可能是定子绕组线圈发生匝间击穿现象。

★★★12.3.10 圆锯的结构

圆锯的结构见表12-9。

表12-9 圆锯的结构

名称	结 构
圆锯结构	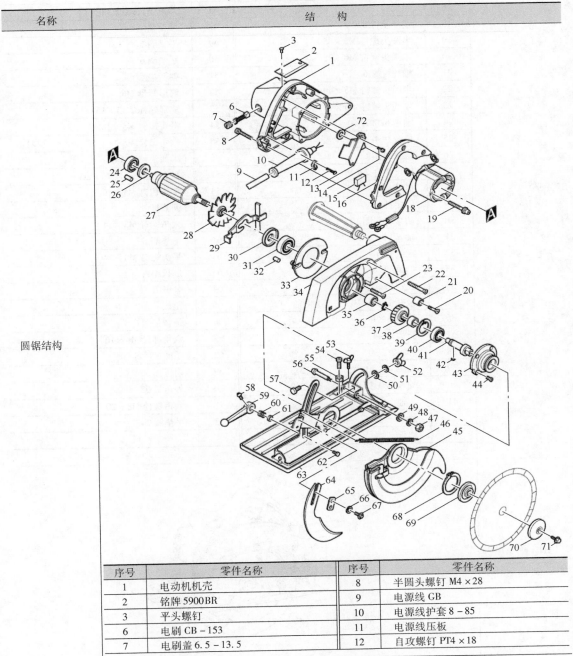

序号	零件名称	序号	零件名称
1	电动机机壳	8	半圆头螺钉 M4×28
2	铭牌 5900BR	9	电源线 GB
3	平头螺钉	10	电源线护套 8-85
6	电刷 CB-153	11	电源线压板
7	电刷盖 6.5-13.5	12	自攻螺钉 PT4×18

（续）

名称	结　　　　构			
	序号	零件名称	序号	零件名称
	13	开关 2 − 25	44	沉头螺钉 M4 × 14
	14	半圆头螺钉 M4 × 16	45	安全护罩
	15	电容	46	扭簧 4
	16	手柄盖	47	六角锁紧螺母 M6 × 10
	18	定子组件 220V	48	弹簧垫圈 6
	19	半圆头螺钉 M5 × 85	49	平垫圈 6
	20	半圆头螺钉 M6 × 28	50	平垫圈 6
	21	橡胶衬套 6	51	弹簧垫圈 6
	22	半圆头螺钉 M5 × 60	52	蝶形螺母 M6
	23	半圆头螺钉 M5 × 40	53	蝶形螺栓 2M5 × 15
	24	轴承 6200LLB	54	平头螺钉 M5 × 18
	25	橡胶柱 4	55	六角螺栓 M5
圆锯结构	26	绝缘垫圈	56	半圆头螺钉 M6
	27	转子组件 220V	57	平头方形螺栓 M6 × 20
	28	风叶	58	平头螺钉 M5 × 10
	29	固定杆	59	调节杆
	30	防尘密封圈 12	60	六角螺母 M8 − 14
	31	轴承 6201LLB	61	平垫圈 S
	32	橡胶柱 6	62	平头螺钉 M8 × 24
	33	挡风圈	63	底板组件
	34	固定护罩	64	分料刀
	35	滚杆轴承 1210	65	压板
	36	挡圈 S − 17	66	弹簧垫圈 6
	37	斜齿轮 44	67	六角螺栓 M6 × 16
	38	环 17	68	挡圈 S − 48
	39	挡圈 R − 40	69	内压板 55
	40	轴承 6203LLB	70	外压板 55
	41	主轴	71	六角螺栓 M8 × 20
	42	键 4	72	平垫圈 24
	43	轴承室		
电圆锯外形与结构				

（续）

名称	结 构
电圆锯外形与结构	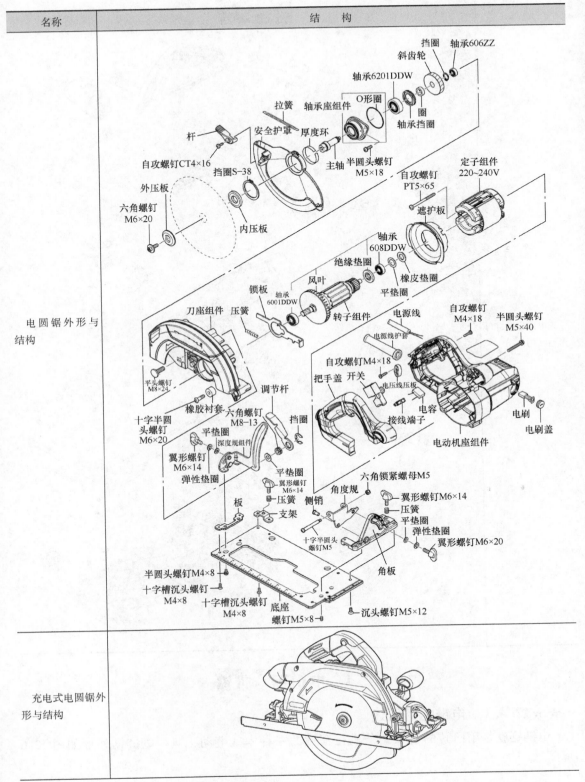
充电式电圆锯外形与结构	

（续）

名称	结　　　构
充电式电圆锯外形与结构	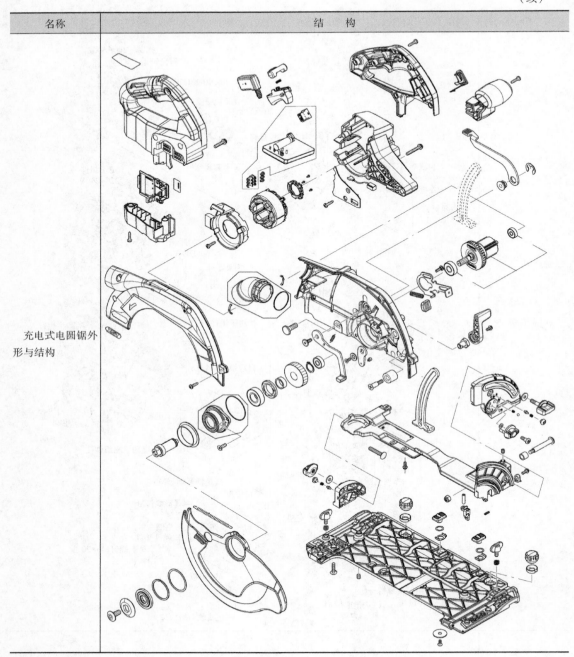

12.4　电链锯与带锯

★★★12.4.1　电链锯的概述

电链锯就是用回转的链状锯条进行锯截的一种木工电动工具。电链锯外形如图 12-6 所示。

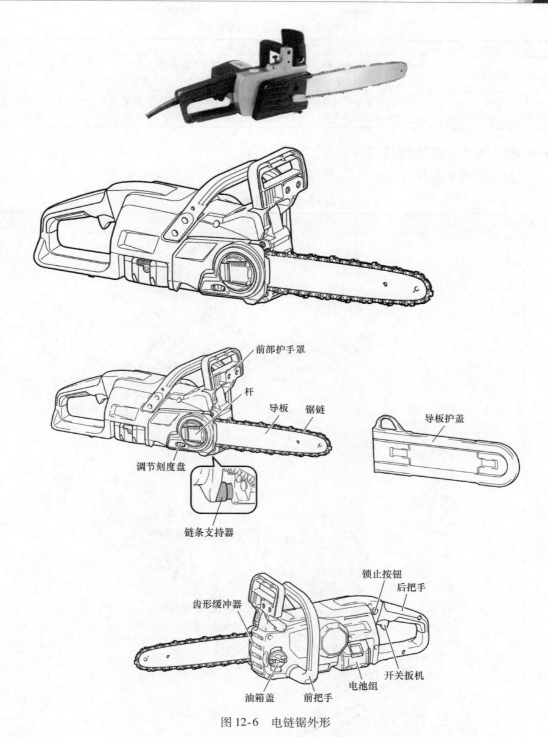

图 12-6　电链锯外形

★★★12.4.2　电链锯的检修

电链锯的检修见表 12-10。

表 12-10　电链锯的检修

故障	检修
电链锯不能起动	该台电链锯不能起动，出现时转时不转的现象，并且发出嗡嗡的声响。断电后拆卸电链锯，发现电缆插头的一根线被扯断，更换新的电缆插头后，测机，一切正常
电链锯空载时运转正常，加负荷时电链锯就停止转动	一台电链锯空载时运转正常，加负荷时电链锯就停止转动，断电检查，发现传动系统主动轴上的半圆键向外位移、外卡环折断。更换外卡环、调整半圆键后，测机，一切正常

★★★12.4.3　电链锯结构

电链锯结构见表 12-11。

表 12-11　电链锯结构

名称	结构
充电式电链锯结构	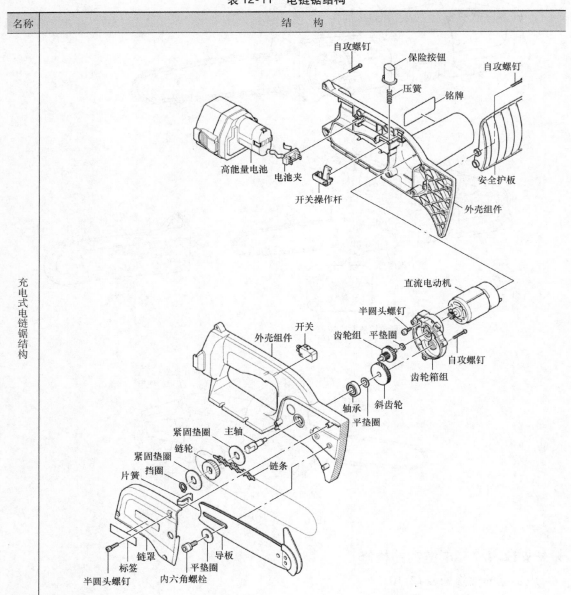

（续）

名称	结　　构

直齿轮

挡风圈

风叶　轴承

转子

绝缘垫圈

轴承

定子

自攻螺钉

自攻螺钉

手柄组件

开关

机壳

控制器　转换钮
压簧

电源线
压板

电刷

电刷盖

手柄组件
自攻螺钉

开关杆

电源线

电源线
护套　自攻螺钉

开关

电容

自攻螺钉

电链锯结构1

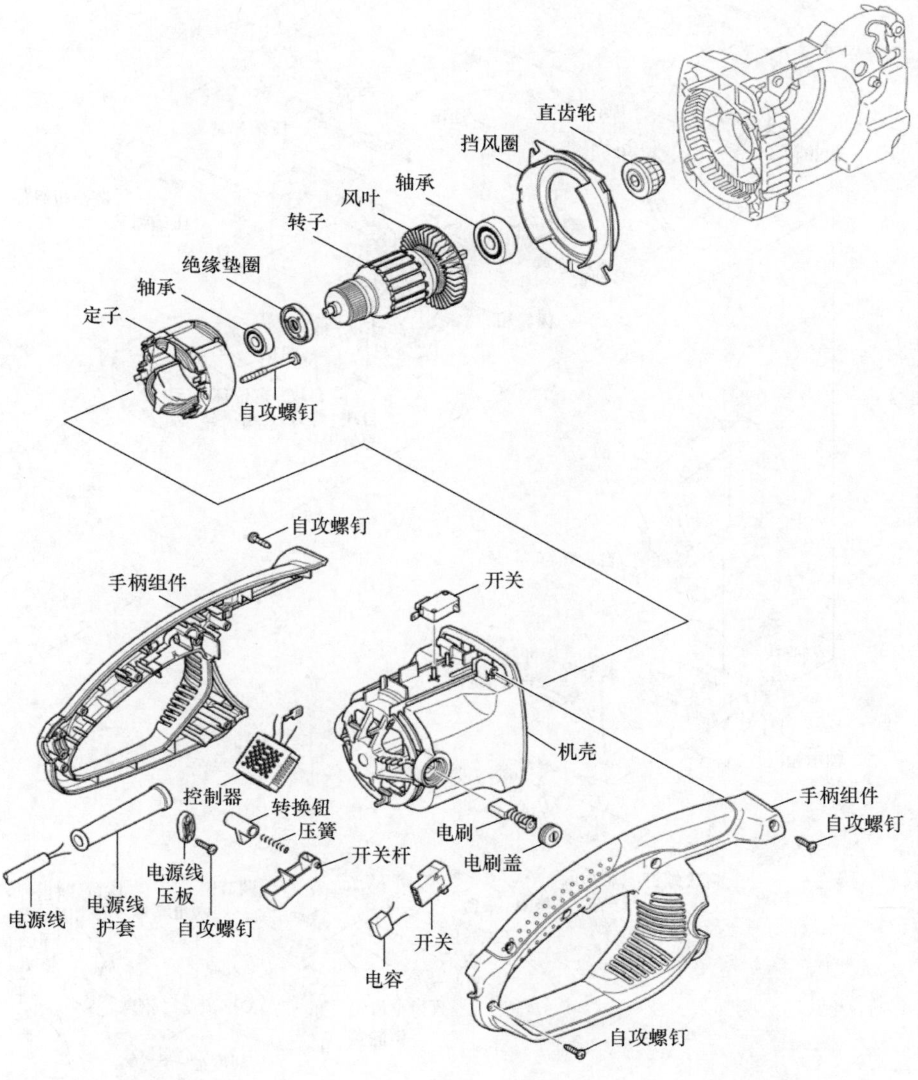

（续）

名称	结　　构

电链锯结构2

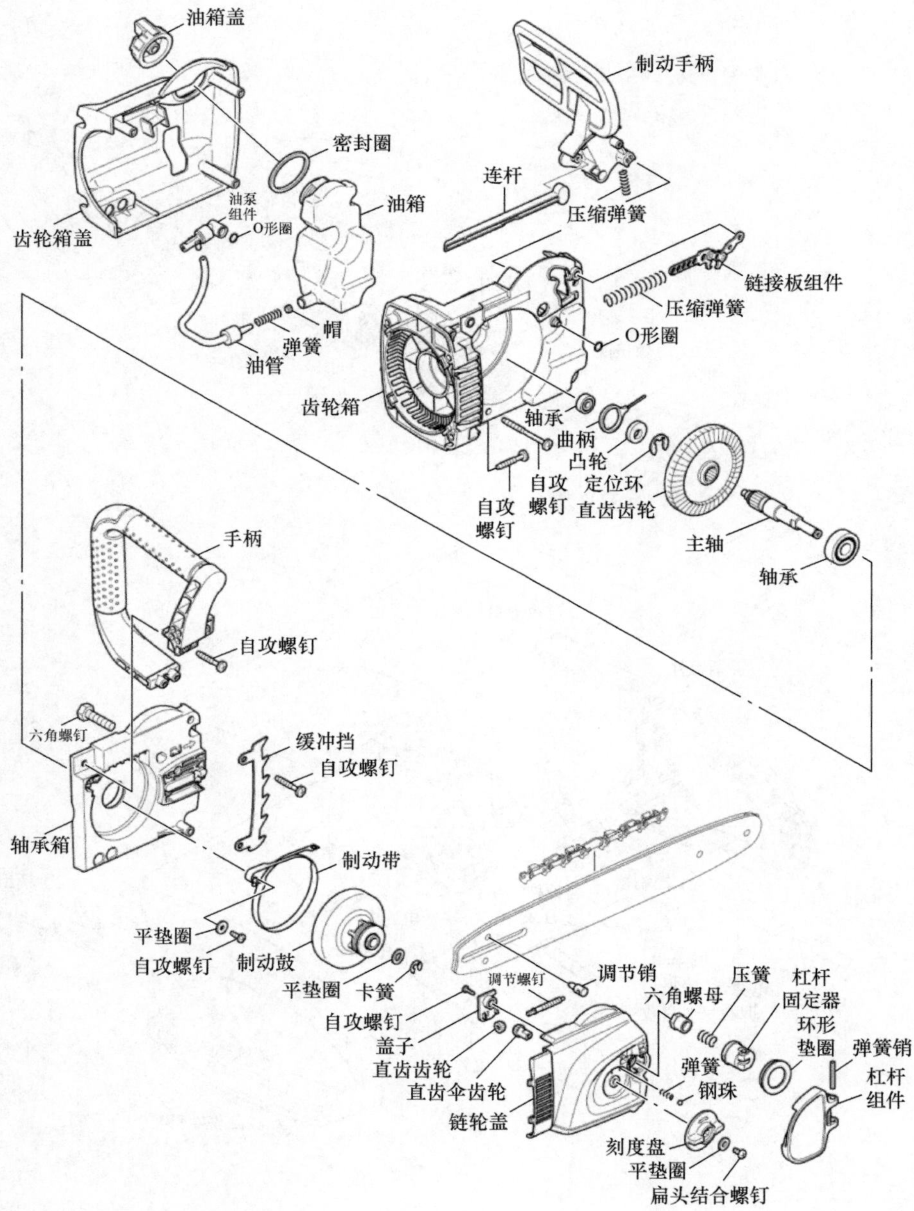

油箱盖

密封圈

油泵组件

O形圈

油箱

齿轮箱盖

连杆

制动手柄

压缩弹簧

链接板组件

压缩弹簧

O形圈

弹簧

帽

油管

齿轮箱

轴承

曲柄

凸轮

定位环

自攻螺钉

自攻螺钉

直齿齿轮

主轴

轴承

手柄

自攻螺钉

六角螺钉

缓冲挡

自攻螺钉

轴承箱

制动带

平垫圈

自攻螺钉

制动鼓

平垫圈

卡簧

调节销

盖子

自攻螺钉

调节销

压簧

杠杆固定器

六角螺母

环形垫圈

弹簧销

杠杆组件

直齿齿轮

直齿伞齿轮

弹簧

钢珠

链轮盖

刻度盘

平垫圈

扁头结合螺钉

（续）

名称	结 构

充电式带锯外形与结构1

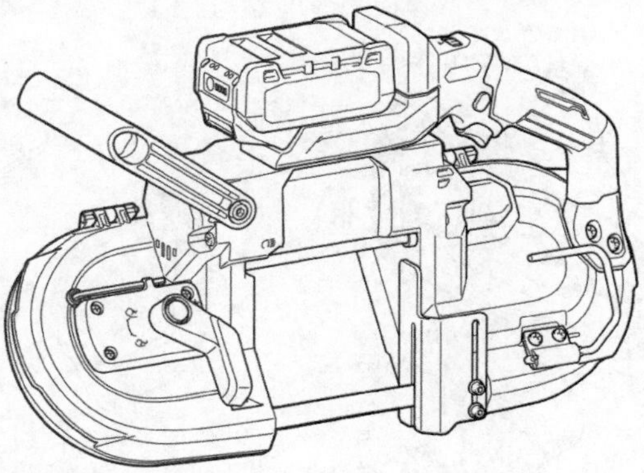

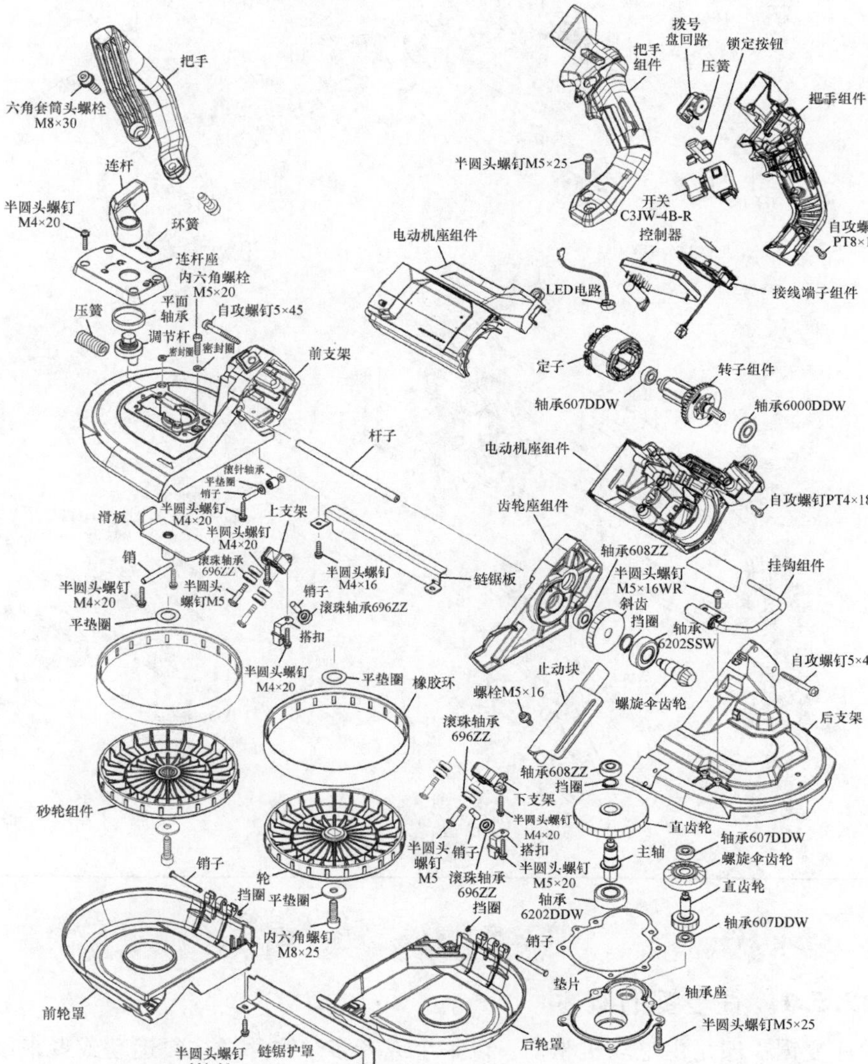

把手

六角套筒头螺栓
M8×30

连杆

半圆头螺钉
M4×20

环簧

连杆座

内六角螺栓
M5×20

压簧

平面
轴承

调节杆

自攻螺钉5×45

锯杆

密封圈

前支架

滚针轴承

平垫圈

滑板

半圆头螺钉
M4×20

销

半圆头
螺钉M5

半圆头螺钉
M4×20

滚珠轴承
696ZZ

上支架

半圆头螺钉
M4×16

销子

滚珠轴承696ZZ

搭扣

链锯板

平垫圈

半圆头螺钉
M4×20

平垫圈

橡胶环

砂轮组件

滚珠轴承
696ZZ

止动块

螺栓M5×16

半圆头螺钉
M4×20

销子

轮

挡圈

平垫圈

搭扣

内六角螺钉
M8×25

滚珠轴承
696ZZ

下支架

半圆头螺钉
M4×20

半圆头螺钉
M5×20

销子

销子

半圆头
螺钉M5

轴承
6202DDW

前轮罩

垫片

后轮罩

半圆头螺钉
M4×16

链锯护罩

拨号
盘回路

把手
组件

锁定按钮

压簧

把手组件

半圆头螺钉M5×25

开关
C3JW-4B-R
控制器

自攻螺钉
PT8×14

电动机座组件

LED电路

接线端子组件

定子

转子组件

轴承607DDW

轴承6000DDW

电动机座组件

齿轮座组件

自攻螺钉PT4×18

轴承608ZZ

半圆头螺钉
M5×16WR

斜齿

挂钩组件

挡圈

轴承
6202SSW

自攻螺钉5×45

螺旋伞齿轮

后支架

轴承608ZZ

挡圈

直齿轮

主轴

轴承607DDW

螺旋伞齿轮

直齿轮

轴承607DDW

轴承座

半圆头螺钉M5×25

（续）

名称	结　　构

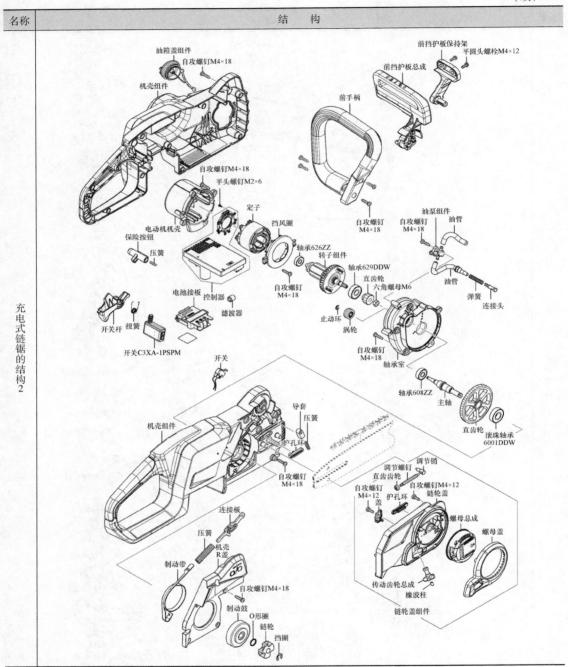

充电式链锯的结构2

12.5　往　复　锯

★★★12.5.1　往复锯的概述

　　电动往复锯一般是由电动机驱动，以一个或者多个锯片做往复运动或者来回摆动，以此来锯割各种材料的一种工具。电动往复锯比人们日常使用的手工锯更快速，更省力。电动往复锯适用于木头、塑料、铁、铝的切割。电动往复锯外形如图 12-7 所示。

电动往复锯的一些种类如下：

1）根据电源驱动不同，可以分为交流往复锯、直流往复锯。

2）往复锯也可以分为刀锯、曲线锯两种。一般所说的往复锯专指刀锯。

3）根据使用的电源特点，可以分为充电式往复锯、普通电动手持往复锯。

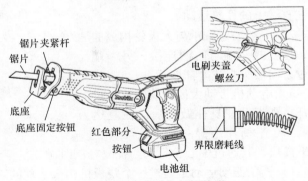

图 12-7　电动往复锯外形

★★★12.5.2　电动往复锯的结构与工作原理

电动往复锯一般是由机壳、电动机、传动机构、抬刀机构、锯条、开关等组成。往复锯内部结构如图 12-8 所示。

a)

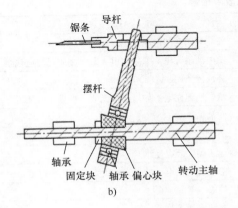

b)

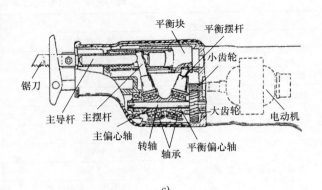

c)

图 12-8　往复锯内部结构

往复锯的工作原理（见图 12-9）如下：

1）锯条往复运动的实现：一般采用曲柄连杆机构传动，并且将曲柄的转动转化为往复杆在直线上的往复运动。

2）一般通过轴承与大齿轮构成曲柄，连杆的一端与曲柄连接，另一端通过万向接头与往复杆连接。

3）电动机带动大齿轮旋转，通过连杆，则带动往复杆做前后的往复运动。为了平衡作用，一般还装配有一个平衡块，其通过偏心轮带动与往复杆同时做往复运动。

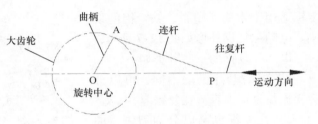

图 12-9　往复锯的工作原理

4）锯条摆动运动是通过一个跷板机构来实现的。

5）抬刀支架上装有复位弹簧，其一端与抬刀弯钩相扣，其另一端连接活动块，往复杆穿过活动块。往复运动时，抬刀弯钩同时在做前后往复移动，并且抬刀支架被弯钩钩住一起运动，也就带动活动块与往复杆做上下摆动运动。

6）抬刀轴上加工了不同的端面，调节抬刀轴端面，就可以得到不同的摆幅。

往复锯的传动机构如图 12-10 所示。

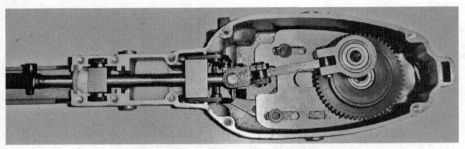

图 12-10　往复锯的传动机构

★★★12.5.3　充电式链锯的故障检修

充电式链锯的故障检修见表 12-12。

表 12-12　充电式链锯的故障检修

故障	原因	检修
链锯无法起动	没有安装电池组	安装充满电的电池组
	电池组故障（欠电压）	给电池组充电。如果充电无效，则应更换电池组
锯链不旋转	链条闸处于启用状态	释放链条闸
使用一段时间后电动机不旋转	电池组电量低	给电池组充电。如果充电无效，则更换电池组
链条无油	油箱无油	向油箱注油
	导油槽变脏	清洁导油槽
链锯未达到最大转速	电池组安装错误	应正确安装电池组
	电池组电量下降	给电池组充电。如果充电无效，则更换电池组
	驱动系统没有正常工作	检修
链条闸起动时，链条仍未停止	制动带磨损	立即停止工具，检修
异常振动	导板或锯链松动	立即停止工具，调节导板和链条的张紧度
	工具出现故障	立即停止工具，检修
无法安装锯链	锯链和链轮的组合不正确	使用正确的锯链和链轮组合

★★★12.5.4　往复锯的结构

往复锯的结构见表 12-13。

表 12-13　往复锯的结构

名称	结　　　构
往复锯结构	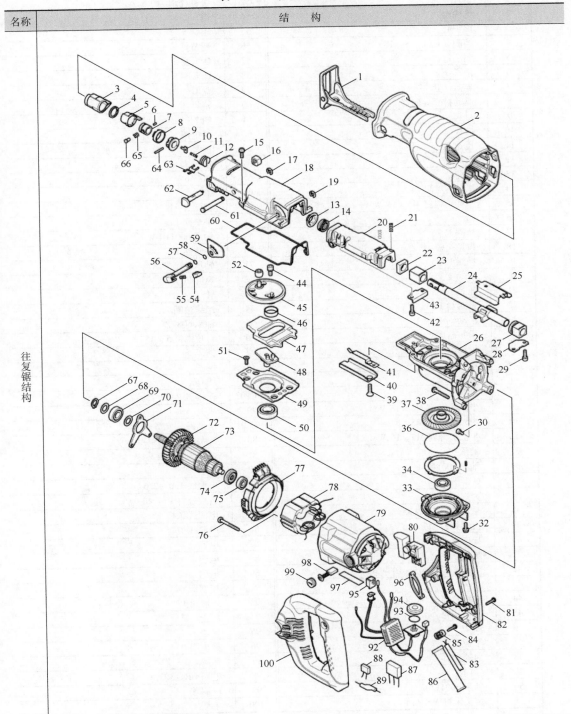

（续）

名称	结　构				
	序号	零件名称	序号	零件名称
	1	锯片导向板	52	滚针轴承 710
	2	绝缘套	54	塞
	3	保护套	55	压簧 5
	4	挡圈（EXT）S－18	56	调节杆
	5	驱动衬套	57	O 形圈 5
	6	销子 3	58	O 形圈 5
	7	导向衬套	59	盘 C
	8	驱动衬套导向器	60	密封环
	9	衬套	61	销 7
	10	推板	62	锁定销
	11	压簧 2	63	板簧
	12	扭簧 17	64	销子 3
	13	肩衬套	65	压簧 6
	14	X 形密封圈 14	66	销子 5
	15	半圆头螺钉 M5×16 WM	67	挡圈 S－12
	16	帽	68	平垫圈 12
	17	挡圈 E－5	69	轴承 6001DDW
往	18	齿轮箱盖	70	平垫圈 12
复	19	挡圈 E－5	71	轴承保持架 A
锯	20	滑动支架总成	72	风叶 70
结	21	压簧 5	73	转子
构	22	密封盘 14	74	绝缘垫圈
	23	滑动轴承 14A	75	轴承 608ZZ
	24	滑竿总成	76	自攻螺钉 5×45
	25	滑动盘	77	挡风圈
	26	齿轮箱	78	定子
	27	轴承总成	78C001	线耳
	28	盘 B	78C002	连接器 P－1.25
	29	半圆头螺钉 M5×16 WM	79	机壳
	30	内六角螺栓 M5×8	79C001	电刷握
	32	半圆头螺钉 M5×16 WM	80	开关 TG71ARS－1
	33	轴承室	81	自攻螺钉 PT4×1
	34	轴承 6001LLB	82	手柄
	36	O 形圈 62	83	电源线 1.0－2.5
	37	力矩限制器	84	自攻螺钉 PT4×1
	38	自攻螺钉 M5×35	85	电源线压板
	39	沉头螺钉 M6×16	86	电源线护套
	40	导向盒	87	电容
	41	板簧	88	电容
	42	半圆头螺钉 M5×16 WM	89	电感
	43	盘 A	92	控制器
	44	内六角螺栓 M6×14	93	O 形圈 17
	45	曲柄凸轮	94	拨盘
	46	环 21	95	衬块
	47	平衡板	96	橡皮圈
	48	曲轴盘	97	铭牌
	49	导向盘	98	电刷 CB－303
	50	轴承 6004LLB	99	电刷盖
	51	沉头螺钉 M5×14	100	手柄

（续）

名称	结　　构

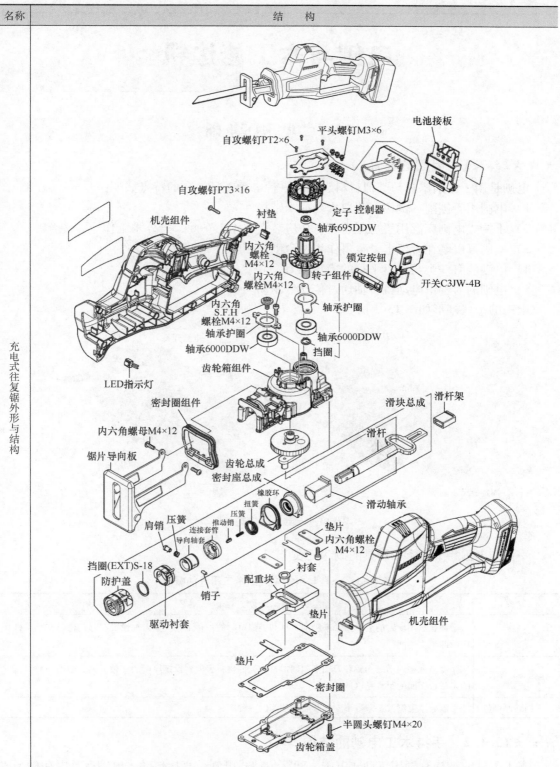

充电式往复锯外形与结构

平头螺钉M3×6
电池接板
自攻螺钉PT2×6
自攻螺钉PT3×16
机壳组件
衬垫
定子 控制器
轴承695DDW
内六角螺栓M4×12
锁定按钮
内六角螺栓M4×12
转子组件
开关C3JW-4B
内六角S.F.H螺栓M4×12
轴承护圈
轴承护圈
轴承6000DDW
轴承6000DDW
挡圈
齿轮箱组件
LED指示灯
密封圈组件
滑块总成
滑杆架
内六角螺母M4×12
滑杆
锯片导向板
齿轮总成
密封座总成
滑动轴承
橡胶环
扭簧
压簧
压簧
垫片
肩销
连接套管
推动销
内六角螺栓M4×12
导向轴套
衬套
挡圈(EXT)S-18
配重块
防护盖
垫片
销子
机壳组件
驱动衬套
垫片
密封圈
半圆头螺钉M4×20
齿轮箱盖

第13章

电刨与木工修边机

13.1　电　刨　基　础

★★★13.1.1　电刨的特点

电刨是用于刨削木材与类似材料表面的一种电动工具。它的特点如下：

1）电刨用于刨削、倒棱、裁口木材或木结构件。

2）手持式电刨广泛用于房屋建筑、住房装潢、木工车间、野外木工作业等场合。

3）电刨可以装在台架上，也可作小型台刨使用。

4）电刨装有一个与底盘平行的旋转刨刀。

5）电刨的刀轴由电动机转轴通过传动带驱动。

电刨的一些外形如图 13-1 所示。

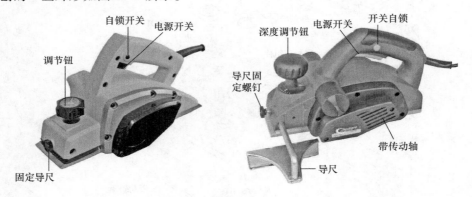

图 13-1　电刨的一些外形

一些与电刨相关的木工用具的概念见表 13-1。

表 13-1　一些与电刨相关的木工用具的概念

名称	解　说
平刨	平刨就是用横卧的旋转刀轴来刨削木材和类似材料的一种工具。其刀轴设置在起定位与支承工件作用的两个支架间
厚度刨	厚度刨就是用横卧的旋转刀轴来刨削木材和类似材料表面到设定厚度的一种工具。刨刀与放置工件的工作台面间的距离是可调的
平刨兼厚度刨	平刨兼厚度刨就是兼有平刨与厚度刨功能的一种工具

★★★13.1.2　手持木工电刨的结构

木工电刨的结构有直接传动式电刨、间接传动式电刨。直接传动式电刨就是电动机制成

· 334 ·

外转子式（一般用三相笼型电动机），然后将刨刀直接装在转子上。间接传动式电刨就是由电动机转轴通过传动带驱动刀轴，一般手持式电刨多采用间接传动式结构。

间接传动式电刨主要由单相串励电动机、带传动机构、刨削深度调节机构、机壳、手柄、底板、开关、刨身、刨刀等组成。

手持木工电刨的结构见表13-2。

表13-2 手持木工电刨的结构

名称	解　说
V带	V带一般分为横向V带、纵向V带
出尘口	出尘口主要用于排屑，其可外接吸尘设备与附加集尘袋
传动轮	传动轮主要用于传动，其尺寸是根据转速的需要及主动轮来设定的
挡板	挡板主要是考虑安全而设计的，其可以防止触及运转的部件
导尺	导尺主要用于刨削一定的宽度与台阶
反自锁开关	反自锁开关可以防止意外起动发生意外事故。反自锁开关一般用于高转速的电动工具
内置电刷	内置电刷主要是考虑电刨外观及构造域外的需要而设计的一种电刷
刨削深度调节旋钮	刨削深度调节旋钮主要用于刨削深度的调节，一般可调节最大深度为2～3mm
主动轮	主动轮是一种动作轮，其一般与主轴相连接

★★★13.1.3 电刨零部件的特点

电刨零部件的特点见表13-3。

表13-3 电刨零部件的特点

名称	解　说	图　例
刀轴	刀轴又称为刀毂，电刨的刀轴是由鼓轮、刨刀、刨刀固定装置、转轴组成的一个旋转部件。其材质常为铝。刀轴有2槽刀毂、3槽刀毂等类型。刀毂是用于安装刀片的部件	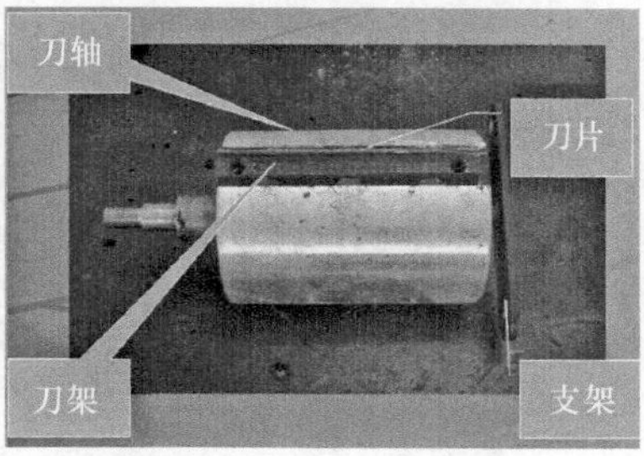
刀架	刀架主要用于固定刀片	
刀片	刀片有高速钢刀片、65锰刀片等种类	
支架	支架是安装在电刨的内部，用于支撑前底板等作用	
底板	底板有冲压铁板、压铸铝等种类，其规格一般为60～100mm	 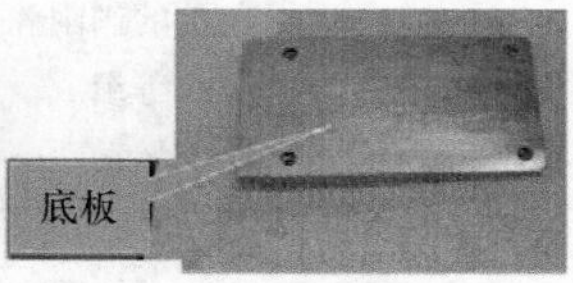
倒角槽	倒角槽主要用于加工材料倒45°角与圆角	 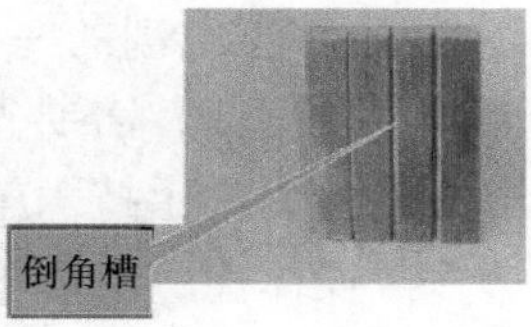

（续）

名称	解 说	图 例
刨深调节旋钮	刨深调节旋钮具有定位准确、刻度间隙较小等特点	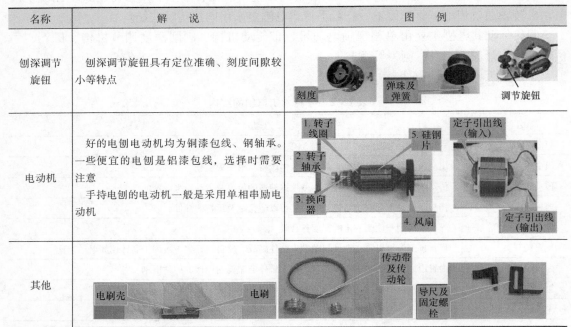
电动机	好的电刨电动机均为铜漆包线、钢轴承。一些便宜的电刨是铝漆包线，选择时要注意 手持电刨的电动机一般是采用单相串励电动机	
其他		

★★★13.1.4　电刨的工作原理

电刨的工作原理见表13-4。

表13-4　电刨的工作原理

项目	解 说
刀腔	电刨刀腔结构分为上、下两层。上层为排屑室，它通过壁口与电动机内腔相通，这样可以借助电动机冷却风扇吹进来的风向外排屑
刀轴部分	刀轴部分一般由刀轴、刨刀、压板、对刀螺钉、固定螺钉组成。对刀时，拧动对刀螺钉使刨刀升降进行对刀。对刀后，固定螺钉通过压板可以使刨刀紧固在刀轴上。同时，对刀螺钉头部凸缘会卡入刀片口槽内，所以高速旋转及工作时不会让刀
电刨的传动	间接传动式电刨是由单相串励电动机作动力，然后通过齿形弹性带传动，进而带动刀轴旋转进行刨削作业
刨削深度调节	电刨的刨削深度可以通过调节机构调节实现。电刨的调节机构主要由调节手柄、刻度环、防松弹簧、前底板等组成。前底板上衬垫有一层微孔弹性橡胶。当拧动调节手柄时，使它与用螺纹连接的前底板可上、下移动，产生前底板面与后底板或刃口间位移差，其数值可在刻度环上表示出来

★★★13.1.5　使用木工电刨的注意事项

使用木工电刨的一些注意事项如下：

1）使用前，需要先检查电源电压是否符合电刨所需的额定电压值。

2）常用的手持木工电刨电源电压需要保持在220（1±10%）V范围内。

3）操作前，需要根据实际刨削的需要，调节好手柄上的深度刻度板。

4）两片刨刀安装位置需要正确与对称，突出大底板的高度需要一致，大约在0.1～

0.25mm间，并且刃口必须与大底板的平面平行，这样刨削时，电刨不会产生振动。

5）刨刀的刃口需要保持锋利，钝口或缺口时需要刃磨或更换。

6）刃磨刨刀需要采用磨刀附件，并且将一副刨刀装在磨刀架的上、下两面同时磨刃，刃口紧靠磨刀架中斜面，并且放上压板以及旋紧螺钉，如图13-2所示。

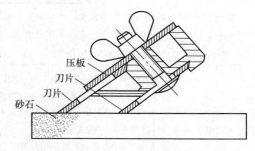

图13-2　刃磨刨刀

7）必须定期检查电源插头、开关、电刷、换向器等。

8）需刨削的木材工件应无铁钉、沙子、小石子等障碍物。

9）电刨在露天场所作业时，不能在潮湿、下雨、下雪、有易爆和易腐蚀气体的地方使用。

10）电刨的机械防护装置不得任意拆除或调换。

11）移动电刨时，必须握持手柄，不得提拉电源线。

12）木工电刨中的多楔带属于易损件，损坏后需要及时更换。

13）聚氨酯多楔带需要防潮、防高温。

14）电刨运转时，不得用手触摸底板与托住底板。

15）拆装刀片与更换多楔带前，需要拔出电刨电源插头。

16）等电刨的刨刀组合件空转正常后，才能够进行刨削。

17）刨削时，需要将电刨缓慢向前推进。

18）刨削时，不得随意转动调节手柄，以免损坏电刨与木材表面。

19）作业中，需要戴好防护眼镜，防止木屑飞出损伤眼睛。

20）刨削中，需要防止电源线被割破、擦破，以免发生人身事故。

21）电刨运转时，手不得接近刨刀与旋转零件。

22）如果电刨需长时间工作或安装在特殊装置台刨架上作小型台刨使用，可使用开关上的自锁装置，即先用右手食指按下开关键，然后用大拇指将手柄左侧伸出的圆柱销按下，此时食指先行松开，再松开大拇指，开关就被锁定于接通位置，电刨就可长时间工作。如要需要停止电刨工作，只要用手指紧紧按下开关，自锁装置即被打开，圆柱销自行弹出，再松开手指，电源即被切断，电刨停止工作。

23）电刨使用后，需要存放在干燥、清洁、无腐蚀性气体的环境中。

24）久置没有使用的电刨，使用前需要先测量电动机绕组与机壳间的绝缘电阻，其值不得小于7MΩ，否则需要进行干燥处理。

25）遇到临时停电或间断供电时，必须将电刨的电源开关关掉，电源插头拔掉。

26）电刨使用中，如果遇到换向器火花过大及环火、剧烈振动、机壳温升过高等现象，则需要停止电刨工作，等查明原因排除故障正常后，才能够继续使用。

13.2　故障检修与速查

★★★13.2.1　电刨故障的检修

电刨故障的检修见表13-5。

表 13-5　电刨故障的检修

故障	检　修
一款电刨使用 2 年后有噪声，并且刨木料带波浪	根据异常现象，首先断开电刨电源，然后精确对刀，看是否可以解决问题。如果还不能解决问题，则需要在断开电刨电源的情况下，拆卸电刨。经检查发现轴承已经损坏，更换新的好轴承后，试机，一切正常
木工电刨开关接通，但是电动机不运转	1）可能是开关接触不良，则需要检查开关，如果是开关异常，更换开关即可 2）可能是电源没有电压，则需要检查电源 3）可能是电刷与换向器接触不良，则需要调整电刷与换向器的接触状态。如果调整不好，则需要更换电刷或换向器 4）可能是电动机绕组断开，则需要检查电动机定子、转子是否断开，如果断开，则更换或者修理好即可
木工电刨换向火花大	1）可能是电刷弹簧压力弱，则需要更换电刷组件 2）可能是电刷磨损得太短，则需要更换电刷组件 3）可能是电枢绕组短路，则需要更换或维修电枢 4）可能是换向器表面不光滑，则需要在电动机空载运转时用细砂纸砂光 5）可能是换向器片间短路，则需要更换或维修换向器 6）可能是电刷与刷座配合不好，则需要修磨电刷与刷座，或更换配合好的电刷与刷座
木工电刨电动机温升过高	1）可能是电动机进风、出风通道不顺畅，则需要疏通风道以及疏通进风口、出风口 2）可能是电动机过载，则需要减小刨削量，降低推进速度
电刨电动机轴承过度发热	1）可能是轴承脏污，则需要清洁轴承 2）可能是轴承损坏，则需要更换轴承 3）可能是轴承缺油，则需要添加油
木工电刨刨刀运转速度下降	1）可能是电源电压下降，则需要检修电源电压 2）可能是机械零件损坏，则需要更换损坏的零件 3）可能是多楔带过紧，则需要更换合适的多楔带 4）可能是电枢存在短路现象，则需要维修电枢或者更换电枢 5）可能是电刷弹簧压力过大，则需要调整电刷弹簧压力
木工电刨刨削质量下降	1）可能是电动机异常，则需要维修或者更换电动机 2）可能是多楔带异常，则需要更换多楔带 3）可能是刨刀安装位置不正确，则需要重新安装好刨刀 4）可能是刨刀刀刃变钝，则需要刃磨刨刀 5）可能是调节底板与大底板不平行，则需要修整底板或大底板，使它们平行
木工电刨多楔带打滑	1）可能是带轮磨损，则需要更换带轮 2）可能是多楔带磨损或者伸长，则需要更换多楔带
木工电刨振动大	1）可能是紧固件松动，则需要检查紧固件，并且把紧固件拧紧 2）可能是刨刀固定螺钉重量有差异，则需要采用重量一致的螺钉 3）可能是电枢或刀轴转动效果差，则需要修正电枢或刀轴体的配重 4）可能是两刨刀宽度与重量有差异，则需要修磨两刨刀，或者更换刨刀
木工电刨外壳带电	1）可能是绝缘受潮，则需要进行干燥处理，使绝缘电阻达到规定数值 2）可能是电刷上有灰尘或者电刷座绝缘击穿，则需要清除灰尘或者更换电刷座 3）可能是电动机定子、转子绕组击穿，则需要维修绕组或者更换电动机定子、转子

（续）

故障	检　修
木工电刨深度调节装置失灵	1）可能是调节底板与机壳配合过紧，则需要修整间隙、清除油污、剔除毛刺等 2）可能是调节弹簧损坏，则需要更换调节弹簧
木工电刨定子、转子摩擦	1）可能是电枢径向跳动大，则需要检修电枢或者更换电枢 2）可能是定子档与电机轴承室同轴度超过误差范围，则需要检查同轴度或者更换机壳
木工电刨轴承跑内外圈	1）可能是机壳轴承室孔径过大，则需要检查机壳或者更换机壳 2）可能是机盖轴承室孔径过大，则需要检查机盖或者更换机盖 3）可能是电枢轴承挡轴直径过小，则需要检查电枢或者更换电枢 4）可能是刀轴轴承挡轴直径过小，则需要检查刀轴或者更换刀轴

★★★13.2.2　电刨的结构

电刨的结构见表13-6。

表13-6　电刨的结构

名称	结　构
电刨结构1	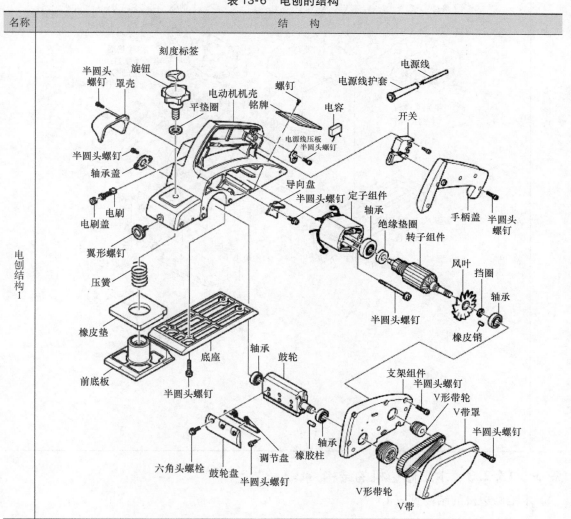

（续）

名称	结　　构

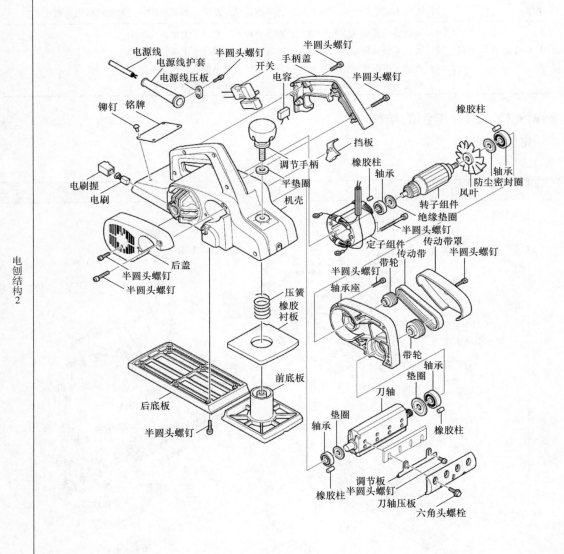

电源线　半圆头螺钉　半圆头螺钉
电源线护套　手柄盖　半圆头螺钉
电源线压板　开关
铆钉　铭牌　电容
橡胶柱
挡板　轴承
电刷握　调节手柄　橡胶柱　防尘密封圈
电刷　平垫圈　轴承　风叶
机壳　转子组件
绝缘垫圈
半圆头螺钉
定子组件　传动带罩
半圆头螺钉
后盖　传动带　半圆头螺钉
半圆头螺钉　带轮
半圆头螺钉　轴承座　带轮
压簧　橡胶衬板
带轮
前底板　刀轴　轴承　垫圈
后底板
半圆头螺钉　垫圈　轴承　橡胶柱
调节板
橡胶柱　半圆头螺钉
刀轴压板
六角头螺栓

电刨结构 2

★★★13.2.3　木工修边机的结构

木工修边机的结构见表13-7。

表 13-7 木工修边机的结构

名称	结 构

木工修边机外形与结构

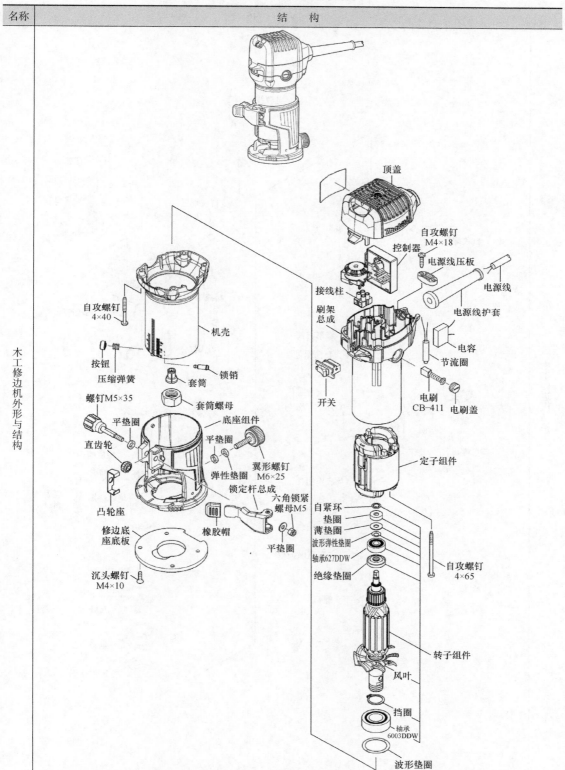

顶盖

自攻螺钉 M4×18

控制器

电源线压板

接线柱

电源线

刷架总成

电源线护套

电容

节流圈

开关

电刷 CB-411 电刷盖

自攻螺钉 4×40

机壳

按钮

压缩弹簧

锁销

套筒

套筒螺母

螺钉M5×35

平垫圈

底座组件

直齿轮

平垫圈

翼形螺钉 M6×25

弹性垫圈

锁定杆总成

凸轮座

六角锁紧螺母M5

修边底座底板

橡胶帽

平垫圈

沉头螺钉 M4×10

定子组件

自紧环

垫圈

薄垫圈

波形弹性垫圈

轴承627DDW

绝缘垫圈

自攻螺钉 4×65

转子组件

风叶

挡圈

轴承 6003DDW

波形垫圈

（续）

名称	结　构

电源线

电源线护套

顶盖

自攻螺钉

电容

电源线压板

开关

接线端子

自攻螺钉

机壳

锥形套筒

套筒螺母

轴承座

电刷

电刷盖

旋钮

平垫圈

平垫圈

碟形螺母

螺钉

定子

橡皮圈

轴承

直齿轮

底座组件

绝缘垫圈

自攻螺钉

底座保护板

转子

平头螺钉

风叶

轴承

波形垫圈

木工修边机结构1

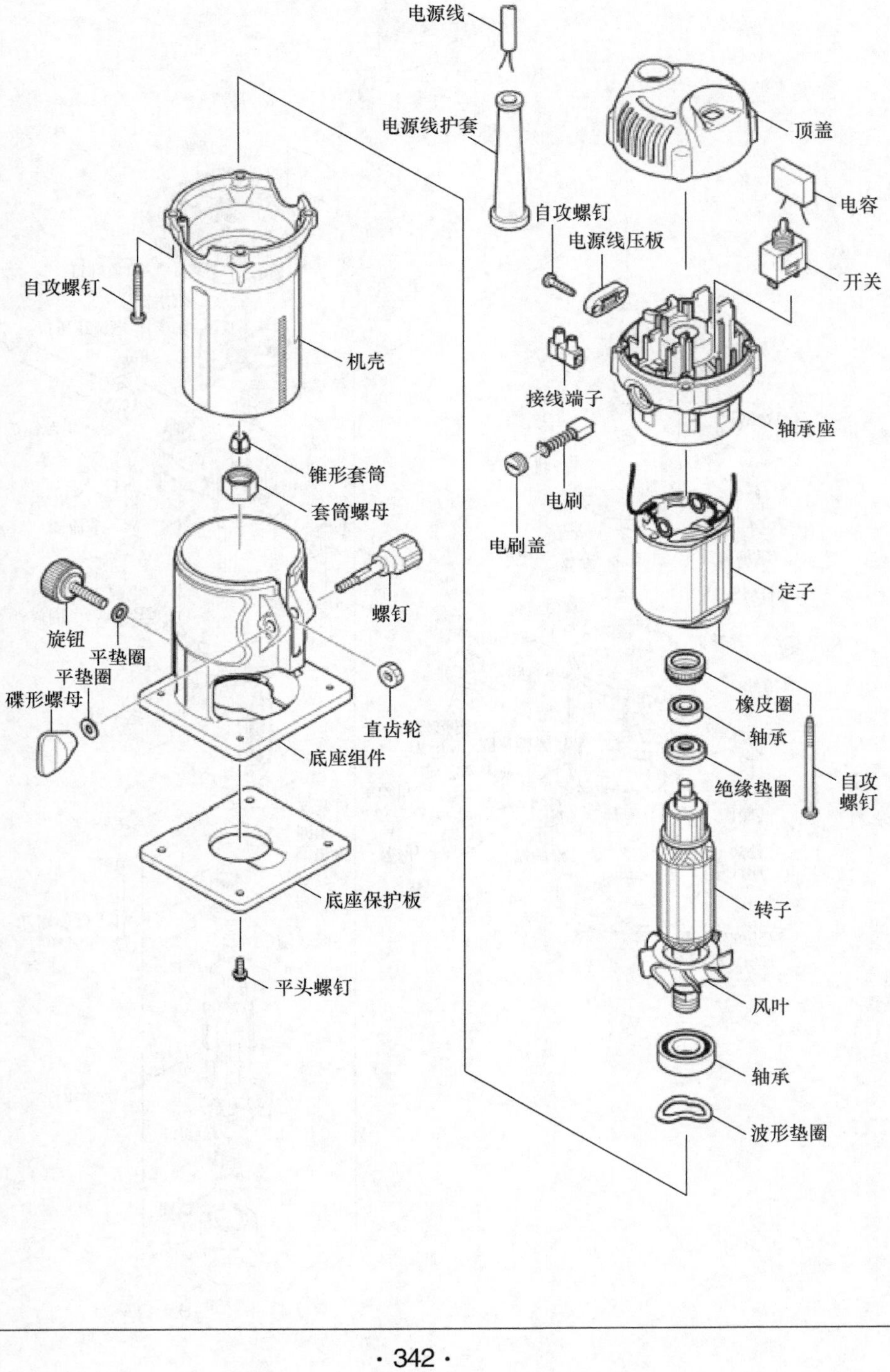

（续）

名称	结　构

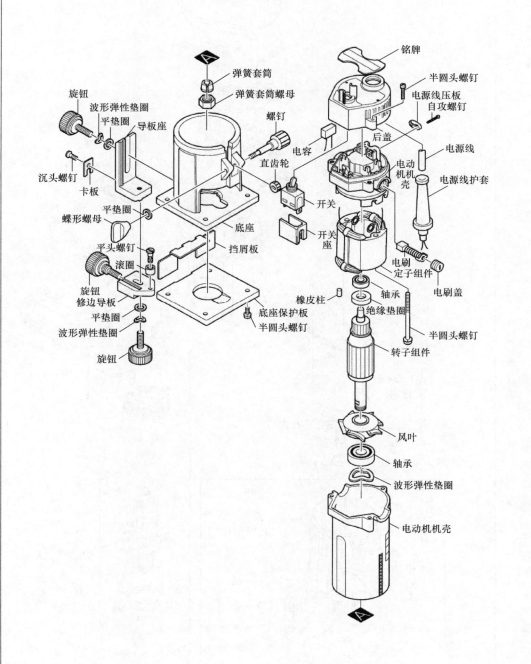

弹簧套筒

弹簧套筒螺母

旋钮

波形弹性垫圈

平垫圈

导板座

螺钉

沉头螺钉

卡板

电容

直齿轮

平垫圈

蝶形螺母

底座

开关

平头螺钉

挡屑板

开关座

滚圈

旋钮

修边导板

平垫圈

波形弹性垫圈

旋钮

橡皮柱

底座保护板

半圆头螺钉

铭牌

半圆头螺钉

电源线压板
自攻螺钉

后盖

电源线

电动
机机
壳

电源线护套

电刷
定子组件

电刷盖

轴承

绝缘垫圈

半圆头螺钉

转子组件

风叶

轴承

波形弹性垫圈

电动机机壳

木工修边机结构2

· 343 ·

（续）

名称	结　　构

盖组件

接线端子组件

控制器

自攻螺钉M4×18

机壳组件

拨盘盖

调速拨盘

机壳组件

外机壳组件

自攻螺钉M4×18

开关板

开关电路

按钮

LED电路

压缩弹簧

定子

锁销

套筒

轴承607DDW

套筒螺母

平垫圈

螺钉M5×35

底座组件

翼形螺钉M6×25

直齿轮

弹性垫圈

转子组件

平垫圈

锁定杆总成

凸轮座

平垫圈

修边底座底板

橡胶帽

六角锁紧螺母M5

轴承6003DDW

波形垫圈

沉头螺钉M4×10

修边底座总成

充电式木工修边机外形与结构

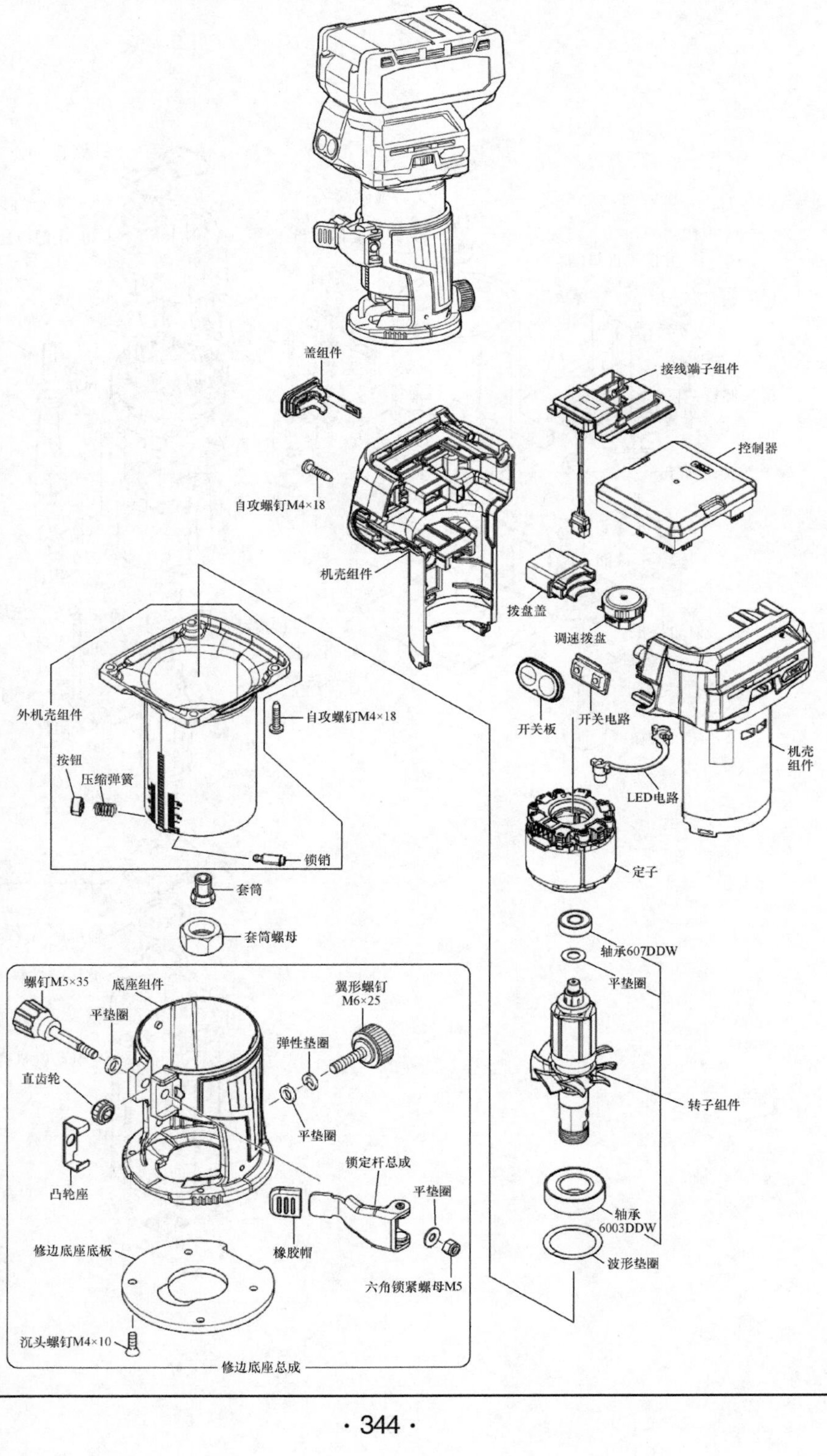

第14章

电剪刀与水电开槽机

14.1 电 剪 刀

★★★14.1.1 电剪刀的基本参数

电剪刀是用于剪切金属片、金属板、金属条、钢板、铝材及其他金属板材的一种工具。

用于一般环境条件下，对金属板材进行剪切的交直流两用电剪刀、单相串励手持式马蹄形刀架电剪刀的基本参数要求见表14-1。

表14-1 基本参数要求

规格/mm	额定输出功率/W	刀杆额定往复次数/（次/min）
1.6	≥120	≥2000
2	≥140	≥1100
2.5	≥180	≥800
3.2	≥250	≥650
4.5	≥540	≥400

注：1. 电剪刀规格是指电剪刀剪切抗拉强度 $\sigma_b = 390MPa$ 热轧钢板的最大厚度。

2. 额定输出功率是指电动机的输出功率。

3. 电剪刀的规格一般以最大剪切厚度表示。

★★★14.1.2 电剪刀的结构与基本工作原理

电剪刀的结构由电动机、开关、减速箱、偏心轴-连杆机构、插头、偏心齿轮、外壳、刀杆、刀架、上/下刀头等组成，具体如图14-1所示。

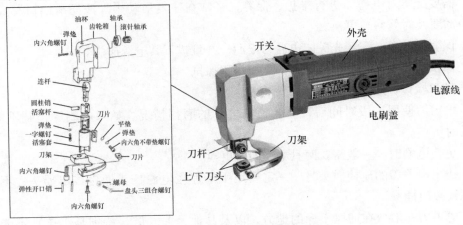

图14-1 电剪刀的结构

电剪刀的基本工作原理如下：电剪刀是利用电动机、减速箱驱动偏心轴－连杆机构，从而使电剪刀的刀杆能够带动上刀头做往复运动，电剪刀下刀头一般固定在刀架上不动，这样两刀就可以达到剪切金属板材等作用。只要刀头合适，电剪刀既可以直线剪切，又可以弯曲剪切。

★★★14.1.3　使用电剪刀的注意事项

使用电剪刀的一些注意事项如下：

1）作业前，需要根据所剪材料与其厚度，调节好刀头的间隙量。

2）作业前，检查工具、电线是否完好，如果异常，不得使用。

3）作业前，检查电压是否符合电剪刀的额定电压。如果不符合，不得使用。

4）注意防止刀片伤人。

5）不得在有易燃、易爆等危险场所使用电剪刀。

6）使用中，如果有异常响声等异常情况，需要立即停机检查。

7）使用时，应先让电剪刀空转开启，运转平稳后才能够剪切。

8）使用电剪刀剪切时，需要拿稳工具，让刀刃与被剪面垂直，刀口对正所需剪切的部位，或者所划的线条。

9）使用时，操作者需要集中精力工作。

10）使用时，取料员工必须在操作者确实已裁完后进行取料。

11）进行剪切时，操作者要随时注意电源线是否拽得太紧、是否被割坏等异常情况。

12）电剪刀不宜剪切超过剪切材料的范围。

13）严禁使用其他物体敲击电剪刀的电源插头或插座。

14）作业时，用力不得过猛。当遇到刀轴往复次数急剧下降时，需要立即减少推力。

15）经常去除电剪刀上的尘屑、油污等不良附着物。

16）不得使用汽油、稀释剂、四氯化碳、酒精等溶剂擦拭塑料零件，以免使塑料龟裂产生损伤。

17）如果刀片的刃口用钝或崩坏，需要及时修磨或更换。

18）需要经常对电剪刀进行维护、保养，经常在往复运动中加注润滑油，发现异常或损坏，应需要及时修磨或更换。

19）保养检查前，需要先关闭电剪刀电源，并且拔下其电源插头。

20）擦拭塑料制品，可以用软布沾湿肥皂水擦拭。

21）经常检查各连接螺钉，应无松动。

22）电剪刀使用一段时间后，需要检查电刷的磨损情况。如果电刷磨损到不能使用，则需要及时更换。

23）更换电刷时，一般需要两只电刷同时更换。

24）拔出电剪刀的连接插头时，一定要用手指捏住电源插头柄再拔出插头，不能直接拿住电源线拔出插头。

25）电剪刀一般放在通风干燥的地方，以及其他无关人员（特别是小孩）不能够触及的地方。

★★★14.1.4　电动羊毛剪故障的维修

电动羊毛剪故障的维修见表14-2。

表 14-2　维修电动羊毛剪故障的方法

故障	原因	排除方法
剪头前部过热	机体前端有异物或有沙尘	去除异物、向机体内注入润滑油
	刀片不锋利、过度加压	重新刃磨刀片、减轻压力
拇指或食指部分过热	回转销与回转销座间有异物	抬起连接杆，用润滑油冲掉异物
	回转销或回转销座过度磨损	更换零件
加压帽过热	加压杆与加压筒间有异物	清除异物
	加压筒与加压杆过度磨损	更换零件
中指或无名指部分过热	装错滚子平面（平面应朝着偏心轴）	重装滚子
	羊毛缠绕滚子周围	清除羊毛
前轴发烫	压力太大、刀片太钝	减轻压力、刃磨刀片
	偏心轴有较大轴承间隙	更换轴承
后部过热	减速齿轮缺少润滑油	加润滑油
	减速齿轮过度磨损	更换齿轮组
	压力太大、异物缠入	重新调整压力、取出异物
	刀片太钝	重新刃磨刀片
不能给刀片加压	止动弹簧圈过度磨损或没有安装	更换新的弹簧圈
	加压杆、加压杆座、加压筒异常	更换零件
不能剪切	刀片不锋利	重新刃磨刀片
	动刀片刃磨到齿尖部，有轻微的毛刺	去掉毛刺
	刀片已磨得太薄	更换刀片
	加压杆、加压杆座、加压筒过度磨损	更换零件
	刀片螺钉损坏	更换刀片螺钉
	动刀片太薄，压爪上的小锥体穿过动刀片孔，直接压在定刀片	使用较厚的动刀片或更换新的动刀片
前部异常振动与运转异常	压爪销轴与连接杆配合不好	更换新压爪
	定刀片固定不紧	拧紧刀片螺钉
	回销松动	重新紧固
	刀片卡住	更换刀片
	压爪前端的小锥体过度磨损	更换压爪
后部异常振动与运转异常	电动机异常	更换电动机
	减速机构卡死或有杂音	更换齿轮组
	轴承损坏	更换轴承
	电动机定位橡胶内衬套损坏	更换定位橡胶内衬套
	开关及电源插座损坏	更换开关或电源插座

★★★14.1.5　电剪刀的结构

某款电剪刀的结构如图 14-2 所示。

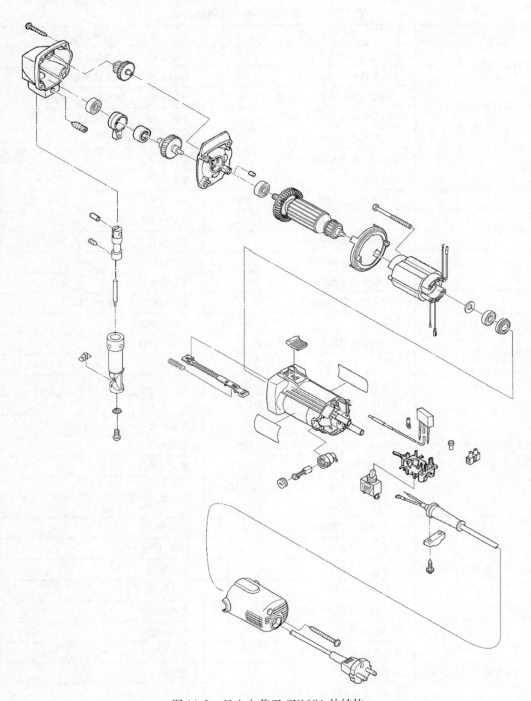

图 14-2　日立电剪刀 CN16SA 的结构

14.2 水电开槽机

★★★14.2.1 开槽机的特点与种类

开槽机是一种装有盘形刀具用于切割窄缝、沟槽或开榫的一种工具。开槽机主要用于沥青、水泥路面裂缝的开槽，以及金属、陶瓷、墙壁等开槽作业。

开槽机的种类有水电开槽机、墙壁开槽机、马路开槽机、金属薄板开槽机、陶瓷开槽机等。金属开槽机一般就是平时称的切割机。一般所称的开槽机主要指水电开槽机、墙壁开槽机、马路开槽机。

★★★14.2.2 墙壁开槽机的特点

墙壁开槽机是砖墙表面、地面铣沟槽用的一种电动工具。墙壁开槽机是常用的水电开槽机。墙壁开槽机包括砖墙开槽机、混凝土开槽机。墙壁开槽机现已发展到第6代。墙壁开槽机的一些外形如图14-3所示。

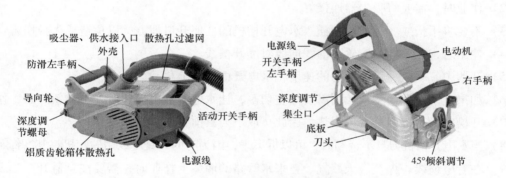

图14-3 墙壁开槽机的一些外形

墙壁开槽机由机身、电动机、电动机外壳、齿轮箱、托架、开关盒、刀罩、齿轮副、输出轴、刀具、手柄等组合而成，如图14-4~图14-6所示。

图14-4 墙壁开槽机的结构1

有的开槽机的输出轴与机身底平面形成一小于180°的夹角，刀具装在输出轴的悬臂上，机身的底部装有两滚轮。有的开槽机机身可以在墙面上滚动，并且可通过调节滚轮的高度控制开槽的深度与宽度。

有的砖墙开槽机采用流体力学原理和螺旋推进技术，并且配有自动去尘装置。

开槽机配国强K1101

图 14-5　墙壁开槽机的结构 2

开槽机配国强K1801

图 14-6　墙壁开槽机的结构 3

★★★14.2.3　使用水电开槽机的注意事项

使用水电开槽机的一些注意事项如下：

1）作业时，需要戴上安全护目镜。

2）作业时，需要将吸尘器连接好。

3）不要将手指或者其他物品插入水电开槽机的任何开口地方，以免造成人身伤害。

4）使用时，需要将前滚轮上的视向线对准开槽线。

5）开槽中，一般尽量以平稳的速度将水电开槽机向前移动。

6）如果电动机开始发热，则需要停止切割，让水电开槽机冷却后，再重新开始工作。

7）开槽完毕后，刀具变得很热，因此，取下刀具前，需要让刀具冷却。

8）当水电开槽机刀具不锋利时，可以拆下来，因为有的刀具可以用砂轮机将其磨锋利。

9）在有电缆线、煤气、天然气、自来水管路的墙体上作业时，需要注意避开。

10）维护水电开槽机前，需要将其电源切断，插头拔掉。

11）不要将水电开槽机的任何部位浸入液体中。

★★★14.2.4　水电开槽机故障的检修

水电开槽机故障的检修见表 14-3。

表 14-3　水电开槽机故障的检修

故障	检　修
水电开槽机整机振动大	1）可能是刀片变形，则需要更换刀片 2）可能是输出轴轴承损坏，则需要更换轴承 3）可能是夹板、距离圈磨损，则需要更换夹板、距离圈
水电开槽机电动机过热	1）可能是刀片过钝，则需要更换刀片 2）可能是刀片不平行，则需要重新装配好 3）可能是定子、转子扫膛，则需要更换轴承或重新装配 4）可能是存在过载现象，则需要减小切割速度、切割深度

（续）

故障	检　　修
水电开槽机电动机无力	1）可能是电压低，则需要检查电源 2）可能是定子、转子扫膛，则需要更换轴承或重新装配 3）可能是电刷过短或弹簧失去弹性，则需要更换电刷或弹簧 4）可能是转子存在故障，则需要检查、更换转子 5）可能是定子存在故障，则需要检查、更换定子
水电开槽机电动机不转（无声）	1）可能是电源开关损坏，则需要检查、更换电源开关 2）可能是电刷损坏，则需要更换电刷 3）可能是电源线断，则需要检查、更换电源线
水电开槽机电动机不转（有声）	1）可能是定子松动，则需要紧固定子总成，固定螺栓 2）可能是转子故障，则需要检查、更换转子 3）可能是定子故障，则需要检查、更换定子 4）可能是电刷损坏，则需要更换电刷 5）可能是齿轮损坏，则需要更换齿轮 6）可能是轴承损坏，则需要更换轴承

★★★14.2.5　开槽机的结构

开槽机的结构见表14-4。

表14-4　开槽机的结构

名称	结　　构
墙壁开槽机结构1	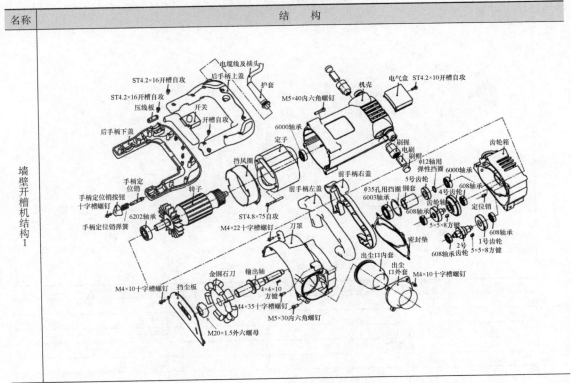

（续）

名称	结　　构

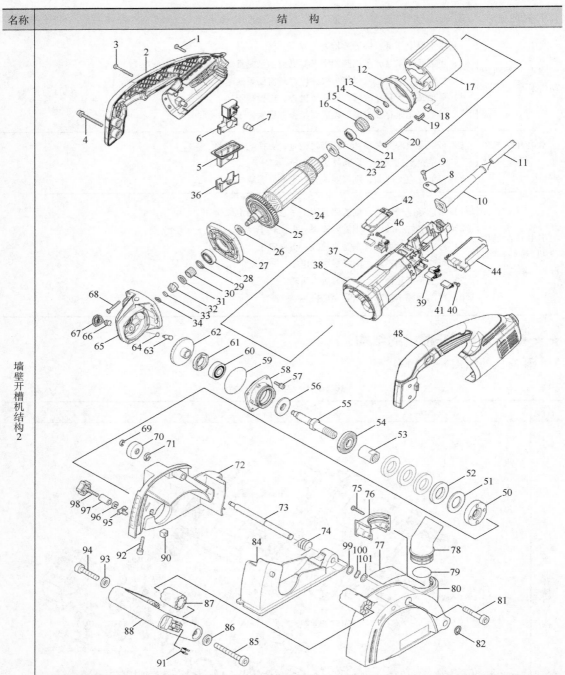

墙壁开槽机结构2

序号	部件名称	序号	部件名称
1	自攻螺钉	6	开关
2	手柄	7	防尘盖
3	自攻螺钉	8	张紧片
4	半圆头螺钉	9	自攻螺钉
5	防尘盖	10	电源线护套

（续）

名称	结　　构			

序号	部件名称	序号	部件名称
11	电源线	58	轴承室
12	挡风板	59	O 形圈
13	自紧环	60	轴承
14	垫圈	61	轴承托
15	波形弹性垫圈	62	螺旋伞齿轮
16	橡胶垫圈	63	锁销
17	定子	64	O 形圈
18	绝缘座	65	齿轮箱
19	保持架	66	压簧
20	自攻螺钉	67	锁销盖
21	轴承	68	自攻螺钉
22	平垫圈	69	止动环
23	绝缘垫圈	70	环
24	转子组件	71	挡圈
25	风叶	72	护罩
26	平垫圈	73	轴杆
27	齿轮箱盖	74	扭簧
28	轴承	75	自攻螺钉
29	挡圈	76	防尘盖
30	弹簧旋钮	78	弯管
31	平垫圈	79	O 形圈
32	螺旋伞齿轮	80	盖
33	平垫圈	81	六角螺栓
34	挡圈	82	挡圈
36	开关盖	84	底板
38	机壳	85	六角螺栓
39	电刷握	86	平垫圈
40	自攻螺钉	87	凸轮
41	电刷	88	前手柄
42	机壳盖	90	螺母
44	控制器	91	改锥头架
46	自攻螺钉	92	螺栓
48	手柄	93	平垫圈
50	锁定螺母	94	六角螺栓
51	隔圈	95	指示杆
52	隔圈	96	弹簧垫圈
53	衬套	97	衬套
54	内压板	98	螺钉
55	主轴	99	薄垫圈
56	迷宫式垫圈	100	波形垫圈
57	内六角螺钉	101	薄垫圈

墙壁开槽机结构2

第15章

修枝剪、割草机与剪草机

15.1 修 枝 剪

★★★15.1.1 修枝剪特点和结构

修枝剪特点和结构如下：

1）修枝剪，就是带有线性往复切割器件的用于修剪灌木和树篱的手持式工具。

2）修枝剪刀片控制器，就是由操作者的手或手指触发来起动和停止切割器件操作的装置。

3）修枝剪切割器件，就是执行切割动作的切割刀片和剪切板组件或者是双切割刀片以及它们的支承零件所组成的部件，该部件可以是单侧带刃，也可以是双侧带刃。

4）带延长杆的修枝剪，就是带有固定或可调节延长结构的修枝剪，包括额外的可分离的延长机构（如有），从而使切割器件在使用中远离手柄或握持表面。

5）修枝剪前手柄，就是位于切割器件或对着切割器件设置的握持表面。

6）修枝剪操作者在场传感器，就是用于感应操作者的手在场的装置。

7）修枝剪后手柄，就是距离切割器件最远的握持表面。

8）修枝剪杆，就是带延长杆的修枝剪上使切割器件和后手柄之间保持一定距离的固定或可延长的部件。

9）修枝剪剪切板，就是切割器件上通过相对于切割刀片进行剪切动作来辅助切割的运动的或者固定的未开刃部件。

修枝剪如图15-1所示。

★★★15.1.2 修枝剪安全注意事项

修枝剪安全注意事项如下：

1）保持身体的所有部位远离刀片。在刀片运动时不要去移除被切下材料或者用手握持要被切割的材料。

2）在刀片停止时通过手柄来搬运工具，留意不可起动任何电源开关。正确的搬运操作可以减少由刀片意外起动所带来的人身伤害的风险。

3）当运输或者存储修枝剪时应总是装上刀片防护罩。正确握持修枝剪可以减少切割刀片带给身体的伤害。

4）在清理堵塞材料或者维护工具时，要确保所有的电源开关处于关断且电源线未连接

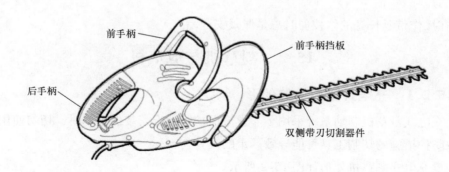

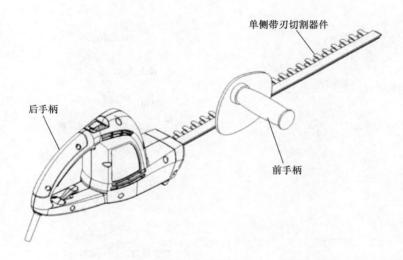

图 15-1 修枝剪

电源。

5）仅通过绝缘握持面握持修枝剪，因为刀片可能触及暗线或其自身导线。刀片触及带电导线会使修枝剪外露的金属零件带电而使操作者受到电击。

6）使电源线和电缆远离切割区域。

7）不要在恶劣天气使用修枝剪，特别是有闪电风险时。

 一点通

带延长杆的修枝剪安全注意事项如下：

1）为了减小触电危险，不可在电力线路附近使用带延长杆的修枝剪。

2）在操作带延长杆的修枝剪时总是使用双手操作。为了避免失控，用双手控制带延长杆的修枝剪。

3）在操作带延长杆的修枝剪时总是佩戴安全帽。

15.2　割草机与剪草机

★★★15.2.1　充电式割草机的外形

有的充电式割草机制动系统采用了非常规保护罩。未安装保护罩时，切勿使用工具。使用未采取防护措施的切割工具可能导致严重的人身伤害。

某两款充电式割草机外形如图 15-2 所示。

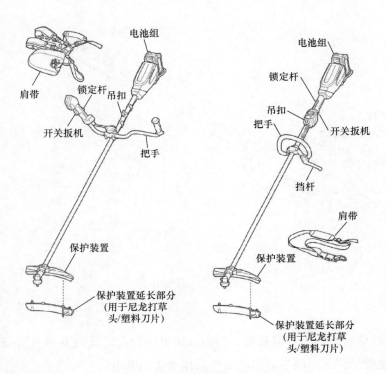

图 15-2　某两款充电式割草机外形

★★★15.2.2　某款 $40V_{max}$ 充电式割草机的结构

调节或检查工具功能前，务必关闭工具的电源并取出电池组。未关闭电源并取出电池组可能会产生意外起动，导致严重的人身伤害。

某款 $40V_{max}$ 充电式割草机的结构如图 15-3 所示。

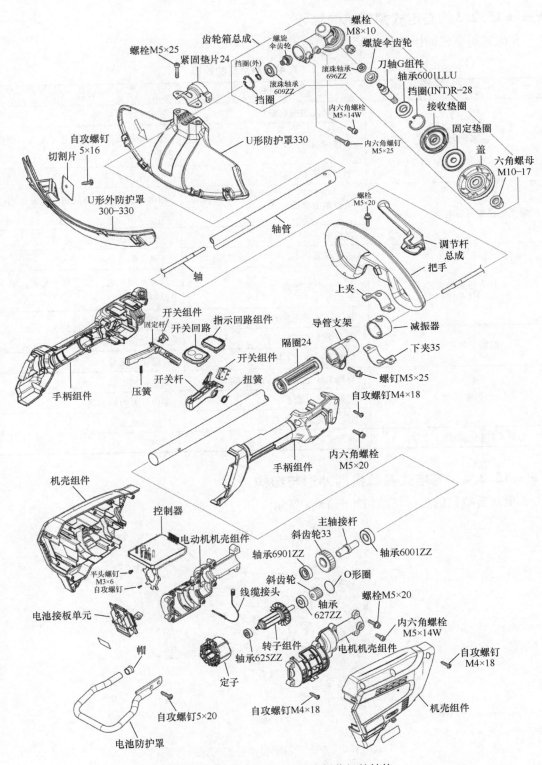

图15-3 某款40V$_{max}$充电式割草机的结构

★★★ 15.2.3　充电式割草机的检修

充电式割草机的检修见表 15-1。

表 15-1　充电式割草机的检修

故障	可能原因	检修
电动机不旋转	未正确安装电池组	正确安装电池组
	电池组故障（欠电压）	给电池组充电。如果充电无效，则应更换电池组
	驱动系统未正常工作	检修驱动系统
使用一段时间后电动机不旋转	电池组电量低	给电池组充电。如果充电无效，则应更换电池组
	过热	停止使用工具，使之冷却
工具未达到最大转速	电池组安装不当	正确安装电池组
	电池组电量下降	给电池组充电。如果充电无效，则应更换电池组
	驱动系统未正常工作	检修驱动系统
切割工具不旋转	驱动系统未正常工作	检修驱动系统
	切割工具安装不牢	拧紧切割工具
异常振动	切割工具受损、弯曲、磨损	更换切割工具
	切割工具安装不牢	牢固拧紧切割工具
	驱动系统未正常工作	检修驱动系统
切割工具和电动机无法停止	电力或电子故障	检修

★★★ 15.2.4　充电式剪草机的外形与结构

充电式剪草机的外形与结构如图 15-4 所示。

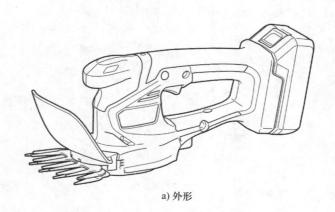

a) 外形

图 15-4　充电式剪草机的外形与结构

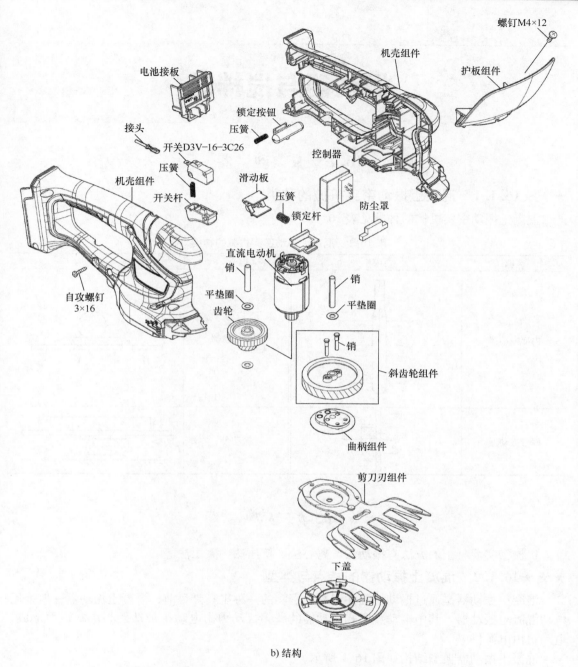

电池接板

接头

开关D3V-16-3C26

压簧

机壳组件

开关杆

自攻螺钉
3×16

机壳组件

锁定按钮

压簧

滑动板

压簧

锁定杆

控制器

防尘罩

螺钉M4×12

护板组件

直流电动机

销

平垫圈

齿轮

销

平垫圈

销

斜齿轮组件

曲柄组件

剪刀刃组件

下盖

b) 结构

图 15-4 充电式剪草机的外形与结构（续）

第16章

振动器与搅拌器

16.1 振 动 器

★★★16.1.1 混凝土振动密实机械的种类

混凝土振动密实机械的种类见表 16-1。

表 16-1 混凝土振动密实机械的种类

名称	图例	名称	图例
内部振动器		表面振动器	
附着振动器		振动台	

一点通

机械密实混凝土的方法有振动法、离心法、挤压法、碾压法等。

★★★16.1.2 混凝土振动器的特点与类型

混凝土振动器是通过振动使浇注混凝土密实的一种工具。目前,混凝土振动器一般采用电动混凝土振动器。其中电动直联式振动器的高频扰动力由电动机带动偏心块旋转而形成,电动机由电源供电。

混凝土振动器典型结构如图 16-1 所示。

混凝土振动器分类的方法很多,一般有以下几种:

1)根据振动器的原动力,可以分为电动式、内燃式、风动式振动器。

2)根据传递振动的方式,可以分为内部、外部振动器。

3)根据产生振动的原理,可以分为偏心式、行星式振动器。

4)根据传动装置,可以分为软轴式、直联式振动器。

5)根据振动频率,可以分为低频(1500~3000r/min)、中频(5000~8000r/min)、高频(10000r/min)振动器。

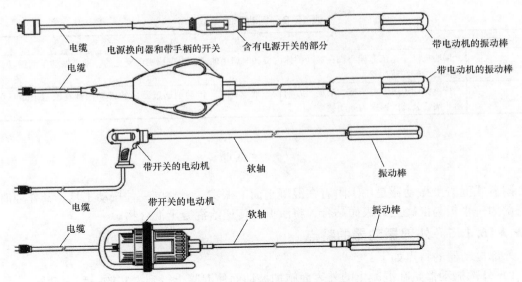

图 16-1　混凝土振动器典型结构

★★★16.1.3　混凝土内部振动器的种类与特点

混凝土内部振动器是插入混凝土拌和料内部进行振动的一种设备。混凝土内部振动器适用于深度、厚度较大、布筋复杂的混凝土构件，其分类见表 16-2。

表 16-2　混凝土内部振动器的分类

依据	分类
驱动方式	电动、液压、气动、内燃机
振动棒激振原理	偏心式、行星式
动力设备与工作部分间的传动形式	软轴式、电动机内装式
频率	低频、中频、高频

内部振动器的特点如下：

1）内部振动器也称为插入式振动器。

2）内部振动器是在混凝土内部进行振动。

3）内部振动器振动波由棒的半径方向传递出去，每次能捣实一定半径的圆柱体，如图 16-2 所示。

4）内部振动器每次捣实的深度最大不能超过棒长的 2/3 ~ 3/4，否则，振动棒不易拔出或导致软管损坏。

5）内部振动器由原动机、传动装置、振动子等部分构成。

6）一般小型振动器的传动方式多采用软轴软管形式，大型振动器多采用直联传动式。

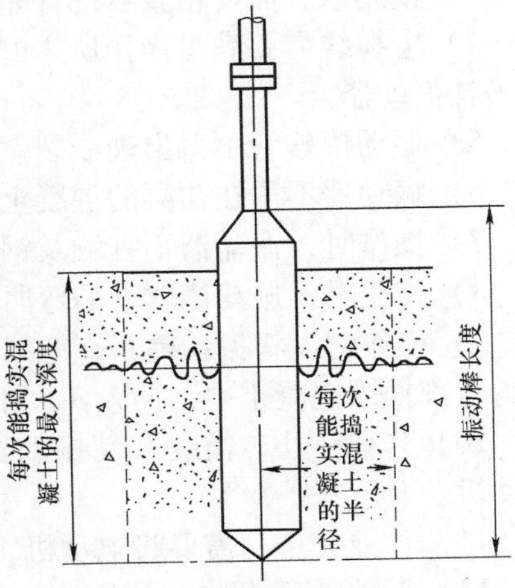

图 16-2　振动器振动范围

★★★16.1.4　振动子的类型

内部振动器的主要部件是振动子。根据产生振动的原理，其可以分为偏心振动子、行星振动子，具体见表 16-3。

表 16-3 振动子的类型

名称	解说
偏心振动子	偏心振动子是依靠偏心轴在振动棒体内旋转时产生的离心力来捣实混凝土的。偏心振动子的振动频率与偏心轴的转速相等
行星振动子	行星振动子主要由滚锥、滚道、万向铰、轴承组成。传动轴通过万向铰带动滚锥在滚道上做行星运动，滚锥公转的速度为振动频率

一点通

附着式混凝土振动器是用于附着在混凝土面上振实、平整的一种振动工具。其作业时工具底部为一平板与混凝土的表面贴合，将激振力传递给混凝土混合物。

★★★16.1.5 外部振动器的特点

外部振动器的特点如下：

1）外部振动器是在混凝土的外表面施加振动而使混凝土得到捣实的一种振动器。

2）外部振动器实质是一种特殊电动机，即振动电动机。

3）外部振动器由振动电动机与不同的工作装置组成。

4）外部振动器的电动机转子旋转时，带动偏心块或其他能形成偏心运动的组件，产生离心力，从而产生振动。

5）只有一对固定偏心块的振动器的激振力一般为一恒定值。

6）装有固定偏心块与调整偏心块的振动器，其激振力大小可根据需要做无级调整。

★★★16.1.6 使用电动插入式振动器的注意事项

使用电动插入式振动器的一些注意事项如下：

1）插入式振动器的电动机电源上，需要安装漏电保护装置，接地或接零需要安全可靠。

2）操作人员需要经过用电教育，作业时应穿戴绝缘胶鞋和绝缘手套。

3）使用前，需要检查各部件是否完好。

4）电缆线需要满足操作所需的长度，以及电缆线上不得堆压物品，严禁用电缆线拖拉或吊挂振动器。

5）振动棒软管不得出现断裂。

6）振动器不得在初凝的混凝土、地板、脚手架、干硬的地面上进行试振。

7）操作时，振动器不宜触及钢筋、芯管及预埋件。

8）作业时，振动棒软管的弯曲半径不得小于 500mm，并不得多于两个弯。

9）操作时，将振动棒垂直地沉入混凝土，不得用力硬插、斜推或让钢筋夹住棒头，也不得全部插入混凝土中，插入深度不应超过棒长的 3/4。

10）作业停止，需要移动振动器时，应先关闭电动机，再切断电源。不得用软管拖拉电动机。

11）作业完毕，需要将电动机、软管、振动棒清理干净，并且根据规定要求进行保养。

12）振动器存放时，不得堆压软管，应平直放好，并且对电动机采取防潮措施。

13）振动器在检修作业间断时，需要断开其电源，拔掉插头。

★★★16.1.7 使用电动附着式、电动平板式振动器的注意事项

使用电动附着式、电动平板式振动器的一些注意事项如下：

1）作业前，需要对附着式振动器进行检查、试振。

2）安装在搅拌站料仓上的振动器，需要安置橡胶垫。

3）附着式振动器试振时，不得在干硬土、硬质物体上进行。

4）使用时，引出电缆线不得拉得过紧，以及不得断裂。

5）安装时，振动器底板安装螺孔的位置要正确，各螺栓的紧固程度需要一致。

6）使用电动附着式、电动平板式振动器，需要有漏电保护器和接地或接零装置。

7）使用时，附着式、平板式振动器电动机轴应保持水平状态，不应承受轴向力。

8）一个模板上同时使用多台附着式振动器时，各振动器的频率需要保持一致，并且相对的振动器需要错开安装。

9）附着式振动器安装在混凝土模板上时，每次振动时间不应超过1min。

10）附着式振动器安装在混凝土模板上时，当混凝土在模板内泛浆流动或成水平状时即可停振，不得在混凝土初凝状态时再振。

11）放置振动器的构件模板应坚固牢靠，其面积应与振动器额定振动面积相适应。

12）平板式振动器作业时，需要使平板与混凝土保持接触，使振波有效地振实混凝土。

13）已在振动的振动器，不得搁置在已凝或初凝的混凝土上。

★★★16.1.8　插入式振动器电动机故障的原因

插入式振动器电动机故障的原因见表16-4。

表16-4　插入式振动器电动机故障的原因

故障	解　　说
匝间短路	匝间短路主要是绕组线圈绝缘层破损引起的，主要特征是短路处存在局部烧焦痕迹
接地	常见的接地故障原因如下： 1）引线破损，线头松脱碰到电动机壳 2）线圈碰到端盖或机壳 3）定子槽口绝缘破坏 4）槽口绝缘端部裂口 5）因雨淋、受潮、高温、雷击使电动机绝缘破坏 注意：多点接地会造成短路。一点接地会造成机壳带电，引发触电事故。因此，发现接地需要立即停机排除
过载	常见的过载故障原因如下： 1）转子断条 2）定、转子相擦 3）轴承、风扇、棒头存在卡死、阻滞异常现象 4）绕组匝数错误 5）电源导线截面积小 6）电源电压严重不平衡 7）电压过低 8）接线有错误

★★★16.1.9　充电式混凝土振动器的外形与结构

充电式混凝土振动器的外形与结构如图16-3所示。

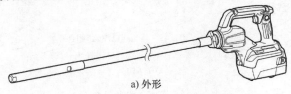

a) 外形

图16-3　充电式混凝土振动器的外形与结构

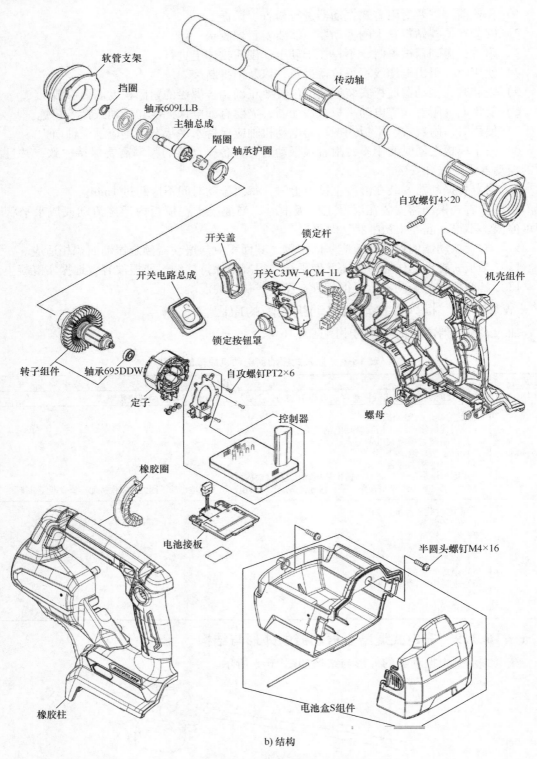

软管支架

挡圈

轴承609LLB

主轴总成

隔圈

轴承护圈

传动轴

自攻螺钉4×20

开关盖

锁定杆

开关C3JW-4CM-1L

机壳组件

开关电路总成

锁定按钮罩

转子组件

轴承695DDW

定子

自攻螺钉PT2×6

控制器

螺母

橡胶圈

电池接板

半圆头螺钉M4×16

橡胶柱

电池盒S组件

b) 结构

图 16-3 充电式混凝土振动器的外形与结构（续）

16.2 搅 拌 器

★★★16.2.1 搅拌器的特点

搅拌器，就是一种带有一个或多个用于安装搅拌头的输出轴，专门用于混合液体或搅拌混凝土、石膏等建筑材料的工具。输出轴为螺纹连接或其他连接方式，如夹头或六角形连接器。搅拌器也常被称作搅拌机。

搅拌头，就是和搅拌器一起使用的，利用翼型、漩涡型或螺旋型结构在容器内搅动材料的附件。搅拌头也常被称作混合棒、混合盘、搅拌桨或搅拌杆。

手持式搅拌器如图16-4所示。

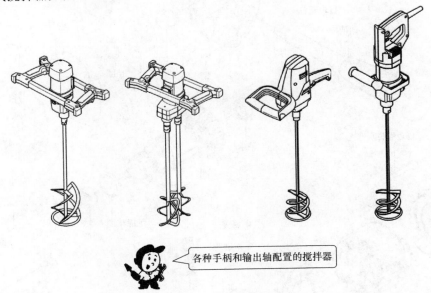

各种手柄和输出轴配置的搅拌器

图16-4 手持式搅拌器

★★★16.2.2 搅拌器的使用注意事项

搅拌器的使用注意事项如下：

1）双手握持工具上的手柄。

2）当搅拌易燃材料时应确保充分的通风，避免产生危险气体。

3）不要用于搅拌食物（食品）。

4）保持软线远离工作区域。

5）确保用于搅拌的容器放置在安全、稳固的位置。

6）确保液体不会喷溅到工具的外壳上。

7）应遵循搅拌材料的说明和警告。

8）如果工具掉入搅拌的材料中，应立即拔去电源插头，并请合格的维修人员检查。

9）搅拌时不要把手或其他任何物体伸入搅拌容器内。

10）只有当搅拌头插在搅拌容器内时才能起动和关停工具。

★★★16.2.3 搅拌器的结构

搅拌器的结构见图16-5。

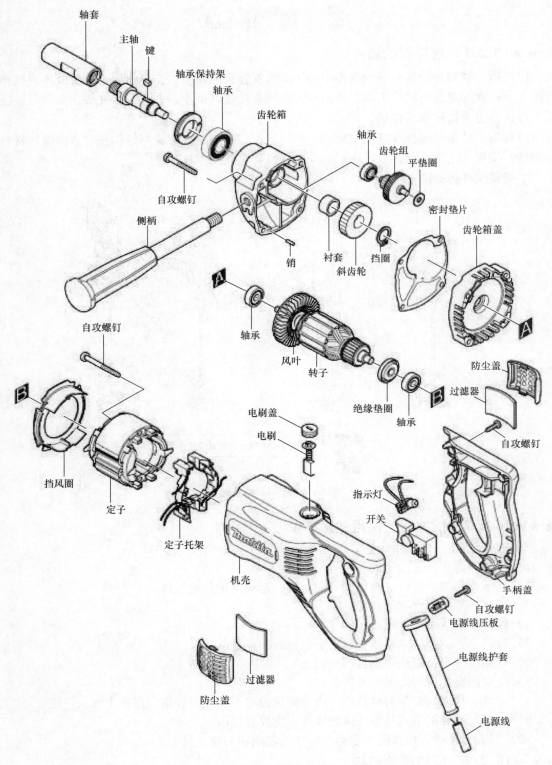

图 16-5　搅拌器的结构

第17章

其他电动工具

17.1 吹风机与钢筋捆扎机

★★★17.1.1 充电式吹风机的外形与结构

某款充电式吹风机的外形与结构如图 17-1 所示。

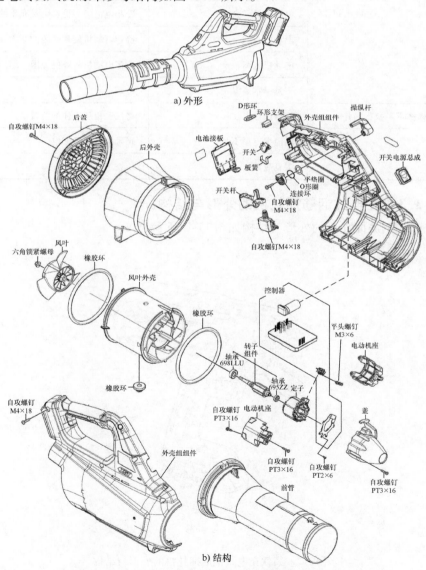

图 17-1 某款充电式吹风机的外形与结构

★★★17.1.2　充电式钢筋捆扎机的故障检修

充电式钢筋捆扎机的故障检修见表 17-1。

表 17-1　充电式钢筋捆扎机的故障检修

故障	可能原因	检修
工具停止运行	扎丝耗尽	应装入新的扎丝
	未装入扎丝	正确装入扎丝
	扎丝吐丝失败	检查扎丝的方向，清洁扎丝路径
	扭绞导口为打开状态	关闭扭绞导口
	电池组异常高温	冷却电池组，更换电量充足的电池组
	电动机过载	确定电动机旋转受阻的原因，然后解决
	电动机故障	确定电动机故障的原因，然后解决
	工具异常高温	冷却
工具在连发模式下不执行捆扎	接触板被卡住	将接触板从卡住的位置松开
工具无法起动	电池组电量不足	正确给电池组充电
	工具故障	检查工具

★★★17.1.3　充电式钢筋捆扎机的外形与结构

某款充电式钢筋捆扎机的外形与结构如图 17-2 所示。

a) 外形

图 17-2　某款充电式钢筋捆扎机的外形与结构

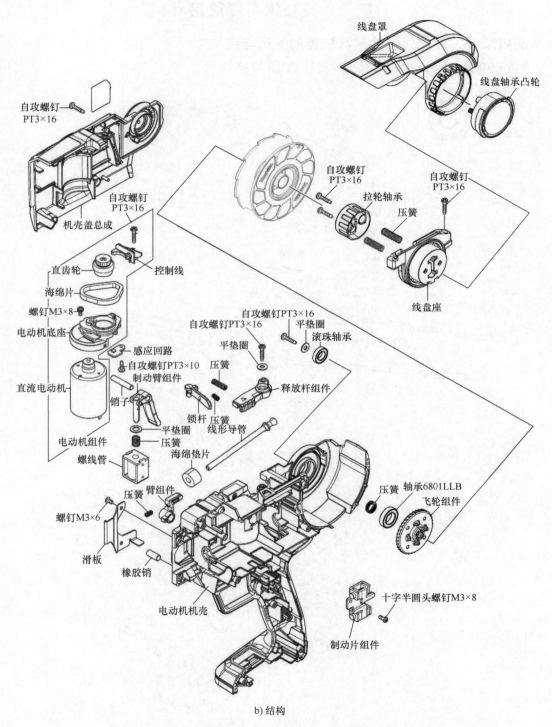

自攻螺钉PT3×16

线盘罩

线盘轴承凸轮

机壳盖总成

自攻螺钉PT3×16

自攻螺钉PT3×16

自攻螺钉PT3×16

拉轮轴承

压簧

自攻螺钉PT3×16

控制线

直齿轮

海绵片

螺钉M3×8

电动机底座

感应回路

线盘座

自攻螺钉PT3×10

自攻螺钉PT3×16

平垫圈

自攻螺钉PT3×16

平垫圈

滚珠轴承

直流电动机

制动臂组件

销子

压簧

释放杆组件

锁杆

压簧

电动机组件

平垫圈

线形导管

螺线管

压簧

海绵垫片

压簧

臂组件

压簧

轴承6801LLB

螺钉M3×6

飞轮组件

滑板

橡胶销

电动机机壳

十字半圆头螺钉M3×8

制动片组件

b) 结构

图17-2　某款充电式钢筋捆扎机的外形与结构（续）

17.2　高枝锯与绿篱机

★★★17.2.1　充电式可伸缩高枝锯的外形与结构

某款充电式可伸缩高枝锯的外形与结构如图17-3所示。

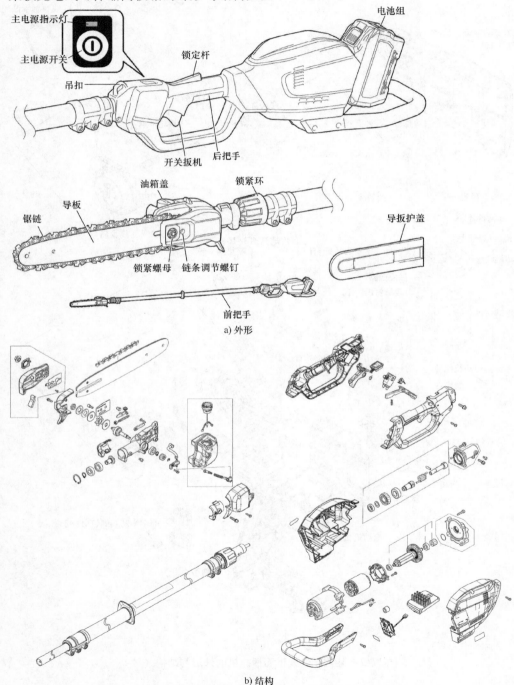

b) 结构

图17-3　某款充电式可伸缩高枝锯的外形与结构

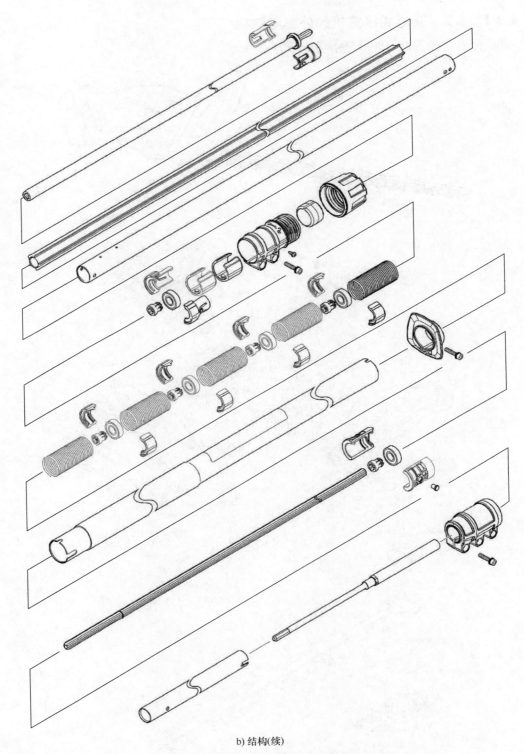

b) 结构(续)

图 17-3 某款充电式可伸缩高枝锯的外形与结构（续）

★ ★ ★17.2.2　充电式绿篱机的外形与结构

某款充电式绿篱机的外形与结构如图 17-4 所示。

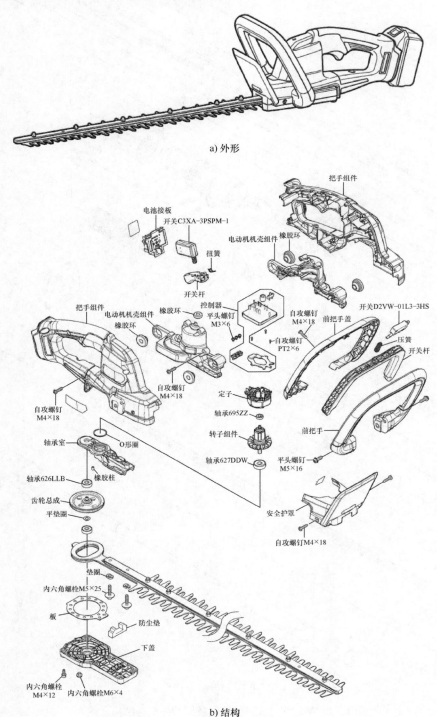

a) 外形

b) 结构

图 17-4　某款充电式绿篱机的外形与结构

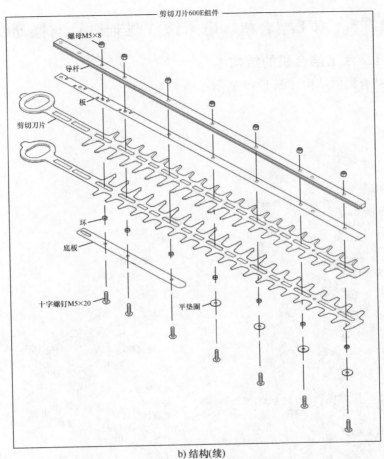

b) 结构(续)

图 17-4 某款充电式绿篱机的外形与结构（续）

★★★17.2.3 充电式绿篱机故障的检修

充电式绿篱机故障的检修见表 17-2。

表 17-2 充电式绿篱机故障的检修

异常	可能原因	检修
电动机不旋转	未安装电池组	安装电池组
	电池组故障（欠电压）	给电池组充电。如果充电无效，则应更换电池组
	驱动系统未正常工作	检修
使用一段时间后电动机不旋转	电池组电量低	给电池组充电。如果充电无效，则应更换电池组
	过热	停止使用工具，使之冷却
工具未达到最大转速	电池组安装不当	正确安装电池组
	电池组电力下降	给电池组充电。如果充电无效，则应更换电池组
	驱动系统未正常工作	检修
刀片无法移动	刀片之间卡入异物	关闭工具后取下电池组，然后使用虎钳等工具清除异物
	驱动系统未正常工作	检修

17.3　木工结合机、电木铣（雕刻机）与摆动铲

★★★17.3.1　木工结合机的结构

某款木工结合机的结构如图17-5所示。

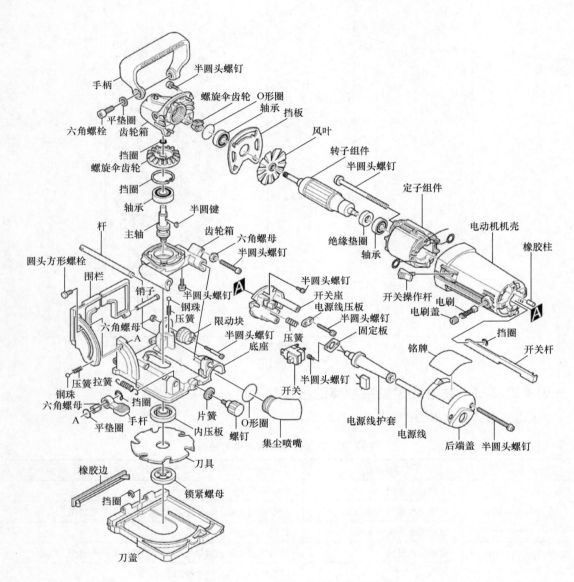

图17-5　某款木工结合机的结构

★★★17.3.2　电木铣（雕刻机）的结构

某款电木铣（雕刻机）的结构如图17-6所示。

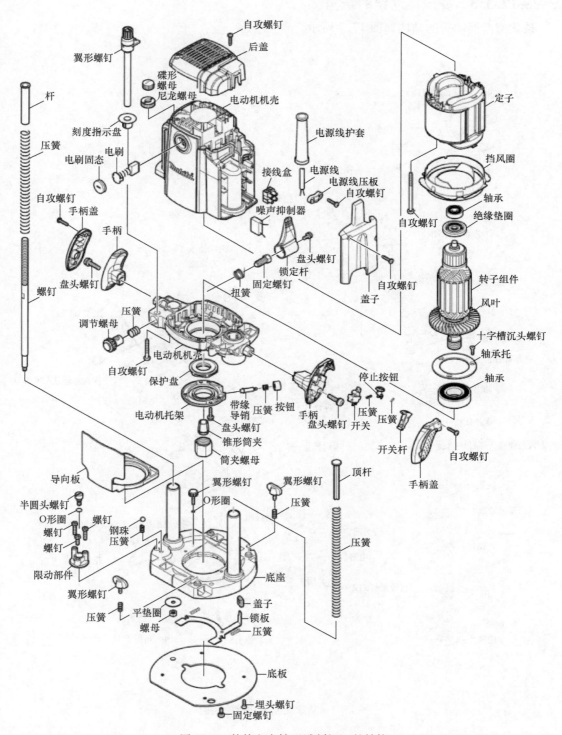

图 17-6　某款电木铣（雕刻机）的结构

★★★17.3.3 交流摆动铲的结构

某款交流摆动铲的结构如图 17-7 所示。

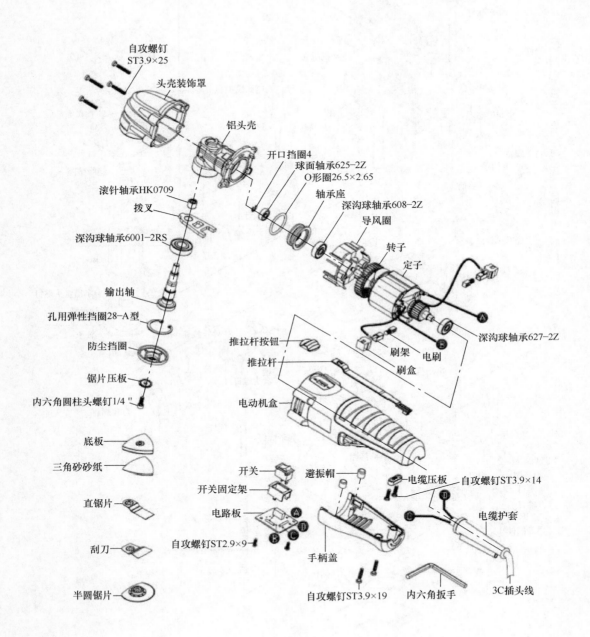

图 17-7 某款交流摆动铲的结构

17.4 圆砂、吹风机与吸尘器

★★★17.4.1 圆砂的结构

某款圆砂的结构如图 17-8 所示。

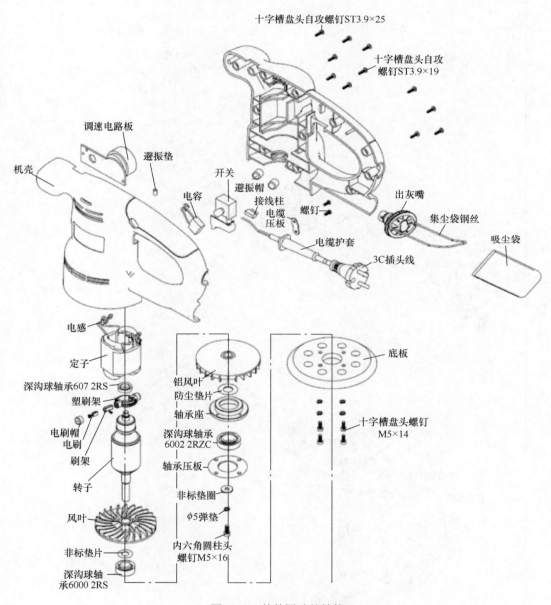

图 17-8 某款圆砂的结构

★★★17.4.2 吹风机的结构

吹风机的结构见表 17-3。

表 17-3　吹风机的结构

名称	结　　构

吹风机结构1

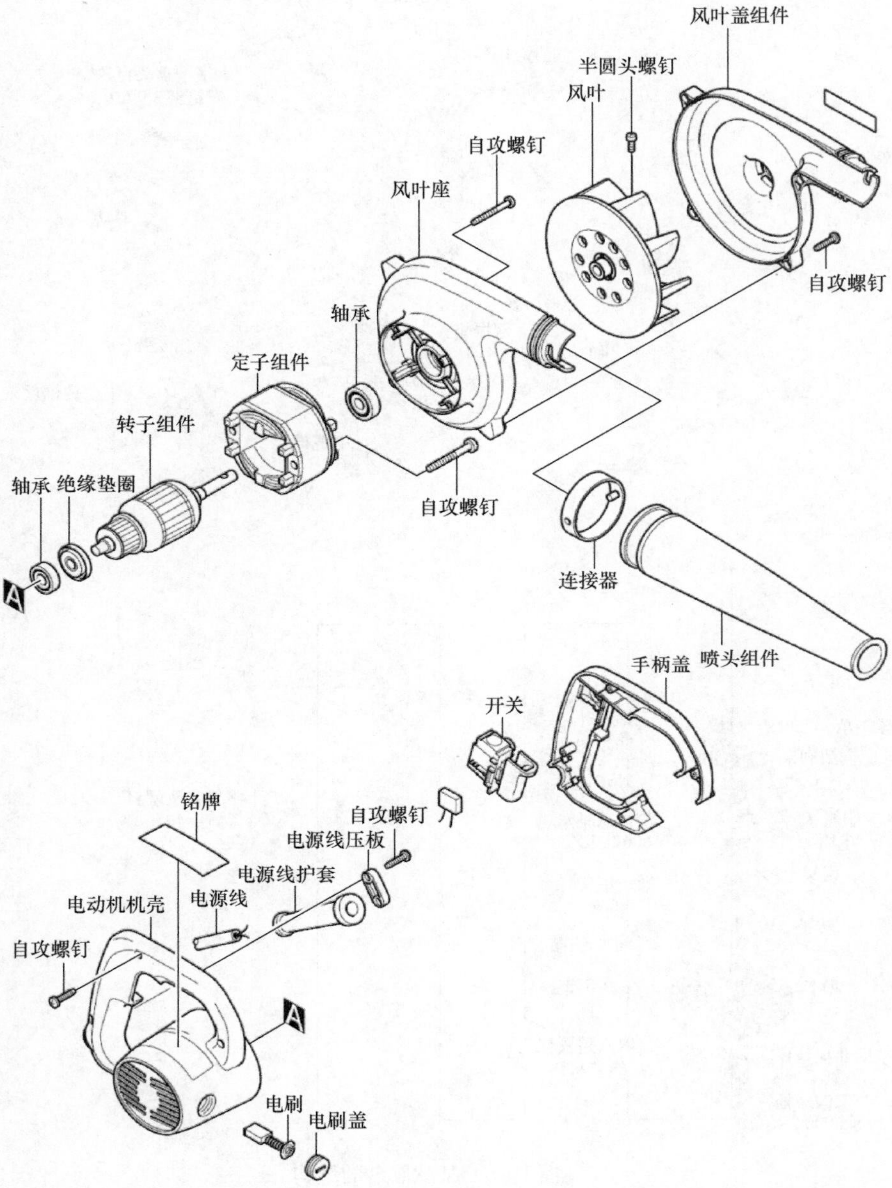

风叶盖组件

半圆头螺钉

风叶

自攻螺钉

风叶座

自攻螺钉

轴承

定子组件

转子组件

轴承　绝缘垫圈

自攻螺钉

连接器

喷头组件

手柄盖

开关

自攻螺钉

铭牌

电源线压板

电源线护套

电动机机壳　电源线

自攻螺钉

电刷

电刷盖

（续）

名称	结　　构

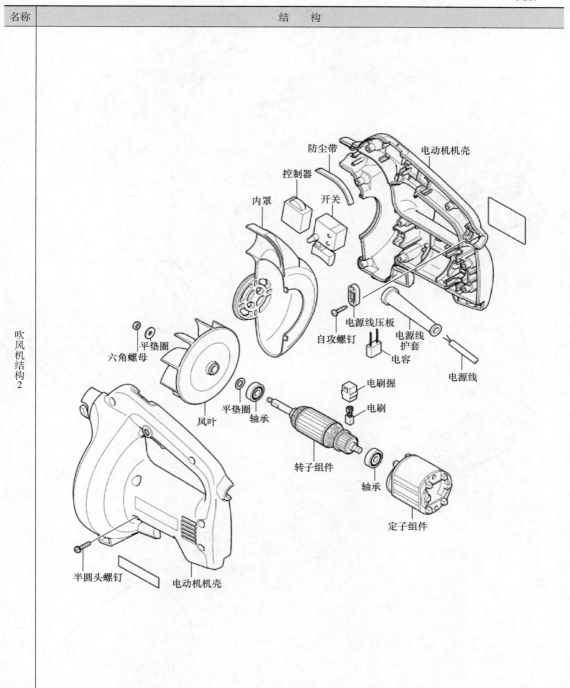

吹风机结构2

★★★17.4.3　充电式吸尘器的结构

某款充电式吸尘器的结构如图 17-9 所示。

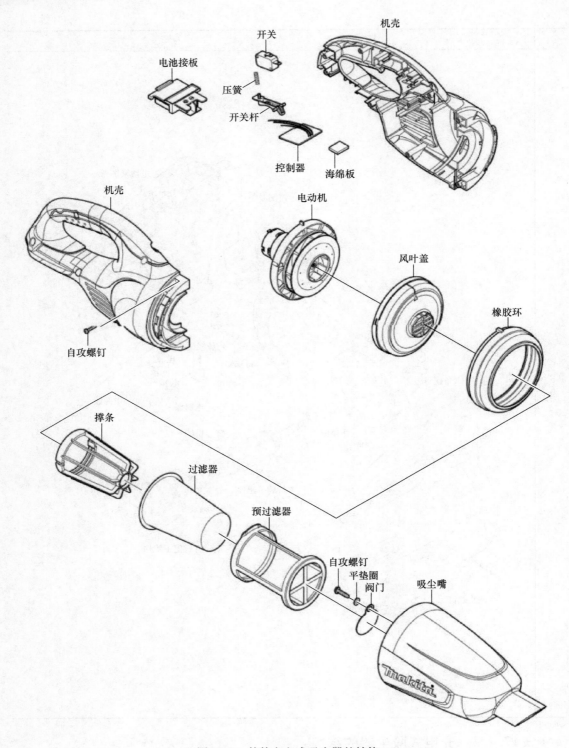

开关

电池接板

机壳

压簧

开关杆

控制器

海绵板

机壳

电动机

风叶盖

橡胶环

自攻螺钉

撑条

过滤器

预过滤器

自攻螺钉

平垫圈

阀门

吸尘嘴

图 17-9　某款充电式吸尘器的结构

17.5 扭剪扳手、地钻与液压钳

★★★17.5.1 扭剪扳手的结构

扭剪扳手的结构见表17-4。

表17-4 扭剪扳手的结构

名称	结　　构
扭剪扳手结构1	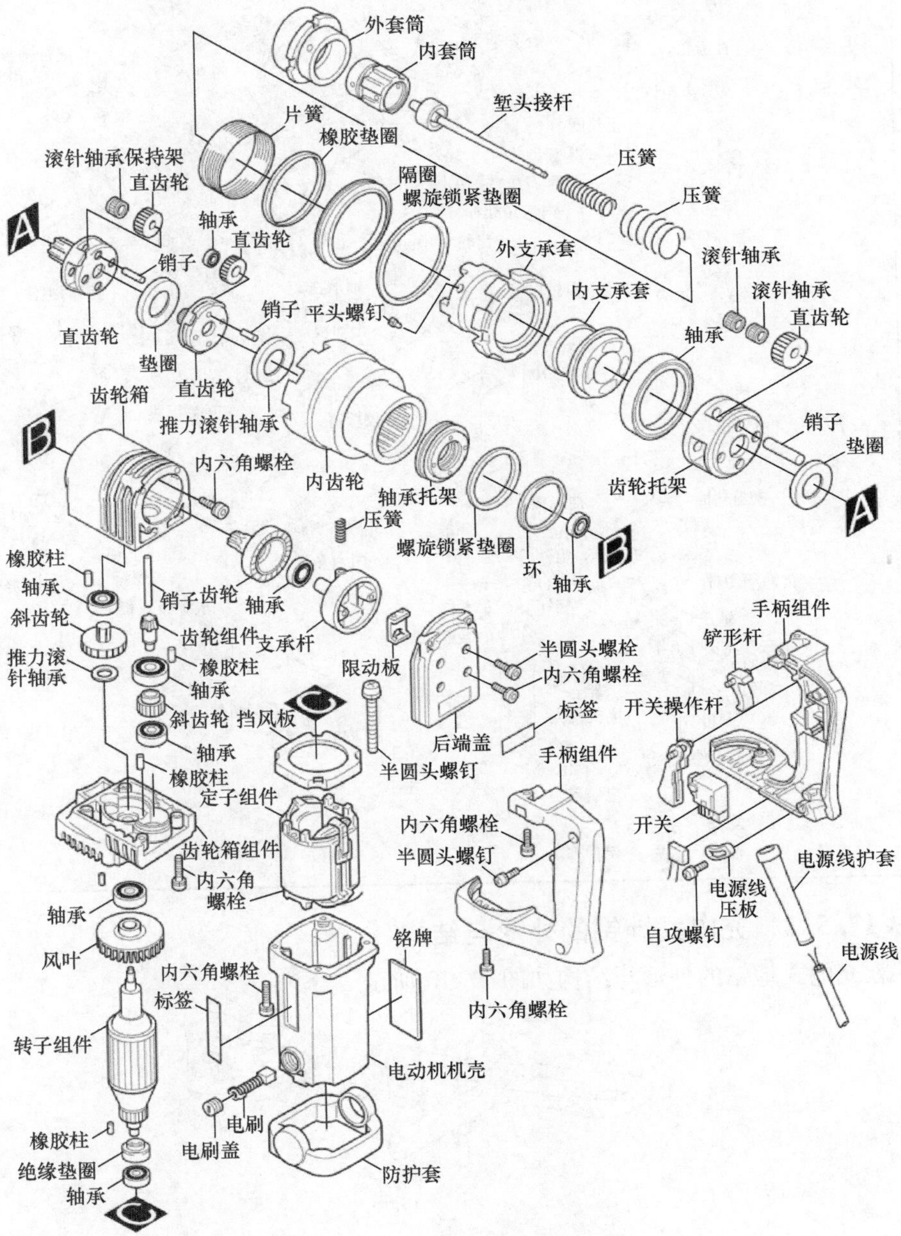

（续）

名称	结　　构

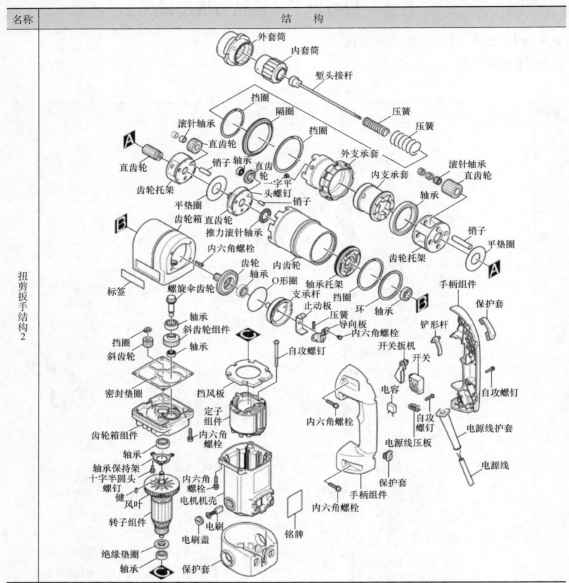

扭剪扳手结构2

★★★17.5.2　充电式地钻的外形与结构

某款充电式地钻的外形与结构如图 17-10 所示。

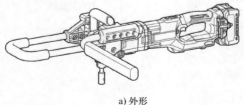

a) 外形

图 17-10　某款充电式地钻的外形与结构

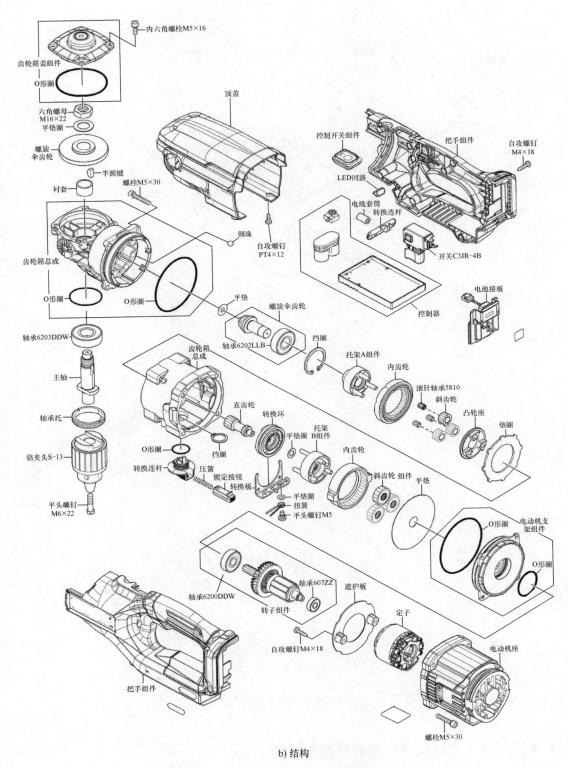

内六角螺栓M5×16

齿轮箱盖组件
O形圈
六角螺母
M16×22
平垫圈
螺旋
伞齿轮
衬套
半圆键
螺栓M5×30
齿轮箱总成
O形圈
O形圈
轴承6203DDW
主轴
轴承托
钻夹头S-13
平头螺钉
M6×22

顶盖

控制开关组件
把手组件
自攻螺钉
M4×18
LED回路
电线套筒
转换连杆
开关C3JR-4B
电池接板
控制器

钢珠
自攻螺钉
PT4×12

平垫
螺旋伞齿轮
挡圈
托架A组件
内齿轮
滚针轴承5810
斜齿轮
凸轮座
垫圈
轴承6202LLB

齿轮箱
总成
直齿轮
转换环
平垫圈
托架
B组件
内齿轮
斜齿轮 组件
平垫
O形圈
挡圈
转换连杆
压簧
锁定按钮
转换板
平垫圈
扭簧
平头螺钉M5
O形圈
电动机支
架组件
O形圈

轴承6200DDW
轴承607ZZ
遮护板
转子组件
定子
自攻螺钉M4×18
电动机座

把手组件
螺栓M5×30

b) 结构

图 17-10　某款充电式地钻的外形与结构（续）

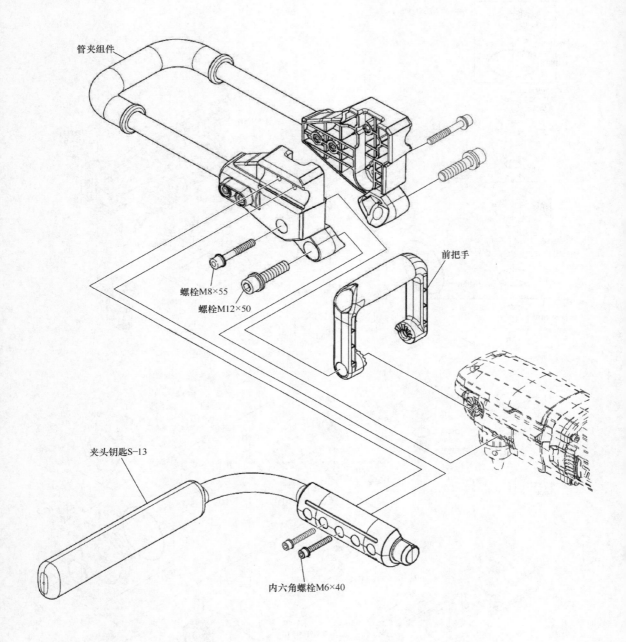

管夹组件

螺栓M8×55

螺栓M12×50

前把手

夹头钥匙S-13

内六角螺栓M6×40

b) 结构(续)

图 17-10　某款充电式地钻的外形与结构（续）

★★★17.5.3　充电式液压钳的外形与结构

某款充电式液压钳的外形与结构如图 17-11 所示。

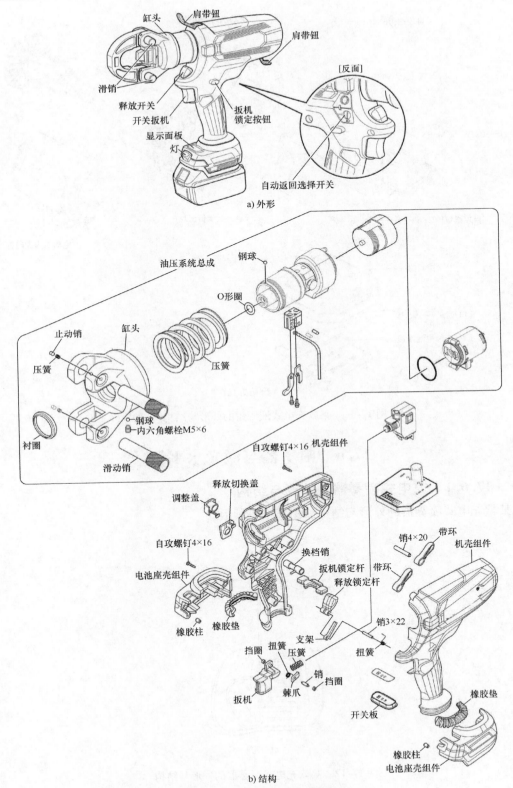

a) 外形

b) 结构

图 17-11 某款充电式液压钳的外形与结构

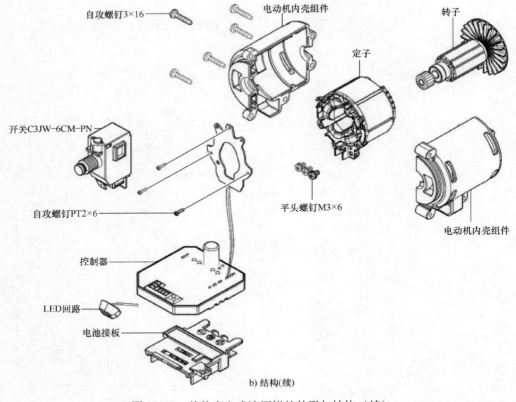

自攻螺钉3×16

电动机内壳组件

转子

定子

开关C3JW-6CM-PN

自攻螺钉PT2×6

平头螺钉M3×6

电动机内壳组件

控制器

LED回路

电池接板

b) 结构(续)

图 17-11　某款充电式液压钳的外形与结构（续）

17.6　喷雾器与激光水平仪

★★★17.6.1　充电式喷雾器的外形与结构

某款充电式喷雾器的外形与结构如图 17-12 所示。

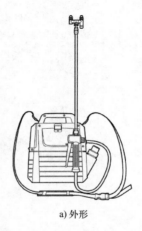

a) 外形

图 17-12　某款充电式喷雾器的外形与结构

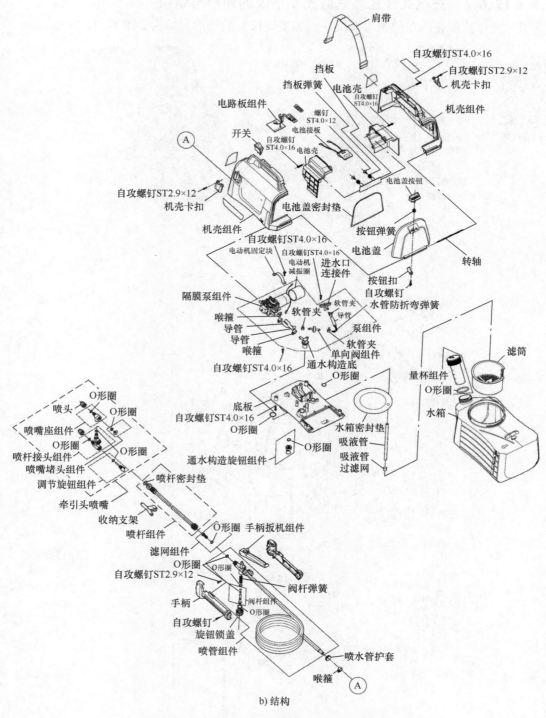

肩带

自攻螺钉ST4.0×16
自攻螺钉ST2.9×12
机壳卡扣
机壳组件

挡板
挡板弹簧
电池壳
自攻螺钉ST4.0×16

电路板组件
螺钉ST4.0×12
电池接板

开关
自攻螺钉ST4.0×16
电池壳

A

电池盖按钮

自攻螺钉ST2.9×12
机壳卡扣
机壳组件

电池盖密封垫

按钮弹簧

自攻螺钉ST4.0×16
电池盖

转轴

电池盖

电动机固定块
自攻螺钉ST4.0×16
电动机减振圈
进水口连接件
按钮扣
自攻螺钉
水管防折弯弹簧

隔膜泵组件

喉箍
导管
导管
喉箍

软管夹
导管
软管夹
泵组件
单向阀组件
通水构造底

滤筒

自攻螺钉ST4.0×16

量杯组件
O形圈

O形圈

底板
自攻螺钉ST4.0×16
O形圈

水箱密封垫
吸液管
吸液管过滤网

水箱

喷头
O形圈
O形圈
喷嘴座组件
O形圈
喷杆接头组件
O形圈
喷嘴堵头组件
调节旋钮组件
牵引头喷嘴
收纳支架
喷杆组件
滤网组件

通水构造旋钮组件
O形圈

喷杆密封垫

O形圈
手柄扳机组件

自攻螺钉ST2.9×12
O形圈
O形圈

阀杆弹簧

手柄
阀杆组件
自攻螺钉
O形圈
旋钮锁盖
喷管组件

喷水管护套

喉箍
A

b) 结构

图 17-12 某款充电式喷雾器的外形与结构（续）

★★★17.6.2 充电式绿色多线激光水平仪的外形与结构

某款充电式绿色多线激光水平仪（激光墨线仪）的外形与结构如图 17-13 所示。

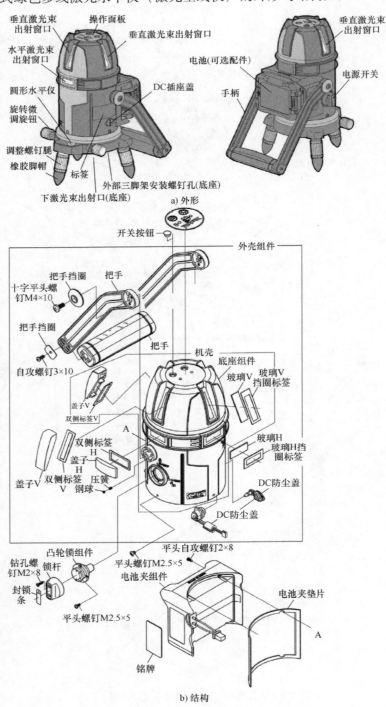

图 17-13　某款充电式绿色多线激光水平仪（激光墨线仪）的外形与结构

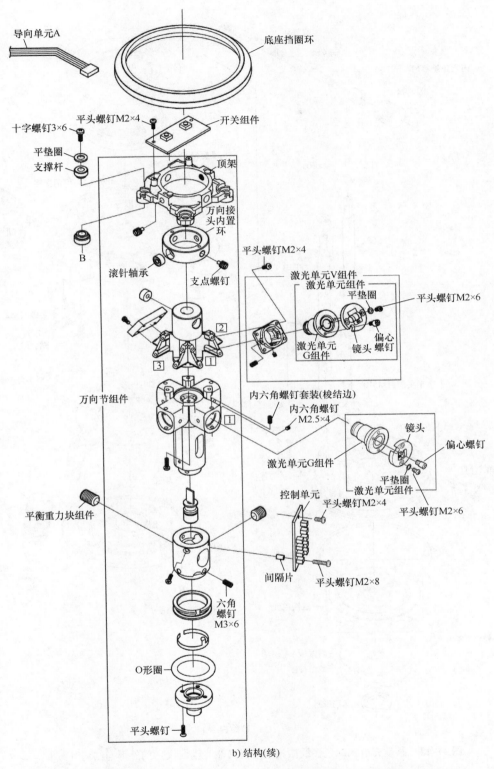

导向单元A

底座挡圈环

平头螺钉M2×4

十字螺钉3×6

开关组件

平垫圈

支撑杆

顶架

B

万向接头内置环

滚针轴承

平头螺钉M2×4

支点螺钉

激光单元V组件

激光单元组件

平垫圈

平头螺钉M2×6

激光单元G组件

镜头

偏心螺钉

万向节组件

内六角螺钉套装(梭结边)

内六角螺钉M2.5×4

激光单元G组件

镜头

偏心螺钉

平垫圈

激光单元组件

平头螺钉M2×6

平衡重力块组件

控制单元

平头螺钉M2×4

间隔片

平头螺钉M2×8

六角螺钉M3×6

O形圈

平头螺钉

b) 结构(续)

图 17-13　某款充电式绿色多线激光水平仪（激光墨线仪）的外形与结构（续）

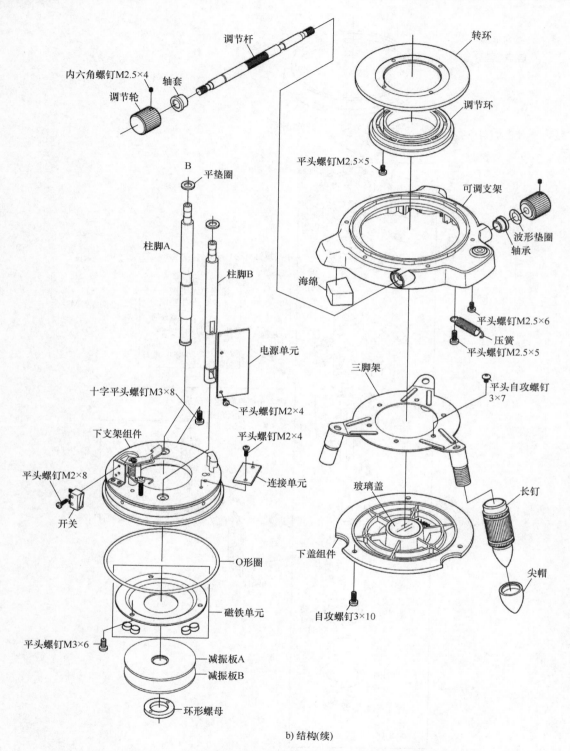

调节杆

内六角螺钉M2.5×4

轴套

调节轮

转环

调节环

平头螺钉M2.5×5

可调支架

波形垫圈

轴承

海绵

平头螺钉M2.5×6

压簧

平头螺钉M2.5×5

B

平垫圈

柱脚A

柱脚B

电源单元

十字平头螺钉M3×8

平头螺钉M2×4

下支架组件

平头螺钉M2×4

连接单元

平头螺钉M2×8

开关

O形圈

磁铁单元

平头螺钉M3×6

减振板A

减振板B

环形螺母

三脚架

平头自攻螺钉3×7

玻璃盖

下盖组件

自攻螺钉3×10

长钉

尖帽

b) 结构(续)

图 17-13 某款充电式绿色多线激光水平仪（激光墨线仪）的外形与结构（续）